Bernoulli, Christoph

Handbuch der Dampfmaschinenlehre für Techniker und Freunde der Mechanik

mit 12 Steindrucktafeln

Bernoulli, Christoph
Handbuch der Dampfmaschinenlehre für Techniker und Freunde der Mechanik
mit 12 Steindrucktafeln

ISBN/EAN: 9783867416702

Auflage: 1
Erscheinungsjahr: 2011
Erscheinungsort: Bremen, Deutschland

© Europäischer Hochschulverlag GmbH & Co KG, Fahrenheitstr. 1, 28359 Bremen (www.eh-verlag.de). Alle Rechte beim Verlag und bei den jeweiligen Lizenzgebern.

Bei diesem Titel handelt es sich um den Nachdruck eines historischen, lange vergriffenen Buches aus dem Verlag Cotta, Stuttgart (1833). Da elektronische Druckvorlagen für diese Titel nicht existieren, musste auf alte Vorlagen zurückgegriffen werden. Hieraus zwangsläufig resultierende Qualitätsverluste bitten wir zu entschuldigen.

EHV

Handbuch
der
Dampfmaschinen-Lehre
für
Techniker und Freunde der Mechanik.

Von

Dr. Christoph Bernoulli,
Professor in Basel.

Mit 12 Steindrucktafeln.

Stuttgart und Tübingen,
in der J. G. Cotta'schen Buchhandlung.
1833.

Vorrede.

Das Vergnügen, das ich mehr und mehr bei einem nähern Studium der Dampfmaschine fand, und die Wahrnehmung, daß es unserer Literatur noch an einem umfassenden Werke über diese merkwürdigste aller Maschinen fehle, bewogen mich vor neun Jahren, eine Darstellung derselben unter dem Titel: „Anfangsgründe der Dampfmaschinenlehre für Techniker und Freunde der Mechanik. Basel, bei J. G. Neukirch," herauszugeben, und dieses kleine Werk wurde so wohlwollend beurtheilt und aufgenommen, daß ich mich vor mehreren Jahren schon zur Veranstaltung einer neuen Auflage aufgefordert sah. Bald erkannte ich jedoch, daß eine solche mich nicht befriedigen würde, indem viele Theile, und insbesondere die Physik des Dampfes manche Berichtigung und überhaupt eine viel gründlichere Behandlung wünschen ließen, und in dieser kurzen Zeit schon eine Menge neuerer Untersuchungen, Anwendungen und Verbesserungen sorgfältige Berücksichtigung verdienen mußte. Ich entschloß mich daher später zu einer gänzlichen Umarbeitung jenes ersten

Versuches, und das vorliegende Handbuch ist demnach als ein ganz neues Werk zu betrachten.

Auch dieses Handbuch ist zunächst für den Techniker und den Freund der Mechanik bestimmt. Schon aus diesem Grunde konnte in rein theoretische Untersuchungen, so wie in solche, die tiefere mathematische Kenntnisse voraussetzen, nicht eingegangen werden. Mit besonderer Aufmerksamkeit wurde, wie billig, das in mancher Beziehung klassische Werk von Tredgold (nach der franz. Uebersetzung von Mellet, Paris 1828. 4.) benutzt; doch Manches glaubte ich schon darum nicht aufnehmen zu dürfen, weil mitunter seine Formeln auf ziemlich willkührlichen Annahmen zu beruhen scheinen. Vor Allem glaubte ich möglichste Deutlichkeit und Faßlichkeit im Auge haben zu sollen, und ich versuchte daher alle Regeln durch Beispiele oder einfache Berechnungen zu erläutern. Annehmen mußte ich freilich, daß jedem Leser die allgemeinen Principien der Physik und Mechanik, und die Elemente der Mathematik und Algebra bekannt seyen.

Nur in England erschienen in den letzten zehn Jahren verschiedene allgemeine Werke über die Dampfmaschinenlehre. Die bedeutendsten sind die von Tredgold, Milne und Farey. Die Letztern habe ich aber zu meinem Bedauern nicht benutzen können. Mehr historische Abrisse sind die von Stuart, Galloway, Lardner u. A. In Frankreich kamen blos Uebersetzungen englischer Schriften und Abhandlungen über specielle

Anwendungen, wie namentlich über die Dampfschifffahrt, heraus. Deutschland lieferte auch in dieser Zeit, so fruchtbar die technologische Schriftstellerei ist, nicht ein einziges Werk über diesen Gegenstand; am gründlichsten und ausführlichsten ist noch die Dampfmaschine in einigen encyclopädischen Werken (namentlich im neuen physikalischen Wörterbuche von Muncke, in der neuen allgemeinen Encyclopädie von Kämtz, und in der technologischen Encyclopädie 3r Th. von Prechtl) abgehandelt worden *).

Eine Unzahl von Aufsätzen, das Dampfmaschinenwesen betreffend, findet sich hingegen in den verschiedenen physikalischen und technischen Zeitschriften. Die ohne Zweifel reichhaltigste Materialiensammlung ist das polytechnische Journal von Dr. Dingler, wovon in diesen zehn Jahren über vierzig Bände erschienen, die alle mehr oder weniger Beiträge enthalten. Ich ließ mir angelegen seyn, in diesem, so wie in andern Journalen, alles aufzusuchen, was zur nähern Kenntniß oder zur Vervollkommnung der Dampfmaschinen dienen mag. Die Ausbeute wäre nun freilich ziemlich gering, sollte nur das herausgehoben werden, was als nahmafte

---

*) Das bei Basse in Quedlinburg unter dem usurpirten Titel: „Praktisches Handbuch zur gründlichen Kenntniß der Dampfmaschinen," 1831 erschienene Buch, ist nichts als eine Sammlung von etwa 60 Aufsätzen aus dem polyt. Journal, die ohne Ordnung und oft verstümmelt nachgedruckt sind.

Verbesserung schon bewährt erfunden worden. Viele Abhandlungen enthalten wenig oder gar nichts Neues. Die allermeisten Abänderungen sind von sehr zweifelhaftem Werth, und die vorhandenen Patentbeschreibungen schon durch ihre Unklarheit von geringem Nutzen. Selbst irrige Ansichten können indessen durch Prüfung und Beleuchtung belehrend werden, und sinnreiche Apparate verdienen oft, auch wenn sie unverändert nicht anwendbar sind, dennoch die Beachtung des Mechanikers. Ich habe daher geglaubt, auch mancherlei Vorrichtungen und Erfindungen in Kürze wenigstens berühren zu sollen, die vorerst sich noch nicht als brauchbar empfehlen mögen, und mehrere sogar würde ich gerne noch aufgenommen haben, wenn es ohne zu große Ausdehnung dieses Handbuchs, und ohne bedeutende Vermehrung der Kupfertafeln (deren Stich ohnehin nicht zum Besten ausgefallen ist) möglich gewesen wäre. Angemessen schien mir, einige der abweichendsten Systeme nachträglich und in einem besondern Abschnitt zu betrachten.

Das gegenwärtige Handbuch unterscheidet sich endlich von dem frühern noch dadurch, daß darin die Dampfschifffahrt, und mehr noch das Dampffuhrwesen, mit gebührender Ausführlichkeit behandelt wurde.

Inhalt.

Einleitung.

	Seite
Wichtigkeit der Dampfmaschinen für die menschliche Gesellschaft und allmählige Verbreitung derselben	1

Erster Abschnitt.
Historische Mittheilungen.

		Seite
I.	Erfindung der ersten Dampfmaschine durch Savery	19
II.	Von frühern Versuchen, die Kraft des Dampfes anzuwenden	22
III.	Erfindung der ersten Kolbenmaschine durch Newkommen	29
IV.	Fortschritte bis auf Watt	31
V.	Umgestaltung der Dampfmaschine durch J. Watt	34
VI.	Klassifikation der bis jetzt erfundenen Arten von Dampfmaschinen	38
VII.	Erfordernisse einer wirklichen Dampfmaschine	43
VIII.	Darstellung einer Dampfmaschine in ihrem Zusammenhange, und zwar einer doppeltwirkenden mit niedriger Pressung, nach Watt und Boulton	46

Zweiter Abschnitt.
Physik des Dampfes.

		Seite
I.	Von den Gesetzen der Dampfbildung und den Eigenschaften des Dampfes überhaupt	53
II.	Spezielle Physik des Dampfes	
1.	Von der Expansivkraft des saturirten Dampfes bei höhern Temperaturgraden	61
2.	Dichtigkeit des Dampfes bei höhern Temperaturgraden	70
3.	Elastizität und Dichtigkeit des Dampfes bei einer Temperatur unter 100°	75
4.	Ueber den Wärmegehalt der Dämpfe bei verschiedenen Temperaturen	78
5.	Spontane Dampfentwicklung	81
6.	Ueber Temperatur und Elastizität des Dampfes, wenn er durch eine kleine Oeffnung entweichen kann	86
7.	Theoretische Bestimmung der Geschwindigkeit, mit der der Dampf aus einer Oeffnung strömt	90
8.	Mechanische Kraft des Dampfes bei konstanter Dichtigkeit	93
9.	Mechanische Wirkung des Dampfes, wenn er sich noch expandirt	98
10.	Praktisches Verfahren den dynamischen Effekt des durch Expansion wirkenden Dampfes zu berechnen	108

Dritter Abschnitt.
Von der Erzeugung oder Produktion des Dampfes.
113

I.	Vom Ofen und der Feuerung	114
1.	Vom Brennmaterial und der Verbrennung überhaupt	115
2.	Vom Feuerherd	122

		Seite
	3. Vom Rauchfange und dem Luftzuge . .	126
	4. Von den Feuerkanälen	133
	5. Von Vorrichtungen zur Verzehrung des Rauchs und zur mechanischen Aufschüttung der Kohlen	135
	6. Heizungen mit künstlichem Luftzuge, mit Gebläsen oder Exhaustionsmaschinen . .	141
II.	Von den Dampfkesseln oder Dampferzeugern .	147
	1. Von der Größe, Form und Stärke der Dampfkessel überhaupt	149
	2. Von den verschiedenen Arten von Kesseln .	159
	a. Rektanguläre oder Wattsche Kessel aus Eisenblech	
	aa. Bedeckung des Kessels . . .	161
	b. Cylindrische Kessel aus Eisenblech . .	162
	c. Kessel aus Kupfer	164
	d. Kessel aus Gußeisen	165
	e. f. Kessel mit inwendigen Feuerzügen und innerer Feuerung	166
	g. Kessel mit Siederöhren	169
	h. Tubularkessel	171
	i. Von den Dampfgeneratoren der HH. Perkins und Alban	177
III.	Von der Alimentation oder Speisung des Kessels	184
	1. Vom Speisewasser und den Speisepumpen .	186
	2. Regulirung des Zuflusses	167
	3. Mittel den Wasserstand zu erkennen . .	193
	4. Regierung des Kessels und Verhütung der Bodenkruste	194
IV.	Regulirung des Kesseldampfs	199
	1. Von den Mitteln, die Stärke des Dampfes zu erkennen	200
	2. Mittel, die Dampferzeugung zu reguliren .	206
V.	Von den Mitteln, eine Explosion des Kessels zu verhüten	207
	1. Probiren des Kessels	211
	2. Von den Sicherheits-Aparaten . . .	214

		Seite
a. Sicherheitsventile	. . . .	215
b. Elastische Sicherheits-Scheiben	. . .	222
c. Sicherheitsmanometer	. ; . .	223
d. Thermische Sicherheits-Apparate. Fusible Metalle	. . . .	224
e. Schutzmittel gegen äussern Druck	. .	231

Vierter Abschnitt.

Von den verschiedenen Organen der eigentlichen Dampfmaschine.

I. Vom Dampfcylinder	233
II. Vom Dampfkolben	236
Kolben mit Hanfliederung . . .	238
Metallene Kolben . . .	240
Haykrafts Wasserliederung . .	245
III. Admission des Dampfes	246
IV. Von der Distribution des Dampfes oder der Steuerung	255
1. Verschiedene Einrichtungen der innern Steuerung	256
2. Beschreibung der verschiedenen äussern Steuerungen	268
V. Vom Condensator oder den Verdichtungs-Apparaten	275
1. Von der Condensation mit Injektion . .	278
a. Wasserquantum	279
b. Luftpumpe und deren Funktionen . .	282
2. Von der Condensirung ohne Injektion . .	285
3. Entbehrlichkeit des Condensators . .	287
VI. Von der Umwandlung der ersten Bewegung in eine kreisförmige	289
1. Von den Mitteln, die senkrechte Bewegung des Kolbens zu erhalten	294

		Seite
2. Von dem Balancier	. . . . .	299
3. Von der Kurbel und der Triebstange	. .	302
4. Von dem Schwungrade	. . . .	304

Fünfter Abschnitt.

Von der Nutzkraft oder dem Nutzeffekte der Dampfmaschinen.

I.	Von der Krafteinheit zur Abschätzung des Nutz= effekts	309
II.	Ueber unmittelbare Abmessung desselben . .	315
III.	Von den Ursachen, die ihn vermindern . .	318
IV.	Wie der Nutzeffekt zu berechnen ist . .	324
V.	Vom Nutzeffekt im Verh. zu Kohlenverbrauch .	333
VI.	Ob Hochdruckmaschinen vortheilhafter sind . .	343

Sechster Abschnitt.

Von einigen besondern Arten von Dampfmaschinen.

1. Von den rotativen Maschinen	. . .	351
2. Dampfmaschinen mit horizontalliegenden Cylin= dern	359
3. Albans Dampfmaschine mit sehr hohem Druck	362
4. Ueber Maschinen mit überhitztem Dampf .	367
5. Brunels Gasmaschine	371
6. Browns Gasvacuummaschine . . .	373

Siebenter Abschnitt.

Von den Dampffuhrwerken.

                                                                                         Seite

A. Von Befahrung eiserner Bahnen mit Dampfwagen.
    1. Erfordernisse eines Dampfwagens . . . 387
    2. Nähere Beschaffenheit eines solchen . . 391
    3. Wie Dampffuhrwerk vortheilhaft seyn kann . 397
    4. Befahrung nicht horizontaler Wege . . 405
B. Von der Befahrung gewöhnlicher Straßen mit Dampfwagen 410

Achter Abschnitt.

Von der Dampfschifffahrt.

    1. Geschichtliches über Erfindung und Verbreitung derselben 427
    2. Allgemeine Einrichtung der Dampfschiffe . 435
       Amerikanischer, englischer, französischer Schiffe 443
    3. Erforderliche Kraft der Maschine . . 445
    4. Relative Vortheile dieser Schifffahrt . . 448

Einleitung.

Wichtigkeit der Dampfmaschinen für die menschliche Gesellschaft und allmählige Verbreitung derselben.

Was die Erfindung der Buchdruckerkunst für unsere geistige Cultur, für die Beförderung der Wissenschaften und der Aufklärung geworden ist, das mag, und vielleicht in Kurzem schon, die der Dampfmaschine für die menschliche Gewerbsthätigkeit, für die Vermehrung und Verbreitung des Wohlstandes und der materiellen Güter werden.

Die Erfindung der Dampfmaschine bezeichnet eine neue Epoche in der Geschichte der Mechanik; mit der Einführung dieser Maschinen beginnt eine neue Zeitrechnung in der Geschichte der Industrie; und die unabsehbaren Folgen, welche diese Erfindung für die menschliche Gesellschaft und die allgemeine Civilisation haben muß, sichern ihr eine bedeutende Stelle in der Geschichte der Menschheit.

Einen wichtigen Fortschritt machte ohne Zweifel der Mensch, als er die beiden Naturkräfte, das fließende Wasser und den Wind, benutzen und zu seinen Zwecken dienstbar machen lernte. Unermeßlich wären die Wirkungen, wenn er von der Fülle dieser Kräfte auch nur den größern Theil anzuwenden vermöchte. Wie sehr Vieles erreicht er nicht jetzt schon durch dieselben, gedenken wir nur, wie die beschwerlichsten Arbeiten ihm dadurch abgenommen oder erleichtert werden, was durch sie Handel und Gewerbe gewonnen haben, wie mit ihrer Hülfe vornehmlich der große Weltverkehr entstanden, wie durch sie erst die fernsten Gegenden verbunden werden, und alle Nationen zum wechselseitigen Austausch ihrer Einsichten, wie ihrer Erzeugnisse in Berührung kommen? Ein eben so neuer und vielleicht nicht minder großer Schritt vorwärts wurde gethan durch die Erfindung der Dampfmaschinen; denn nun vermag auch der Mensch die Kraft sich selbst zu schaffen, wie und wo er sie zu seinen Zwecken bedarf.

In der That, wie groß und nützlich auch jene ist, die dem laufenden Wasser und Winde innewohnt, wie freigebig auch die Natur sie spendet, der Mensch fühlt tief seine Abhängigkeit von der Geberin. Wohl treibt der Wind seine Mühlen, und schwellt er die Segel seiner Schiffe; aber beständig ändern sich die Richtung und Stärke desselben; auf lange Zeit verliert sich die Kraft oft ganz, und dann erreicht sie plötzlich wieder eine zerstörende Gewalt, deren er nicht Meister wird. Eben so bietet das fließende Wasser uns eine gegebene Kraft dar. Nur selten und mit großer Mühe läßt es sich hinleiten, wo wir es zu gebrauchen wünschen; noch weniger läßt sich die Geschwindigkeit oder die Masse ändern. Wir müssen die Kraft aufsuchen und nach ihr das Werk richten und beschränken, das wir dadurch fördern sollen.

In der Dampfmaschine hingegen haben wir ein Mittel gefunden, aller Orten, wo immer nur einiges Wasser und Brennstoff vorhanden sind, uns jede erforderliche Kraft selbst zu erzeugen, die wir verlangen mögen. — Wohl hat auch die Erfindung des Schießpulvers uns eine recht mächtige Gewalt hervorzurufen gelehrt; allein nur zu augenblicklichen

Wirkungen, und darum hat sie bis jetzt dem Gewerbsfleiße noch geringe Dienste geleistet. Die Dampfmaschine hat uns zuerst in den Stand gesezt, eine anhaltende, fortdauernde Kraft selbst zu schaffen, wie sie die Industrie, und zwar im weitesten Sinne des Wortes, bedarf *). Sie ersteigt mit dieser Erfindung daher eine neue Stufe; und die Civilisation macht einen neuen Fortschritt, der jenem eines Jägervolkes nicht unähnlich ist, das sich zu einem Ackerbauenden erhebt.

Bevor wir indessen einige Betrachtungen über die vielseitige Wichtigkeit dieser Erfindung für die menschliche

---

*) Die Dampfmaschine hindert uns nicht, jede andere Kraft zu benutzen, so oft sie uns dienen kann; aber in unzähligen Fällen leistet sie Hülfe, wo andere Kräfte uns nicht zu Gebote stehen.

Ein Wasserfall ist in der Regel allerdings weit wohlfeiler; allein die wenigsten finden sich in Städten, wo die Industrie ihrer hauptsächlich bedarf; die wenigsten haben eine Kraft von 20 bis 30 Pferden. Monate lang versagen sie und oft ganz oder größtentheils ihre Hülfe. Dazu kommt, daß jeder Besizer meist von andern mehr oder weniger abhängig ist. Noch wohlfeiler ist die Kraft des Windes, allein einen so launenhaften Diener kann die Industrie selten gebrauchen. Lebende Thiere endlich sind ihr gar oft zu theuer und zu schwach.

Die Dampfmaschine arbeitet wo und wie wir wollen, unabhängig und anhaltend. Keine Kraft, selbst die des Wassers nicht, gibt eine so regelmäßige Bewegung; keine läßt sich so leicht und unbedingt mindern und steigern. Auch die Dampfmaschine kostet Unterhalt, aber nur wenn sie arbeitet. Sie läßt sich fast überall hinstellen und erfordert verhältnißmäßig nur wenig Raum. Wie wäre denkbar, durch Thiere verrichten zu lassen, was eine Maschine von 50 Pferdekraft wirkt, die bei anhaltender Thätigkeit leistet, was 150 starke Pferde kaum könnten?

Gesellschaft anstellen, laßt uns einen flüchtigen Blick auf ihre Geschichte und die allmählige Verbreitung derselben werfen.

In mehreren Ländern hatten die Fortschritte der Physik gegen das Ende des siebenzehnten Jahrhunderts die Möglichkeit einer vortheilhaften Anwendung des Dampfes einsehen gelehrt, und die Erfindung einer Maschine, welche auf der Elasticität desselben beruhte, nahe gebracht. Dem praktischen Sinne der Engländer gelang es auch hier, zuerst eine solche anzugeben und auszuführen. Diese merkwürdige Erfindung hat indessen, wiewohl schon vor mehr als fünf Vierteljahrhunderten gemacht, seit 40 Jahren erst allgemeine Aufmerksamkeit erregt, und ihre Anwendung hat in den neuern Zeiten erst, selbst in dem Mutterlande, die verdiente Ausdehnung erlangt.

Wie die Entdeckung moralischer Wahrheiten, so gehen auch gewöhnlich die wichtigsten technischen Erfindungen dem Zeitalter voran, das ihren Werth zu erkennen und sie zu benutzen und anzuwenden vermag. Eine gewisse Empfänglichkeit muß erst erwachen, das Bedürfniß erst rege werden. Wie lange schon war das Schießpulver erfunden, bis es das ganze Kriegssystem der Völker umschuf! wie lange die Kartoffel bekannt, bevor sie als ein unschätzbares Nahrungsmittel überall Eingang fand!

Dann steht einer schnellen Verbreitung der Erfindungen gewöhnlich die anfängliche Unvollkommenheit derselben entgegen; sie gewähren in ihrem ersten mangelhaften Zustande nur zweifelhafte Vortheile, und lassen kaum ahnen, was sie später leisten könnten. So machen die meisten Erfindungen von selbst nur langsame Fortschritte, und ohne daß das Vourtheil sich ihnen gewaltsam noch entgegensezte, werden schon gewisse Nachtheile dadurch gehindert, die jede allzurasche Ausbreitung, auch des Bessern, für Einzelne wohl haben muß.

Daſſelbe lehrt die Geſchichte der Dampfmaſchinen. Die erſte dieſer Maſchinen, die Savery ums Jahr 1700 kennen lehrte, fand lange faſt gar keine techniſche Anwendung: ſie diente beinahe nur in Gärten zu künſtlichen Waſſerwerken, zu welchem Behufe eine ſolche ſogar Peter I. nach Petersburg kommen ließ. Weit bedeutender und vortheilhafter waren die Leiſtungen der Newkommenſchen Maſchine; doch auch ſie fand faſt ausſchließlich in Bergwerken Eingang, und nur in den Kohlengruben verbreitete ſie ſich ziemlich allgemein, wo die Unterhaltungskoſten weniger in Anſchlag kamen. An 70 Jahre verfloßen, bis Watt und Boulton dieſen Maſchinen, die lange faſt auf derſelben Stufe geblieben waren, eine ungleich vollkommenere Einrichtung gaben, und ſie zum Betreiben der mannigfaltigſten techniſchen Operationen brauchbar machte. Allein noch ſpäter, als der allgemein ſich regende induſtrielle Wetteifer die Engländer um die Erhaltung ihrer Oberherrſchaft beſorgt machte, erkannten dieſe erſt die ganze Wichtigkeit der Dampfmaſchinen, und wie ihnen, als den Beſitzern der reichſten Kohlenſchätze, in dieſen Maſchinen allein das Mittel gegeben iſt, ihrer Induſtrie ferner die bisherige Ueberlegenheit zuzuſichern. — Früher waren ſchon Maſchinen von erſtaunender Wirkung und Größe erbaut worden; ungleich größer und koloſſaler wurden dieſe jezt. In Colebrookdale ſah man eine Maſchine, die ſo viel Waſſer beſtändig an 100 Fuß hoch hob, daß dieſer künſtliche, ſtets cirkulirende Waſſerſtrom nachher in drei hohen Fällen eben ſo viele große Räder trieb. Eine Mühle (die Albionmill), die an Größe alle frühern weit übertraf, wurde durch eine einzige Dampfmaſchine in Bewegung geſezt. Eine andere trieb acht Münzwerke, die in einer einzigen Stunde 30,000 Metallſtücke ausprägten, und zugleich die Zainen ſtreckten, ausſtückelten u. ſ. w. Viele erſäufte Bergwerke wurden durch dieſe Maſchinen in kurzer Zeit wieder hergestellt; mehrere Dutzend riesenmäßige Maschinen arbeiten nun in Cornwallis; bei einer einzigen Grube sieht man vier solcher Maschinen vereint wirken, die zusammen eine Kraft von 810 Pferden haben, und die also, da sie Tag und Nacht arbeiten, während ein lebendes Pferd nur 8 Stunden des Tags dienen kann, das Werk von 2400 Pferden verrichten. In einer andern Grube sind neulich 3 eben so kolossale Maschinen nach Woolf erbaut worden, die zusammen an 900 Pf. Kraft haben.

Dasselbe Erstaunen erregen die Gebläse und Walzwerke, die durch Dampfmaschinen getrieben werden. Wo Anfangs diese Maschinen nur Wasserpumpen zogen, verrichten sie jetzt in einer Menge von Brauereien, Brennereien, Zuckersiedereien u. dgl. ähnliche Dienste. Die verschiedenartigsten Dreh- und Bohrmaschinen gehen durch ihre Hülfe. Unzählige Webstühle, viele hundert Spinnereien werden durch sie getrieben *). Wo eine rotirende Bewegung statt finden soll, die viele Kraft erheischt, wird eine Dampfmaschine angewendet, und immer mehr sucht man alle Verrichtungen in rotirende zu verwandeln, um sie diesen Maschinen anvertrauen zu können. So werden nun durch Dampf und Walzen Cattune und selbst Bücher gedruckt, so Papierbögen geformt u. s. w. Portative Dampfmaschinen versehen bereits die Dienste lebender Pferde bei allerlei Construktionen; andere beim Straßenbau zerschlagen Steine; manche dienen beim Landbau, indem sie Dresch= und andere Maschinen in Bewegung setzen **).

---

*) In Manchester zählte man 1825 schon an 30,000 Webstühle oder Powerlooms durch Dampfmaschinen in Thätigkeit; und in den brittischen Spinnereien allein (1817 schon) an 1000 Dampfmaschinen.

**) Die 8 großen Wasserwerke, die den 170,000 Häusern Londons täglich über 30 Millionen Gallons Wasser liefern

Je größere und mannichfaltigere Vortheile indessen die Industrie immermehr den Dampfmaschinen verdankte, desto eifersüchtiger betrachtete sie die handelnde Welt, und desto lebhafter wünschte sie diese wunderbare Kraft auch sich dienstbar zu machen, und mit ihrer Hülfe auch den Verkehr der Menschen und den Transport der Güter zu befördern. Denn wie weit es auch die Schifffahrtskunst gebracht, um den Wind bestens zu benutzen, und aus allen seinen Launen noch Vortheil zu ziehen, gegen Stürme vermag man wenig, gegen Windstille und Gegenwind nichts. Und eben so abhängig ist der Flußschifffahrer von der natürlichen Bewegung des Wassers; jemehr sie die Fahrt nach der einen Seite begünstigt, desto mehr erschwert sie dieselbe nach der andern. Wie sehr ferner der Landtransport in neuern Zeiten, und namentlich durch die Einführung von Eisenbahnen erleichtert wurde, immerhin ist die Kraft des Pferdes eine sehr kostbare, und überdies ist dieselbe sehr beschränkt, so wie seine Geschwindigkeit.

Auch diese Anwendungen und mit wie großen Anstrengungen auch zumal die leztere verbunden war, sind nun gelungen. Das erste Schiff, das mittelst einer Dampfmaschine, unabhängig von den Launen des Windes, und stromauf- wie stromabwärts sich bewegte, brachte der Amerikaner Fulton 1807 zu Stande *). Das erste Dampfboot sah England im

---

brauchen allein zur Hebung des Wassers 22 Dampfmaschinen von der Kraft von 1348 Pferden.

*) 1810 kam das erste aus dem Ohio nach Neuorleans. Jezt sind nach dem offiziellen Bericht an den Congreß 200 Dampfschiffe und über 4000 andere Schiffe auf dem Mississippi und seinen Nebenflüssen. Ehemals brauchte man 4—5 Monate von Neuorleans bis zu den Ohiokatarakten (1650 Meilen) zu kommen, jezt auf Dampfschiffen 10 — 14 Tage. Nach

Jahr 1811. Jezt aber beläuft sich die Zahl der Dampfschiffe gewiß schon weit über tausend. Mehrere hundert tragen nur die Flüsse der vereinigten Staaten, mehrere hundert die Gewässer von England *). Auf den meisten Flüssen des Continents, auf vielen Binnenseen schwimmen sogar Dampfschiffe. Regelmäßige Dampfschifffahrt verbindet bereits die größten Seestädte von Europa, und viele solcher Schiffe haben den Ocean befahren und sind bis nach Indien gegangen **).

Auch in der Geschichte der Schifffahrt beginnt mit der Erfindung der Dampfmaschine eine neue Epoche. Seit der Erfindung des Segels, die sich in die graueste Vorzeit verliert, sind alle Fortschritte im Grunde bloße Verbesserungen gewesen; die des Compasses kann sogar als eine solche angesehen werden. Durch die Dampfmaschine hat sie ein neues und ihr eigen angehörendes Agens erhalten; dadurch ist sie gleichsam emancipirt worden. Wie früher benuzt sie die Kraft des Windes; aber versagt dieser seine Hülfe, so kann sie sich der eigenen bedienen. Das Dampfschiff wird nicht

---

Audubon machten 1826 51 Dampfschiffe 182 dieser Fahrten. 1832 machte das Schiff Champlain die Fahrt von Newyork nach Albany (160 engl. M.) in 8¼ Stunden, also 19 M. in 1 Stunde!

*) 1812 kam das erste Dampfboot auf dem Clydefluß zu Stande. 1817 waren ihrer schon 21 und 1830 schon 70 daselbst im Gange; und damals fing man auch an, den Clydekanal mit solchen Schiffen zu befahren.

**) Seit mehreren Jahren fahren Dampfschiffe von Calcutta nach Rangoon und Sincapore; von Bombay nach Suez u. s. w. — Das Dampfschiff United Kingdom ist 175' lang und 46' breit und hat 2 Maschinen, jede von 100 Pf. Kräfte.

Wochen und Monate lang das Spiel widriger Winde; es wird nicht durch Windstille zur Verzweiflung gebracht; es steht nicht Tage lang den Hafen, in den es einlaufen soll, vor Augen, ohne ihn erreichen zu können: es ist beinahe gewiß, in wie viel Zeit es seine Fahrt vollenden wird. Und wenn es auch wahr ist, daß das Schiff durch die Maschine, der es seine Unabhängigkeit verdankt, einer neuen Gefahr ausgesezt ist, so kann doch auch diese Betrachtung nicht abschrecken, denn anderseits wird jede andere Gefahr einer Seereise durch die beträchtliche Abkürzung derselben in weit größerem Verhältnisse vermindert. Unstreitig ist also die Dampfschifffahrt eine der wichtigsten Erfindungen der neuen Zeit, und sehen wir, welche Ausdehnung sie schon in so wenig Jahren erhalten, welchen Einfluß sie bereits auf den Verkehr ausübt, so ist schwer die Bedeutsamkeit vorauszusagen, die sie einst bei fortschreitenden Vervollkommnungen erlangen mag.

Noch jünger ist die Erfindung der Dampffuhrwerke. Schon am Ende des lezten Jahrhunderts hatte man in Frankreich Versuche gemacht, und vor 20 Jahren schon sah man in Leeds mobile Dampfmaschinen eine ganze Reihe von Kohlenwägen auf eigens dazu eingerichteten Eisenbahnen ziehen. Allein fast unübersteigliche Schwierigkeiten zeigte die Ausführung von Dampffuhrwerken zum Transport von Menschen und Gütern auf gewöhnlichen Bahnen und ordentlichen Straßen. Doch auch diese Aufgabe ist nun gelöst. Seit 2 Jahren besteht zwischen Manchester und Liverpool eine Bahn, die mit Dampfwagen befahren wird, und ähnliche sind an mehreren andern Orten begonnen; auch bei St. Etienne sind Dampfwagen schon im Gange. Die Erfindung ist noch in ihrer Kindheit; noch hat sie mit großen Hindernissen zu kämpfen; noch wird ihr Nutzen von Vielen bezweifelt; und schwer dürfte es seyn, jetzt schon ihren wahren und allgemeinen Werth zu würdigen. Nichts desto weniger ist Erstaunen erregend, was sie auf jener einzigen Bahn schon geleistet. Viele Hunderttausende haben diese Bahn und ohne besondere Unfälle befahren *). Eine einzige Maschine zieht pfeilschnell über 100 Reisende und mehrere 100 Centner Waaren. Nirgends reist man vielleicht schneller, als in England; in einer Stunde werden gewöhnlich 3 zurückgelegt, aber die Dampfwagen machen oft 6 und 8 Stunden Wegs (20 englische Meilen) in einer Stunde. Diese Wagen fahren buchstäblich schneller als der Wind **). Ganze Schiffsladungen werden in wenigen Stunden von Liverpool nach Manchester geschafft, das dadurch gewissermaßen zur Seestadt wird. Beträchtliche Truppenmassen sind schon in weniger Stunden nach Liverpool transportirt worden, als sie sonst Tage zum Hinmarsche gebraucht hätten ***).

Nach solchen Erfahrungen dürfen ohne Zweifel auch die kühnsten Hoffnungen von noch zu erreichenden Leistungen der Dampfmaschine nicht ins Reich der Unmöglichkeit gewiesen werden. Wer mochte nicht lächeln, als Papin ihrer Anwendbarkeit für die Schifffahrt dachte? Wie viele spotteten über den ersten Pariser Dampfwagen, der kaum von der Stelle

---

*) Nach Mech. Magaz. fuhren in 18 Monaten 700,000 Personen auf dieser Bahn, und eine einzige büßte dabei das Leben ein. Nur um Manchester warfen aber in einem Jahre 15 gewöhnliche Kutscher um.

**) Macht ein Wagen 20 englische Meilen zu 5280' in einer Stunde, so hat er eine Geschwindigkeit von 29' per Sekunde; und dies ist die eines schon starken Windes.

***) Auf der Bahn von St. Etienne kommt, Alles inbegriffen, die Fracht für 1 Centner Steinkohle per Stunde höchstens auf 2 Centimes (etwas über $\frac{1}{2}$ kr.).

kam? — Perkins Dampfgeschütze scheinen in Vergessenheit zu gerathen, und seine Versuche in der That wenig Erfolg zu versprechen; auch Fultons Kriegsfregatte hat keine Nachahmer gefunden; wer aber wird deshalb behaupten wollen, daß die Dampfmaschine nicht einst die wesentlichsten Dienste der Kriegskunst leisten könne?

Es ist merkwürdig, wie wenig bedeutende Veränderungen diese Maschine während voller 70 Jahre erlitt, obschon sich mehrere ausgezeichnete Mechaniker damit beschäftigten. Die Construktion wurde wohl verbessert, aber das Prinzip blieb dasselbe, und die Maschine immer nur zu einem Geschäfte, zum Treiben von Pumpstangen tauglich. Da kam Watt und gab ihr eine gänzliche Umgestaltung, und in allen Theilen einen solchen Grad der Vollendung, daß kaum ein höherer erreichbar schien. Doch eben diese Vortrefflichkeit spornte von allen Seiten den Erfindungsgeist an. Je vollkommener die Maschine ward, desto mehr wetteiferte man, neue Verbesserungen und neue Systeme zu ersinnen. Bis am Schlusse des vorigen Jahrhunderts waren kaum 30 Patente auf Erfindungen in diesem Fache ertheilt worden; in den 20 ersten Jahren des gegenwärtigen wurden noch 100 ertheilt und in den 8 folgenden ferner noch 90 *).

Sehr viele dieser Patente sind allerdings beinahe werthlos. Daß aber durch dieses Streben nach Vervollkommnung sehr bedeutende Fortschritte gemacht worden, ergibt sich schon aus der allmähligen Erhöhung des ökonomischen Effektes dieser Maschine. Die Maschine von Savery hob mit einem Bushel

---

*) Alle diese Patente sind in Partington's Account of the Steam engine London 1822, und in Galloway's history etc. L. 1826 aufgezählt. Watt's Patent von 1769 war das sechste.

Steinkohlen (88 Pf.) nur 2 — 5 Millionen Pf. Wasser (1 Fuß hoch); die von Newkommen hob 8 — 9 Mill. Pf. Die besten Maschinen von Watt und Boulton hoben 24—30 Mill. Die Woolf'schen an 50 Mill. und dermalen steigt die Wirkung mancher Cornwall'schen Maschinen über 60 Mill. Pf. *)

Wie die Erfindung, so verdankt man auch die allermeisten Vervollkommnungen unstreitig den Engländern. Der Gebrauch der Dampfmaschine war bis zum Ende des vorigen Jahrhunderts fast ausschließlich auf England beschränkt, und überdies die Ausfuhr derselben verboten. Auch in diesem Lande haben sich indessen diese Maschinen erst seit 30 Jahren außerordentlich vermehrt, so daß noch jetzt dasselbe wahrscheinlich ihrer 3 oder 4mal so viele besizt, als alle andern Länder zusammengenommen. Schon vor 10 Jahren berechnete man die Anzahl auf 10,000 **). Nimmt man an, daß jede im Durchschnitt eine Kraft von 16 Pf. habe, und daß sie 16 Stunden des Tags arbeite, so kommt ihre Gesammtleistung jener von 320,000 Pferden oder von 2 Millionen Menschen gleich, deren Unterhalt nicht die Oberfläche des Landes, sondern das Innere der Erde spendet.

Außer England war ihr Gebrauch noch im Anfange dieses Jahrhunderts sehr unbedeutend, und die wenigen, die

---

*) Nach Gilbert Bericht an die Londoner Akademie (Decbr. 1829) sind diese Fortschritte noch größer. Der Nuzeffekt der Cornwall'schen Maschinen in den Jahren 1776, 1793 und 1829 verhielt sich wie 26 : 71 : 270! Manche Maschine leistet also mit gleich viel Kohlen 10mal mehr als Newkommensche von 50 Jahren.

**) Glasgow erhielt die erste Dampfmaschine im Jahr 1792. 1825 zählte man daselbst schon 310 Maschinen von 21 Pferdekraft im Durchschnitt. 176 arbeiteten in Fabriken, 58 in Kohlenwerken und 68 auf Dampfschiffen. Manche glauben, Britannien besitze jetzt über 15,000 Maschinen.

man hie und da sah, waren atmosphärische. Die erste Wattsche Maschine kam in den 90ger Jahren nach Nantes und Perier konstruirte eine solche zuerst 1790. — Selbst bis zum Frieden 1814 verbreiteten sich diese Maschinen indessen nur sehr langsam. Seitdem erst haben sie sich auch auf dem Continente so wie in den Vereinigten Staaten von Jahr zu Jahr vermehrt. Eine Menge Maschinen bezog man aus dem Mutterlande, bald wurden aber auch in Amerika, wie in Frankreich, den Niederlanden, Oesterreich, Schlesien, Preußen u. a. Fabriken angelegt. In Frankreich rechnete man schon vor 10 Jahren über 300 Dampfmaschinen und jezt mag die Zahl wohl das Doppelte oder Dreifache betragen. In der großen Fabrik von Wilson zu Charenton sind 4 Dampfmaschinen; wovon eine von 60 Pferdekraft zur Verfertigung dieser Maschinen in Thätigkeit ist. In einer Fabrik zu St. Quintin wurden in 5 Jahren 40 Maschinen, in der von Cernay im Elsaß in 3 Jahren 25 Maschinen konstruirt; und in beiden meist Woolfsche *). Bemerkenswerth ist überhaupt, mit welcher Sorgfalt im Ausland die neuesten Verbesserungen benuzt wurden. Nirgends findet man vielleicht so viele der neuesten Systeme ausgeführt, wie in Paris.

Früh schon kamen Dampfmaschinen nach den Niederlanden. Acht Maschinen arbeiteten 1803 in der großen Kanonengießerei in Lüttich. Doch auch da vermehrten sie sich ausnehmend in der neuesten Zeit. Ostflandern z. B. hatte 1819

---

*) Die Kohlenwerke von Anzin und Fresne (bei Valenciennes) haben jezt 36 Maschinen, wovon 5 Wattsche von 70 und 4 atmosphärische von 50 Pf., die per Stunde 120 Cub. Meter Wasser aus einer Tiefe von 250 M. heraufförbern; 12 M. von Perier und 15 von Edwards bringen täglich 30,000 Hectolit. Kohlen zu Tage.

erst eine Maschine und 10 Jahre später schon 60, wovon 54 einzig in Gent. Die meisten derselben waren im Lande selbst von Cokerill zu Seraing, Bislay in Verviers und Taffin zu Lüttich verfertigt worden.

Weniger ist uns zwar die allmählige Verbreitung der Dampfmaschinen in andern Ländern Europas bekannt. Gewiß ist indessen, daß die Zahl derselben in den österreichischen und preußischen Staaten, so wie in Rußland dermalen schon sehr beträchtlich ist. Auch hier werden sie von der Industrie auf immer mannichfaltigere Weise benutzt. Schon hat Deutschland mehrere Dampfdruckereien. Die Kansteinschen Bibelanstalt zu Halle bedient sich derselben schon seit 10 Jahren. In der Schweiz ist diese Maschine, bei dem Reichthum an Wasserfällen oder dem Mangel an Steinkohlen, noch nicht einheimisch geworden; doch sind auf mehreren der schönen Schweizerseen seit mehreren Jahren Dampfschiffe im Gange.

Nirgends haben sich aber die Dampfmaschinen außer England schneller verbreitet, als in den *vereinigten Staaten*. Die Wohlfeilheit des Holzes zur Erzeugung des Dampfes, die Menge großer Ströme ohne Uferwege, der Mangel an andern Fahrstraßen und der hohe Preis der Handarbeit beförderten in diesem schnell aufblühenden Lande noch insbesondere die rasche Vermehrung dieser Maschinen. Und zudem sind diese Amerikaner ja geborne Engländer. Auch dort ist die allgemeine Verbreitung derselben ein Ergebniß der neuesten Zeit. Eine atmosphärische Maschine kam schon 1760 nach Nordamerika, allein noch im Anfange dieses Jahrhunderts waren daselbst nur 4 Maschinen; 2 in Newyork und 2 in Philadelphia. Jetzt sind solche in zahllosen Manufakturen vorhanden *), und auf ihren Gewässern allein zählt man mehrere hundert Dampfschiffe, wovon viele die europäischen an Größe und Schönheit übertreffen.

Nach Westindien (nach Trinidad) kam die erste Dampfmaschine im Jahr 1804. Jezt sind ihrer schon viele, zumal in den Zuckerplantationen. Viele kräftige Maschinen wurden ferner in den Bergwerken von Peru und Mexiko aufgestellt, um ersäufte Silbergruben zu retten. Nicht wenige endlich sind nun auch nach Asien und namentlich nach Ostindien gebracht worden.

Aus diesen wenigen historischen Andeutungen geht zur Genüge hervor, daß die Dampfmaschine, obwohl vor 130 Jahren schon erfunden, seit kaum 50 Jahren in England selbst und seit kaum 20 Jahren in andern Ländern sich allgemein zu verbreiten anfing. Watt hob den Herkules aus der Wiege. Durch ihn wurde diese Maschine zum zweitenmal geboren. Durch ihn erhielt sie jene wunderbare Kraft und Gelenkigkeit, die sie zu den mannigfaltigsten Verrichtungen geschickt machte. Billig erstaunen wir über die Fortschritte, die sie in wenigen Jahren gemacht, über die Ausdehnung, die sie in so kurzer Zeit erlangt hat. Welche Rolle muß sie erst in der menschlichen Gesellschaft am Schlusse dieses Jahrhunderts spielen, wenn dieses Fortschreiten in gleichem Maaße anhält! Und dieses läßt sich kaum bezweifeln, betrachtet man, welche Vollkommenheit diese Maschine bereits erlangt hat, und welche Verbesserungen sich doch noch denken und voraussehen lassen.

In der That, wird die Construktion derselben, wie sich mit allem Grund erwarten läßt, noch einfacher; wird ihre

---

*) In Cincinnati ist eine Dampfmühle, die wöchentlich 2400 Centner mahlt, und eine Dampfsäge, die in 1 Stunde 800 Quadratfuß sägt.

Behandlung noch leichter und sicherer; lernt man hochpressende Maschinen immer vortheilhafter und gefahrloser anwenden; gelingt es an Raum und Feuermaterial immer mehr zu sparen; so muß sich ihre Nützlichkeit in dem Grade erhöhen, daß ihrer allgemeinen Einführung kein Hinderniß mehr im Wege stehen kann.

Lernt man sie mit Vortheil auch in ganz kleinen Dimensionen ausführen, so wird sie bis in die kleinsten Werkstätten Eingang finden, zu manchen häuslichen Verrichtungen sogar die eine regelmäßige Bewegung erfordern, sich eignen, und dasselbe Feuer mag vielleicht zum Kochen der Speisen, zum Heizen und Beleuchten des Hauses und zur Erzeugung der Dampfkraft und zum Betriebe des Berufs dienen können.

Ihre Brauchbarkeit muß offenbar um vieles sich erhöhen, wenn es ein Leichtes wird, den Effekt jeder Maschine nach Belieben und ohne Gefahr oder ökonomischen Nachtheil zu steigern und zu vermindern.

Lernt man kräftige Dampfmaschinen weit einfacher und mobiler konstruiren, so wird der Gebrauch der Dampffuhrwerke wenig Hindernisse mehr finden; sie werden nicht nur dem Handel, sondern auch dem Landwirthe unzählige Dienste leisten und das Urbarmachen und Pflügen der Felder, das Bewässern der Wiesen und das Austrocknen der Sümpfe verrichten können. Nicht minder nützlich werden sie bei allen Construktionen, und namentlich beim Schiffbau seyn. Millionen Pferde werden dann entbehrlich, und Millionen Morgen Landes, die Heu und Hafer liefern, müssen dann Nahrungsstoffe für den Menschen hervorbringen.

Allerdings bedarf auch die Dampfmaschine einer Nahrung. Die Erzeugung erfordert noch einen bedeutenden Aufwand an Brennstoff. Fernere Vervollkommnungen werden ihn aber noch beträchtlich vermindern, da bei allen bisherigen

Heizanstalten noch ein großer Theil der Hitze verloren geht, und mit derselben Hitze eine höhere Dampfkraft erzeugt werden kann. Und läßt sich der Dampf auch nie ohne künstliches Feuer produciren, so ist es hingegen oft möglich, fast alle Wärme desselben, nachdem er als Kraft gewirkt, noch einmal zur Heizung zu benutzen, und möglich also sich wirklich jene Kraft fast kostenfrei zu verschaffen.

Wie viele Gegenden gibt es übrigens nicht, die unermeßliche Schätze an Steinkohlen besitzen mögen, die bis auf diese Stunde noch uneröffnet sind? Wie viele, die noch unermeßliche, bis dahin werthlose Waldungen bedecken? Der Einführung der Dampfmaschine scheint es vorbehalten, in jenen einen jetzt kaum zu ahnenden Reichthum zu verbreiten, und diese wie durch eine Verzauberung in bewohnte und fruchtbare Ebenen umzuwandeln. Denn wie sie einmal dahin gelangen, werden dieselben Maschinen, die einen Theil des Holzüberflusses verzehren, einen andern in Balken und Bretter umschaffen, und dann den Ansiedler überall unterstützen, sowohl in der Urbarmachung des Bodens, wie im Bau seiner Wohnungen und in der Verfertigung und Herbeischaffung aller Bedürfnisse und Bequemlichkeiten des Lebens.

Unberechenbar ist endlich insbesondere der Einfluß, den eine fernere Vervollkommnung und Ausbreitung der Dampfschifffahrt und der Dampffuhrwerke auf den ganzen Zustand der menschlichen Gesellschaft ausüben wird. Ist England einmal von Dampffahrbahnen durchschnitten, so muß das ganze Land einer einzigen großen Marktstadt gleichen. Befahren Dampfschiffe mit Leichtigkeit einst die stille Südsee, so werden jene zahllosen Inselgruppen zu einem Continente verbunden. Dampfschiffe werden noch das Innere Afrikas, wie die äußersten Polargegenden zugänglich machen.

Diese wenigen Andeutungen mögen genügen, um die vielartigen Folgen zu bezeichnen, welche die Erfindung der Dampfmaschine bereits hatte, und die bei ihrer fortschreitenden Ausbreitung und Vervollkommnung für den Culturzustand der Menschheit noch zu erwarten sind. Mit vollem Rechte ist dieselbe also als eine der wichtigsten und einflußreichsten Erfindungen anzusehen.

Ein näheres Studium dieser Maschine erweckt aber noch von einer andern Seite ein hohes Interesse. Wie sehr dieselbe auch noch von ihrer Vollendung entfernt seyn mag, so verdient sie in ihrem jetzigen Zustande schon unsere Bewunderung. Schon jetzt bietet sie uns eine Vereinigung der sinnreichsten Einrichtungen dar. Keine Maschine gleicht in diesem Grade wohl einem wahren Organismus, dessen Funktionen sich wechselseitig bedingen und unterstützen, gegenseitig Mittel und Zweck, Ursache und Wirkung sind. Die Dampfmaschine möchte ein künstliches Thier, alle lebenden an Stärke weit übertreffend, zu nennen seyn, wenn sie ihre Nahrung selbst ergreifen und aufsuchen könnte. Diese Maschinen beruhen endlich auf den Wirkungen einiger der merkwürdigsten Naturkräfte, und ihr Studium muß daher auch für Physiker einen hohen Reiz haben.

Erster Abschnitt.
Historische Mittheilungen.

I.
Erfindung der ersten Dampfmaschine durch Savery

In England wird seit einiger Zeit fast allgemein die Erfindung der Dampfmaschine einem Marquis von Worcester zugeschrieben, die Franzosen hingegen bemühen sich, diese Ehre einem ihrer Landsleute, und namentlich dem bekannten Physiker Dyonisius Papin, oder gar einem gewissen Sal. de Caus zuzuwenden. Aus allen Angaben geht jedoch fast unzweifelhaft hervor, daß der Engländer Capitän Savery die erste wirkliche Dampfmaschine, d. h. die erste Maschine, durch welche vermittelst des Dampfes ein brauchbarer mechanischer Effekt erhalten wurde, zu Stande brachte, und daß er demnach mit allem Recht als der eigentliche Erfinder derselben anzusehen ist.

Savery nahm, nachdem er viele Versuche schon früher angestellt, auf seine Erfindung im Jahr 1698 ein Patent, und machte sie in einer kleinen Schrift „the Miners friend" bekannt, die zuerst 1699 und mit Zusätzen 1702 erschien.

Durch diese Maschine konnte fortdauernd Wasser in die Höhe gehoben werden, und der Dampf bewirkte dieß auf eine doppelte Weise; vorerst nämlich, indem durch Erkältung und Condensirung von Dampf eine Art Vakuum erzeugt wurde, so daß eine Aspiration von Wasser erfolgte, und dann indem frischer Dampf vermöge seiner Elasticität jenes Wasser noch mehr in die Höhe hob.

Savery ging zu dem Ende von folgender Vorrichtung aus: In einen Kessel A (Fig. 1.) wird Wasser in Dampf verwandelt, und dieser Kessel steht mit einem Behälter B, so wie lezterer mit der Röhre a b in Verbindung. Schließt man nun, nachdem B mit Dampf gefüllt worden, die Hähne c und d und öffnet man den Hahn e, so wird, so wie sich der Dampf in B erkältet und kondensirt, die äußere Luft das Wasser aus C in die Röhre b hinaufdrücken, und dasselbe sogar einen Theil von B füllen. Schließt man aber darauf den Hahn e, und öffnet man c und d, so wird, wenn der Dampf im Kessel eine beträchtliche Spannung hat, derselbe auf das in B befindliche Wasser drücken, und dieses durch a in den Behälter D heben.

Damit nun diese Wirkungen möglichst ununterbrochen statt finden konnten, wandte Savery zwei Behälter und zwei Kessel an, und ersezte die untern Hähne durch Ventile. Die Maschine erhielt daher ungefähr die in Fig. 2 dargestellte Einrichtung.

Im Kessel A wird fortdauernd ein starker Dampf erzeugt, und dieser tritt wechselweise durch die Röhre a in den Behälter B oder C. Ist der Hahn b zu und c offen, so öffnen sich die Ventile d und e und schließen sich die beiden andern f und g. In B wird der abgesperrte Dampf also erkältet und hiemit Wasser aus dem untern Rohre h in diesen Behälter steigen; in C hingegen wird der Dampf auf das darin enthaltene Wasser drücken und dieses durch e und i in die Höhe heben. Wird darauf der Hahn b geöffnet und c abgeschlossen, so hat das Umgekehrte statt; C füllt sich wieder mit Wasser und aus B wird es wieder hinausgetrieben.

Da aber der Kessel A stets wieder mit Wasser, und zwar mit kochendem, gespeist werden muß, wenn die Dampfbildung ungestört bleiben soll, so ist der zweite Kessel D vorhanden. Dieser erhält durch die mit einem Hahn l versehene Röhre k neues Wasser; und siedend gelangt es dann durch die Heberöhre m in den Kessel A. Durch die Trichter n werden die Kessel gefüllt, wenn die Operation ihren Anfang nimmt.

Es ist leicht zu ersehen, daß diese Maschine auf unbestimmte Zeit fortarbeiten kann, und daß sie die Funktionen einer wirklichen Dampfmaschine erfüllt. Eben so klar ist aber, daß 1) der Dampf eine sehr bedeutende und die der Luft beträchtlich übersteigende Elasticität erlangen muß, wenn das Wasser auch nur zu einer mäßigen Höhe über das Niveau der Maschine gehoben werden soll, und 2) daß nicht wenige Hitze ganz nutzlos verloren geht, indem auch der auf das Wasser drückende Dampf bei der Berührung desselben mehr oder weniger kondensirt wird. Man sieht ferner, daß diese Maschine für Unvorsichtige leicht gefährlich werden konnte, so wie, daß das Wasser, das gehoben wird, eine beträchtliche Wärme erhalten muß.

Immerhin ist diese Savery'sche Maschine eine wahre Dampfmaschine und ihre Einrichtung sehr sinnreich. Und obschon sie sehr bald durch zweckmäßigere Erfindungen verdrängt wurde, so hat sie doch (wie wir später sehen werden) in den neuern Zeiten noch Verehrer gefunden, die sie zu vervollkommnen suchten, und auch jetzt noch können Maschinen nach diesem Prinzip in einigen Fällen mit Vortheil angewendet werden.

II.
Von frühern Versuchen, die Kraft des Dampfes anzuwenden.

Die Frage, wem eine so überaus wichtig gewordene Erfindung, wie die der Dampfmaschine, zuzuschreiben sey, hat wie billig ein nicht geringes historisches Interesse. Vielfach ist sie auch in neuern Zeiten, und zumal in England und Frankreich, behandelt worden. Keine dieser Forschungen hat aber darzuthun vermocht, daß irgend Jemand vor Savery eine nur einigermaßen brauchbare Dampfmaschine zu Stande gebracht.

Ohne Zweifel wurde man in den ältesten Zeiten schon gewahr, daß der Dampf eine ausserordentliche Kraft erlangen kann. Es konnte nicht unbekannt bleiben, daß, wenn Wasser in einem verschlossenen Gefäße einem starken Feuer ausgesetzt wird, auch der festeste Deckel endlich weggeschleudert oder das Gefäß selbst zersprengt werde, und daß aus einer kleinen Oeffnung der Dampf mit Gewalt ausströmt. Es ist daher begreiflich, daß im Alterthum Philosophen, wie Aristoteles und Senecca, die Entstehung der Erdbeben sogar der Wirkung unterirdischer Dämpfe zuschrieben. Allein so wenig man behaupten wird, daß die ersten Menschen, die schon die Gewalt des Windes und des Wassers kennen mußten, an der Erfindung des Segels, der Windmühle und des Wasserrades Theil haben, eben so unstatthaft ist es, die der Dampfmaschine durch jene Beobachtungen schon angebahnt zu sehen. Gesetzt ferner, man habe längst verstanden, durch Erhitzung von eingeschlossenem Wasser Explosionen hervorzubringen oder feste Körper zu sprengen, so verriethe auch dieß noch nicht den mindesten Begriff von einer Dampfmaschine. Auf ungleich künstlichere Weise wenden wir schon Jahrhunderte lang die explodirende Kraft des Schießpulvers an, und doch ist die Herstellung einer Maschine, die eine stetige Bewegung mittelst jener Kraft hervorzubringen im Stande wäre, eine bis auf diesen Tag noch ganz ungelöste Aufgabe.

Gelehrte, die Spuren von Dampfmaschinen schon im Alterthume entdecken wollen, berufen sich hauptsächlich auf einen Apparat, den Hero von Alexandrien (100 Jahr vor Christo) angab*). Es bestand dieser aus einem Gefäße a (Fig. 3) das mit einem Arme b versehen, und zwischen zwei Spitzen c aufgestellt war, so daß es sich leicht drehen konnte. Wurde in diesem Gefäße Wasser in Dampf verwandelt, und konnte dieser aus einer an jenem Arme seitwärts angebrachten kleinen Oeffnung entweichen, so bewirkte der ausströmende Dampf durch Reaktion ein Umdrehen des Gefäßes in entgegengesetzter Richtung**). So sinnreich indessen diese Vorrichtung war, so scheint Hero selbst an keinerlei nutzbare Anwendung gedacht zu haben, und schwerlich wird auf diesem Wege auch je irgend ein mechanischer Effekt zu erlangen seyn.

Bis zum 17. Jahrhundert ist überhaupt keine Spur zu finden, daß eine mechanische Anwendung der Dampfkraft auch

---

*) Niemand hat eifriger als Montgèry Embryonen von Dampfmaschinen schon bei den Alten auffinden wollen. Allein alle seine Citate beweisen wohl nichts, als daß die Egypter in mystischen Ausdrücken von den wunderbaren Eigenschaften des Feuers und des Dampfes sprachen, und daß sie etwa vermittelst desselben Explosionen, oder Töne hervorzubringen wußten. Von einer mechanischen Anwendung der Dampfkraft enthalten sie keine Spur.

**) Der Dampf wirkt hier gerade so, wie das Wasser beim Segner'schen Wasserrade, oder das Schießpulver bei Feuerrädern.

nur versucht worden sei *). Die oft zitirte Stelle aus der Bergpostille des Predigers Mathesius vom Jahr 1562, „daß man jetzt auch Wasser mit Feuer heben soll" ist allerdings räthselhaft: unmöglich wird ihr aber jemand nur das mindeste historische Gewicht beilegen wollen. Und kaum mehreres kommt einer angeblichen Nachricht von einem Dampfschiffe zu, das Spanien im Jahr 1543 gesehen haben soll **). Der spanische Archivar Gonzalez wollte nemlich unlängst in einem Manuskripte gefunden haben, daß ein Seekapitän Blasco de Garay Karl V. eine Maschine vorgeschlagen, um Schiffe ohne Segel und Ruder zu treiben, und daß in Barcellona der Versuch mit Erfolg gemacht worden sey; man habe jedoch von der Einrichtung nichts erfahren, und blos gesehen, daß auf dem Schiffe ein Kessel mit kochendem Wasser war, und auf beiden Seiten ein Schaufelrad. Nicht nur hat aber die Kritik gar vieles gegen dieses ungedruckte apogryphe Dokument einzuwenden, sondern es geht aus jener Beschreibung noch durchaus kein Grund hervor, jenen Kessel für eine Dampfmaschine zu halten. Ueberhaupt darf man wohl von jeder Angabe, die in der Geschichte dieser Maschine Beachtung verdienen soll, verlangen, daß man sich wenigstens von der Beschaffenheit der bezeichneten Maschine einen Begriff zu machen im Stande sey.

Anders verhält es sich mit zwei Vorrichtungen, die der Franzose Sal. de Caus im Jahr 1615 und der Italiener Branca 1629 angaben. Beide versuchten unstreitig, durch die Kraft des Dampfes Bewegungen zu bewirken. Unbegreiflich

---

*) Denn Niemand wird wohl die Idee des Italieners Scappi (v. Jahr 1570) hieher rechnen, durch Heros Vorrichtung Bratspieße zu drehen.

**) S. v. Zachs astronom. Correspondenz von 1826.

ist jedoch, wie man diese Apparate für Ebauchen von Dampfmaschinen ausgeben konnte.

Der von de Caus*) beschriebene ist nämlich offenbar nichts als eine Art von Herosball, in welchem Dampf statt Luft wirkt. Er brachte Wasser in einer Kugel a (Fig. 4), bis auf deren Boden eine Röhre b reichte, zum Kochen, und zeigte, daß der sich bildende Dampf mit großer Gewalt gar bald das siedende Wasser zu der Röhre hinaustrieb. Damit war aber die ganze Wirkung beendigt.

J. Branca hingegen ließ den Dampfstrahl einer Aeolipile gegen die Schaufeln eines kleinen Rades (Fig. 5) strömen, so daß sich dieses durch den Anstoß umdrehte. Ge= setzt aber, er habe auch an den Axen dieses Rädchens einen Bindfaden aufwickeln lassen, oder mit derselben eine kleine Kurbelstange verbunden, so ist die Vorrichtung doch wohl immer nur ein mechanisches Spielwerk geblieben, und höch= stens etwa zum Drehen eines Bratspießes anwendbar **).

Eine ungleich wirksamere Vorrichtung ist die, von der ein Marquis von Worcester als einer von ihm gemach= ten Erfindung spricht, und die, wie oben gesagt, die Englän= der keinen Anstand nehmen, für die erste wahre Dampfma= schine zu erklären. Dieser erfinderische Mann beschreibt nem= lich in einer 1663 unter dem Titel „a century of inventions" abgefaßten Schrift einen Apparat, der mit Hülfe des Dam= pfes Wasser in einem anhaltenden Strahle auf eine bedeutende Höhe erheben soll ***). Die Zeichnungen indessen, die man

---

*) In dessen Schrift: Raison des forces mouvantes.
**) S. Baillet im Journal des Mines T. 33 p. 320.
***) Die Beschreibung, die Worcester unter Nr. 68 seiner Schrift von jener Maschine macht, ist wirklich übersetzt in Desagu= liers Physique II. p. 585 in der Bibl. brit. T. X. p. 129 in Tredgold u. A. m. Worcester schrieb jenes Buch

von dieser angeblichen ersten Dampfmaschine in neuern Zeiten entworfen hat, beruhen zum Theil auf ganz willkührlichen Deutungen. Die Beschreibung, die sich in obiger Schrift findet, ist eben so kurz als unklar. Ohne Zweifel kannte Worcester den obigen Versuch von de Caus, und kam dadurch auf die Idee, durch die Verbindung von mehreren solcher Gefäße, die abwechselnd zum Sieden gebracht und wieder nachgefüllt würden, ein kontinuirliches Heben von Wasser zu erhalten. Auch durch diesen Apparat würde hiemit nur siedend heißes Wasser zu heben seyn, und es kann derselbe um so weniger eine praktische Brauchbarkeit haben, da bekanntlich Wasser, das unter einem starken Dampfdruck sieden soll, weit über den gewöhnlichen Siedepunkt erhitzt werden muß *). Es ist endlich wohl außer Zweifel, daß weder Worcester, noch irgend Jemand nach ihm, eine ähnliche Maschine je ausgeführt hat **).

Zwanzig Jahre später schlug der Mechaniker James Moreland, nachdem er in England kein Gehör gefunden, Ludwig XIV. die Erbauung einer Maschine vor, wodurch Wasser mit Hülfe des Dampfes gehoben werden sollte. Daß

---

als Staatsgefangener, und starb 1667. Sie wurde erst 20 Jahr später zuerst gedruckt.

*) Trewgold und Andere meinen freilich, Worcester habe den Dampf nach demselben Prinzip wirken lassen wollen, das nachher Savery anwandte. Seine Beschreibung berechtigt aber auf keine Weise zu dieser Annahme.

**) Vor kurzem fand man zwar in einer alten Reisebeschreibung, daß Lord Sommerset, Marquis von Worcester, eine Dampfmaschine wirklich ausgeführt habe. Diese Angabe scheint uns aber wenig zu beweisen. Gewiß ist, daß Savery's Maschine sogleich Eingang fand; warum sollte, wäre eine ähnliche Maschine schon 30 Jahre früher zu Stande gekommen, dieselbe so gar keine Beachtung und Anwendung gefunden haben?

Moreland eigenthümliche Versuche über die Wirkungen des Dampfes gemacht hat, erhellt schon aus seiner nicht unmerkwürdigen Angabe, daß das Wasser, wenn es zu Dampf wird, sich in einem 2000mal größern Raum ausdehne. Es ist jedoch nichts Näheres über jenen Vorschlag bekannt, dessen überhaupt nur in ziemlich allgemeinen Ausdrücken in einem später aufgefundenen Manuscripte gedacht ist.

Niemand erwarb sich in jener Zeit wohl größere Verdienste um die Physik des Dampfes, als der Franzose Denis Papin, obschon wir glauben, daß auch seine Bemühungen nicht dem Savery die Ehre der Erfindung der Dampfmaschine streitig machen können. Seit 1680 hatte er viele Versuche über die Wirkungen des eingeschlossenen Dampfes angestellt. Er erfand den bekannten Digestor, der noch jetzt seinen Namen trägt, und die Sicherheitsklappe, die bei jeder Anwendung starker Dämpfe so unentbehrlich ist. Wahrscheinlich übertraf er alle seine Zeitgenossen an gründlicher Einsicht von der Natur des Dampfes, obschon auch er noch manche irrige Vorstellungen hegte; auch vermuthete er, der Dampf werde sich einst zum Forttreiben der Schiffe, sowie zum Werfen von Bomben anwenden lassen. Weit bedeutender ist aber, daß schon Papin auf den Gedanken kam, den Dampf in einem Cylinder auf eine Art Kolben wirken zu lassen. Er veranstaltete dieß in einem Cylinder a (Fig. 6) in dem eine mobile Scheibe b angepaßt, und dessen Boden mit einer kleinen Schicht Wasser bedeckt war. Wurde nämlich dieser Cylinder über Feuer gesezt, so verwandelte sich das Wasser in Dampf, und dieser drückte die Scheibe in die Höhe. Wurde er dann wieder von dem Feuer genommen, so verdichtete sich der Dampf, und die äußere Luft drückte die Scheibe wieder hinab. Er versicherte, in einem kleinen Cylinder mehrere solcher Kolbenspiele in 1 Minute bewirken zu können.

Diese sinnreichen Versuche wurden schon 1690 (in den Actis Erudit.) bekannt gemacht, also entschieden mehrere Jahre vor Saverys Erfindung. Nichts desto weniger kann, wie wir glauben, auf keine Weise Papin als wirklicher Erfinder der ersten Dampfmaschine betrachtet werden. Denn

1) Ist wohl außer Zweifel, daß Papin kein Mittel wußte, die abwechselnde Erzeugung und Condensirung des Dampfes schnell genug zu bewerkstelligen, und durch den Kolben eine mechanische Bewegung zu veranstalten. Seine Vorrichtung ist also durchaus keine Maschine.

2) Beruht die von Savery erfundene Maschine auf einem ganz andern Prinzip, so daß jene Versuche zu selber Erfindung wenig oder gar nichts beitragen konnten. Wäre die erste Maschine eine atmosphärische oder Kolbenmaschine gewesen, dann könnte man allerdings die Papinsche Vorrichtung als Vorläuferin ansehen.

3) Endlich scheint Papin selbst die Anwendbarkeit seines Prinzips gar bald bezweifelt zu haben, indem er, sowie die Saverysche Maschine bekannt wurde, diese vielmehr zu vervollkommnen suchte, und erst, nachdem die atmosphärische Maschine erfunden worden, seine frühern Ideen wieder verfolgte *).

Wir halten es demnach für eine genugsam erwiesene Thatsache, daß Kapitän Savery die erste wirkliche Dampfmaschine zu Stande brachte.

*) Papins Verdiensten lassen übrigens auch viele Engländer (wie Galloway, Stuart, Forey und andere), alle Gerechtigkeit widerfahren. Sie selbst weisen auf seine schon in den Philos. Transact. 1. 1697 enthaltenen Versuche.

III.
Erfindung der ersten Kolbenmaschine durch Newkommen.

Während Papin sich mit der Vervollkommnung der Saveryschen Maschine beschäftigte, indem er namentlich die Condensation des Dampfes zu erfinden suchte, und um eine kreisförmige Bewegung zu erlangen, das gehobene Wasser auf ein Rad leitete, erfand der Engländer Thomas Newkommen (in Verbindung mit J. Cawley) die erste mit Kolben wirkende Dampfmaschine *). Diese Maschine, die man in der Folge auch die atmosphärische nannte, wurde im Jahr 1705 patentirt. Offenbar liegen Papins Versuche dieser Einrichtung zum Grunde, doch nichts desto weniger gebühret die Ehre der Erfindung jenem Engländer, und diese war um so werthvoller, da diese Maschine auffallende Vorzüge vor der Saveryschen hatte. Sie verbraucht weit weniger Kohlen, war ungleich wirksamer, und ließ sich in weit größeren Dimensionen konstruiren. Es ist zu bezweifeln, daß Saverys Maschine je zu einem sehr häufigen Gebrauch gelangt wäre **), die Nützlichkeit der Newkommenschen wurde hingegen sehr bald allgemein anerkannt; sehr bald fand sie zumal in Bergwerken überall Eingang. Ist Newkommen also auch nicht der Erfinder der Dampfmaschinen, so ist er doch der, dem man die Einführung derselben zu verdanken hat.

---

*) Th. Newkommen war ein Eisenschmid, und John Cawley ein Glaser aus Dortmouth, beide Wiedertäufer.
**) Saverys Maschine kann das Wasser nur auf eine mäßige Höhe heben, und ist daher für Grubenwasser auszuschöpfen nicht dienlich.

Indessen sind ja fast alle bis auf den heutigen Tag erfundenen Dampfmaschinen Kolbenmaschinen, und gewissermaßen aus dieser ersten hervorgegangen. Dergleichen Maschinen werden endlich noch jezt mit wenig wesentlichen Veränderungen häufig zum Auspumpen von Wasser gebraucht.

Die Einrichtung einer **atmosphärischen** oder **Newkommenschen Maschine** ist wesentlich folgende:

In dem Kessel a (Fig. 7) wird der Dampf erzeugt; und dieser dringt, wenn der Hahn b aufgedreht wird, in den Cylinder c unter einen Kolben d; dieser Kolben ist durch eine Kette mit einem großen Hebel oder Wagbalken e f verbunden, an dessen Arm f ein Gegengewicht g und die Pumpstange h angebracht ist *). So wie der Dampf unter den Kolben dringt, steigt dieser, da das Gewicht g die Reibung und wohl auch einen Theil des Luftdrucks überwindet, und die Pumpstange h sinkt. So wie aber der Kolben den obern Rand des Cylinders erreicht hat, wird nicht nur der Dampfhahn b geschlossen, sondern zugleich der Wasserhahn i geöffnet, was zur Folge hat, daß etwas kaltes Wasser aus dem Behälter k bei l in den Cylinder eingespritzt wird. Diese Einspritzung bewirkt die Erkältung und Verdünstung des Dampfes und der Luftdruck wird bald stark genug, um den Niedergang des Kolbens so wie das Steigen der Pumpstange h und des Gegengewichts zu veranlassen. Das eingespritze sowie das kondensirte Dampfwasser wird sodann durch die Röhre m abgezogen, und der Dampfhahn darauf von neuem geöffnet. An dem Wagbalken f ist noch eine zweite Pumpstange n befestigt, die kaltes Wasser in den Behälter k hebt, und aus dem man von Zeit zu Zeit etwas Wasser auf die obere Fläche

---

*) Diese Maschine hieß daher Anfangs auch Hebelmaschine und Feuerpumpe (pompe à feu).

des Kolbens ausfließen läßt, um denselben dichter zu machen, und das Durchdringen des Dampfes zu verhindern.

Natürlich erlitt auch diese Maschine allmählig mancherlei Veränderungen. Bei der ersten Maschine wurde z. B. das Wasser nicht injizirt, sondern der Cylinder von aussen erkältet *). Später wurde der Cylinder nicht über, sondern neben dem Kessel aufgestellt. Man erfand ferner Vorrichtungen, um die Hähne durch die Maschine selbst drehen zu lassen **).

IV.
Fortschritte bis auf Watt.

Die Brauchbarkeit der atmosphärischen Dampfmaschine war, zumal wo das Brennmaterial wenig kostete, so einleuchtend, daß der Gebrauch derselben sich immer mehr und besonders in Kohlengruben verbreitete. Eine große Maschine wurde 1719 an der Themse zum Wasserschöpfen errichtet. In Deutschland wurde die erste Maschine 1722 zu Kassel durch Emil Fischer, Baron v. Erlach erbaut; eine andere im folgenden Jahr in Ungarn. Auch nach Spanien kam um diese Zeit schon eine solche Maschine; mehrere erhielten bald darauf die Niederlande. Ja noch jetzt finden sich in vielen Kohlengruben ganz alte oder nach diesem alten System

---

*) Ein zufälliges Loch im Kolben, das etwas Wasser durchließ, veranlaßte das Einspritzen.

**) Ein junger Wärter, Namens Humphrey Potter, kam zuerst auf den Einfall, die Hähne vermittelst einer am Wagbalken befestigten Stange zu dirigiren. Verbessert wurde dieser Mechanismus durch H. Beighton (1718).

konstruirte Maschinen, indem sie einfacher und minder kostbar zu erbauen sind als andere.

Die Saverysche Maschine kam daher bald in Vergessenheit. Nur Wenige, wie z. B. der Portugiese de Moura (1750) suchten durch Vervollkommnung sie etwa brauchbarer zu machen *). Daß Papins Bemühungen wenig Erfolg haben konnten, leuchtet von selbst ein. Auch die Empfehlungen des damals berühmten Physikers Desaguliers, der einmal der Newkommenschen Erfindung abgeneigt war, blieben fruchtlos **). Fast ausschließlich beschäftigte man sich mit der Vervollkommnung der atmosphärischen Maschine und die ausgezeichnetsten Mechaniker, wie H. Beighton (gestorben 1743) und Smeaton (geboren 1724) widmeten ihr ihre Aufmerksamkeit.

So manche Verbesserungen indessen dadurch zu Stande kamen, so blieb doch bis auf Watt die Dampfmaschine lediglich zum Heben von Wasser anwendbar, und das Grund-Prinzip ihrer Einrichtung durchaus dasselbe. Immerhin verdienen einige Bemühungen, die in diese frühere Periode fallen, auch in einem ganz kurzen Abriß ihrer Geschichte eine Stelle.

Der berühmte deutsche Mechaniker Leupold gab nämlich in seinem Theatrum mach. hydr. im Jahr 1724 schon eine wahre Hochdruckmaschine an. Diese, wie Einige wollen, nach Papins Ideen ausgedachte Maschine hatte folgende Einrichtung.

In dem Kessel a (Fig. 8) wurde der Dampf erzeugt, und diesen ließ man eine sehr beträchtliche Spannung erlangen.

---

*) Ueber de Moura's Veränderung siehe Bibl. brit. T. X. pl. 3.
**) Cours de Physique p. 573. Dasaguliers ließ von 1717 an 7 dergleichen Maschinen erbauen. Die erste erhielt Peter I. Sie hob das Wasser aus der Erde 29' (engl.) hoch, und trieb es dann noch 11' höher.

Aus dem Kessel strömte der Dampf abwechselnd in die Cylinder b und c, und von da, nachdem er gewirkt und einen Kolben zum Steigen gebracht, bei d in die Luft. Er bediente sich dabei des von Papin erfundenen zweifach durchbohrten Hahns, der nachher der Vierweghahn genannt wurde. Stand dieser Hahn wie in Fig. 8, so strömte der Dampf unter den Kolben in c, und dieser mußte sich also heben, da der Dampf weit stärker als die Atmosphäre drückte; zu gleicher Zeit aber fand der Dampf in b einen Ausweg in die Luft, so daß der Kolben durch die Luft, und ein auf dem Kolben lastendes Gewicht e hinunter bewegt werden mußte. Machte der Hahn eine Viertelswendung (wie in Fig. X.), so hatte das umgekehrte Spiel statt. Jede Kolbenstange wirkte auf einen Hebel f. Von diesen Leupoldschen Maschinen scheint man indessen keinen Gebrauch gemacht zu haben, vielleicht weil die Anwendung eines hochdrückenden Dampfes damals noch zu schwierig war und zu gefährlich schien. — Nicht minder bemerkenswerth ist das Bestreben des Jon. Hulls, eine Dampfmaschine auf einem Schiffe dergestalt anzubringen, daß damit ein Ruderrad umgetrieben wurde, und jenes Schiff (als Bugsirboot) zum Ziehen anderer dienen könnte. Hulls erhielt 1737 ein Patent, und es scheint ihm wirklich gelungen zu seyn, die Möglichkeit einer solchen Anwendung darzuthun. Die Verwandlung der senkrechten Bewegung der Kolbenstange in eine rotirende, wie Hulls sie veranstaltete, war jedoch so unbehülflich, und die Ausführung mochte so manche Schwierigkeiten gefunden haben, daß seine Unternehmung bald in gänzliche Vergessenheit gerieth. Vor wenigen Jahren erst erhielt man durch Entdeckung einer kleinen Druckschrift, worin Hulls Versuche beschrieben waren, Kenntniß von denselben.

V.
Umgestaltung der Dampfmaschine durch J. Watt.

Beinahe siebenzig Jahre lang blieb die Einrichtung der Dampfmaschine wesentlich dieselbe. Aller Bemühungen ungeachtet hatte Niemand vermocht ihre Grundfehler zu heben, ein neues System der Construktion zu erfinden, und ihr eine vielartige Brauchbarkeit zu geben. So wenig ist das Sprichwort immer wahr: inventis facile est addere. Da erschien James Watt, und sein Genie allein reichte hin, um diese Maschine gänzlich umzugestalten, und sie auf einen Grad der Vollkommenheit zu bringen, den auch die kühnste Erwartung übertraf. Mit allem Recht wird der hochgefeierte Mann daher als der zweite Erfinder, ja als der eigentliche Schöpfer der Dampfmaschine betrachtet *).

Die Ausbesserung eines kleinen Modells, die ihm 1763 aufgetragen wurde, und die Entdeckung, die eben der gelehrte Black im Gebiete der Wärmelehre gemacht, veranlaßten ihn, alle seine Aufmerksamkeit auf die Vervollkommnung dieser Maschine zu verwenden, und nachdem er durch mehrjähriges

---

*) J. Watt ward 1736 zu Greenok geboren und starb im 84sten Jahr zu Soho 1819. 1824 bewilligte das Parlament mehrere tausend Pfund zur Errichtung eines National-Denkmals. Mehreres über sein Leben s. im Morgenblatt April 1824, und Mech. Magaz. 1823, Nr. 1.

Wie unvollkommen die Dampf-Maschine zu Watts Zeiten war, erhellt schon daraus, daß der berühmte Mechaniker Smeaton 1781 noch meinte, diese Maschine lasse sich zum Treiben einer Mahlmühle nicht anders benützen, als indem man durch sie Wasser auf ein Wasserrad hebe!

Nachdenken und zahlreiche Versuche seine Ideen gereift, hatte der Mittellose das seltene Glück in Boulton einen Mann zu finden, der seine Entwürfe zu würdigen verstand, und ein hinreichendes Vermögen zu ihrer Ausführung hingeben mochte.

Das erste Patent nahm Watt im Jahr 1769 *). Spätere wurden ihm in den Jahren 1780, 82 und 84 ertheilt.

Die wichtigsten Erfindungen und Verbesserungen, welche die Dampfmaschine diesem Manne verdankt, dürften folgende seyn: **)

1. Die Erfindung des Condensators (1769). Vor ihm wurde der Dampf stets durch Einspritzung condensirt. Die Condensitung war bei diesem Verfahren unvollkommen und verzögert, und viele Wärme wurde verloren. Durch die Einführung eines Condensators wurde diesen Nachtheilen abgeholfen, und die Erfindung war um so sinnreicher, da er zugleich die der Luftpumpe damit verband.

2. Die Einführung eines oben geschlossenen Cylinders. Bei der atmosphärischen Maschine war er offen (oppentoppened) und nicht der Dampf, sondern der Luftdruck wirkte. Watt schloß die Luft aus, und ließ den Kolben abwechselnd von oben und von unten durch die Kraft des Dampfes treiben, während derselbe auf der andern Seite verdichtet wurde. So wurde die Maschine erst zu einer wahren Dampfmaschine. Zugleich führte ihn dieß zu einer Vervollkommnung des Cylinders, und der Liederung, zur Anwendung der Schmiere statt des Wassers u. a. m.

---

*) Schon 1768 baute er eine Maschine nach seiner Erfindung in den Kohlenminen zu Kinneil.

**) Wir erläutern diese Erfindungen durch keine Figuren, da wir in der Folge noch oft auf dieselbe zurückkommen werden.

3. **Die Erfindung der Doppeltwirkenden Maschine (1782)** *). Bis dahin wirkte die Kraft bei jedem Kolbenspiele nur einmal; in dieser Maschine wirkte der Dampfdruck bei'm Auf- wie bei'm Niedergange des Kolbens. Der Effekt war in derselben Zeit verdoppelt, und die Bewegung weit gleichförmiger. Die Gegengewichte fielen weg.

4. **Die Anwendung der Expansion.** Eigentliche Expansionsmaschinen scheint Watt zwar wohl angegeben, doch nicht ausgeführt zu haben; allein er lehrte, was für jede Maschine sehr wichtig war, den Dampf absperren, bevor der Kolbenhub ganz vollendet war, und gab die dazu nöthige Steuerung an, so wie er überhaupt auch diesen Theil wesentlich verbesserte. Watt scheint übrigens zuerst erkannt zu haben, daß sich der Nutzeffekt durch die Expandirung erhöhen lasse.

5. **Die Umwandlung der hin- und hergehenden Bewegung der Maschine in eine rotirende.** Er erfand zu diesem Behufe verschiedene Mittel. Zwar erhielten Washbourough und Steed vor ihm Patente auf die Anwendung der Kurbel; allein Watt hatte sie früher schon gebraucht, und jedenfalls war diese nur in Folge seiner Vervollkommnung brauchbar geworden. **)

6. **Die Erfindung des Parallelogramms**, oder einer sinnreichen Stangenverbindung, wodurch die Bewegung der Kolbenstange in ihrer senkrechten Stellung erhalten werden konnte.

---

*) Watt legte schon 1774 dem Unterhause die Zeichnung einer solchen Maschine vor.

**) Siehe Robison Mech. II. 134. Da indessen diese Vorrichtung schon patentirt war, so mußte Watt eine andere anwenden, das Sun- und Planetrad. Ueberdieß scheint Watt das Schwungrad eingeführt zu haben.

7. **Die Einführung des konischen Pendels**, um den Zufluß des Dampfes zu reguliren, und die des Manometers und anderer Indikatoren, um im Kessel wie im Cylinder und dem Condensator die Spannung des Dampfes zu messen.

8. Bedeutende Verbesserungen in der Construktion des Kessels und des Ofens zur Ersparung von Brennstoff.

Watt schrieb wenig oder fast gar nichts. Theoretische Untersuchungen waren nicht seine Sache. Seine Arbeiten waren praktisch, seine Erfindungen wurden in der Regel sofort verkörpert. Indessen ließ er in seinen Patenten auch wohl Ideen aufnehmen, die er noch nicht ausgeführt, ja die er niemals ausführte. So wie auf Expansionsmaschinen, so ließ er sich auf Hochdruck- und auf sogenannte Radmaschinen patentiren, obschon er keine Maschinen nach diesen Systemen je konstruirt zu haben scheint *). Mögen daher diese und ähnliche Ideen auch manche spätere Erfindung angebahnt haben, so ist doch nicht in Abrede zu stellen, daß seine vielumfassenden Patente, bis zu ihrer Erlöschung, manchem erfinderischen Kopfe die Hände banden. Wirklich gehört denn auch Watt zu den Glücklichen, denen nicht nur die volle Anerkennung ihrer Verdienste zu Theil ward, sondern die überdieß in reichem Maße die Früchte ihrer Erfindungen einernteten. **)

---

*) Watt hielt Maschinen, die den Dampf in die Luft entweichen lassen, nur da für vortheilhaft, wo es an Wasser zur Condensirung gebricht.

**) Mit Boulton verband sich Watt erst 1774. Im folgenden Jahre wurde die große Dampfmaschinen-Fabrik zu Soho bei Birmingham errichtet, die noch jetzt als eine der ausgezeichnetsten blüht.

VI.

Klassifikation der bis jezt erfundenen Arten von Dampfmaschinen.

Durch die zahllosen Bemühungen, die Dampfmaschine überhaupt, oder zum Behuf besonderer Anwendungen, zu vervollkommnen, sind allmählig Maschinen von überaus mannichfaltiger Einrichtung zu Stande gebracht worden. Und fast auf eben so vielfache Weise hat man den Apparat zur Erzeugung des Dampfes verändert.

Nimmt man indessen blos auf das Prinzip Rücksicht nach welchem der Dampf, als Ursache der Bewegung, in Wirksamkeit tritt, so lassen sich wohl alle bis dahin erfundenen Arten in 3 Hauptklassen bringen: Aspirations-, Rad- und Cylindermaschinen; die lezteren aber, wozu bei weitem die allermeisten gehören, in Maschinen mit einfachem oder mehrfachem Dampfdruck, mit einseitiger oder doppeltseitiger Wirkung, mit oder ohne Condensator und mit und ohne Dampf-Expansion unterscheiden.

Wir erhalten demnach folgende Klassifikation:

I. Klasse.

Aspirations- oder Savery'sche Dampfmaschinen.

II. Klasse.

Rad- oder rotirende Dampfmaschinen; in welchen der Dampf unmittelbar eine rotirende Bewegung hervorbringt.

III. Klasse.

Cylinder- oder Kolbenmaschinen;
    und diese zerfallen in:
    1. einseitig wirkende mit Luftdruck;
        atmosphärische oder Neukommensche Dampfmaschinen.

2. **Einseitig wirkende mit Dampfdruck**, und zwar:
   - A. Maschinen mit niedriger Pression.
   - B. Maschinen mit hoher Pression; und dahin gehören:
     - a. hochdruckende ohne Expansion und ohne Condensator,
     - b. hochdruckende ohne Expansion und mit Condensator,
     - c. hochdruckende mit Expansion und mit Condensator,
     - d. hochdruckende mit Expansion und ohne Condensator.
3. **Doppeltwirkende ohne Expansion**, und zwar:
   - a. Maschinen mit niedriger Pression,
   - b. Maschinen mit hoher Pression und Condensator,
   - c. Maschinen mit hoher Pression und ohne Condensator,
   - d. Maschinen mit hoher Pression und zwei Cylindern.
4. **Doppeltwirkende Expansionsmaschinen**, und zwar:
   - a. Maschinen mit 1 Cylinder und Absperrung,
   - b. Maschinen mit 2 oder mehreren Cylindern und ohne Absperrung,

und zwar beide Arten mit oder ohne Condensator sowie mit oder ohne Erwärmung der sich expandirenden Dämpfe.

Von diesen verschiedenen Systemen verdienen jedoch nur die der **dritten Klasse** oder die Cylindermaschinen eine nähere Betrachtung; da Saverysche Maschinen, mancher Verbesserungen ungeachtet, immer nur in sehr wenigen Fällen anwendbar sind, und alle bis dahin angegebenen Rotations- oder Radmaschinen noch keinen ganz befriedigenden Erfolg gehabt haben. In vorliegendem Werk wird daher fast ausschließlich von der Cylindermaschine die Rede seyn, und das Wissenswürdigste über die beiden andern Klassen in einem besondern Abschnitte mitgetheilt werden.

Zur vorläufigen Erläuterung der verschiedenen Systeme von Cylindermaschinen mag folgendes dienen:

1. Bei dem 1sten System, oder der **atmosphärischen Maschine** (Fig. 7), wird der Niedergang des Kolbens durch den Luftdruck bewirkt, während der unter demselben befindliche Dampf durch das Injektionswasser verdünnt wird; und das Steigen bewirkt ein Gegengewicht, indem zugleich frischer Dampf unter den Kolben tritt.

2. Wendet man stärkern Dampf an, so steigt der Kolben ohne Gegengewicht, und die Luft bewirkt den Niedergang auf gleiche Weise, wenn der Dampf wieder kondensirt wird. Wendet man noch stärkern Dampf an, und beschwert man den Kolben selbst mit einem Gewichte, so wird er dennoch steigen, wenn der Dampf unter denselben in den Cylinder tritt, und sinken, wenn man den Dampf auch nicht kondensirt, sondern in die Luft entweichen läßt. Dieses Prinzip liegt der Maschine von Leupold (Fig. 8) zum Grunde.

3. Läßt man Dampf von mehrfachem atmosphärischem Druck unter den Kolben a strömen, wie Fig. 9, so kann der Zufluß durch Zudrehen des Hahns b abgesperrt werden, bevor der Kolben seinen Lauf vollendet hat, und dieser wird doch noch steigen, weil der Dampf sich so lange expandiren kann, als er den Widerstand des Kolbens (der Luft und des Gegengewichts) zu überwinden vermag. Läßt man darauf den Dampf in einen Condensator oder die freie Luft entweichen, so wird umgekehrt der Kolben wieder zurückgehen. So erhält man **einseitigwirkende Expansionsmaschinen**.

4. Watt wandte zuerst einen auch oben geschlossenen Cylinder an. Um den Niedergang des Kolbens zu bewirken, ließ er den Dampf über denselben (Fig. 10.) treten, während der unter ihm befindliche in den Condensator abgezogen wurde. Hatte der Kolben den Boden erreicht, so hemmte er das Einströmen des Dampfes und stellte durch die Röhre a eine Verbindung zwischen der obern und untern Hälfte des Cylinders

her. Der Kolben erlitt nun, wenn o offen und d und e geschlossen waren, auf beiden Seiten einen gleichen Druck, und ein Gegengewicht b' brachte ihn also zum Steigen. Auf diese Weise konstruirte er *einseitige Maschinen mit einfachem Dampfdruck*, bei welchen die Luft keine Wirkung ausübte.

Wie leicht zu erachten, kann man eben so gut den Kolben durch den Dampfdruck steigen machen; es muß dann nur das Gegengewicht an der Kolbenstange angebracht seyn.

5. Auf die gleiche Weise kann man sich eines stärkern Dampfes bedienen, und diesen dann, nachdem er gewirkt, in einen Condensator oder in die Luft entweichen lassen. Eben so läßt sich nach ähnlichem Verfahren die Expansion des Dampfes benutzen. So erhält man verschiedene Arten von *einseitig wirkenden Hochdruckmaschinen*.

Viele nennen insbesondere Hochdruckmaschinen (mach. à haute pression) alle die, welche ohne Condensator arbeiten.

6. Als eine eigene Gattung sind Maschinen mit zwei gegen einander stehenden Cylindern, wie Fig. 11 und 12, zu betrachten. Tritt der Dampf bei a unter den Kolben A, während er bei b aus B entweicht, so bewegt sich die Stange C von A gegen B; und umgekehrt geht sie wieder zurück, wenn der Dampf bei b ein= und bei a ausströmt.

Ohne Zweifel wird man Fig. 11 am ehesten als eine Verbindung von zwei einseitig wirkenden Maschinen ansehen wollen, und Fig. 12, wo beide Kolben eine massive Stange bilden, als eine in 2 Cylinder getrennte doppelwirkende. Auch diese Maschinen lassen sich auf Expansion einrichten.

7. Unter *doppeltwirkenden Maschinen* (mach. à double effèt), versteht man überhaupt alle, in welchen der Dampf abwechselnd auf jeder Seite des Kolbens thätig ist. Es kann dieß geschehen, wenn der Cylinder C (Fig. 13) mit

4 Hahnen versehen ist, wovon a und b den Dampf ein = und c und d denselben abfließen lassen. Sind die Hahnen a und d offen und die beiden andern geschlossen, so hat über dem Kolben Zu = und unter demselben Abfluß statt, und er wird hiemit abwärts gehen. Umgekehrt muß er steigen, wenn a und d geschlossen, und b und c geöffnet sind.

8. Es ergibt sich von selbst, daß auch bei diesem Verfahren Dampf von stärkerem Druck anzuwenden ist, daß wenn der Dampf die gehörige Stärke hat, die Maschine mit und ohne Condensator arbeiten kann; und der Dampfzufluß sich während des Kolbenlaufs absperren läßt. So erhält man denn auch mehrere Arten von doppeltwirkenden Hochdruck = und Expansionsmaschinen.

9. Die Expansion des Dampfes läßt sich endlich auch ohne Absperrung desselben in Anwendung bringen, indem man ihn nemlich in zwei Cylinder, in dem ersten ohne und in dem zweiten weitern durch Expansion wirken läßt. Wie nach diesem Prinzip solche Expansionsmaschinen mit zwei Cylindern sich konstruiren lassen, ist aus Fig. 14 zu ersehen.

A und B sind zwei Cylinder von ungleicher Weite.

Durch a und d tritt der frische Dampf aus dem Kessel in den engern Cylinder; durch c und f aus dem weitern in den Condensator oder die freie Luft. Beide Cylinder sind durch zwei Röhren b und e mit einander verbunden, und zwar der obere Theil von A mit dem untern von B; und der untere Theil von A mit dem obern von B.

Nehmen wir an, beide Kolben haben den höchsten Punkt ihres Laufs erreicht, und es werden dann die Hahnen a, b und c geöffnet, und d, e und f geschlossen, so strömt der Dampf über den Kolben A und dieser wird weichen, weil der unter demselben befindliche zugleich durch b in den weiten Cylinder B abfließen und sich hiemit expandiren kann.

Eben so wird aber auch der Kolben B sinken müssen, weil der Dampf unter demselben durch c entweichen kann, sobald nur der über ihm zufließende, obgleich an sich expandirt, noch eine stärkere Spannung behält.

Es bedarf keiner weitern Erklärung, daß das Umgekehrte sich ergibt, wenn die Hahnen a, b und c geschlossen, und die drei andern geöffnet werden. Beide Kolben steigen und sinken also zugleich, und können daher an demselben Wagebaum wirken.

Auch dieses System, das vornemlich durch A. Woolf eingeführt wurde, läßt mehrere Modifikationen zu. Man kann statt zweier Cylinder auch drei anwenden, und den ausströmenden Dampf entweder condensiren oder nicht. Da ferner alle Expansion eine Temperatur-Verminderung zur Folge hat, so veranstaltet man, und dieß bei allen Expansionsmaschinen, oft eine äußere Erwärmung, um den Dampf mehr oder weniger bei seiner anfänglichen Temperatur zu erhalten.

VII.

Erfordernisse einer wirklichen Dampfmaschine.

Obschon der Dampfcylinder mit seinem Kolben oder Stämpel als erster oder wesentlichster Theil der Dampfmaschine betrachtet werden kann, so ist doch klar, daß eine Menge anderer Theile oder Organe hinzukommen müssen, um eine wirkliche Maschine zu konstituiren.

Die einen dieser Theile beziehen sich auf die Erzeugung, die andern auf die Verwendung des Dampfes. Letztere machen die Dampfmaschine im engern Sinne aus.

Der Dampferzeugungs-Apparat, der gewöhnlich einen besondern Raum einnimmt, besteht aus zwei Hauptheilen, dem Kessel und dem Ofen.

Der erstere muß eine hinlängliche Größe und Festigkeit haben, gefüllt und geleert, fortdauernd mit Wasser gespeist und zuweilen gereinigt und ausgebessert werden können. Man muß beobachten können, wie hoch das Wasser im Kessel steht, wie heiß es ist, wie stark der Dampfdruck. Der Dampf muß in den Cylinder strömen, nöthigenfalls aber auch in die Luft entweichen können. — Der Ofen muß feuerfest, und vor allem so konstruirt seyn, daß mit demselben Quantum Kohlen oder Holz die größtmögliche Menge Dampf erzeugt werde. Der Heizstoff muß vollkommen verbrennen, die Hitze aufs beste benutzt werden; es müssen Züge und ein hoher Rauchfang vorhanden seyn. Zugleich aber muß die Stärke des Feuers beständig so geleitet werden, daß die Erzeugung des Dampfes stets dem wechselnden Dampfbedarfe angemessen sey.

Es muß wünschenswerth seyn, daß diese Verrichtungen, so wie alle übrigen, so viel immer möglich durch die Maschine selbst vollzogen werden, oder daß sie sich selbst besorge.

Die eigentliche Dampfmaschine erheischt außer dem Cylinder vorerst einen Apparat, wodurch der Dampf in dem Cylinder gehörig vertheilt werde; der Dampf muß nicht nur gehörig einströmen und wieder entweichen, sondern es muß auch die Menge desselben, um einen gleichförmigen Gang zu erhalten, genau regulirt werden können.

Auch dieses künstliche Spiel von Hähnen oder Klappen muß die Maschine selbst und aufs Pünktlichste verrichten. Der Dampfcylinder erfordert große Festigkeit. Er muß oben und unten wohl verschlossen seyn. Die Liederung des Kolbens muß dauerhaft und dampfdicht seyn, und dabei wenig Reibung verursachen.

Zur Verwandlung der geradlinigten Hin= und Herbewegung der Kolbenstange in eine kreisförmige, sind gewöhnlich ein großer Hebel oder Balancier und eine Treibstange nebst Kurbel und Wellbaum erforderlich. Eine eigne Vorrichtung muß dann der Kolbenstange die Verticalität erhalten. Ein großes Schwungrad an dem Wellbaum muß die Unregelmäßigkeiten der Kurbelbewegung ausgleichen.

Soll endlich der entweichende Dampf, wie gewöhnlich, condensirt werden, so muß er zu dem Ende nicht nur in einen eignen Apparat gelangen, sondern eine Pumpe muß beständig kaltes Wasser schöpfen und dem Condensor zuführen; und eine zweite, eine Art Luftpumpe, muß das Condensionswasser wieder wegschaffen. So muß die Maschine drei Pumpenstangen in Bewegung setzen; außer den oben genannten nämlich noch die, welche fortdauernd den Kessel speist.

Dieß sind im Allgemeinen die wesentlichsten Theile, die beinahe zu jeder Dampfmaschine gehören. Bevor wir indessen die verschiedenen Theile und ihre Verrichtungen einzeln betrachten, und ausführlich die Eigenschaften des Dampfes untersuchen, welche der Einrichtung dieser merkwürdigen Maschine zu Grunde liegen, laßt uns sehen, wie sie bei einer Dampfmaschine in Verbindung stehen, und wie dadurch die vornehmsten Erfordernisse erzielt werden. Wir wählen vorzugsweise zu dieser kurzen Anschauung einer Dampfmaschine in ihrem Zusammenhange, eine Maschine von Watt und Boulton.

VIII.

Darstellung einer Dampfmaschine in ihrem Zusammenhange, und zwar einer doppeltwirkenden mit niedriger Pressung, nach Watt und Boulton *).

Der Dampf wird in dem großen Kessel A (Fig. 17 Taf. 2) erzeugt, und steigt von da durch die Hauptröhre B in die den Dampfcylinder umgebende Hülle oder den Mantel C. Eine Klappe gestattet ihm von da durch die Röhre a den Eingang in die **Dampfbüchse** D. In dieser halbcylindrischen Höhlung bewegt sich ein sogenanntes Schiebladenventil vermittelst der Stange o o auf= und abwärts, wodurch Dampf abwechselnd durch die Röhren b und d über und unter dem Kolben ein= und ausgelassen wird.

Die Bewegung des Kolbens und der Kolbenstange E bringt die des großen **Balanciers** F hervor, an dessen anderem Arme die Treibstange G mittelst der Kurbel H einen Wellbaum e umdreht. An dieser Stelle sitzt das Zahnrad I, das in ein Getriebe eingreift, und dadurch einen zweiten Wellbaum F umtreibt, an dem das Schwungrad K ange=

---

*) Die schönste Abbildung einer Dampfmaschine dürfte wohl die seyn, die 1827 von Lizars gestochen in zwei Blättern an 7 □′ groß, heraus kam. (Preis 1 Guinée.) Sie stellt eine neue von Girdwood in Glasgow für die Kohlenminen zu Stoneyhill erbaute Maschine von 150 Pf. Kräften bar, die jede Minute an 8000 Pf. Wasser aus einer Tiefe von 540′ Fuß in zwei ungeheuern Pumpensätzen zu Tage fördert.

bracht ist, um den Gang aller dieser Bewegungen möglichst gleichförmig zu machen.

Die Kolbenstange E ist nicht unmittelbar an dem Ende von F befestigt, sondern an einem parallelogramm=ähnlichen Apparate bei g, wodurch bewirkt wird, daß sich diese Stange ohne Schwanken in einer vollkommen senkrechten Linie bewegt. Die mit in Talg getränktem Werch gefüllte Stopfbüchse h hindert, daß Dampf entweiche.

So wie der Dampf über oder unter dem Kolben gewirkt hat, muß derselbe condensirt, und ein Vacuum hervorgebracht werden. Zu dem Ende vermittelt das bereits gedachte Schiebladen=Ventil in D abwechselnd eine Verbindung des obern oder untern Cylinders mit dem Condensor R durch die Röhre Q. Der Condensor ist ein geschlossener Raum, in den beständig aus u kaltes Wasser fließt. Ein Hahn oder Schieber, der willkührlich gestellt werden kann, dient zur Regulirung der einströmenden Wassermenge. Damit aber in diesem Condensator ein möglichst luftleerer Raum erhalten werde, muß nicht nur das Wasser, nachdem die Condensirung des Dampfes bewirkt worden, sondern auch die sich immer daraus absondernde Luft beständig wieder herausgeschafft werden. Dieses geschieht vermittelst einer mit dem Condensor in Verbindung stehenden Luftpumpe S. Diese Pumpe arbeitet vermittelst der am Balancier befestigten Pumpenstange L. Das durch diese Pumpe herausgeschaffte warme Condensionswasser ergießt sich in einen Behälter, in dem eine zweite Pumpe, die Wasserpumpe i steht. Diese Pumpe ist eine gewöhnliche Druckpumpe, welche eine hinreichende Menge dieses lauwarmen Wassers hebt, und durch die Röhre N und das Speiserohr O dem Kessel zuführt, um das darin verdunstende Wasser stets wieder zu ersetzen. M ist die Stange dieser Pumpe.

Eine dritte Stange P setzt noch der Balancier in Bewegung, welche der Kaltwasserpumpe T angehört, und diese schöpft aus einem Brunnen das Wasser, welches der Condensator bedarf. Das Wasser fließt aus der Pumpe durch die Röhre u in einen großen Behälter, die Cisterne U und aus diesem in gehöriger Menge, je nachdem der Hahn oder Schieber m mittelst des Schlüssels n mehr oder minder geöffnet wird, in den Condensator R.

Der Balancier setzt also bereits drei Pumpen in Bewegung, welche für die Bedürfnisse der Maschine selbst sorgen.

Zwei andere Verrichtungen für den Dienst der Maschine gehen von den beiden Wellbäumen e und f aus.

An dem ersten (e) ist nämlich ein Ercentricum angebracht, welches ein Hin= und Herziehen des Gestänges n bewirkt. Dadurch erfolgt eine Bewegung des Winkelhebels o, und dieser wirkt auf die Spindel c c des Schiebventils. Dieser Apparat heißt die Steuerung. So veranlaßt also jeder Umgang der Welle einen Auf= und Niedergang des Kolbens, und die Wirkung wird stets wieder zur Ursache einer zweiten oder folgenden.

An der zweiten Welle f steckt ein Winkelrad p, in welches ein anderes q greift. Wie die Spindel des letztern umgeht, dreht sich auch der sogenannte Moderator oder das konische Pendel V. Je geschwinder die Maschine, hiemit auch jene Spindel umgeht, desto mehr entfernen sich die zwei Kugeln, die an scheerenförmig sich durchkreuzenden Stäben befestigt sind, zufolge der Centrifugalkraft. Durch diese Entfernung verändert sich aber die Scheere, und der untere Ring r muß dadurch etwas gehoben werden. Dieser Ring wirkt auf einen langen Hebel s, und dieser auf den Schlüssel der Admissionsklappe t, die sich immer mehr schließt, und weniger Dampf in den Cylinder einströmen läßt. Durch diesen sinnreichen Mechanismus mäßigt sich die Maschine selbst; sie bewirkt selbst eine gleichförmige Geschwindigkeit, indem sie dem einströmenden Dampfe Einhalt thut, so wie derselbe eine zu schnelle Bewegung zu erzeugen beginnt; desto mehr Dampf aber einläßt, wenn der Gang auch nur etwas langsamer zu werden anfängt.

Alles Bisherige berührt die eigentliche Dampfmaschine selbst, die gewöhnlich einen besondern Raum einnimmt. Dieser Raum bietet nicht selten eine fast übertrieben scheinende Eleganz dar. Bei großen Maschinen ist der erste Boden öfters mit polirten Steinplatten belegt; die Maschine mit zierlichen Balustraden umgeben; eine schöne Treppe führt auf einen zweiten Boden aus gegossenen Eisenplatten, über welchem der ungeheure, von eisernen Säulen getragene Balancier spielt; Boden und Treppen sind mit eleganten Teppichen versehen; und ein Aufseher ist beständig damit beschäftigt, alle Theile rein und glänzend zu erhalten. Allein auch diese äußere Eleganz ist nicht zwecklos, insofern sie unstreitig dazu beiträgt, daß der Wärter (engine-man) mit desto größerer Sorgfalt auch die wesentlichen Theile dieser so kostbaren Maschine unterhält, und vor dem geringsten Rostflecken bewahrt.

Bei größern Maschinen sind die verschiedenen Pumpen gewöhnlich unter dem ersten Boden befindlich; in einem zwischen den Grundmauern gelassenen und mit Platten, die gehoben werden können, bedeckten Zwischenraume. Es versteht sich von selbst, daß diese Grundmauern, zumal die, auf welchen die Zapfenlager des Wellbaums, und die Säulen des Balanciers ruhen, die äußerste Solidität haben müssen. Alle Haupttheile sind daher auch durch lange Bolzen und Schrauben in das Grundgemäuer eingelassen.

Bei kleinen Maschinen von 10 oder weniger Pferdekraft, die man dann auch portative Maschinen zu nennen pflegt, steht die ganze Maschine nebst allen Pumpen öfters in einem eigenen viereckigten eisernen Kasten.

―――――

Wir wenden uns nun noch kürzlich zu dem zweiten Raume, worin der Dampf bereitet wird. Der Dampfkessel A (Taf. 2 Fig. 17 und Taf. 3 Fig. 23) ist bei unserer Maschine aus starkem Eisenblech zusammengenietet und bis ¾ seiner Höhe in ein Gemäuer eingelassen. Dieser Kessel (von einer 20pferdigen Maschine) ist an 16 Fuß lang, 7 Fuß hoch und an 5 Fuß weit. Neben demselben steht ein zweiter ihm ganz gleicher Kessel, der abwechselnd mit jenem gebraucht wird. Zu dem Ende ist eine Schraube vorhanden, wodurch die vertikale Dampfröhre geschlossen werden kann.

Der obere Theil des Kessels ist, wie die Figur zeigt, cylindrisch gewölbt, der Boden und die Seiten sind concav oder einwärts gewölbt. Im Innern des Kessels sind mehrere Querstangen oder Anker angeschraubt, um diese Form zu erhalten, oder das Werfen zu verhindern.

Unter dem Kessel ist der etwa 5 Fuß lange, nach hinten geneigte Rost a. Soll gefeuert oder geschürt werden, so wird die Thüre b geöffnet; c ist die Thüre zum Aschenraum.

Das Feuer bestreicht zuerst, nachdem es unter der Brücke d hindurch gegangen ist, den Boden des Kessels, dann zieht sich der Rauch durch Feuerröhren e um den ganzen Kessel herum und geht dann erst in den 80 bis 100 Fuß hohen Rauchfang f. Um den Luftzug zu mäßigen, findet sich vor dem Eintritt in den Rauchfang ein Schieber oder Register g (f' bezeichnet den Rauchfang des zweiten Kessels und g' dessen Schieber).

Um den Kessel anfangs zu füllen, wird ein Hahn geöffnet, dessen Röhre zu einem Warmwasserbehälter führt; man läßt so lange Wasser ein, bis es bei einer kleinen Oeffnung herausfließt, in welche dann ein eiserner Zapfen geschlagen wird. Ein anderer Hahn ist am vordern Theil vorhanden, durch den der Kessel geleert werden kann.

Um das allmählig verdampfende Wasser wieder zu ersetzen, dient die Speiseröhre B. Diese Röhre erhebt sich etwa 6 Fuß hoch über den Kessel, und steigt in demselben bis nahe an den Boden hinab, wo sie gekrümmt ist, damit kein Dampf hineintreten kann. Damit nun gerade so viel Wasser hineinfließe als verdampft, oder damit das Wasser im Kessel stets auf derselben Höhe erhalten werde, ist folgende Einrichtung getroffen: Die Warmwasserpumpe erhebt das Wasser zunächst in den kleinen Behälter g über der Speiseröhre, in dessen Boden der Zapfen h steckt. Das Wasser fließt nur dann in den Kessel, wenn dieser Zapfen gehoben wird. Damit nun dieß erst dann geschehe, wenn das Niveau im Kessel sinkt, ist der Schwimmer i (eine steinerne, durch das Gegengewicht k auf dem Wasser schwebend erhaltene Platte) vorhanden, dessen Spindel durch eine Stopfbüchse l geht, und an dem Hebel m befestigt ist. Fällt das Niveau, so sinkt auch der Schwimmer, und der Zapfen h hebt sich, so daß Wasser einfließt.

Die Alimentationsröhre B hat indessen noch einen andern Zweck. Diese Maschine ist, wie gesagt, auf eine niedrige Pressung berechnet. Der Dampfdruck übertrifft also nur um weniges den der Luft; es steht daher das Wasser in der Röhre B nur um wenige Fuß höher als im Kessel; jenes Niveau verändert sich aber sogleich, wenn der Dampf stärker oder schwächer wird. In der Röhre B ist nun ein zweiter Schwimmer n, der durch das an der Kette o und in dem Rauchgange hängende Register schwebend erhalten wird. Drückt hiemit der Dampf zu stark, so steigt dieser Schwimmer, das Register sinkt, und der Luftzug, so wie das Feuer wird gedämpft. Zugleich aber wirkt diese Bewegung auf ein kleines Gewicht, dessen Steigen von dem Heizer (fireman) wahrgenommen wird, und ihm als Anzeige dient, das Feuer noch mehr zu mäßigen. Dasselbe bemerkt ihm übrigens der kleine Quecksilberheber oder Inder p vorn an dem Kessel und ein ähnlicher Inder ist an dem Dampfcylinder c angebracht, der den Druck des Dampfes in dem Mantel nachweist.

Ferner bemerkt man auf der Wölbung des Kessels das Fahr- oder Menschenloch q'; eine große ovale Oeffnung, deren Deckel losgeschraubt wird, wenn man in den Kessel steigen will, um ihn zu reinigen oder auszubessern. Endlich findet sich am Ende der Dampfröhre B (F. 17), die mit wenigen Pfunden auf den Quadratzoll beschwerte Klappe r. Sie dient einerseits als Sicherheitsklappe, indem sie sich öffnet, wenn der Dampfdruck zu mächtig wird; hauptsächlich aber dazu, um den Dampf in die Luft ausströmen zu lassen, wenn die Maschine still gestellt wird.

Zweiter Abschnitt.
Physik des Dampfes.

I.
Von den Gesetzen der Dampfbildung und den Eigenschaften des Dampfes überhaupt.

Ist Wasser der freien Luft ausgesetzt, so verdunstet bekanntlich dasselbe allmählig, und zwar bei jeder auch noch so niedrigen Temperatur; wird es erwärmt, so hat eine immer raschere Verdunstung statt.

Die Erwärmung kann jedoch nur bis auf einen gewissen Grad erhöht werden; ist das Wasser bis auf diesen Punkt erhitzt, so tritt plötzlich eine ganz andere Erscheinung ein, das Wasser kocht oder siedet. Von nun an verbindet sich alle hinzukommende Wärme mit Wassertheilen zu einer elastischen Flüssigkeit, zu Dampf.

Alle Flüssigkeiten zeigen ähnliche Erscheinungen, das Sieden tritt aber nicht bei demselben Temparaturgrade ein. Der Siedepunkt des reinen und gemeinen Wassers findet sich bei etwa 80° R. (der Reaumürschen Skale) oder

100° C. (der hunderttheiligen) oder 212° F. (der Fahrenheitischen Skale) *).

Offenbar besteht das Sieden in einer ungehinderten Dampfbildung. Tritt es also nicht früher ein, so muß demselben irgend ein Hinderniß im Wege stehen, das bei niedriger Temperatur nicht überwunden werden kann; und dieses Hinderniß kann kein anderes seyn, als der Druck der Luft.

Und in der That kommt Wasser unter einer Luftpumpe bei einem ungleich schwächern Hitzgrade schon zum Sieden, so wie unter einer Compressionspumpe erst bei einem höhern. Eben daher ist der Siedepunkt keineswegs ein ganz unveränderlicher. Er tritt nur dann genau bei 80° R. oder 100° C. ein, wenn der Barometer auf 28" steht. Bei einem tiefern oder höhern Stande hat auch der Siedepunkt etwas früher oder später Statt. Auffallend niedriger ist er auf Gebirgen, wo der Luftdruck kleiner ist. Auf dem 14700' hohen Montblanc, wo der Barometer auf 16" steht, kocht das Wasser schon bei 86½° C. —

Unschwer ist auch einzusehen, warum der Luftdruck die Bildung des Dampfes erschwert. Da der Dampf eine elastische Flüssigkeit ist, zu der das Wasser ausgedehnt wird, so wird derselbe sich nur dann bilden können, wenn seine Elasticität oder seine Spannkraft dem Luftdrucke gleich kommt, und dieß kann nur bei einem gewissen Grade von Wärme und Dichtigkeit Statt finden.

---

*) Salzwasser siedet erst bei einer höhern Temperatur. Meerwasser bei 101°, und konzentrirt so daß es über 30% Salze enthält bei 107°. Schwefelsäure erst bei 248° R. und Quecksilber bei 280° R. Weingeist hingegen schon bei 66° R.

Da nun das Wasser bei 100° C. siedet, so ergibt sich daraus, daß die Elastizität des Dampfes bei dieser Temperatur eben jener der Luft gleich kommt, und daß also auch dieser Dampf eine Quecksilbersäure von 28″ oder 76 Centim. zu tragen vermag. Auf 1 □″ äußert er also einen Druck von etwa 15 Pf. und auf 1 □′ einen von 2150 Pf. —

Die Ausdehnung aber beträgt ungefähr das 1700fache; oder 1 Cub. Zoll Wasser gibt beinahe 1 Cub.′ Dampf von 100° Wärme und von der Spannkraft der Atmosphäre. Die Dichtigkeit (oder das spez. Gewicht) des Wassers zu der dieses Dampfes verhält sich also

= 1 : 0,000589; und die der atm. Luft zum Dampfe
= 1 : 0,4712

1 Cub.′ Dampf wiegt $^{27}/_{680}$ ℔ (engl.)
1 do.   „   „ $^{7}/_{170}$ ℔ (franz.)
1 Cub. Meter D. $^{10}/_{17}$ Kilogr.

Bringt man Wasser in einer Retorte oder in einem Gefäße mit einer ziemlich engen Röhre (einer sogenannten Dampfkugel oder Aeolipila) zum Kochen, so wird der Dampf, da sich das Wasser so sehr ausdehnt, mit beträchtlicher Geschwindigkeit ausströmen.

Da während des Siedens die Temperatur des Wassers unverändert bleibt und der Dampf selbst die nämliche Temperatur hat, so mochte es lange unbegreiflich seyn, was aus all der Wärme wird, die fortdauernd dem Wasser zugeführt wird; und um so mehr, da es ungleich mehr Zeit braucht, um 1 Pf. Wasser zu verdampfen, als um dasselbe bis zum Siedpunkte zu erhöhen.

Es kann jedoch leicht gezeigt werden, daß in der That 1 Pf. Dampf wenigstens 6 oder 6½ mal so viel Wärme enthält, als 1 Pf. Wasser, obschon der Dampf wie das Wasser die gleiche Temperatur von 100° zeigt.

Leitet man nämlich, während 1 Pf. Wasser verdampft, allen Dampf in kaltes Wasser, z. B. in 20 Pf. Wasser von 15°, so wird der Dampf darin erkältet und zu Wasser verdichtet, und die ganze Wassermasse (wenn aller Wärmeverlust sorgfältig verhütet wird) auf 45° oder um 50° erwärmt. Mischt man hingegen 1 Pf. siedend heißes Wasser mit 20 Pf. kaltem von 15°, so wird die Temperatur nur auf 19° oder um 4° erhöht.

Die Erklärung ist ohne Zweifel folgende: Nennen wir w die erforderliche Wärme, um 1 Pf. Wasser um 1° wärmer zu machen, so enthält 1 Pf. siedendes 100 w; und die 20 Pf. kaltes von 15° enthalten 300 w. Diese 400 w vertheilen sich auf die 21 Pf., und die Temperatur wird also $400/21$ oder 19° seyn. Ebenso werden im ersten Falle die 21 Pf. nach der Vermischung 21×45 oder 945 w enthalten; da nun das kalte Wasser vorher nur 300 w enthielt, so muß der Wärmegehalt des Dampfes unstreitig 645 w betragen; und da seine Temperatur nur $= 100$ ist, so muß er die übrigen 545 als latente Wärme enthalten.

Das Mittel aus vielen Versuchen ergibt 640 w für den Wärmegehalt des Dampfes. Ein Pf. Dampf hat hiemit $6^2/_5$ mal so viel Wärme als 1 Pf. siedendheißes Wasser; und kann also, indem er sich darin kondensirt, $5^2/_5$ Pf. kaltes Wasser von 0° bis 100° erhitzen. Während 1 Pf. Wasser von 0° zum Kochen gebracht wird, nimmt es 100 w und zwar als sensible oder freie Wärme auf; wird dasselbe dann in Dampf verwandelt, so müssen ihm noch weitere 540 w zugeführt werden; alle diese Wärme wird aber in latente oder gebundene verwandelt.

Die eben betrachteten Erscheinungen gelten für Dampf, der unter dem gewöhnlichen Luftdrucke erzeugt ist; noch merkwürdigere ergeben sich, wenn er in verschlossenen Gefäßen erzeugt und behandelt wird.

Wird etwas Wasser in einer verschlossenen und vorher luftleer gemachten Kugel erwärmt, so erfüllt sich sofort der ganze Raum mit Dampf, da nichts die Dampfbildung hindert. Dieser Dampf wird aber anfangs ganz dünn seyn, und eine sehr geringe Elastizität haben. Wie die Erwärmung jedoch zunimmt, wird beides, Dichtigkeit und Spannung, auch steigen. Jedem Temperaturgrade wird ein bestimmter Grad von Dichtigkeit und Elastizität entsprechen. Bei 100° werden beide genau die des unter dem gewöhnlichen Luftdrucke erzeugten Dampfes seyn.

Setzt man nun die Erwärmung weiter fort, so wird der Dampf immer dichter und gespannter. Bei 122° wird er schon den doppelten, bei 145° ungefähr den vierfachen Druck ausüben, und beinahe in demselben Verhältnisse dichter seyn. Diese Steigerung der Dampfkraft scheint keine Grenzen zu haben, und der Dampf wird endlich stark genug, das stärkste Gefäß zu zersprengen. Bei vierfachem Druck beträgt er auf den □" schon 60 Pf. und bei zehnfachem schon 150 Pf., während die Luft von außen nur mit 15 Pf. p. □" entgegendrückt.

Auch in diesem Falle haben Wasser und Dampf dieselbe erhöhte Temperatur; auch hier hat der Dampf bei jedem Temperaturgrade einen bestimmten Grad von Dichtigkeit; in allen diesen Fällen endlich ist der Dampf ein gesättigter oder saturirter, weil er so viel Wassertheile aufnehmen kann, als er zu der seiner Temperatur angemessenen Dichtigkeit bedarf.

Wird der Hahn eines Gefäßes, in dem solcher Dampf von höherm Druck erzeugt ist, geöffnet, so strömt derselbe mit Schnelligkeit heraus, bis das Gleichgewicht mit dem atmosphärischen Drucke hergestellt ist. Zugleich wird aber auch die Temperatur des überhitzten Wassers bis auf 100° C. fallen müssen, und daher noch eine spontane Dampfentwicklung statt finden.

Ist in einem Gefäß von 1 Cub.' noch 1 Pf. Wasser vorhanden, und Wasser und Dampf auf 122° erhitzt, so daß dieser die Elastizität von 2 Atm. erlangt hat, so wird bei Oeffnung des Hahns 1) ½ Cub.' dieses zweifachen Dampfs ausströmen, bis der übrige zur Dichtigkeit des einfachen Dampfs sich ausgedehnt hat; 2) aber wird die Temperatur des Wassers von 122° auf 100° sinken, und dieses also ein Wärmequantum von 22 w abgeben müssen. Da nun ein Pf. bereits siedendes Wasser 540 w bedarf, um sich in Dampf zu verwandeln, so werden jene 22 w eine spontane Dampfentwicklung b, $^{22}/_{540}$ oder etwa $^{1}/_{24}$ Pf. Wasser veranlassen, oder an $^{5}/_{4}$ Cub.' Dampf von einfacher Pression erzeugen, die ebenfalls noch durch jenen Hahn entweichen müssen.

So wie ferner der Dampf, wenn er mit Wasser in Berührung ist, immer dichter und elastischer wird, je mehr man ihn erhitzt, so verliert er umgekehrt durch Erkältung wieder in eben dem Grade an Elastizität und Dichtigkeit, in dem sich ein Theil des Dampfes wieder zu Wasser condensirt *). Füllt man daher ein Gefäß mit Dampf, und erkältet man dasselbe, nachdem es dicht verschlossen worden, so wird mehr und mehr Wasser niedergeschlagen, und der Dampf immer dünner, wie wohl er stets saturirt bleibt. Erkältet man das Gefäß bis 25°, so beträgt die Expansivkraft des Dampfes nur 10''' und bei 0° nur noch 2''', so daß im innern Raume beinahe ein Vakuum entsteht.

---

*) Diese sich aussondernden Wassertheilchen machen ihn trübe und undurchsichtig wie Nebel; der gesättigte Dampf ist vollkommen durchsichtig.

Anders verhält es sich, wenn ein blos Dampf enthaltendes Gefäß noch mehr erhitzt wird. Der Dampf wird dann heißer, ohne daß er mehr Wasser aufnimmt. Seine Dichtigkeit bleibt unverändert; und er ist nicht mehr saturirt.

Solcher Dampf, der eine seiner Temperatur nicht entsprechende Dichtigkeit hat, heißt überhitzt. Auch hier steigt mit der Zunahme der Temperatur die Elastizität oder Expansivkraft, doch nur wie bei allen Gasarten, nemlich um $\frac{1}{267}$ für 1° C. über 0 oder um $\frac{1}{323}$ für 1° R. —

Wenn ferner ein mit einem Kolben versehener Stiefel zum Theil mit Dampf gefüllt ist, so wird, wenn der Kolben tiefer hinein gestoßen, oder weiter heraus gezogen wird, der Dampf entweder dichter oder dünner. Zugleich aber muß im ersten Falle seine Temperatur steigen, und im zweiten sinken; und im ersten also latente Wärme frei, im zweiten freie latent werden.

Gesetzt z. B. der Raum in dem 1 Pf. Dampf (v. 100°) sich befindet, werde auf die Hälfte verkleinert, so wird der Dampf doppelt so dicht. Bei doppelter Dichtigkeit muß er aber 123° heiß seyn. Es werden 23 w frei werden müssen, und dieser Dampf nun 123 w sensible, und nur 517 w latente Wärme enthalten. Ebenso, wird jener Raum auf das Doppelte erweitert, so wird der Dampf nur die halbe Dichtigkeit haben; und da er bei dieser nur 80° heiß seyn kann, so müßten 20 w latent werden, und derselbe nur 80 w sensible und 560 w latente Wärme in sich fassen. In allen diesen Fällen wird natürlich angenommen, daß durchaus keine Wärme verloren gehe oder hinzukomme.

Die Erfahrung lehrt endlich, daß, wenn Luft mit Dampf sich mischt, die Luft ein gleiches Volum Dampf aufnimmt, von derjenigen Dichtigkeit nämlich, die der Dampf bei der Temperatur der Luft hat; und daß die Elastizität der Luft dadurch um die des Dampfes vermehrt wird.

Bringt man etwas Wasser in 1 Cub.' trockne Luft von 30° T. und 28" Druck, so wird das Wasser verdunsten, bis die Luft 1 Cub.' Dampf von $1/20$ Dichtigkeit aufgenommen hat, und der Druck auf $29\tfrac{1}{8}$" steigen; weil Dampf von 30° 30mal dünner als gemeiner Dampf von 100° ist, und demselben eine Expansivkraft von $1\tfrac{1}{8}$" zukommt.

Da 1 Cub. Meter gemeiner Dampf nahe an 600 Grammen wiegt, so kann hiemit 1 Cub. Meter Luft bei 30° Wärme, wenn sie mit Wässerigkeit saturirt ist, höchstens $600/20$ oder 30 Gr. Wasser enthalten.

Wir glauben in dem Vorigen alle wesentlichen Eigenschaften des Dampfes und die merkwürdigsten Erscheinungen der Dampfbildung angegeben zu haben. Zu einer gründlichen Einsicht in die Wirkung der Dampfmaschinen ist aber nöthig, daß wir die mehresten noch einer genauern Untersuchung unterwerfen. Es soll dieß durch die folgenden Betrachtungen geschehen.

II.
Specielle Physik des Dampfes.

1.
Von der Expansivkraft des saturirten Dampfes bei höhern Temperaturgraden.

Daß der Dampf, wenn Wasser in verschlossenen Gefäßen gekocht wird, allmählig immer dichter wird, und eine immer größere Kraft ausübt, mußte schon längst beobachtet worden seyn. Die ersten Versuche aber, die wachsende Expansivkraft zu messen, machte Dr. Ziegler von Winterthur bekannt *), und so unvollkommen auch sein Apparat war, so sind sie als erste immer sehr schätzbar. Schon vorher hatte zwar der berühmte Watt Versuche gemacht, die Resultate derselben blieben aber lange unbekannt. Später stellten Bétancourt **) und Biker ähnliche Versuche an, und seitdem bemühte sich noch mancher andere Physiker, und namentlich in den neuesten Zeiten Christian ***) in Paris und Professor Arzberger in Wien †), die Elastizität des Dampfes bei hohen Temperaturgraden genau auszumitteln.

Die Apparate, um dergleichen Versuche vorzunehmen bestehen entweder

Aus einem Gefäße a (Fig. 15), in dem Wasser zum Kochen gebracht wird, und das 1) mit einem Hahn b versehen

---

*) S. dessen Abhandlung de digestore Papini. Basil. 4. 1769.
**) Mém. sur la force de la Vapeur. 1792. 4.
***) Mécanique industrielle T. 3. 4.
†) Jahrb. des polyt. Inst. Bd. I. S. 144.

ist, um das Wasser einzufüllen, und um im Anfange des Siedens alle Luft entweichen zu lassen, 2) mit einem Thermometer c, dessen Röhre dampfdicht anschließt, und dessen Kugel in den Dampf (oder das Wasser) taucht, um dessen Temperatur zu erkennen; und 3) mit einem Barometer d (der auch ein heberförmiger oder ein Manometer seyn kann), um den Druck des Dampfes zu ermessen.

Oder, besonders für sehr hohe Temperaturgrade, aus einem starken knieförmig gebogenen Cylinder, in dessen Deckel 1) ebenfalls ein Thermometer eingelassen ist, und der 2) mit einer Oeffnung und einem beschwerten Ventile oder Stempel versehen ist, aus dessen Belastung man, so wie es sich zu heben anfängt, den Druck des Dampfes auf den ☐' berechnen kann. Fig. 16.

Wir glauben nicht in eine nähere Beschreibung dieser Apparate und die vielen Schwierigkeiten eintreten zu sollen, die genaue Versuche damit darbieten. Eben so führen wir von den Resultaten der verschiedenen Physiker nur einige von Christian und Arzberger an, die besonderes Zutrauen verdienen.

Nach **Christian** ist der Druck des saturirten Dampfes:
bei 125° C. = 2,267 Kil. auf 1 ☐ Centim.
    135 ,, = 3,106 ,,   ,,
    145 ,, = 4,256 ,,   ,,
    150 ,, = 4,981 ,,   ,,
    160 ,, = 6,495 ,,   ,,
    165 ,, = 6,928 ,,   ,,
    170 ,, = 8,062 ,,   ,,

Nach **Arzberger**:
bei 150° C. = 4,619 Kil. pr. ☐ Centim.
    160 ,, = 5,864 ,,   ,,
    170 ,, = 7,427 ,,   ,,

bei 180° C. = 9,266 Kil. pr. ☐ Centim.
 190 „ = 11,437 „ „
 200 „ = 13,964 „ „
 210 „ = 16,896 „ „

Wir bemerken hingegen folgendes:

Bis zu 150° stimmen die sorgfältigsten Versuche so sehr überein, daß man die Expansivkraft des Dampfes bis zu dieser Temperatur als ziemlich genau ausgemittelt ansehen kann.

Von 150° — 200° werden die Angaben hingegen schon merklich abweichend, und für höhere Temperatur fehlt es überhaupt noch sehr an genügenden Versuchen.

Trotz aller Bemühungen endlich ist es bis jetzt nicht gelungen, aus den vorhandenen Ergebnissen eine Formel aufzufinden, nach der sich mit Sicherheit die Elastizität für jeden Wärmegrad berechnen läßt *).

———————

*) **Tredgold** (Traité p. 104) schlägt zur Berechnung der Expansivkraft p (in Centimetern) bei einer gegebenen Temperatur t (in Centigraden) folgende Formel vor:

Log. p = 6 × (Log. (t + 73) — Log. 84).

Der Druck des Dampfes bei 121° C. findet sich hiemit also:

Log. 121 + 73 oder L. 194 = 2,28780
 Log. 84 = 1,92428
 ——————
 0,36352
 × 6
 ——————
 2,18172 = L. 152.

Der Druck wäre also = 152 Centim.

und zur Berechnung der Temperatur, wenn p gegeben ist:

$$\text{Log. } t + 73 = \frac{\text{Log. } p}{6} + \text{Log. } 84.$$

Demnach wäre die Temperatur von 8fachem Dampf (wo p = 608) = 171½°.

Obschon sich jedoch aus dem oben Gesagten ergibt, daß sich gegenwärtig noch nicht vollkommen genaue Tafeln über den Druck des Dampfes bei jeder Temperatur aufstellen lassen, so haben doch die folgenden bereits einen großen Werth.

Die erste *) ist die der Herren Arago und Dulong, deren sorgfältige Versuche bis zu 224° C. zum Grunde liegen.

Die zweite **) stützt sich auf die Versuche von Arzberger bis 178° R. oder 222° C.

In der ersten ist der Dampfdruck in Atmosphären (1 Atm. = 28″ Centim. Barometerhöhe) angegeben; in der zweiten in Pariser Zollen, und zugleich das Dichtigkeitsverhältniß des Dampfes zum Wasser beigefügt.

Die dritte gibt nach Fourier den Druck per □ Centim. und das Gewicht von 1 Cub. Meter Dampf von verschiedener Pression an ***).

Die vierte gibt den Dampfdruck in metrischem und englischem Maaße bei verschiedenem barometrischen Druck an.

---

*) Aus dem Annaire du bureau des Longitudes von 1830, p. 333.

**) Ausgezogen aus Prechtls techn. Enz. T. 3.

***) Aus Karstens Archiv. Bd. 18. S. 184.

Tafel I.

Expansivkraft des Dampfes nach Arago und Dulong.

Temperatur.	Druck in Atm.	Temperatur.	Druck in Atm.
100° C.	1 Atm.	190° C.	12 Atm.
112,2	1½ „	193,7	13 „
121,4	2 „	197,2	14 „
128,8	2½ „	200,5	15 „
135,1	3 „	203,6	16 „
140,6	3½ „	206,6	17 „
145,4	4 „	209,4	18 „
149,6	4½ „	212,2	19 „
153,8	5 „	214,7	20 „
156,8	5½ „	217,2	21 „
160,2	6 „	219,6	22 „
163,5	6½ „	221,9	23 „
166,5	7 „	224,2	24 „
169,4	7½ „	226,5	25 „
172,2	8 „	236,5	30 „
177,1	9 „	244,8	35 „
181,6	10 „	252,5	40 „
186,3	11 „	265,9	50 „

Bis zum Druck von 8 Atm. kommen obige Temperaturangaben fast ganz mit den von der französ. Akademie angenommenen überein; und bis zu diesem Drucke findet sich die Temperatur fast ganz genau nach der Formel

$$t = 85 \sqrt[6]{f} - 75.$$

Wo F den Druck in Centimetern bezeichnet, und dieser Druck findet sich, wenn die Atmosphärenzahl mit 76 multiplicirt wird. (F = 76 A.)

Der Druck auf 1 ☐ Centim. ist = 1,033 A Kil.

Für Dampf von 6 Atm. ist der Druck also = 456 Centim. oder 6,198 Kil. per ☐ Centim.

Tafel II.

Expansivkraft und Dichtigkeit des Dampfs, nach Arzbergers Versuchen.

Temperatur in R.	in C.	Druck in Par. Zoll.	Dichtigkeit zum Wasser = 1.
80	100	28″	0,000589
82	102,5	30,54	0,000639
84	105	33,25	0,000691
86	107,5	36,16	0,000746
88	100	39,26	0,000805
90	112,5	42,58	0,000867
92	115	46,11	0,000933
94	117,5	49,87	0,000002
96	120	53,87	0,001075
98	122,5	58,12	0,001153
100	125	62,63	0,001234
102	127,5	67,41	0,001320
104	130	72,47	0,001410
106	132,5	77,83	0,001505
108	135	83,49	0,001604
110	137,5	89,47	0,001709
112	140	95,77	0,001818
114	142,5	102,4	0,001932
116	145	109,4	0,002022
118	147,5	116,8	0,002176
120	150	124,5	0,002307
122	152,5	132,7	0,002443
124	155	141,2	0,002584
126	157,5	150,1	0,002732
128	160	159,5	0,002886
130	162,5	169,4	0,003046
132	165	179,6	0,003212
134	167,5	190,4	0,003385
136	170	201,6	0,003564
138	172,5	213,4	0,003750

Temperatur in R.	in C.	Druck in Par. Zoll.	Dichtigkeit zum Wasser = 1.
140	175	225,6	0,003943
142	177,5	238,4	0,004142
144	180	251,7	0,004349
146	182,5	265,6	0,004563
148	185	280,0	0,004785
150	187,5	295,0	0,005013
152	190	310,6	0,005250
154	192,5	326,9	0,005494
156	195	343,7	0,005746
158	197,5	361,2	0,006006
160	200	379,35	0,006274
162	202,5	389,2	0,006550
164	205	417,7	0,006834
166	207,5	437,9	0,007127
168	210	458,8	0,007428
170	212,5	480,4	0,007738
172	215	502,8	0,008056
174	217,5	526,0	0,008384
176	220	549,9	0,008720
178	222,5	574,6	0,009065
180	225	600,1	0,009420

Vergleicht man diese Tafel mit der vorigen, so sieht man, daß die Temperatur-Angaben nur bis zum Drucke v. 5 Atmosph. fast gar nicht abweichend sind. Bei viel höheren Temperaturgraden differirt die angegebene Expansivkraft schon bedeutend.

Nach Tafel I. ist bei 12 Atm. die Temp. 190° C., nach Tafel II. — 192½ C. Nach Tafel I. ist bei 20 Atm. die Temp. 214,7° C., nach Tafel II. — 219° C.

Auch die darnach berechnete Dichtigkeit würde daher, wie wir gleich sehen werden, bei Tafel I. etwas verschieden ausfallen.

Tafel III.

Druck und Gewicht des Dampfes nach Fourier.

Temperatur.	Druck in Atm.	Druck auf 1 ☐ CM.	Gewicht von 1 Cub. Met.
100° C.	1 Atm.	1,033 Kil.	0,590 Kil.
110	1²/₅ ,,	1,440 ,,	0,800 ,,
112,2	1½ ,,	1,549 ,,	0,855 ,,
122	2 ,,	2,066 ,,	1,113 ,,
129	2½ ,,	2,582 ,,	1,366 ,,
135	3 ,,	3,099 ,,	1,615 ,,
140,7	3½ ,,	3,615 ,,	1,856 ,,
145,2	4 ,,	4,132 ,,	2,100 ,,
150	4½ ,,	4,648 ,,	2,335 ,,
154	5 ,,	5,165 ,,	2,570 ,,
158	5½ ,,	5,681 ,,	2,799 ,,
161,5	6 ,,	6,198 ,,	3,029 ,,
164,7	6½ ,,	6,714 ,,	3,256 ,,
168	7 ,,	7,231 ,,	3,481 ,,
170,7	7½ ,,	7,747 ,,	3,707 ,,
173	8 ,,	8,264 ,,	3,933 ,,

Tafel IV.

Barometr. Druck		Dampfdruck			
in CM.	in Par."	auf 1 □ CM.	auf 1 ◯ CM.	auf 1 □"	auf 1 ◯"
		in Kil.		(engl.) in Pfunden.	
76	28	1,033	0,811	14,7	11,55
85,5	31,5	1,162	0,912	16,5	12,99
95	35	1,292	1,014	18,4	14,44
114	42	1,549	1,216	22,0	17,32
133	49	1,808	1,421	20,125	25,76
152	56	2,066	1,622	29,4	23,10
190	70	2,582	2,027	36,8	28,75
228	84	3,099	2,435	44,1	34,65
304	112	4,132	3,244	58,8	46,20
380	140	5,165	4,055	73,5	57,75
456	168	6,198	4,866	88,2	69,30
532	196	7,231	5,677	102,9	80,85
608	224	8,264	6,488	117,6	92,40
684	252	9,297	7,299	132,3	103,95
760	280	10,30	8,113	147,0	115,50

2.

Von der Dichtigkeit des Dampfes bei höhern Temperaturgraden.

Die genaue Ausmittlung der Dichtigkeit des Dampfes ist mit großen Schwierigkeiten verbunden; es ist sich daher nicht zu verwundern, daß frühere Physiker sie sehr unrichtig angaben. Muschenbroek und Desaguliers glaubten noch, der heiße Wasserdampf sey wenigstens 14000 mal dünner als das Wasser *). Watt bestimmte diese Dichtigkeit zuerst so, wie sie auch die neuesten und sorgfältigsten Versuche finden lassen, indem er annahm, daß 1 Kub." kaltes Wasser sich in 1 Kub.' (also 1728 K.") Dampf verwandle.

Aus den genauesten Versuchen ergibt sich nemlich, daß 1 Kub." Wasser von 0°. 1700 — 1705 Kub." einfachen Dampf (von 100° oder 28" Druck) liefert.

Oder 1 Kub." Wasser von 100° C." 1320 K." Dampf.

Der Dampf von 1 Atm. Druck wäre als 1700 mal dünner und leichter als kaltes Wasser.

Die Dichtigkeit des Wassers zu der dieses Dampfes wäre
$$\text{wie } 1 : 0{,}000589$$
und es wiegt demnach:

1 fr. Kub.' D. $\frac{70}{1700}$ oder 0,041176 Pfund

1 engl. Kub.' D. $\frac{62\frac{1}{2}}{1700}$ oder 0,036765 Pf.

und, Kub. Meter D. $\frac{1000}{1700}$ oder 0,588 Kil.

Und 1 fr. Pf. Wasser liefert $\frac{1700}{70}$ oder $24\frac{2}{7}$ K.' Dampf.

---

*) Obschon Moreland schon gefunden, daß 1 Kub." Wasser nur 2000 Kub." Dampf gebe. (S. 27.)

Es fragt sich nun aber, welches die Dichtigkeit des Dampfes bei höhern Temperaturgraden seyn wird. Da es so schwierig ist, diese durch Versuche genau aufzufinden, so ist leicht zu erachten, daß es an hinlänglichen Versuchen darüber fehlt, und daß man sie daher durch Berechnung bestimmen muß.

So wünschenswerth es indessen wäre, daß alle Resultate dieser Berechnungen durch genaue Versuche bestätigt wären, so können dieselben doch als ziemlich zuverlässig angesehen werden.

Denn es ist als ziemlich sicher anzunehmen 1) daß der Dampf nach dem nemlichen Gesetze wie die Luftarten sich bei zunehmender Temperatur ausdehnt; und 2) daß die Dichtigkeit in gleichem Verhältnisse wie die Pression wächst.

Ist also die Temperaturerhöhung und die Pression bekannt, so läßt sich die Dichtigkeit auf folgende Weise finden:

270 K.'' von 0° werden bei Erwärung auf 100° C. zu 370 K.'' und bei fernerer Erwärung um t Grade zu $370 + t$ K.'' *).

1 Vol. Luft von 100° dehnt sich also, wenn die Temperatur um t° zunimmt um $\frac{370 + t}{370}$ aus.

Dehnt sich nun der Dampf nach dem gleichen Gesetze aus, so läßt sich leicht die Ausdehnung des einfachen Dampfes von 100° finden, wenn seine Temperatur auf 122° z. B. erhöht wird.

Sie wird $\frac{370 + 22}{570}$ oder $\frac{392}{570}$ betragen.

1700 Kub.'' D. von 100.° werden also zu $1700 \times \frac{392}{570}$ oder 1801 Kub.''

---

*) Denn 1 Kub.' Luft dehnt sich für jeden Grad C um $\frac{1}{270}$ $\left(\frac{1}{267}\right)$ seines ursprünglichen Volums bei 0° aus.

Verhält sich nun aber 2) die Dichtigkeit wie die Pression, und hat der Dampf bei 122° gerade die doppelte Pression oder die von 2 Atm., so wird hiemit die Dichtigkeit dieses D. $= \frac{1801}{2}$ oder 900 seyn.

Wenn also 1 Kub." Waſſer von 0° — 1700 K." Dampf von 100° liefert:

so giebt 1 Kub." Waſſer von 0° — 900 K." D. von 122°.

Und die Dichtigkeit des Waſſers zu der eines Dampfes von 2 Atm. Druck verhält sich also

wie 900 : 1 oder wie 1 : 0,00111

hat der Dampf bei 145¼° die Preſſion von 4 Atm., so muß 1 Kub." Waſſer 477 Kub." solchen Dampfes geben, und deſſen Dichtigkeit also = 0,00209 seyn.

Denn 1700 K." einf. Dampfs dehnen sich bei 145¼° zu

$$1700 \times \frac{415\frac{1}{4}}{370} \text{ oder zu } 1908'' \text{ aus} -$$

und $\frac{1908}{4} = 477.$

1 Kub." Waſſer gibt also 477 K." Dampf von 4 Atm.

und 477 : 1 wie 1 : 0,00209.

Auf diese Weise (oder nach einer damit übereinkommenden Formel) sind denn auch die in obiger Tabelle II. angegebenen Dichtigkeitsverhältniſſe berechnet. (S. 66.)

Aus den Dichtigkeitsverhältniſſen läßt sich nun leicht auch berechnen:

1) die Menge Dampf von höherem Druck, die 1 Pfund oder 1 Kil. Waſſer erzeugen muß; und

2) das Gewicht eines gegebenen Volums Dampf von jeder Temperatur.

Fragen wir z. B., wie viel franz. Kub.′ Dampf von 135° aus 1 Pf. Waſſer erhalten werden, so findet es sich also:

1 Pf. Wasser gibt $24^{2}/_{7}$ K.' Dampf von 100° und von 0,000588 Dichtigkeit.

Die Dichtigkeit des Dampfes bei 135° ist = 0,001604.

Die Volume verhalten sich umgekehrt wie die Dichtigkeiten; wir setzen also:

wie 1604 : 588 so $24^{2}/_{8}$: x — oder $8^{9}/_{5}$ K.'

Oder fragen, wie viel Pfunde z. B. 72 Kub.' Dampf von 140° C. wägen?

72 K.' Dampf von 100° wägen $72 \times \frac{7}{70}$ oder $7^{1}/_{5}$ Pfund.

Da die Dichtigkeit aber bei 140° = 0,001818 (S. Taf. II.), so verhält sie sich zu der des einfachen Dampfes wie 1818 : 588; und da die Gewichte sich verhalten wie die Dichtigkeiten, so haben wir:

588 : 1818 = $7^{1}/_{5}$: x oder $22^{1}/_{4}$ Pf.

Bei metrischen Maaßen ergibt sich das Gewicht von 1 Kub. Met. jedes Dampfes sofort aus dem Dichtigkeitsverhältnisse. — Denn da 1 Kub. Meter Dampf bei 100° (dessen Dichtigkeit = 0,000588) 0,588 Kil. wiegt; so wiegt 1 Kub. Meter D. bei 140° C. — 1,818 Kil. (weil die Dichtigkeit = 0,001818).

Sehr bemerkenswerth endlich ist, obschon aus der obigen Erklärung der Dichtigkeitsberechnung leicht begreiflich, daß die Expansivkraft in stärkerem Verhältnisse als die derselben Temperatur zugehörige Dichtigkeit wächst.

Bei 122° ist die Elastizität bereits die doppelte, die Dichtigkeit aber nur wie 588 : 1111 gestiegen.

Bei 161° ist die Dichtigkeit auf's fünffache gestiegen, die Expansivkraft aber bereits fast die von 6 Atmosphären Druck.

Wir werden sehen, daß dieser Umstand bei Anwendung eines hochdrückenden Dampfs besondere Beachtung verdient.

Zur Erleichterung der Berechnungen dient folgende Tafel V. der Dampfvolume.

1 Pf. Wasser gibt Dampf in engl. Kub. Fuß.	1 Wiener Pf in Wiener K. Fuß.	10 Kil. in Kub. Met.	Pression des Dampfs in Atm.	Dichtigkeit des Dampfs.
25,2	30,13	17	1	589
20,51	24,51	13,83	1¼	724
17,36	20,76	11,71	1½	855
15,02	17,96	10,14	1¾	988
13,52	13,93	8,97	2	1114
10,86	12,98	7,325	2½	1367
9,20	10,99	6,205	3	1614
7,17	8,57	4,837	4	2070
5,79	6,93	3,908	5	2562
4,91	5,88	3,313	6	3050
4,27	5,11	2,883	7	3473
3,27	4,52	2,547	8	3930

3.

Elastizität und Dichtigkeit des Dampfes bei einer Temperatur unter 100°.

Schon Cavendish zeigte, daß Wasser auch in einem luftleeren Raume und bei ganz niederer Temperatur einen Dampf bildet, der, so dünn er ist, den ganzen Raum erfüllt. Er fand, daß dieser Dampf bei 72° F (22° C) eine Quecksilbersäule von etwa 3/4" Höhe zu tragen vermöge. Später stellten Bétancourt u. a. Untersuchungen darüber an, noch glaubten sie aber, diese Dampfbildung habe nur bei einer Wärme über 0° statt. So nun sind die Dichtigkeits- und Elastizitäts-Verhältnisse des Dampfes bei allen tieferen Temperaturgraden erst durch Daltons und einiger Neueren Versuche bestimmt worden.

Es geht aus diesen Untersuchungen hervor:

1) daß sich aus Wasser bei jeder Temperatur und auch weit unter dem Eispunkt Dampf entbindet, und zwar unter dem gewöhnlichen Luftdrucke so wie im luftleeren Raume; und

2) daß diesem Dampf, als gesättigtem, bei jeder Temperatur ein bestimmter Grad von Dichtigkeit und Elastizität zukomme.

Ist Wasser in einem geschlossenen Gefäße voll Luft, so entsteht nichtsdestoweniger ein gleiches Volum Dampf, von der ihrer Temperatur entsprechenden Dichtigkeit; die Luft wird um das Gewicht dieses dünnen Dampfes schwerer, und die Elastizität derselben um die Elastizität des Dampfes vermehrt. Hat dieser Dampf z. B. bei 25° eine Elastizität von 4/5"‚ so wird die Luft, wenn sie trocken bei dieser Temperatur eine Elastizität von 28" hat, durch Aufnahme des Dampfes eine Elastizität von 28 4/5" erlangen.

Rein oder ohne Vermischung mit Luft kann solcher Dampf auf verschiedene Weise gebildet werden.

1) Unter Rezipienten, aus denen man sorgfältig die Luft ausgepumpt hat.

2) In Gefäßen, in denen Wasser zum Sieden gebracht wird und die man verschließt, nachdem der Dampf alle Luft ausgetrieben hat. Wird das Gefäß sodann erkältet, so kondensirt sich der vorige Dampf, und der Raum erfüllt blos Dampf von einer der erniedrigten Temperatur angemessenen Dichtigkeit und Expansion.

3) In Röhren, die mit Quecksilber gefüllt sind, und über dem etwas Wasser schwimmt und verdunstet.

Das letzte Verfahren, das Dalton zuerst anwendete, ist besonders geeignet, die Elastizität solcher Dämpfe zu messen.

Füllt man nämlich eine etwa 30" lange Glasröhre mit wohlausgekochtem Quecksilber, und stürzt man diese Röhre a (wie Fig. 27) in einem Gefäße mit Quecksilber b um, so wird sich das Quecksilber in der Röhre so hoch halten, als in einem Barometer. Steht dieser auf 28", so wird auch jene Säule so hoch seyn, und der obere Raum ein völlig leerer von 2". — Läßt man nun in die Röhre ein Stückchen luftleeres Eis oder einige Tropfen Wasser steigen, so wird das Quecksilber, so wie sie über dasselbe kommen, etwas sinken; und zwar um so mehr, je mehr das Wasser erwärmt wird. Umgekehrt steigt es, wenn letzteres wieder erkältet wird. War das Wasser ganz luftleer, so rührt dieses Sinken einzig von der Entstehung von Dampf her, und dessen Druck muß unstreitig aus der Differenz des Quecksilberstandes abzunehmen seyn.

Steht der Barometer auf 27" und hat die Quecksilbersäule, wenn der obere Theil auf 40° C erwärmt ist, nur 25", so muß dem Dampf bei dieser Temperatur eine Elastizität von 2" zukommen.

Durch ähnliche Versuche hat man die Expansivkraft der Dämpfe bei niedriger Temperatur nach folgender Tafel bestimmt und daraus die ihr zukommende Dichtigkeit berechnet.

Elastizität und Dichtigkeit der Dämpfe unter 100°.

Temperatur.	Druck in CM.	in Atm.	Dichtigkeit zum Wasser = 100.
0° C.	0,47	0,006	0,0037
10	1,00	0,013	0,0079
15	1,45	0,018	0,011
20	1,94	0,025	0,015
25	2,65	0,036	0,021
30	3,55	0,046	0,029
35	4,69	0,062	0,038
40	6,13	0,080	0,050
45	7,91	0,104	0,064
50	10,11	0,132	0,082
55	12,74	0,167	0,104
60	16,05	0,21	0,130
65	19,96	0,26	0,162
70	24,63	0,33	0,199
75	30,20	0,40	0,243
80	36,77	0,48	0,294
85	44,67	0,59	0,353
90	53,50	0,70	0,422
95	64,00	0,84	0,500
100	76,16	1. —	0,589

Mit Hülfe dieser Tafel lassen sich die Wirkungen der Erkältung und Condensation der Dämpfe leicht finden.

Enthält ein Gefäß z. B. 1 Pfund Dampf von 100° und wird es bis 50° erkältet, so hat der erkältete Dampf nur noch eine Pression von 10,11 Centim., und derselbe wiegt nur noch $^{82}/_{589}$ oder kaum 1/7 Pf. Ueber 6/7 Pf. Wasser werden daraus niedergeschlagen.

4.

Ueber den Wärmegehalt der Dämpfe bei verschiedenen Temperaturen.

Wir haben schon bemerkt (S. 56), daß es etwa $6\frac{2}{5}$mal so viel Wärme braucht um 1 Pf. Wasser von 0° in Dampf zu verwandeln, als um es blos bis zum Siedpunkte zu erhitzen, und daß hiemit, abstrahirt man von der Wärme, die das Wasser bei 0° enthält, der Wärmegehalt des Dampfes $6\frac{2}{5}$mal so groß heißen kann, als der des Wassers bei 100°.

Oder setzen wir das in 1 Pf. Wasser von 100° enthaltene Wärmequantum $= 100$ w; so ist das in 1 Pf. Dampf enthaltene $= 640$ w, und da der Dampf dieselbe Temperatur hat, so müssen davon 540 w im Zustande der latenten Wärme vorhanden seyn.

Schon Hook bemerkte, daß die Temperatur des siedenden Wassers eine konstante sey, und Muschenbroek, daß alle in bereits siedendes Wasser noch einströmende Wärme sofort wieder im Dampf wegzieht. Erst durch Blak's Untersuchungen und durch seine Theorie von der freien und latenten Wärme wurde aber dieses merkwürdige Phänomen gehörig erklärt.

Eine genaue Kenntniß von dem absoluten Wärmegehalte des Dampfes ist ohne Zweifel bei der Anwendung desselben von großer Wichtigkeit, denn wir werden dadurch in den Stand gesetzt zu berechnen:

Wie viel Wärme ein gegebenes Quantum Wasser von jeder Temperatur aufnehmen muß, um sich in Dampf zu verwandeln;

Wie viel Dampf durch eine gegebene Menge Wärme erzeugt werden kann;

Wie viel Wärme ein gegebenes Quantum Dampf abtritt, wenn er zu Wasser wieder verdichtet wird;

Wie viel Wärme endlich einem Quantum Dampf entzogen werden muß, um ihn ganz oder zum Theil zu kondensiren.

Wir haben bereits gezeigt, wie jener Wärmegehalt ausgemittelt werden kann; leicht ist aber zu erkennen, wie schwierig es seyn mag, jeden Verlust oder jeden Einfluß von etwas Wärme bei diesen Versuchen zu verhüten, und es kann daher nicht befremden, daß auch hier die Ergebnisse ziemlich abweichend sind. Die meisten und genauesten Versuche schwanken indessen zwischen 630 und 650, so daß man den Wärmegehalt des Dampfes ohne Bedenken zu 640 w annehmen darf.

Es fragt sich nun aber, ob dieser Wärmegehalt für allen Dampf, von welcher Temperatur und Dichtigkeit er ist, derselbe sey? und diese Frage ist bis jetzt noch nicht vollkommen entschieden.

Nach den Einen ist der Totalgehalt an Wärme eine konstante Größe; nach Andern der Gehalt an latenter Wärme.

Nach den ersten enthält jede Art von Dampf 640 w; und Dampf von 130^0 C, also 130 w an freier und nur 510 w an latenter Wärme.

Nach der zweiten Ansicht hingegen enthält aller Dampf 540 w an latenter Wärme, und Dampf von 130^0 — enthielte im Ganzen 540 + 130 oder 670 w.

So wichtig es unstreitig wäre, besonders zur Würdigung der Anwendung des Hochdruckdampfs, daß man über die eine oder die andere dieser Meinungen zu völliger Gewißheit käme, so dürfen die noch obwaltenden Zweifel doch nicht befremden, wenn man bedenkt, daß der Unterschied des absoluten Wärmegehalts bei mäßig drückendem Dampfe nach beiden Ansichten nicht groß ist; Versuche aber mit hochdruckendem mit sehr bedeutenden Schwierigkeiten verbunden sind.

Nach unserm Dafürhalten ist indessen die erstere dieser Ansichten, obschon auch gewichtige Autoritäten der zweiten beipflichten (wie Tredgold, Fourier und Kainz *) z. B.), die ungleich wahrscheinlichere; und wir nehmen daher keinen Anstand, bei allen unsern Berechnungen den absoluten Wärmegehalt des Dampfes bei allen Graden von Temperatur und Dichtigkeit als eine konstante Größe anzusehen, und diesen für jedes Pfund Dampf = 640 w zu setzen.

Theoretische Gründe sowohl als die meisten Versuche, (besonders die von Southern und Creighton mit Dampf von 40, 80 und 120" Druck) scheinen uns entschieden für diese Ansicht zu sprechen **).

Wir nehmen hiemit an, daß 640 w stets erforderlich sind, um aus 1 Pf. Wasser von 0° 1 Pf. Dampf zu erzeugen. Ist die Temperatur des Wassers = 20°, so bedarf es nur 620 w; ist sie = 40° nur 600 w.

Und da diese 600 w in diesem Falle circa 24 Kub.' Dampf von der Dichtigkeit bei 100° liefern, so würde dieselbe Wärmemenge 12 K.' Dampf von doppelter und 6 K.' Dampf von 4facher Dichtigkeit erzeugen, weil diese Dampfvolume stets dasselbe oder 1 Pf. wägen. Oder es bedarf 4 × 600 oder 2400 w um 24 K.' von 4facher Dichtigkeit zu erzeugen.

Da nun aber (S. 75 u. 66) 4mal dichterer Dampf eine fast 5fache Expansivkraft hat, so geht daraus hervor, daß dasselbe Wärmequantum eine größere Kraft hervorbringt, wenn es zur Erzeugung eines dichtern Dampfes verwendet wird.

---

*) Neue allg. Encyclopädie v. Gruber. Th. 22. Leipz. 1832.
**) Daß nach dieser Annahme Dampf von 640° Temperatur keine latente Wärme mehr haben würde, kann schwerlich ein Einwurf seyn.

Ein Umstand ist jedoch nicht zu übersehen, wenn daraus auf den Vortheil, dichten Dampf zu produziren, geschlossen werden will. Je dichter der Dampf ist, desto höher ist auch seine Temperatur, so wie die des siedenden Wassers; und je höher diese Temperatur ist, desto schwieriger nimmt es Wärme aus dem gleichen Feuer auf. Das Einströmen der Wärme richtet sich nämlich nach dem Temperaturunterschied des Feuers und des Wassers. Hat das Feuer z. B. eine Temperatur von 800° und das Wasser eine von 100°, so beträgt der Unterschied 700°; nur 650 hingegen, wenn das Wasser 150° heiß ist. Wir werden auf diesen Umstand, den wir hier nur andeuten, in der Folge noch zurückkommen.

5.

Spontane Dampfentwickelung.

Da das Wasser unter einem gegebenen Luft- oder Dampfdruck nur bis zu einem bestimmten Temperaturgrade erwärmt werden kann, so muß sich Wärme daraus ausscheiden, so wie jener Druck vermindert wird, und dieser Austritt von Wärme von selbst die Entstehung von Dampf veranlassen.

Eine solche spontane Dampfentwickelung findet statt, wenn warmes Wasser unter den Rezipienten einer Luftpumpe gebracht, und die Luft verdünnt wird. Denn da z. B. Dampf von 60° eine Elastizität von 5½" hat, so wird, wenn heißeres Wasser unter einem Rezipienten steht und die Luft bis unter 5½" Druck verdünnt wird, sofort eine ungehinderte Dampfentbindung eintreten, oder das Wasser zu sieden anfangen; und dieses Sieden muß so lange dauern, bis die Temperatur des Wassers die dem Drucke der Luft und des Dampfes angemessene ist. (S. 77)

Unter spontaner Dampfentwickelung verstehen wir hier aber vornemlich diejenige, die statt findet, wenn Wasser unter einem höhern Drucke über 100° erhitzt wird, und dieser Druck wieder auf den gewöhnlichen von 1 Atmosph. sich vermindert. Wie bedeutend oft die Menge dieses wie von selbst sich bildenden Dampfes seyn kann, und wie wichtig also die Beachtung dieser Erscheinung bei Dampfmaschinen ist, wird aus einigen Beispielen ersichtlich.

Gesetzt in einem Kessel, der 100 Kub.' Wasser und 60 Kub.' Dampf enthält, erreiche dieser eine Spannung von 2 Atm. so wird Wasser und Dampf eine Temperatur von 122° zeigen. Oeffnet man nun eine Erhaustionsklappe, so wird schnell die Hälfte des Dampfes entweichen und die Spannung auf die von 1 Atm. sich vermindern. Bei dieser kann aber das Wasser nur 100° heiß seyn, und jedes Pfund muß also 22 w verlieren. Da sich nun im Kessel 100 Kub.' Wasser oder 7000 Pf. (franz.) befinden, so müssen nicht weniger als 7000×22 oder 154000 w ausgeschieden werden, und diese $\frac{154000}{640}$ oder fast 240 Pf. Dampf bilden können.

Da jedoch das Wasser sich vermindert, so werden noch mehr, und zwar etwa 285 Pf. Wasser in Dampf verwandelt.*)

---

*) Dieses Quantum findet sich also:
Die 7000 Pf. Wasser enthalten $7000 \times 122 = 854000$ w.
Setzen wir es verdampften x Pfunde, so bleiben $7000 - x$ Pf. im Kessel.
Die x Pf. Dampf erfordern $640 x$ an Wärme, und die $7000 - x$ Pf. W. 100°, $700000 - 100 x$.
Beide zusammen, oder
$$640 x + 100000 - 100 x = 854000$$
$$\text{also } 540 x = 154000$$
$$\text{und } x = 285^{10}/_{54} \text{ Pf. Dampf}$$
und im Kessel bleiben $7000 - 285^{10}/_{54} = 6714^{44}/_{54}$ Wasser.
Der Dampf enthält 182514 w
Das Wasser „   671486 w
                 ―――――
                854000 w

Verwandelte sich dieses Wasser in lauter einfachen Dampf, so würde das Volum nicht weniger als 24×285 oder 6840 K.' betragen; und es müßten also auch diese und nicht blos jene 30 K.' doppelter Dampf durch die Klappe entweichen, und alles dieß in dem Falle sogar, daß der Kessel keine Wärme mehr empfängt.

Wie leicht zu sehen, wird das Volum dieses Dampfes zwar minder groß seyn, denn, so wie die Klappe sich öffnet, und der Dampfdruck etwas nachläßt, wird sogleich die spontane Dampfbildung beginnen, und auch dieser Dampf anfangs ein dichterer seyn; immerhin wird das Gewicht desselben und der daraus hervorgehende Wärmeverlust der angegebene seyn.

Offenbar hängt die Menge des sich also erzeugenden Dampfes einzig von der Menge des Kesselwassers und dessen Temperatur über 100° ab; sie wird um so kleiner seyn, je weniger Wasser der Kessel enthält, und je weniger dieses heiß ist. *)

Gesezt also der Dampf habe in obigem Kessel, wie die Klappe geöffnet wird, nur 102°, so wird der spontangebildete Dampf nur etwa $1/11$ des vorhin berechneten ausmachen.

Wäre ein Kessel voll Wasser, enthielte er davon 10 Pf. und würde es unter gehörigem Druck auf 154° erhizt, so wird nach Oeffnung eines Ventils 1 Pf. verdampfen, und das übrige auf 100° erkalten. Denn jene 10 Pf. halten

---

*) Wir reden hier immer von 100° C. als der Normaltemperatur. Es versteht sich von selbst, daß bei einem Barometerstande unter 28″ die wirkliche Temperatur sich etwas niedriger stellt. Da jedoch die Hize gewöhnlich nach dem Ueberdrucke des Dampfes und dieser nach der Belastung des Ventils bemessen wird, so kommt jene Veränderung der Temperatur für den Siedepunkt nicht in Anschlag.

1540 w. 1 Pf. Dampf entzieht 640 w. Jedes der 9 zurückbleibenden Pfunde hat also noch 100 w.

Die Erklärung der spontanen Dampferzeugung gibt uns über mehrere merkwürdige Phänomene Aufschluß:

Man begreift 1) leicht, warum, wenn bei Abstellung einer Maschine eine Abflußklappe des Kessels geöffnet wird, das Ausströmen des Dampfes oft auffallend lange dauert, obschon derselbe mit ausnehmender Geschwindigkeit entweicht.

2) Ist klar, daß dieses Herauslassen des Dampfes leicht einen sehr großen Verlust an Dampf und also an Wärme nach sich ziehen kann, und daß es sehr wichtig ist, diesen soviel möglich zu verhüten und dieß geschieht, indem man vor Abstellung der Maschine durch Mäßigung des Feuers den Dampfdruck vermindert, und zugleich die Speisung des Kessels unterbricht, und denselben erst vor Oeffnung der Klappe nachfüllt.

Gesezt nämlich, ein Kessel enthalte im ordentlichen Zustande 60 Kub.' oder 4200 Pf. Wasser und arbeite bei einer Hitze von 106°. — Läßt man bis zur Abstellung der Maschine das Wasser auf 50' oder 3500 Pf. und die Hitze auf 104° sich vermindern, so hat das Wasser nur 4 × 3500 oder 14000 w, die bei Oeffnung des Kessels ausgeschieden werden müssen; und läßt man vor Oeffnung des Kessels auch nur 200 Pf. Speisewasser von 30° einfließen, so werden diese schon indem sie auf 100° sich erwärmen, jene 14000 w absorbiren. Durch bloße Verminderung des Kesselwassers würde in diesem Falle also schon alle spontane Dampfentwickelung und jener Verlust verhütet.

Hält ein Hochdruckkessel gewöhnlich 15 K.' Wasser, und läßt man dieses auf 12 K.' und den Dampf bis zum zweifachen Druck abnehmen, so haben jene 12' oder 840 Pf. Wasser 840 × 22 oder 17480 w abzutreten. Füllt man nun auch

4 R.' oder 280 Pf. Wasser und von 30° nach, so werden diese 280 × 70 oder 19600 w absorbiren, und ebenfalls also mehr als hinreichend seyn, um alle spontane Dampfbildung zu verhindern.

3) Da ein beträchtliches Quantum sehr überhitzten Wassers bei plötzlichem Nachlassen des Dampfdrucks eine so ungeheure Menge Dampf entwickeln muß, so hat man oft gemeint, manche Explosionen von Kesseln könnten davon herrühren. Diese Meinung scheint uns indessen nicht gegründet. Wohl veranlaßt das Oeffnen einer Klappe ein stärkeres Wallen, und dieses mag, besonders wenn die Kesselwand glühend ist, gefährlich seyn. Die spontane Entbindung des Dampfs, so wie die Verminderung des Drucks, hat aber nur allmählig statt. Eine plötzliche Aufhebung des stärkern Drucks tritt nur nach bereits erfolgter Explosion ein, und kann also diese nicht verursachen; und da in solchem Falle das Kesselwasser sehr schnell verspritzt und hinausgeschleudert wird, so ist kaum anzunehmen, daß durch die Dampfentbindung die Wirkungen der Explosion merklich verstärkt werden.

4. Da das Wasser in einem Gefäße, auch wenn dieses ganz voll ist, auf gleiche Weise überhitzt werden kann, und dann dessen Druck gleichermaßen wächst, so hat man (und namentlich J. Perkins) dadurch eine besonders vortheilhafte Art Kraft zu erzeugen gesucht. Es beruht dieß aber auf einer Täuschung.

Gesetzt 10 Pf. Wasser werden in einem gehörig starken Gefäße, dessen Sicherheitsklappe mit 40 Kil. pr. □ Centim. beschwert ist, stark erhitzt, so wird es auf eine Temperatur von 250° gebracht werden können, und dann eine Expansivkraft von 38 Atm. zeigen und mithin jene Klappe heben. Es wird etwas Wasser herausgetrieben, und dieses sogleich in Dampf verwandelt. Allein dieses Quantum kann nur höchst gering seyn; denn sollte nur $1/64$ Pf. oder $1/2$ Loth zu Dampf werden, so würden dem Wasser 10w entzogen, und die Temperatur also schon um 1° abnehmen, wo das Wasser bereits nicht mehr die Klappe zu heben vermöchte. Es müßte mithin nicht nur sofort wieder so viel Wasser eingepumpt und dieses auf 250° erhitzt werden, sondern auch alles Wasser um 1°; und jeder wird finden, daß die Erzeugung jenes geringen Dampfquantums auf diesem Wege nicht weniger Wärme erfordert als auf einem andern.

6.

Ueber Temperatur und Elastizität des Dampfes, wenn er durch eine kleine Oeffnung entweichen kann.

In einem offenen Gefässe kann das Wasser nicht über 100° erwärmt werden. In einem dicht verschlossenen kann die Temperatur so lange steigen, als dem Kessel noch Wärme zugeführt wird. Anders wird es sich verhalten, wenn in dem Deckel eine kleine Oeffnung vorhanden ist, durch welche Dampf entweichen kann. Eine solche Oeffnung wird die Anhäufung des Dampfes verzögern.

Ist sie so klein, daß weniger Dampf entweicht als produzirt wird, so muß fortdauernd die Elastizität und die Temperatur des Dampfes wachsen. Da aber bei zunehmender Spannung auch die Geschwindigkeit zunimmt, mit der der Dampf ausströmt, so muß endlich die Menge des ausströmenden Dampfes, der des gleichzeitig erzeugten gleichkommen, und somit für die Temperatur wie für die Elastizität eine Grenze oder ein Maximum eintreten, das bei einer vorhandenen Oeffnung nicht überstiegen werden kann.

Dieses **Maximum** wird um so früher eintreten, je größer die Oeffnung ist, wenn die Dampfproduktion dieselbe bleibt.

Ebenso wird es geringer seyn, wenn, bei gleichbleibender Oeffnung, die Dampferzeugung oder die Feuerung (bei sonst gleichen Umständen) vermindert wird.

Es ist endlich klar, daß wenn bei fortdauernder Dampfproduktion, Temperatur und Spannung desselben unverändert bleiben sollen, die Menge des entweichenden Dampfes der des stetig produzirten gleich seyn muß, und daß, wenn man diese kennt, sich daraus die Geschwindigkeit, mit der der Dampf ausströmt, ausmitteln lassen muß.

Es ist zu bedauern, daß bis jetzt noch wenige Versuche über diesen merkwürdigen Einfluß einer Oeffnung auf die Spannung und Temperatur, die der Dampf erlangen kann, angestellt worden sind, und um so schätzbarer sind daher die von **Christian** in Paris unternommenen. *)

Dieser Physiker bediente sich zu dem Ende eines Kessels, der 1) mit einem eingesenkten Thermometer versehen war, um die Temperatur des Dampfes zu erkennen, 2) mit einem Schwimmer, um an dem Sinken desselben die Menge des verdampften Wassers wahrzunehmen 3) mit einer dünnen Röhre um den Kessel mittelst einer Druckpumpe nachzufüllen, und 4) mit einer kurzen Röhre, an deren Mündung Platten mit Oeffnungen von verschiedener Weite dampfdicht befestigt werden konnten.

Die innere Fläche des Kessels betrug 364000 ☐ Mill. (487 ☐″) und wurde gewöhnlich mit 10 Kilog. (10 Liter) Wasser gefüllt, die eine Fläche von 190000 ☐ Mill. (254 ☐″) bedeckten.

---

*) S. dessen Mécanique industrielle ch. 4s.

Dieser Kessel wurde bei den ersten Versuchen einem sehr heftigen Feuer ausgesetzt.

Die Versuche ergaben, je nachdem die Oeffnung verändert wurde, folgende Temperaturlimiten:

bei einer Oeffnung von 36 ☐ Mill.   105½° Temp.
"   "   " 18   "   115   "
"   "   "   9   "   138   "
"   "   " 30½ "   112   "
"   "   " 123   "   101   "

Bei einer Oeffnung von 490 Mill., so wie bei ganz offenem Kessel 100°. (Da das Barometer auf 76,2 Cent. stand.)

In allen Versuchen wurde ferner in 3 Minuten 1 Kil. Wasser verdampft. *)

Demnach kann auch beim heftigsten Feuer das Wasser nicht über 101° heiß werden, wenn die Oeffnung, durch welche Dampf entweicht, $\frac{1}{1560}$ der Feuerfläche beträgt; nicht über 112° heiß, wenn sie $\frac{1}{6240}$ derselben groß ist; und nicht über 138°, wenn sie $\frac{1}{21000}$ derselben ist; und eine so kleine

---

*) Daß 254 ☐" Feuerfläche in 1 Min. ⅓ Kil. verdampften, mithin 962 ☐" oder 5⅓ ☐' 1 Kil. möchte auffallen, da bei gewöhnlichen Dampfkesseln meist nur 16—20 ☐' 1 Kil. Dampf geben; allein es ist dieß begreiflich, da dort der ganze Kessel einer überaus heftigen Hitze ausgesetzt war. Wenn hingegen Christian aus seinen Versuchen folgert, bei gleicher Kesselfläche und Feuerung werde immer gleich viel Wärme verdampft, so dürfte dieser Schluß unrichtig seyn. Ch. fand keinen Unterschied, weil dieser bei so heftigem Feuer zu unbedeutend seyn mußte, um bemerkt zu werden. Es ist aber nicht zu bezweifeln, daß, wenn die Temperatur des Feuers ganz die gleiche bleibt, ein Kessel mit Wasser von 138° weniger Wärme aufnimmt, und also weniger Dampf liefert, als ein Kessel mit Wasser von 100°.

Oeffnung limitirt also auch beim heftigsten Feuer die Spannung auf etwa 3½ Atm. Druck.

Bei einer zweiten Reihe von Versuchen wurde das Feuer so gemäßigt, daß die Wärme stets auf 101° blieb, wenn gleich die Oeffnung verändert wurde. Die Elastizität des Dampfes blieb sich also gleich (= 1,03 Atm.) und hiemit auch die Geschwindigkeit mit der er ausströmte. Je kleiner also die Oeffnung war, desto weniger Dampf oder desto langsamer mußte er produzirt werden, weil desto weniger entweichen konnte.

Die Versuche ergaben, daß 1 Kil. Dampf
bei 36 ☐ Mill. Oeffnung 8½ Min. Zeit brauchte.
„ 18   „   „   18   „   „
„   9   „   „   34   „   „

Durch eine dritte Reihe von Versuchen wurde endlich ausgemittelt, wie viel Zeit 1 Kil. Dampf bei höherer Temperatur und stärkerer Elastizität braucht, um durch eine Oeffnung von gleicher Weite zu entweichen; und diese fand sich also bei einer Oeffnung von 9 ☐ Mill.

Für Dampf von 105°   13   Min.
„   110°   8½   „
„   115°   6⅙   „
„   120   5⅓   „
„   125   4½   „
„   130   3⅞   „
„   135   3   „

Mit welcher ausnehmenden Geschwindigkeit der Dampf ausströmen muß, läßt sich aus folgender Berechnung einsehen.

Zum Ausströmen von 1 Kil. Dampf von 110° bedarf es nach obigem 8½ Min. oder 510 Sek. Zeit.

Bei 110° hat der Dampf eine Dichtigkeit = 0,000805. (S. 66) oder 1 Kub. Met. dieses Dampfes wiegt 0,805 Kil.

1 Kil. Dampf hat also ein Volum von $^{1000}/_{805}$ oder circa 5/4 Kub. M. und so viel strömt in 510 Sek. durch eine Oeffnung von 9 ☐ Mill. aus.

Wäre die Oeffnung 1 ☐ Met. groß, so würde eine Dampfsäule von 5/4 M. Höhe ausströmen; da sie aber nur $^{1000000}/_9$ ☐ M. groß ist (denn 1 ☐ M. = 1000000 ☐ Mill.) so muß der Dampfstrom $^{1000000}/_9 \times 5/4$ Met. lang seyn, und also in 1 Sekunde ein Strom von

$$\frac{1000\,000}{9} \times \frac{5}{4} \times \frac{1}{510} = 272 \text{ Meter Länge ausfließen.}$$

d. h. die Geschwindigkeit muß 272 Met. pr. Sek. betragen.

In der That wird aber diese Geschwindigkeit noch um ein bedeutendes größer seyn müssen, da, so oft eine Flüssigkeit durch eine kleine Oeffnung ausströmt, der ausfließende Strahl beträchtlich sich contrahirt oder dünner wird.

Wir werden sogleich sehen, wie diese Geschwindigkeit theoretisch berechnet wird, und daß obige Versuche mit diesen Berechnungen auf eine merkwürdige Weise übereinkommen.

7.

Theoretische Bestimmung der Geschwindigkeit, mit der der Dampf aus einer Oeffnung strömt.

Die Theorie geht von der Ansicht aus, daß Dampf (so wie Luft) mit derselben Geschwindigkeit aus einer Oeffnung in einen leeren Raum strömen muß, welche ein fallender Körper erhalten würde, wenn er von einer Höhe (H) herabfällt, die der Höhe einer Dampfsäule, von gleichbleibender Dichtigkeit gleichkäme, deren Gewicht der Elastizität des Dampfes gleich wäre.

Einfacher Dampf von 1 Atm. oder 0,76 Met. Druck ist 1700mal leichter als Wasser; und mithin $1700 \times 13,6$ oder

23120mal leichter als Quecksilber. Eine Säule von solchem Dampf, die einen Druck von 0,76 Met. ausübt, würde also 0,76 × 23120 oder 17571 Met. hoch seyn.

Ein Körper, der von solcher Höhe frei herunter fiele, erlangte eine Geschwindigkeit pr. Sec. von

$$V = \sqrt{2g \times 17571} \text{ oder da } 2g = 19{,}62 \text{ M.}$$
$$V = \sqrt{19{,}6 \times 17571} = \sqrt{544391} = 587 \text{ M.}$$

Der Theorie nach würde hiemit einfacher Dampf in einen leeren Raum mit einer Geschwindigkeit von 587 Met. in 1 Sekunde ausströmen.

Jene Höhe H, welche die Geschwindigkeit erzeugt, findet sich auch, wenn man die Quecksilberhöhe h (die den Dampfdruck angibt) mit dem Dichtigkeitsverhältniß des Quecksilbers zum Dampfe multiplizirt. Da nun 1 Cub.M. Quecksilber 13598 Kil. wiegt, und 1 Cub.M. Dampf 0,5896 Kil., so ist das Dichtigkeitsverhältniß oder $\frac{P}{p} = \frac{13598}{0{,}5896}$ und

$$H = 0{,}76 \times \frac{13598}{0{,}5896} = 17571$$

$$\text{und } V = \sqrt{2g \times h \times \frac{P}{p}}$$

Um nun zu berechnen, mit welcher Geschwindigkeit Dampf von stärkerem Druck in die Atmosphäre ausströmt, so wird $H = h' - h$; wo h' die Quecksilberhöhe des Dampfdrucks, und h die der atmosph. Luft bezeichnet. Also

$$V = \sqrt{2g \times (h' - h) \times \frac{P}{p}}$$
$$\text{oder } V = \sqrt{19{,}62 \times (h' - 0{,}76) \times \frac{13598}{p}}$$

Es ist demnach nur nachzusehen, wie stark der gegebene Dampfdruck ist, und wie viel 1 Kub.M. dieses Dampfes wiegt.

Ist bei 105° C der Druck = 0,898 Met. und das Gewicht dieses Dampfes = 0,687 Kil., so wird die Geschwindigkeit mit der dieser Dampf durch eine Oeffnung in die Atmosphäre ausströmt, oder

$$V = \sqrt{19{,}62 \times (0{,}898 - 0{,}760) \times \frac{13598}{0{,}687}}$$

oder $V = \sqrt{19{,}62 \times 0{,}158 \times 19793}$

oder $V = \sqrt{53590.} = 250$ Met.

Dieser Dampf strömte also mit der Geschwindigkeit von 250 Met. pr. Sek. in die Luft aus.

Auf dieselbe Weise ist folgende Tafel berechnet:

Temp.	h′	H oder h′ − h	p	$\frac{P}{p}$	V
100°	0,76 M.	0 M.	0,5896 K.	—	0
105	0,898 „	0,158 „	0,687 „	19793	230 M.
110	1,059 „	0,299 „	0,800 „	16997	314 „
115	1257 „	0,477 „	0,922 „	14748	370 „
120	1,433 „	0,673 „	1,054 „	12901	412 „
125	1,672 „	0,912 „	1,214 „	11201	448 „
130	1,958 „	0,498 „	1,405 „	9678	475 „
135	2,280 „	1,520 „	1,615 „	8419	500 „

Vergleichen wir mit diesen durch die Theorie bestimmten Geschwindigkeiten, die aus den obigen Versuchen von Christian (S. 89) sich ergebenden, so finden wir (für diese Temperaturgrade wenigstens) eine merkwürdige Uebereinstimmung, besonders wenn man zu den letztern ⅕ (aus Rücksicht der Contraktion des Dampfstrahls) hinzurechnet. Wir haben nämlich:

Temperatur.	theoret. Gesch.	G. nach d. Vers.	und + 1/5.
105°	230 M.	208 M.	249 M.
110	314 ,,	275 ,,	327 ,,
115	370 ,,	324 ,,	389 ,,
120	412 ,,	334 ,,	401 ,,
125	448 ,,	347 ,,	417 ,,
130	475 ,,	363 ,,	432 ,,
135	500 ,,	397 ,,	476 ,,

8.
Von der mechanischen Kraft des Dampfes, und zwar bei konstantbleibender Dichtigkeit.

Wir haben bisher nur den Druck im Auge gehabt, den eingeschlossener Dampf bei verschiedenen Graden der Spannung auf die Wände des Gefäßes ausübt. Wir haben nun noch zu betrachten, mit welcher Kraft er gegen eine Fläche wirkt, wenn diese weichen kann, welches Gewicht er zu heben vermag, und auf welche Höhe. Es ist diese Untersuchung der mechanischen Kraft oder Wirkung des Dampfes um so wichtiger, da eben diese bei der Dampfmaschine benutzt werden soll.

Wir haben schon früher gesehen, wie auf verschiedene Weise theils durch den directen Druck des Dampfes, theils mittelst der Verdichtung desselben, Bewegung veranlaßt werden kann. Laßt uns nun untersuchen, wie groß die mechanische Kraft ist, die der Dampf bei verschiedenen Graden der Spannung auszuüben vermag. Eine ganz einfache Vorrichtung wird dieses einsehen lassen.

In dem Gefäße A (Fig. 19) werde Dampf erzeugt, und dieser könne durch die Röhre a in den oben offenen Stiefel B treten, und unter den Kolben b. Dieser Kolben sey durch das über die Rolle c gehende Gewicht d so equilibrirt, daß sein eigenes Gewicht so wie die Reibung als 0 zu betrachten ist, so wird auf den Kolben blos die Luft drücken, und dieser Druck beträgt bekanntlich etwa 15 Pfund auf den □″ oder 1,03 Kil. auf den □ Centim. —

Es ist klar, daß so lange die Elastizität des Dampfes nicht die der Luft erreicht hat, der Dampf auf keine Weise den auf dem Boden des Cylinders ruhenden Kolben verdrücken wird; wie derselbe aber stärker wird, muß der Kolben sich heben, und der Dampf den Cylinder füllen.

Hätte der Dampf eine Spannung = 1½ Atm., so müßte der Kolben mit wenigstens 7½ Pf. per □″ belastet werden, um nicht zu weichen; und mit 15 Pf., wenn die Spannung die von 2 Atm. wäre. Und da, wenn die Belastung nur um das Geringste kleiner wäre, schon Bewegung statt hätte, so kann man sagen, daß Dampf von 2 Atm. in obigem Falle so viel mal 15 Pf. zu heben vermag, als der Kolben □″ Fläche hat. Bei 10 □″ höbe er 150 Pf.

Nehmen wir an, der Cylinder sey oben geschlossen, und über dem Kolben sey ein Fluidum von geringerem Druck als die atm. Luft, so würde schon ein schwächerer Dampf den Kolben heben, und zweifacher mehr als 15 Pf. per □″. —

Wäre über dem Kolben ein ganz luftleerer Raum, so müßte der allerschwächste Dampf ihn bewegen, und ein zweifacher 30 Pf. per □″ heben; und die mechanische Kraft des Dampfes dann die absolutgrößte seyn.

Nehmen wir endlich an, nachdem der Dampf den Cylinder gefüllt, werde der Hahn e geschlossen, und der Dampf erkältet, und also seine Dichtigkeit und Spannung vermindert, so würde die Luft, wenn der Cylinder oben offen ist, den Kolben mit Gewalt herabdrücken, und auch dann, wenn dem Gewicht d noch ein zweites angehängt würde. Hätte der verdünnte Dampf nur noch die Spannung von ½ Atm., so könnten (ohne Reibung) 7½ Pf. per $\square''$ angehängt werden; und 15 Pf., wenn es möglich wäre, die Spannung des Dampfes ganz aufzuheben, oder zu 0 zu reduziren.

Nach diesen Erläuterungen ist es unschwer zu finden, wie groß die mechanische Kraft eines gegebenen Quantums Dampf in allen Fällen seyn muß, wenn von dem Gewichte und der Reibung des Kolbens einstweilen abstrahirt wird.

Berechnen wir vorerst die **absolute Kraft von 1 Pf.** oder **1 Kil. gemeinen Dampfes**, d. h. von Dampf, dessen Spannung = 1 Atm. ist, wenn gar kein Gegendruck statt fände.

1 Pf. Wasser gibt (S. 70) von solchem Dampfe $25\frac{1}{5}$ Kub.′ (engl.), hätte also der Kolben eine Fläche von 1 $\square'$, so würde er $25\frac{1}{5}'$ hoch gehoben werden, wenn der Dampf von 1 Pf. Wasser in den Cylinder übergeht, da kein Gegendruck vorhanden ist; und der Kolben könnte mit $14\frac{1}{2}$ Pf. per $\square''$, also mit $144 \times 14\frac{1}{2}$ Pf. = 2088 Pf. belastet seyn. 1 Pf. Dampf höbe also 2088 Pf. $25\frac{1}{5}'$ hoch, und könnte eben so gut $2088 \times 25\frac{1}{5}$ oder 52616 Pf. 1′ hoch heben.

Die absolute mechanische Kraft von 1 Pf. Wasser (und also 640 w) in gemeinen Dampf verwandelt, ist daher (in engl. Maßen) = 52616 Pf. 1′ hoch gehoben.

Auf gleiche Weise findet sich diese Kraft in Wiener Maßen = 55286 Pf. hoch, und in metrischen
= 17569 Kil. 1 Met. hoch.

Betrachten wir für diese Effekte 1000 Kil. 1 Met. hoch gehoben als Krafteinheit, und nennen wir diese **Dynamie,** so wäre hiemit die absolute Wirkung von 1 Kil. Dampf = 17,569 Dynamien.

Nähme die Dichtigkeit des Dampfs in demselben Verhältnisse zu wie die Expansivkraft, so würde die mechanische Kraft für 1 Pf. Dampf bei allen Graden der Elastizität die gleiche seyn. Allein, so wie wir gesehen, daß der relative Druck bei höherer Spannung etwas größer wird (S. 73), weil die Expansivkraft schneller wächst als die Dichtigkeit, so muß auch die mechanische Kraft bei dichterem Dampfe größer und bei dünnerem kleiner seyn.

Wäre nämlich Dampf von 2 Atm. auch doppelt so dicht als Dampf von 1 Atm., so müßte 1 Pf. Wasser die Hälfte von $25^1/_5$ K.' oder $12^3/_5$ K.' liefern; und obschon dieser also mit 2 × 2088 oder 4176 Pf. auf 1 ☐' drückte, so wäre die mechanische Kraft = $12^3/_5$ × 4176 doch die gleiche oder 52616. — Da die Dichtigkeit des doppelten Dampfes sich aber zu der des einfachen verhält wie 1114 : 589, so gibt 1 Pf. Wasser $^{589}/_{1114}$ × $25^1/_5$ oder fast $13^1/_3$ Kub.' doppelten Dampf, und die mechanische Kraft ist also

$$13^1/_3 \times 4176 \text{ oder} = 55680.$$

Prechtl *) gibt Temperatur, Spannung, Dampfquantum, und die mechanische Kraft für 1 Pf. verdampftes Wasser in Wiener Maßen also an:

---

*) S. Techn. Encycl. III. p. 589.

Temperatur.	Druck.	Dampfmenge.	Mech. Kraft.
$65\frac{1}{8}°$ R.	$\frac{1}{2}$ Atm.	57,2 K.'	52452 Pf.
$75\frac{1}{2}$	$\frac{3}{4}$ „	39,5 „	54286 „
80	1 „	30,13 „	55237 „
$97\frac{1}{2}$	2 „	15,94 „	58450 „
$108\frac{1}{2}$	3 „	11,01 „	60570 „
$116\frac{1}{2}$	4 „	8,47 „	62107 „
$123\frac{3}{4}$	5 „	6,93 „	63240 „
148	10 „	3,71 „	68054 „
$164\frac{1}{3}$	15 „	2,59 „	71143 „
$176\frac{3}{4}$	20 „	2,00 „	73555 „

Hat ein Gegendruck auf den Kolben statt, so wird die relative mechanische Kraft gefunden, wenn man diesen bei der Berechnung abzieht.

Gesetzt also, man habe Dampf von $20\frac{1}{2}$ engl. Kub.' auf 1 Pf. und der Gegendruck betrage 3 Pf. per ☐" oder 432 Pf. per ☐', so wäre der absolute Effekt von 1 Pfund =

$$2088 \times 1\frac{1}{4} \times 20\frac{1}{2} = 53505$$

und der relative $= (\frac{5}{4} \times 2088) - 432 \times 20\frac{1}{2} = 44649$.

Bei Dampfmaschinen mit einem Condensator ist indessen das eben gefundene Maximum des Effekts nicht nur deßhalb geringer, weil die Condensation kein vollkommenes Vacuum erzeugt, sondern auch, weil der Dampf durch eine engere Röhre in den Dampfcylinder einströmt. Gewöhnlich ist zwar diese nur 30 — 40 mal enger. Nimmt man den Querschnitt zu $\frac{1}{100}$ des Cylinders an, und den Gegendruck des Dampfes auf den Kolben zu 5,3 Centim., so ergibt sich nach Fourier die mechanische Kraft von 1 Kil. Dampf also: *)

---

*) Karsten's Archiv Bd. 18. S. 157.

Mechanische Kraft.

Temperatur.	Elastizität.	theoret. Maximum in Dynamien.	Maximum ohne Gegendruck	mit Gegendruck von 5,5 CM.
100°	1 Atm.	17,54	17,03	15,81
122	2 ,,	18,57	18,06	17,41
135	3 ,,	19,2	18,69	18,24
145,2	4 ,,	19,68	19,17	18,83
154	5 ,,	20,1	19,59	19,31
161,5	6 ,,	20,48	19,97	19,73
168	7 ,,	20,78	20,27	20,06
173	8 ,,	21,02	20,51	20,33

9.
Mechanische Wirkung des Dampfes, wenn er sich noch expandirt.

Wir haben gesehen, welche Last der Dampf zu heben vermag, wenn er unter einen Kolben tritt, und kein anderer Gegendruck vorhanden ist. Hat er eine Spannung von 1 oder 2 Atm., so hebt er so viel mal 15 oder 30 Pf. als der Kolben □″ hat.

Würde nur so viel Dampf in den Cylinder gelassen, bis der Kolben die Hälfte des Laufs vollendet, so würde der Kolben sich mit dieser Last nicht weiter bewegen. Er bliebe stehen, und jenes wäre mithin das erreichbare Maximum der mechanischen Kraft.

Es ist indessen klar, daß wenn man nun die Last verminderte, der Kolben noch mehr sich heben könnte; denn der

Dampf als expansible Flüssigkeit wird sich sofort weiter expandiren, und zwar so lange, bis seine Expansivkraft mit der Last im Gleichgewicht ist. Würde die Last um die Hälfte vermindert, so würde sich der Dampf ungefähr zu dem doppelten Volum expandiren, weil er dann noch halb so viel Expansivkraft hätte, und hiemit noch halb so viel Gewicht eben so hoch heben. Der Dampf leistete in diesem Falle also eine um die Hälfte größere Wirkung.

Wie sehr sich die Wirkung einer gegebenen Menge Dampf erhöhen läßt, wenn er sich noch expandiren kann, ist aus folgendem leicht zu erkennen.

Theilt man einen Cylinder in 20 Theile oder den Kolbenlauf in 20 Stationen ab, und sperrt man den Dampf ab, wenn der Kolben den 4ten Theil seines Laufs vollendet hat, so wird der Dampf während der 5 ersten Stationen mit seiner vollen Kraft, die wir $= 1$ setzen, auf den Kolben drücken. Bei der 6ten aber nur mit $5/6$ oder $0{,}83$, weil der Raum ohne Dampfzufluß sich um $1/5$ vergrößert hat. Bei der 7ten wird der Dampf nur mit $5/7$ seiner ersten Kraft oder $0{,}7$; bei der 8ten mit $5/8$ oder $0{,}63$, und endlich bei der 20sten nur mit $5/20$ oder $0{,}25$ auf den Kolben drücken *).

---

*) Angenommen nämlich, daß Druck und Dichtigkeit sich proportional verminderten.

Die einzelnen Wirkungen werden also folgende seyn:

bei der 1sten Station ist der Effekt = 1
— 2ten — — — 1
— 3ten — — — 1
— 4ten — — — 1
— 5ten — — — 1
— 6ten — — — 0,83
— 7ten — — — 0,71
— 8ten — — — 0,63
— 9ten — — — 0,56
— 10ten — — — 0,50
— 11ten — — — 0,45
— 12ten — — — 0,42
— 13ten — — — 0,39
— 14ten — — — 0,36
— 15ten — — — 0,33
— 16ten — — — 0,31
— 17ten — — — 0,29
— 18ten — — — 0,28
— 19ten — — — 0,26
— 20sten — — — 0,25

und die Summe aller Wirkungen = 11,56

Wäre der Dampf fortdauernd eingeströmt, so hätte man allerdings eine Wirkung = 20 erhalten; allein es wäre viermal mehr Dampf verbraucht worden.

Mit dem 4ten Theile des Dampfes hat man also durch dieses Absperrungsverfahren mehr als die Hälfte des gleichen Effekts erhalten; oder dasselbe Dampfquantum leistet mehr als das Doppelte, als wenn keine Expansion gestattet worden.

Die wirkliche Vermehrung der Dampfkraft in Folge der Expansion ist freilich nicht genau die oben berechnete; denn, vorausgesetzt auch, daß keine Wärme verloren geht, so wird doch die Temperatur des Dampfs abnehmen, und dieselbe bei halber Dichtigkeit also weniger als halb so viel Spannung haben. Dehnt sich doppelter Dampf (von 122°) in einfachen aus, so sinkt die Temperatur auf 100°, indem Wärme latent wird, und auf 82°, wenn er sich bis zum vierfachen Raum ausdehnt. So wie die Expansivkraft mehr als die Dichtigkeit wächst, weil die Temperatur zugleich steigen muß, so wird sie umgekehrt auch in stärkerm Verhältnisse abnehmen.

Anderseits ist aber bei unserer Berechnung die Kraft des Dampfs am Ende jeder Station angesetzt worden, während die mittlere Kraft etwas größer seyn muß. Im Ganzen also kann das Resultat von der Wahrheit wenig abweichen.

Schon Watt, obschon er das Expansionsprincip noch wenig benutzte, glaubte, daß 1 Pf. Dampf, wenn man ihn auf das vierfache sich expandiren läßt, ⅗ so viel leistet, als 4 Pf. Dampf ohne Expansion. Und Robison berechnete schon, freilich ohne die Abnahme der Temperatur zu berücksichtigen, die Vermehrung des Effekts wenn er abgesperrt wird:

bei ½ des Laufs . . . auf 1,7
— ⅓ — — 2,1
— ¼ — — 2,4
— ⅕ — — 2,6
— ⅙ — — 2,8
— ⅐ — — 3,0
— ⅛ — — 3,2

In neuerer Zeit wird das Expansionsprincip mehr und mehr angewendet, und zwar gewöhnlich, indem man die Temperatur des Dampfes dadurch auf dem gleichen Grade zu erhalten sucht, daß der Cylinder in einem zweiten von Kessel dampf erfüllten Cylinder oder Mantel steht. Es ist also um so nöthiger, genau bestimmen zu können, um wie viel der Effekt in beiden Fällen, und für jeden Grad von Expansion vermehrt wird *).

---

*) Um den Totaleffekt E eines in Cubikmetern gegebenen Quantums Dampf v von p Druck in Metern Wasser, wenn er sich n mal expandirt, in Dynamien (Krafteinheiten von 1000 Kil. 1 Met. hoch gehoben) zu berechnen, entwickelt Dufour (in der Bibl. univ. T. 37, p. 141) folgende Formel:

$$E = pv (1 + 2{,}3 \log. n).$$

Will man also z. B. den Effekt von 0,20 Kub. Met. dreifachen Dampfs bestimmen, der sich bis zum vierfachen Raum expandirt, so ist n = 4, p = 50, v = 0,20 und pv = 6.

$$\log. 4 = 0{,}60206$$

multiplicirt mit 2,5

1,38475

+ 1

2,38475

und multiplicirt mit 6.

14,30842

Den dyn. Effekt also = 14,3 Dynamien; d. h. 1/5 K. M. jenes Dampfes könnte bei 4f. Expans. 14300 Kil. Wasser 1 Met. hoch heben.

Ohne Expandirung wäre der Effekt = 1/5 × 50 = 6 Dynamien oder etwa 3/7 so groß.

1 Kil. 5facher D. hat 1 Volum von 0,39 Met. und p = 51 2/3 Met.

Ohne Expandirung ist der Effekt also = 0,39 × 51 2/3 = 20 Dyn.

Mit Expansion bis aufs 5fache (wo er noch in die Luft entweichen kann) ist E = 51 2/3 × 0,39 (1 + 2,5 log. 5) = 52,4 Dyn., oder wenigstens 2 1/2 mal so groß.

Fourier gibt die mechanische Kraft, welche durch die Expansion von 1 Kil. Dampf erhalten wird, wenn er sich zu der Temperatur von 12° C. expandirt, also in Dynamien an:

Prechtl gibt folgende Formeln an:

Nennen wir n die Zahl, welche anzeigt, um wie vielmal der Dampf expandirt wird, und E den mechanischen Effekt, den ein Quantum Dampf ohne alle Expansion hervorbringt, so ist:

im ersten Falle oder wenn die Temperatur des Dampfs konstant bleibt, die Vermehrung des Effekts oder
$e = E \times 2{,}3 \log n$,

und im zweiten Falle, oder wenn der Dampf nicht erwärmt wird und dessen Temperatur also mit der Expansion sinkt, die Vermehrung

des Effekts oder $e' = 11\, E \times (1 - \frac{1}{n}^{1/11})$.

Nach dieser Formel findet sich der gewonnene Effekt in Folge der Expansion für Dampf von 1 — 5 Atm. Druck und bei 2 — 5fachen Expandirungen (nach Wiener Maaßen) also:

Dampf von	1 Atm.	58,9 Dyn.
—	2 —	70,4 —
—	3 —	77,5 —
—	4 —	82,1 —
—	5 —	86,2 —
—	6 —	89,7 —
—	7 —	92,9 —
—	8 —	95,3 —

und der Totaleffekt bei fast vollständiger Expansion im Maximum betrüge demnach, indem noch der S. 98 angegebene zu addiren ist:

für Dampf von	1 Atm.	76,44 Dyn.
—	2 —	88,7 —
—	3 —	96,7 —
—	4 —	101,7 —
—	5 —	106,5 —
—	6 —	110,5 —
—	7 —	113,7 —
—	8 —	116,5 —

e oder der Gewinn bei konstantbleibender Temperatur.

wenn	n = 2	n = 3	n = 4	n = 5
für 1f. D.	38287	60685	76575	88900
2f. D.	40515	64213	81031	94074
3f. D.	41984	66543	83968	97484
4f. D.	43050	68230	86100	99957
5f. D.	43835	69476	87671	101780

und e' oder der Gewinn bei abnehmender Temperatur.

wenn	n = 2	n = 3	n = 4	n = 5
für 1f. D.	37106	57753	71947	82701
2f. D.	39266	61114	76133	87514
3f. D.	40690	63330	78893	90686
4f. D.	41722	64936	80895	92987
5f. D.	42483	66120	82370	94684

Rechnet man zu diesen Werthen die S. 97 angegebenen für E, so findet sich die totale mechanische Wirkung, die 1 Pf. Dampf bei verschiedener Expandirung leistet.

Gesetzt z. B. man lasse 4fachen Dampf auf den 5fachen Raum sich expandiren, oder der Dampf werde bei $\frac{1}{5}$ des Kolbenhubs abgesperrt, so ergibt sich

$$E = 62107$$
$$e = 62107 + 99957 = 162064$$
$$e' = 62107 + 92987 = 155094$$

So unverkennbar indessen ist, daß die Wirkung bedeutend größer wird, wenn man den Dampf bei seiner anfänglichen Temperatur erhält, so ist doch wohl zu beachten, daß dies nur durch Zuführung neuer Wärmetheile möglich ist.

Der 4fache Dampf hat eine Temperatur von 146° und eine Dichtigkeit von 2022; bei 5facher Ausdehnung ist diese nur 405 und dieser entspricht einer Temperatur von 88¾°. Diesem Dampf muß also so viel neue Wärme ertheilt werden, damit seine Temperatur um 57¼° erhöht wird. Da nun 1 Pf. Dampf, ohne weitere Erwärmung, 600 w erfordert; (wenn das Wasser schon 40° hat) so macht die Erhaltung jener Temperatur also fast $1/10$ mehr Wärme nöthig. Wir sehen aber, daß der Effekt nur wie 155 : 162 wächst, also lange nicht um $1/10$. Und zugegeben auch der Wärmebedarf sey wegen geringerer Wärmekapazität des Dampfes etwas kleiner, so ist dagegen ohne Zweifel der unvermeidliche Verlust an Wärme bei Anwendung eines solchen Mantels größer, weil dieser der Luft eine viel größere Oberfläche darbietet, und überdieß weit heißer ist, als der freistehende Dampfcylinder seyn würde. Es ist demnach kaum zu bezweifeln, daß die Erwärmung des sich expandirenden Dampfes in vielen Fällen, und wenigstens bei starker Expansion eher nachtheilig als vortheilhaft seyn muß.

Um so auffallender ist, daß man bei Expansionsmaschinen fast allgemein eine solche Erwärmung anwendet, daß Viele sie sogar für unentbehrlich halten, und derselben hauptsächlich die vortheilhaften Wirkungen der Expansion zuschreiben. Zu dieser Ansicht hat vornemlich ein seltsames Gesetz Anlaß gegeben, welches einer der ersten Einführer der Expansionsmaschinen, Arthur Woolf, aufstellte.

Woolf behauptete nämlich, daß aller Dampf von mehr als atmosphärischem Druck eine n fache Ausdehnung gestatte, bis sein Druck dem Luftdrucke gleich kommt, wenn sein ursprünglicher Druck diesen um n Pf. auf den □″ (engl.) übersteigt, und wenn die anfängliche Temperatur bei der Expandirung beibehalten wird. Doppelter Dampf werde demnach auf das 15fache sich expandiren können, wofern man nur dessen Temperatur auf 122° erhält, und dreifacher auf das 30fache, wenn er stets 135° heiß bleibt. *)

Da die Woolf'schen Maschinen, die Edwards in Frankreich einführte, bedeutend mehr als Watt'sche leisteten, so machte jene Angabe viel Aufsehen, und manche Physiker bemühten sich dieses neue Gesetz mit den bisherigen in Uebereinstimmung zu bringen.

Gegenwärtig wird indessen wohl niemand bezweifeln, daß das Woolfsche Prinzip durchaus aus der Luft gegriffen war. **) Zudem stützte sich Woolf auf keinerlei bestimmte Versuche, die er angestellt, sondern berief sich blos auf einige Beobachtungen, die Watt gemacht haben sollte. ***) Alle Leistungen der Woolfschen Maschinen erklären sich endlich vollkommen aus den angeführten Wirkungen der Expansion, und so wenig

---

*) Nach dem Mariottischen Gesetze hat Dampf von 40 Pf. Uebergewicht bei einer $5\frac{2}{3}$fachen Verdünnung schon eine der Luft gleich kommende Elastizität; auch wenn die Temperatur unverändert bleibt, denn $15 : 15 + 40$ oder $55 = 1 : 3\frac{2}{3}$.

**) Einige spätere Versuche von Christian scheinen zwar zu beweisen, daß der Dampf, wenn bei der Expandirung seine ursprüngliche Temperatur beibehalten wird, eine beträchtlich größere Spannung behält. Er selbst bemerkt aber, daß der Dampf wahrscheinlich mehr Wassertheile (die etwa mit fortgerissen wurden oder den Cylinder benetzten) auflösen mochte.

***) Sehr wahrscheinlich war es sogar dem Erfinder selbst wenig Ernst damit, und er stellte es wohl blos auf, um sein Patentrecht besser zu begründen, da vor ihm schon Expansionsmaschinen gemacht wurden. Befremdend ist übrigens dabei noch, daß sich ein Naturgesetz so ganz nach englischem Maaß und Gewichte richten sollte!

man also auch glauben darf, daß bereits alle Eigenschaften des Dampfs und alle Gesetze, nach denen er wirkt vollständig aufgefunden seyn mögen, so ist doch kein Grund vorhanden, der ganz abnormen Behauptung von Woolf den mindesten Glauben zu schenken. Wir halten daher auch für unnöthig in eine nähere Widerlegung desselben einzutreten.

Aus den vorhergehenden Untersuchungen erhellt endlich noch, aus welchem Grunde vorzüglich die Anwendung eines hochdrückenden Dampfes vortheilhaft seyn kann.

Offenbar würde dieselbe nämlich nicht den mindesten Vortheil gewähren, wenn Spannung und Dichtigkeit in demselben Verhältnisse zunähmen, weil 1 Kil. Dampf bei jedem Dichtigkeitsgrad gleich viel Wärme enthält, und also zur Erzeugung bedarf.

Gibt 1 Kil. Wasser 1,7 Kub. Meter Dampf von 1facher Pression (oder 10,3 Meter Wasserdruck), so ist der Effekt $= 1,7 \times 10,3 = 17,51$ Dyn. und bei 8fachem Druck oder $8 \times 10,3$ Met. $= 82,4$ bliebe er ganz derselbe, wenn der Dampf 8mal dichter wäre, oder 1 Kil. $= {}^{17}/_8$ Kub. M.

Allein die Dichtigkeit nimmt weniger zu, weil der Dampf in Folge der höhern Temperatur dilatirt wird, und darum ist der mechanische Effekt (nach S. 98) für 8 f. Dampf $=$ 21 Dyn. Indessen würde auch diese Erhöhung von $17^1/_2$ auf 21 kaum einen Vortheil gewähren, weil dieser leicht durch andere Nachtheile aufgewogen würde. Ohne Expansion kann also die Anwendung von hochdruckendem Dampf (wofern er kondensirt werden soll) wenig oder gar keinen Nutzen versprechen.

Läßt man den Dampf sich expandiren, so wird der Effekt sehr bedeutend vergrößert; aber auch dann noch zeigt sich kein namhafter Unterschied bei Anwendung von hoch- oder niedrigdrückendem Dampf; denn bei vollständiger Expandirung wird (nach S. 105) der Totaleffekt des einfachen Dampfes von 17,5 auf 76,44 und der des 8fachen von 21 auf 116 Dyn. gesteigert. Auch dieser Gewinn ging ohne Zweifel größtentheils durch andern Nachtheil verloren.

Die Nützlichkeit des hochdrückenden Dampfes kann sich also nur daraus ergeben, daß bei diesem allein die Expandirung und zwar in hohem Grade anwendbar ist, während niedrigdrückender dieselbe fast gar nicht gestattet.

10.

Praktisches Verfahren den dynamischen Effekt des durch Expansion wirkenden Dampfes zu berechnen.

Auf folgende Weise kann der dynamische Effekt, welcher durch die Expansion erhalten wird, durch eine geometrische Figur ausgedrückt, und derselbe alsdann mit Leichtigkeit bestimmt werden, indem man den Flächeninhalt dieser Figur zu berechnen sucht.

Es sey AB Fig. 178 (Taf. 11) die Hubslänge des Kolbens und es werde durch die Ordinate AC die Pression des in den Dampfcylinder eintretenden Dampfes ausgedrückt. Läßt man nun in denselben Dampf von A bis d einströmen, und schließt man alsdann die Communikation der Dampfröhre mit dem Cylinder, so wird dieser Dampf während er den Kolben von A nach C treibt, einen dynamischen Effekt hervorbringen, welcher dem Flächeninhalte des Parallelogrammes A d d' C gleich gesetzt und daher durch das Produkt A d × A C bezeichnet werden kann. Bleibt die Communikation ferner geschlossen, so wird die nämliche Menge Dampfes einen neuen Effekt auf den Kolben ausüben, und derselbe in dem

Punkte e, wo A d = d e ist noch eine Pression = e e' = ¼ A C besitzen, und der Effekt, welcher erhalten wird, während der Kolben von d bis e gestoßen wird, kann durch den Inhalt der trapezförmigen Figur d d' e' e bezeichnet werden. Ebenso wird der Dampf durch dreifache Expansion, auf den Kolben, während er von e nach f fortschreitet (wenn e f = A d) einen dynamischen Effekt hervorbringen, der dem Flächeninhalte der Figur e e' f' f gleich ist, deren Seite f f' = ⅙ A C ist, und der totale Effekt dieser Quantität Dampfes durch dreifache Expansion kann daher durch den Inhalt der Figur A C d' e' f' f A ausgedrückt werden.

Das von Poncelet angegebene Verfahren, den Flächeninhalt einer solchen Figur d d' e' g' g d, zu berechnen, deren eine Seite von einer krummen Linie d' e' g' gebildet ist, besteht darin, daß man die gerade Seite derselben dB als Abszissenlinie betrachtet, in eine gerade Anzahl gleicher Theile eintheilt und aus den Theilungspunkten die Ordinaten, e e', f f', g g' zieht und dieselben berechnet. Der Flächeninhalt wird alsdann gleich seyn dem Drittel des Produktes eines solchen Theiles und der Summe der äußersten Ordinaten, vermehrt mit der doppelten Summe der übrigen Ordinaten von ungeradem Range und der vierfachen Summe der Ordinaten von geradem Range oder:

Flächeninhalt d d' g' B' B d = ⅓ d e ((d d' + B B' + 2 (f f' + h h') + 4 (e e' + g g' + i i')).

Nehmen wir als Beispiel einen Dampf von 2 Atmosphären an, dessen Druck hiemit = 20660 Kil. auf den □ Meter ist (ungefähr 30 ℔ auf den □″) und lassen wir denselben von A bis auf die Höhe von d in den Cylinder einströmen, so wird, wenn die anfängliche Pression 20660 Kil. durch d d' ausgedrückt wird

$$ee' = 1/2 \cdot 20660 = 10330 \text{ Kil.}$$
$$ff' = 1/3 \cdot 20660 = 6886 \tfrac{2}{3}$$
$$gg' = 1/4 \cdot 20660 = 5165$$
$$hh' = 1/5 \cdot 20660 = 4132$$
$$ii' = 1/6 \cdot 20660 = 3443 \tfrac{1}{3}$$
$$kk'' = 1/7 \cdot 20660 = 2951 \tfrac{3}{7}$$

und der Flächeninhalt dieser Figur, welcher den dynamischen Effekt dieser Menge Dampfes durch siebenfache Expansion ausdrückt =

$$(\text{Ad} \times \text{Ac}) + \tfrac{1}{3} \text{Ad}\,(dd' + BB' + 2(ff' + hh') + 4(ee' + gg' + ii'))$$
$$= \text{Ad}\,(20660 + 1/3 \times 121402 \tfrac{2}{21})$$
$$= \text{Ad} \times 61127 \text{ Kil. seyn.}$$

Dieser Ausdruck ist etwas zu groß, und wird sich, wenn man die Linie dB in eine größere Anzahl gleicher Theile eintheilt, auf folgenden ungefähr reduziren:

$$S = \text{Ad} \times 60862 \text{ Kil.}$$

Da nun 60862 Kil. den Gesammtdruck des Dampfes auf 1 □ Meter Oberfläche bedeutet, so ist wenn wir Ad = 1 Met. annehmen:

$$S = 60862 \text{ Kilogrammmeter (Kil. 1 Met. hoch.)}$$

der dynamische Effekt, den 1 Cubikmeter Dampf von 2 Atmosphären durch siebenfache Expansion hervorbringt.

Auf gleiche Weise hat Poncelet folgende Werthe für die dynamischen Effekte berechnet, welche 1 Cubikmeter Dampf von 1 Atmosph. Pression durch eine mehr oder weniger große Expansion hervorbringt (in Kilogrammmetern ausgedrückt.) *)

---

*) Für mehrfachen Dampf findet sich dann der theoretische Effekt, wenn man den für einfachen angegebenen mit der Anzahl Atmosphären multiplizirt.

Vol. nach der Ausdehnung.	dyn. Effect in Kilm.	Vol. nach der Ausdehnung.	dyn. Effect in Kilm.
1,00	10330	5,75	28399
1,25	12635	6,00	28839
1,50	14518	6,25	29261
1,75	16111	6,50	29665
2,00	17490	6,75	30055
2,25	18707	7,00	30431
2,50	19795	7,25	30794
2,75	20780	7,50	31144
3,00	21679	7,75	31483
3,25	22506	8,00	31811
3,50	23271	8,25	32129
3,75	23984	8,50	32437
4,00	24650	8,75	32736
4,25	25277	9,00	33027
4,50	25867	9,25	33310
4,75	26426	9,50	33585
5,00	26955	9,75	33854
5,25	27459	10,00	34116
5,50	27940		

Um zu zeigen, wie wenig diese Werthe von denjenigen unterschieden sind, welche man durch die oben angeführte Formel $E = pr (1 + 2,3 \text{ Log. } n)$ erhält, geben wir hier noch eine kleine Tabelle dieser letzteren Werthe.

Volum des Dampfes nach der Ausdehnung.	dyn. Effekt von 1 Cubikmeter Dampf von 1 Atmosphäre.	dyn. Effekt von 1 Kilgr. Dampf.
1,00	10330	6094,70
1,25	12633,5	7453,175
1,50	14513,7	8563,08
1,75	16104,4	9501,60
2,00	17482,2	10314,50
2,25	18697,5	11031,525
2,50	19784,7	11672,97
2,75	20768,0	12253,12
3,00	21666,0	12782,94
3,25	22491,8	13270,16
3,50	23256,6	13721,59
3,75	23968,4	14141,36
4,00	24634,3	14534,24
4,50	25849,6	15251,26
5,00	26936,8	15892,71
5,50	27920,2	16472,92
6,00	28818,1	17002,68
7,00	30408,7	17941,13
8,00	31786,5	18754,035
9,00	33001,8	19471,06
10,00	34089,0	20112,51

Dritter Abschnitt.

Von der Erzeugung oder Produktion des Dampfes.

Jede Dampfmaschine besteht aus zwei, fast immer auch getrennten und in verschiedenen Räumen enthaltenen Apparaten. Der eine dient zur Erzeugung des Dampfes, der andere, die eigentliche Dampfmaschine, zur Verwendung desselben, um dadurch eine mechanische zweckmäßig wirkende Kraft hervorzubringen.

Der erstere hat zwei Haupttheile; den Ofen zur Entwicklung der erforderlichen Hitze aus dem Brennmaterial, und den Dampfkessel zur Verwandlung des Wassers in Dampf.

Wir reden also zuerst von der Einrichtung des Ofens, oder der Erzeugung der Hitze, und dann von den Kesseln oder den eigentlichen Dampferzeugern.

I.

Vom Ofen und der Feuerung.

Bei Erbauung einer jeden Maschine wird auf Erzielung einer bestimmten Kraft gerechnet.

Von der Construktion der eigentlichen Dampfmaschine hängt es ab, daß diese Kraft mit möglichst wenigem Dampf erlangt wird; von der Construktion des Kessels und namentlich des Ofens aber, daß das erforderliche Dampfquantum mit möglichst wenigem Brennstoff erzeugt wird.

Da der Preis der Dampfkraft hauptsächlich aus dem Aufwande an Brennmaterial hervorgeht, so sieht man leicht, wie hochwichtig es ist, daß der Heizapparat die zweckmäßigste Einrichtung habe.

Bei Watt'schen Maschinen rechnet man, daß etwa 60 Pf. Wasser (circa 1 engl. Kub.') für 1 Pferdekraft in 1 Stunde verdampfen müssen. Eine 20pferdige Maschine verbraucht also in 1 Tage bei 16 Arbeitsstunden $60 \times 20 \times 16 = 19200$ Pf. Wasser. Verdampft nun bei einer guten Einrichtung 1 Pf. Steinkohle 6 Pf. Wasser, so werden täglich 3200 Pf. oder 32 3. erfordert; verdampft bei einer schlechten Heizung 1 Pf. Kohle nur 4 Pf. Wasser, so braucht es 48 3. täglich — und in 1 Jahr also 500×16 oder 4800 3. mehr. — Umgekehrt würde eine Vervollkommnung, die eine Verdampfung von 7 Pf. Wasser mit 1 Pf. Kohlen möglich machte, eine Ersparung von 2400 3. bringen.

An jedem Ofen sind in der Regel drei Theile zu unterscheiden: der Herd (le foyer), in dem der Heizstoff verbrennt; Feuerkanäle (carneaux), wo die Feuerluft mit dem Kessel in Berührung kommt, und der Schornstein, um den Rauch wegzuführen und einen natürlichen Luftzug zu bewirken.

Erst seit Kurzem hat man Heizungen mit künstlichem Luftwechsel einzuführen angefangen.

Da endlich die Verbrennung insgemein auf einem Roste veranstaltet wird, so findet sich ein geschiedener Feuer- und Aschenraum, wovon jeder eine eigene Oeffnung hat, jenen zum Einbringen des Brennstoffs und zum Schüren des Feuers, diesen zum Einströmen der frischen Luft, die durch die Zwischenräume des Rosts in das Feuer bringt.

Wir reden demnach:
1. Vom Brennmaterial und der Verbrennung im Allgemeinen.
2. Vom Feuerherd (dem Rost u. s. w.) und der Aufschüttung des Brennstoffs.
3. Vom Rauchfang und dem Luftzuge.
4. Von den Feuerkanälen.
5. Von einigen Verbesserungen, namentlich den rauchverzehrenden Oefen, und der mechanischen Aufschüttung der Kohle.
6. Von den neuern Heizungen mit künstlichem Luftzuge.

Von einigen besondern Einrichtungen, wie von der inwendigen Feuerung, wird bei den Dampfkesseln die Rede seyn.

1.

Vom Brennmaterial und der Verbrennung überhaupt.

Die Heizung der Dampfmaschine geschieht fast ausschließlich mit Steinkohle oder Holz. Höchst selten nur wird Torf gebraucht. Holzkohle oder Koaks aber können nie vortheilhafter seyn *).

Alle diese Substanzen dienen als Heizmittel, weil sie brennbar sind, und sich bei der Verbrennung Hitze entbindet. Allein obschon bei diesem Prozesse die ganze Substanz beinahe verzehrt wird, so erleiden doch nicht alle Bestandtheile derselben eine wirkliche Verbrennung, wodurch sich Hitze erzeugt. Gewöhnlich ist nur der darin enthaltene Kohlenstoff der eigentlich verbrennende Bestandtheil; und die Hitze entsteht, indem dieser Stoff das Oxygengas der atmosphärischen Luft zersetzt, zu kohlensaurem Gas wird, und bei dieser Verbindung Wärme frei wird. Die übrigen Bestandtheile, die sich während des Verbrennens verflüchtigen, tragen, so wie die als Asche zurückbleibenden Theile nichts zur Wärme-Erzeugung bei, sondern absorbiren dabei vielmehr einige Wärmetheile.

Die Heizkraft eines Brennstoffs hängt daher von seinem Gehalt an brennbaren Theilen und namentlich an Kohlenstoff ab, und von der Menge Wärme, die dieser bei der Verbrennung entwickelt.

Es hält nun freilich schwer, genau aufzufinden, wie viel Wärme 1 Pf. reine Kohle (oder Kohlenstoff) bei seiner vollständigen Verbrennung oder Verwandlung in kohlensaure Luft entbindet; nach ziemlich zuverlässigen Versuchen kann dieses Wärmequantum indessen zu 7050 w angenommen werden; d. h. 1 Pf. oder Kil. reine Kohle erzeugt während der Verbrennung so viel Wärme, als es braucht, um die Temperatur von 7050 Pf. oder Kil. Wasser um 1° C. oder 70½ Pf. um 100° C. zu erhöhen. 1 Pf. Kohle sollte demnach 11 Pf. Wasser von 0° in Dampf verwandeln können **).

---

*) Erst seit Kurzem wendet man bei einigen Oefen mit künstlichem Zuge Koaks zur Feuerung an.

**) Nach neuern Versuchen soll 1 Pf. ganz reine Kohle über

Die absolute Heizkraft der verschiedenen Brennmateriale läßt sich entweder direkt durch ähnliche Versuche finden, oder aber aus ihrem Gehalt an reiner Kohle (und Hydrogen) berechnen.

Wir reden hier nur von Holz und Steinkohle.

Vom Holz.

Frischgefälltes Holz enthält gewöhnlich über 40%, und Holz, das 10 — 12 Monate an der Luft getrocknet ist, noch wenigstens 20% Feuchtigkeit. Nur durch Ausdörren kann diese ganz entfernt werden, und solches besteht dann aus etwa 52% Kohle und 48% Oxygen und Hydrogen, und zwar letztere in solchem Verhältnisse, daß beide bei der Verbrennung Wasser bilden, und keine Hitze erzeugen, sondern welche um in Dampf überzugehen vielmehr absorbiren.

Abgesehen davon, so wie von den wenigen Aschentheilen, würde demnach die Heizkraft, nach dem Gehalt an Kohlen berechnet, folgende seyn:

für 1 Pf. gedörrtes H. $\frac{52}{100} \times 7050$ w $= 3666$ w.

für 1 Pf. trockenes H. $3666 \times \frac{80}{100}$ $= 2933$ w.

für 1 Pf. grünes H. $3666 \times \frac{60}{100}$ $= 2200$ w.

Bei letzterem aber wäre der Wärmeverlust, den die Verdampfung der Feuchtigkeit verursachte, viel zu beträchtlich, um vernachläßigt zu werden.

Man kann daher die Heizkraft des trocknen Holzes zu 2600 oder 2700 w annehmen, womit auch alle direkten Versuche übereinstimmen.

---

12 Pf. Wasser verdampfen können oder über 7700 w entwickeln.

Anbei scheinen alle Holzarten (gehörig getrocknet) bei gleichem Gewicht dieselbe Heizkraft zu besitzen. Bei gleichem Volum verhält sie sich daher ziemlich wie das spezif. Gewicht. Diese Verhältnisse lassen sich ungefähr also festsetzen:

für Pappelholz 40
für Fichte und Kastanienholz 53
für Birkenholz 48
für Buchenholz 65
für Eschenholz 77
für Eichenholz 85

Von der Steinkohle.

Da es sehr viele Arten von Steinkohlen gibt, so muß auch ihre Heizkraft sehr ungleich seyn. Auch weichen die Resultate direkter Versuche sehr bedeutend (von 4500 — 6500) von einander ab. Für gute Steinkohle kann die Heizkraft füglich zu 6000 w angenommen werden. Dahin führt auch die Berechnung.

Eine gute Steinkohle die höchstens 7% Asche gibt, enthält wenigstens 82% Kohle, und ausserdem 1 — 1½ % Wasserstoff.

82% Kohle sollen aber $\frac{82}{100} \times 7050 = 5781$ w und

1% Wasserstoff . . . . . 200 w geben.

Wenn zur Verdampfung von 1 Pf. Wasser 640 w erforderlich sind, so sollte mithin (wenn gar kein Verlust statt hätte)

1 Pf. trocknes Holz verdampfen $\frac{2600}{640}$ oder 4 Pf. W.

u. 1 Pf. gute Steinkohle — $\frac{6000}{640}$ oder 9⅓ Pf. W.

Erforderliche Luft.

1 Pf. (oder Kil.) Kohle bedarf zur Verbrennung 2,634 Pf. oder Kil. Oxyg., oder nach Volumen braucht

1 Pf. Kohle (engl.) 29,65 Kub. Dr. Gas.
oder 1 Kil. Kohle 1,851 Kub. Met.

Durch die Verwandlung des Oxygengases in kohlensaures Gas, wird das Volum des Gases nicht verändert, sondern sein Gewicht nur um das der Kohle schwerer.

Jene 29⅔ Kub.′ oder 1,881 K. Meter Gas wägen also statt 2,654 jetzt 3,654 Pf. (oder Kil.) oder:

1 Cub.′ Oxygengas wiegt 2,85 Loth, u. 1 Cub.′ kohlensaures Gas 3,94 Loth;

und 1 Cub.′ Met. Oxygengas wiegt 1,434 Kil. u. 1 Cub. Met. kohlensaures Gas 1,974 Kil.

Die Verbrennung geschieht aber nicht in Oxygengas, sondern in atmosphärischer Luft, und diese besteht (da das Stickgas merklich leichter ist):

dem Gewicht nach aus 23% Ox. und 79% Stickstoff, u. dem Volum nach aus 21% Ox. und 79% Stickgas;

und daraus folgt, daß zur Verbrennung etwa 5 mal ($^{100}/_{21}$ mal) mehr atmosph. Luft erfordert wird, oder

für 1 Pf. Kohle etwa 144 Cub.′ atm. Luft
und für 1 Kil. Kohle etwa 9,2 Cub. Meter Luft
und hiemit

für 1 Pf. g. Steinkohle $\frac{6000}{7050} \times 144$ oder 122 Cub.′

für 1 Pf. Holz $\frac{2700}{7050} \times 144 = 55$ Cub.′ oder

für 1 Kil. g. Steink. $\frac{6000}{7050} \times 9,2 = 7,8$ C. Met. u.

für 1 Kil. Holz $\frac{2700}{7050} \times 9,2 = 3,50$

Die Erfahrung lehrt aber, daß bei weitem nicht alles, sondern gewöhnlich nur die Hälfte des Oxygengases zersetzt wird, oder daß die aus dem Schornstein entweichende Luft nur 10 — 11% kohlensaures Gas, und noch eben so viel Oxyg. Gas enthält.

Eine vollständige Verbrennung erheischt daher in der Wirklichkeit wenigstens das Doppelte des eben berechneten Luftquantums; d. h.

für 1 Pf. Kohle etwa 244; u. 1 Pf. Holz circa 110 Cub.‘
u. für 1 Kil. „ „ 15; u. 1 K. „ „ 7 Cub. Met.

Und daraus erhellt dann ferner, welche beträchtliche Masse Luft in kurzer Zeit mit dem Brennstoff in Berührung kommen, und wie schnell also der Luftwechsel, und wie stark die Luftströmung seyn muß.

Sollen in 1 Stunde 200 Pf. oder in 1 Min. $3\frac{1}{3}$ Pf. Steinkohle verbrennen, so erfordert dieß $3\frac{1}{3} \times 244 = 813$ K.‘ Luft per Min. oder $13\frac{1}{2}$ K.‘ per Sek. und betragen die Zwischenräume der Kohlen höchstens 1 □‘, so muß die Luft wenigstens mit einer Geschwindigkeit von $13\frac{1}{2}$‘ durchziehen.

Das Ebengesagte gilt indessen nur für den Fall, wo etwa die Hälfte der Luft unzersetzt bleibt. Wird mehr Oxygen absorbirt, so wird weniger Luft nöthig.

Die Erfahrung lehrt, daß die Luft um so vollständiger in der Regel zersetzt wird, je lebhafter der Luftzug ist.

Während des Verbrennens wird aber die atmosph. Luft nicht nur chemisch verändert und schwerer, sondern sie wird zugleich erhitzt und daher ausnehmend ausgedehnt. Diese Vermehrung des Volums läßt sich durch folgende Berechnung einsehen.

Wenn während 1 Kil. Stk. verbrennt, 15 Kub. Met. Luft durchziehen die $15 \times 1,3 = 19,5$ Kil. wiegen, so beträgt das Gewicht dieser Luft nachher 20,5 Kil., und wenn zugleich 6000 w frei werden, die sich mit der Luft verbinden, so müßte ihre Temperatur um etwa 300° steigen, wenn die Wärmekapazität der Luft jener des Wassers gleich käme. Da jene aber 4mal kleiner ist, d. h. da 1 w 4mal mehr Luft als Wasser um 1° erwärmen kann, so muß jene Luftmasse eine

Temperatur von 1200° erlangen, und wirklich scheint die Hitze der Feuerluft in der Regel noch weit beträchtlicher zu seyn.

Offenbar muß die Hitze um so größer werden, je vollständiger die Luft zersetzt wird, und je weniger also durchzuziehen braucht. Nehmen wir statt 15 K. M. nur 10 an, so ergibt sich eine Temperatur von circa 1800°.

Gesetzt indessen, die Temperatur steige nur auf 1200°, so wird, da die Luft sich für 1° um $1/267$ ausdehnt, das Volum jener Luftmasse an $5 1/4$ mal größer werden; oder jene 15 Meter werden nahe an 78 Kub. Meter ausmachen.

Wie die Luft allmählig Wärme verliert, wird das Volum sich wieder vermindern, allein steigt sie bei einer Hitze von 400° in den Schornstein, so wird sie noch immer wenigstens auf das $2 1/2$fache des ursprünglichen Volums ausgedehnt seyn *).

Unter der letzten Voraussetzung würde offenbar auch nur $2/3$ der erzeugten Hitze utilisirt; denn die Wärme, die mit der Luft abzieht, ist unstreitig verloren. Dieser Verlust ist jedoch nie ganz zu vermeiden, da die wegziehende Luft wenigstens heißer als der Kessel seyn muß. Weit heißer aber

---

*) Die Hitze des Rauches im Schornsteine läßt sich, da Thermometer nicht anwendbar sind, einigermaßen auf folgende Weise ausmitteln. Man bringt einen Würfel von Metall (am besten von Platina) in den Schornstein, und so lange, bis er die Temperatur des Rauchs angenommen haben wird. Sodann läßt man ihn in einer gegebenen Masse von Quecksilber sich abkühlen. Kennt man die Wärmekapazitäten beider Metalle, und die beiderseitigen Gewichte, so läßt sich aus der Temperaturerhöhung des Quecksilbers, wenn aller Wärmeverlust möglichst vermieden wird, die Temperatur des erhitzten Platins berechnen.

noch muß sie bei der Feuerung mit Schornsteinen seyn, weil, wie wir später sehen werden, bei solchen dadurch nur ein hinreichender Luftzug erhältlich ist. Und überdieß kann noch auf andere Weise von der bereits entwickelten Hitze verloren gehen.

Das Maximum der Heizkraft wird endlich auch deßhalb nicht leicht erreicht, weil die Feuerluft gewöhnlich noch unverbrannte Kohlentheilchen als Rauch mit sich fortreißt. Starker Rauch ist daher ein Zeichen unvollkommener Verbrennung.

2.

Vom Feuerherd.

Gewöhnlich nimmt die Feuerstätte den vordern Theil des Ofens, wie Fig. 29, ein.

Ueber dem Roste a ist der eigentliche Heerd b mit der Ofenthüre c; unter demselben der Aschenraum d.

Der Rost (grille) ist aus prismatischen Stäben von Guß- oder Schmiedeisen zusammengesetzt, die der Länge nach nebeneinander gelegt werden. Oben sind diese Stäbe weit breiter als unten, damit die Zwischenräume sich gegen den Aschenraum erweitern, und die Asche also leichter durchfallen und die Luft leichter durchziehen kann. (S. Fig. 20.) Die Distanz zwischen 2 Stäben beträgt je nach der Beschaffenheit des Brennmaterials 3½ — 5‴; und die Stäbe sind oben etwa 3mal breiter. Die Höhe der Stäbe nimmt gegen die Mitte etwas zu, damit sie stärker sind und bei langen Rösten werden sie meist noch durch eine Querstange getragen.

Gemeiniglich liegt der Rost horizontal; oft aber (Fig. 18) nach hinten geneigt, so daß der Luftstrom senkrechter auffällt. Die Roststäbe pflegt man übrigens so einzulegen, daß sie einzeln herausgenommen und ersetzt werden können.

Sehr wichtig ist, daß der Rost die gehörige Ausdehnung habe. Sämmtliche Zwischenräume müssen weit genug seyn, damit die zur Verbrennung nöthige Luftmasse mit angemessener Geschwindigkeit durchziehen kann. Die Rostfläche muß also nach der Menge des in einem bestimmten Zeitraume zu verbrennenden Materials berechnet werden. Müssen in 1 Sek. z. B. 15 Kub.' Luft mit einer Geschwindigkeit von 15' durchziehen, so würde die leere Fläche wenigstens 1 □' betragen müssen; und sind die Roststäbe, wie dieß gewöhnlich ist, oben 3mal breiter als die Zwischenräume, so muß also die ganze Fläche 4 □' groß seyn. Dieß setzt jedoch voraus, daß der Brennstoff die Rostöffnungen nicht beengt. Bei Torf und besonders bei Steinkohlenfeuerung geschieht dieß aber gar sehr. Der freie Raum und hiemit auch die ganze Rostfläche muß daher wenigstens 3mal größer seyn. Bei Holzfeuerung genügt hingegen ein ungleich kleinerer Rost. Ueberdieß ist zu beachten, daß die Luft, wenn sie durch den Rost geht, bereits etwas erwärmt ist.

Jedenfalls ist es rathsam den Rost eher zu groß als zu klein zu bauen, weil die Zwischenräume immer leicht vermindert werden können. Ein allzugroßer Rost wird freilich schädlich, indem mehr Luft unzersezt durchgeht, und also auch mehr heiße Luft wegzieht. Bei einem zu kleinem Rost müßte hingegen der Zug viel stärker seyn, 1) schon weil die Luft schneller durch den Rost strömen muß und 2) weil die Kohlenschicht dicker wird und die Luft also mehr Widerstand leistet. Wollte man aber desto häufiger Kohlen aufschütten, so würde hinwider das Feuer zu oft erkältet. Eben daraus erhellt aber, daß nicht nur auf die Menge Kohlen, sondern zugleich auf die Stärke des Zugs und also auf die Höhe des Camins Rücksicht genommen werden muß.

Bei sehr hohen Schornsteinen möchte anzunehmen seyn, daß die Totalfläche des Rosts 1 □ Met. betragen muß, um in 1 Stunde 100 Kil. Steinkohlen zu verbrennen (ober 1 □' für 20 Pf. engl.)

Für gleiche Gewichte Holz braucht sie höchstens ⅙ so groß zu seyn, da das Holz den Rost nicht versperrt, und dieselbe Menge Holz kaum halb so viel Luft verzehrt als Steinkohlen.

Für 100 Kil. Torf mag ⅓ □ Met. Rostfläche zu nehmen seyn. Da der Torf den Rost wohl sehr verstopft, dagegen aber nur etwa ⅓ so viel Hitze entbindet, und also ⅓ so viel Luft verbraucht, als Steinkohlen.

Der Aschenraum (cendrier), in den die Aschen- und Schlackentheile fallen, dient zugleich zur Einführung der frischen Luft. Die Oeffnung muß daher die gehörige Weite haben. Gewöhnlich bleibt dieselbe offen. Soll indessen der Zug durch Minderung oder Mehrung der einströmenden Luft regulirt werden, so wird sie mit einem Schieber versehen; oder, was noch besser ist, man verschließt sie ganz mit einer Thüre, und bringt seitwärts einen eigenen Luftgang (S. Fig. 18, r) an, der mit einem Register versehen wird.

Vortheilhaft ist's, wenn der Boden des Aschenfalls eine Vertiefung hat, in die beständig etwas Wasser fließt. Die herabfallenden Kohlenstückchen werden in dem Wasser abgelöscht; der Rost wird etwas abgekühlt und daher nicht so bald verbrannt; die Luft endlich bleibt etwas kühler und nimmt einige Feuchtigkeit auf, die in manchen Fällen die Verbrennung zu begünstigen scheint. *)

---

*) Die ins Wasser fallenden Kohlenstücke werden schnell gelöscht und können noch einmal aufgeschüttet werden.

Liegt der Aschenraum, wie zumal auf Dampfschiffen in einer Vertiefung, so daß die äußere Luft nicht ganz freien Zutritt hat, so mag es vortheilhaft seyn vor demselben einen **Luftschlauch** aufzuhängen, durch den die obere Luft einziehen kann.

Der Feuerraum oder eigentliche Herd über dem Rost muß groß genug seyn, um die starke Ausdehnung der erhitzten Luftmasse nicht zu hindern. Da nun die Größe dieses Raums hauptsächlich von der Entfernung des Rostes vom Kessel abhängt, so ist besonders darauf zu sehen, daß diese richtig bestimmt werde; und rathsam, daß die Höhe des Rostes leicht verändert werden könne. Erfahrungen zeigen, daß zu große Erhöhung des Rostes die Kraft einer Maschine sehr bedeutend schwächen kann. Dazu kommt, daß wenn der Kessel der glühenden Kohle zu nahe liegt, das Feuer zu schnell abgekühlt wird.

Für Holz muß der Herd ungleich geräumiger seyn als für Steinkohlen. Denn 1) nimmt das Holz 4—5mal mehr Raum ein um gleiche Hitze zu geben, weil es 2mal spezifisch leichter ist und 2—2½mal weniger Kohle enthält; 2) entbindet das Holz viel Dampf und 3) ist der Rost weit kleiner. Alle Wände werden daher sehr stark einwärts gewölbt.

Fig. 23 und 24 stellt einen solchen Herd für Holz vor. Zu beiden Seiten sind zugleich 2 Luftröhren n angebracht, welche frische Luft noch über dem Rost in das Feuer blasen.

Bei gewöhnlicher Feuerung mit Steinkohlen gibt man dem Rost eine Entfernung von 14—17″ vom Kessel.

Die Ofenthüre soll einzig dazu dienen, um das Feuer zu schüren, den Rost zu reinigen, und neuen Brennstoff einzutragen. Sie soll so viel möglich geschlossen seyn; denn so oft sie geöffnet wird, strömt frische Luft ein, die das Feuer erkältet, und um so mehr, da sie weit freier und geschwinder als unter dem Rost hineinzieht. So oft auch geöffnet wird, erzeugt sich ein ungleich stärkerer Rauch, weil diese Erkältung eine unvollkommene Verbrennung zur Folge hat. Das Aufschütten darf daher nicht zu oft geschehen, und jedesmal ist möglichste Beschleunigung zu empfehlen.

Zuweilen versieht man die Thüre mit einer kleinen Oeffnung, um, ohne sie zu öffnen, schüren zu können.

Ferner ist darauf zu sehen, daß die Thüre keine Luft, und möglichst wenig Hitze durchlasse. Thüren von Blech sind daher verwerflich, weil sie zu dünn sind und schlecht schließen. Besser sind 2 in Kloben hangende gußeiserne Thüren; und noch besser Fallthüren (S. Fig. 22), die in Fugen laufen und mittelst eines Gegengewichts leicht gehoben und herabgelassen werden können. Damit ferner die Thüre weniger Wärme durchlasse, ist es gut, die innere Seite mit Backsteinen zu bekleiden, oder doppelte Wandungen anzubringen, deren Zwischenraum mit Asche ausgefüllt wird.

Damit endlich die Thüre sich weniger erhitzt, ist es gut, sie von dem Rost etwas zu entfernen. (S. Fig. 18, 29.)

Von andern Verbesserungen wird unten die Rede seyn.

3.

Vom Rauchfange und dem Luftzuge.

Das Verbrennen erheischt einen Luftwechsel. Beständig muß die verbrannte Luft von dem Feuerheerde wegziehen und durch neue ersetzt werden, und je rascher dieser Luftzug statt findet, desto lebhafter ist die Verbrennung. Zur Erregung dieses Luftzuges dient nun, wo die Luft nicht durch mechanische Mittel in Bewegung gesetzt wird, der Rauchfang oder Schornstein.

Steht nämlich ein auf 2 Seiten offener Feuerherd von der einen mit einem etwas aufsteigenden Kanale in Verbindung, und füllt sich dieser mit erhitzter und daher spezifisch leichterer Luft, so wird das aerostatische Gleichgewicht aufgehoben. Gegen die hintere mit diesem Kanal versehene Oeffnung ist der Luftdruck geringer als gegen die vordere; aus jener wird die Luft daher von dem Herde entweichen und steigen, und durch diese frische eindringen; und dieses Zu- und Abströmen der Luft wird anhalten, weil die zuströmende beständig wieder erwärmt wird.

Die Stärke des Luftzugs rührt also von dem Unterschiede des Luftdruckes her, und dieser findet sich, wenn man das Gewicht der erwärmten Luftsäule von dem Gewichte einer gleich großen Säule frischer Luft abzieht. Wöge bei gleicher Weite und senkrechter Höhe die warme 4, die kalte 5 Pf., so würde die Luft mit derjenigen Geschwindigkeit sich bewegen, die ein beständiger einseitiger Druck von 1 Pf. auf die Sektion jenes Kanals hervorbringen muß.

Offenbar wird dieser Druck um so größer, je höher die leichtere Luftsäule und je dünner die Luft in derselben ist; und da die Verdünnung eine Folge der Erwärmung ist, so hängt der Luftzug also von der Höhe des Kamins und der mittlern Temperatur der entweichenden Luft ab. *)

---

*) Der Unterschied des Luftdrucks läßt sich einigermaßen direkte wahrnehmen und bemessen, wenn man einen Heber a b (Fig. 21) an der untern Oeffnung des Schornsteins anbringt. Da nämlich die warme Luftsäule leichter ist, als eine gleich hohe kalte, so wird das Niveau der im Heber befindlichen Flüssigkeit im Schenkel b höher stehen als im Schenkel a; und der Abstand beider Niveaus wird genau den Unterschied des Luftdrucks anzeigen. Da aber der Druck einer 100' hohen Luftsäule nur etwa $\frac{1}{260}$ des ganzen

Die Physik lehrt, daß die Luftarten für 1°C. sich um $1/267$ des anfänglichen Volums ausdehnen, oder daß 267 Cubikzoll Luft von 0° um 10 oder 20 Kubikzolle sich ausdehnen, wenn die Temperatur um 10 oder 20°C. erhöht wird. Da nun die Dichtigkeit oder das Gewicht in demselben Verhältnisse abnimmt, so wird mithin Luft um 267° erwärmt, gerade halb so dicht oder schwer seyn als bei 0°.

Nennen wir p das spezifische Gewicht der Luft bei 0°, so wird es bei einer Temperatur von T seyn =
$$\frac{267}{T+267}; \text{ bei } 267° \text{ nämlich } \frac{267}{267+267} = 1/2; \text{ bei } 400° = \frac{267}{400+267} \text{ oder } 2/5 \text{ u. f. w.}$$

Soll indessen das Gewicht der abziehenden heißen Luft hiernach berechnet werden, so ist nicht zu übersehen, daß diese Luft an sich etwas schwerer ist als die atmosphärische, weil das Oxygengas sich in gleiche Volume von kohlensaurem Gas verwandelt, das schwerer ist. Da nun ferner, wie oben bemerkt worden (S. 119) nur ein und zwar bald mehr bald minder großer Theil jenes Gases zersetzt wird, so ist klar, daß das spezifische Gewicht der abziehenden Luft sich nicht mit völliger Genauigkeit berechnen läßt.

Luftdrucks beträgt, so würde die Differenz des Drucks, wenn z. B. die warme Luftsäule 2mal leichter ist, bei solcher Höhe des Camins sogar nur $1/520$ betragen; bei Quecksilber also nur $28/520''$ oder etwa $5/8'''$. Man muß also den Heber mit Wasser oder einer noch leichtern Flüssigkeit füllen; und auch bei Wasser betrüge der Abstand beider Niveaus in obigem Falle nur 8 — 9'''. Die Anwendung dieses sinnreichen Mittels verlangt also viele Vorsicht. Es ist indessen zu bedauern, daß bis jetzt noch wenig Versuche damit angestellt wurden. Einige von L. Schwarz sind im Bulletin v. Mülhausen bezeichnet.

Schwer ist es schon den mittlern Wärmegrad der Schornsteinluft genau auszumitteln; noch schwerer ist die Zusammensetzung derselben zu finden, und überdieß sind beide nicht immer dieselbigen. Allein auch approximative Berechnungen sind von Werth.

Nehmen wir an, die Luft werde zur Hälfte zersetzt, die verbrannte Luft bestehe also aus 79 Volumen Stickluft, 10½ Volumen kohlensaurer und 10½ Volumen Sauerstoffluft, so wäre ihr spezifisches Gewicht (das der frischen Luft = 1 gesetzt) bei 0° = 1,043. Bei 400° Wärme wäre hiemit das Volum wohl auf das 2½fache vergrößert, das spezifische Gewicht aber betrüge $\frac{267}{667} \times 1{,}043$ oder 0,418.

Bei vollständiger Verbrennung wäre das spezifische Gewicht der verbrannten Luft bei 0° = 1,088; und bei 400° also $= \frac{267}{667} \times 1{,}088$ oder 0,435.

Theoretisch wird nun für jede Höhe der Luftsäule oder des Schornsteins die Geschwindigkeit, mit der die Luft darin aufsteigt aus folgender Formel gefunden (bei Anwendung des metrischen Systems, wie hier geschehen).

$$V = \sqrt{19{,}6 \times h\ (P-p)}$$

V bezeichnet die Geschwindigkeit in Met. pr. Sekunde.
h die Höhe des Schornsteins in Met.
P das spezifische Gewicht der äußern Luft.
p das der Luft im Schornstein.

Beispiel. Mit welcher Geschwindigkeit wird die Luft in dem Schornstein steigen, wenn dieser 20 Met. hoch ist, die Temperatur der abziehenden Luft 400°, die der äußern Luft = 0° und wenn die Luft zur Hälfte zersetzt wird?

Hier ist P = 1 und p = 0,418; P − p also = 0,582.

Wir haben mithin:

$$V = \sqrt{19{,}6 \times 20 \times 0{,}582} = \sqrt{228{,}14} = 15{,}1 \text{ M.}$$

Wie leicht zu sehen gibt eine doppelte Höhe lange nicht eine doppelte Geschwindigkeit und bei einer halb so großen Höhe wird jene noch weit über die Hälfte der eben gefundenen betragen. Die Höhe des Schornsteins wird aber um so mehr den Luftzug beschleunigen, da die Luft mit dieser Beschleunigung zugleich in der Regel eine höhere Temperatur erlangt.

In der Wirklichkeit wird diese Geschwindigkeit allerdings um ein Merkliches geringer seyn, als sie durch obige Berechnung gefunden wird, und namentlich weil die Luft an den Wänden des Schornsteins eine Reibung erleidet. Diese Verminderung wird je nach der Beschaffenheit des Camins mehr oder weniger bedeutend seyn. Sie wird verhältnißmäßig größer in engern als in weitern, größer in vierkantigen als in runden Schornsteinen seyn; größer, wenn die Wände mehr Rauchigkeiten haben; weit größer besonders in schiefen als in senkrechten Kaminen. Bei der Mannichfaltigkeit dieser Umstände ist nicht wohl eine Berechnung ihres Einflusses möglich.

Noch weniger muß man aber glauben es gebe obige Berechnung die Geschwindigkeit der einziehenden frischen Luft an, denn ungleich größere Hemmung erleidet diese beim Durchgang durch den Rost und die Kohlenschicht. Bei Steinkohlen kann die Geschwindigkeit des Luftzugs unter dem Rost vielleicht nur zu $\frac{1}{2}$ oder $\frac{1}{3}$ der theoretisch gefundenen, angenommen werden. Da jedoch die Erfahrung zeigt, daß eine lebhafte Verbrennung nur dann statt hat, wenn dieser Luftzug eine Geschwindigkeit von 4 — 5 Met. (etwa 15′) pr. Sek. besitzt, so sieht man eben daraus, wie nöthig es ist, daß dem Schornstein eine sehr ansehnliche Höhe gegeben werde, und daß die Luft mit sehr bedeutender Hitze darin aufsteige. (S. 121.)

Weite des Schornsteins.

Kennt man die Geschwindigkeit, mit der die Luft bei gegebener Temperatur und Kaminhöhe aufsteigen muß, so ergibt sich daraus, welche Weite dem Schornstein als Minimum zukommen muß.

Rechnet man für 1 Kil. Steinkohlen 15 Kub.M. atm. Luft pr. Stunde, (S. 120) so brauchen 100 Kil. 1500 Kub.M. und in 1 Sek. $\frac{1500}{3600}$ oder $\frac{5}{12}$ Kub.M. Hat diese Luft beim Eintritt in den Schornstein eine Temperatur von 500°, so dehnt sie sich auf $\frac{500+267}{267} = \frac{767}{267}$ oder auf das 3fache d. h. $\frac{15}{12}$ Kub.M. aus. Findet sich nun, daß diese Luft mit einer Geschwindigkeit von 15 Met. in den Schornstein steigen muß, so müßte die Section desselben wenigstens $1/12$ □ Met. groß seyn (denn $1/12$ □ Met. $\times$ 15 Met. $= {}^{15}/_{12}$ K.M.) Wäre sie enger, so könnte unmöglich alle Luft wegziehen.

Die Erfahrung lehrt indessen, daß die Luft in der That mit ungleich geringerer Geschwindigkeit in den Schornstein strömt, und daß dieser daher viel weiter seyn muß. Und diese Abweichung möchte hauptsächlich aus folgenden Gründen zu erklären seyn. 1) erleidet die Luft in den Feuerzügen schon eine Reibung; so wie daher, wenn gleich der Luftzug (oder die Zugkraft) 12—15 Met. beträgt, die Luft nur mit 4—5 Met. Geschwindigkeit durch den Rost geht — so strömt sie auch wegen jener Reibung weit langsamer durch die Feuergänge. 2) bringt die pyramidale Form der meisten Schornsteine mit sich, daß sie unten 2 oder 3mal weiter sind als oben. Gesetzt also sonstiger Hindernisse wegen könne die Luft beim Austritt aus dem Schornstein nur eine Geschwindigkeit von 6 Meter haben, so muß sie beim Eingang, weil der Schornstein nothwendig viel weiter ist, nur eine von 2 oder 3 Met. besitzen *).

Soll also aus einem Schornstein pr. Sek. 1 Kub.M. heiße Luft ausströmen, so wird der untere Querschnitt desselben nicht weniger als 1/3 oder 1/2 ◻ Met. betragen müssen. Zudem haben etwas zu weite Kamine keinen Nachtheil, und die Anwendung eines Schiebers oder Registers gestattet stets eine etwa nöthige Verengerung. **) Nur allzuweite lassen schädliche Störungen des Zugs befürchten.

---

*) Nach Peclet (Traité I.; 251) soll man die reelle Geschwindigkeit der heißen Luft am Fuße des Schornsteins mit der Erfahrung sehr übereinstimmend finden, wenn man die theoretische Geschwindigkeit multiplizirt:

bei Schornsteinen aus Backstein

$$\text{mit } 2 \sqrt{\frac{d}{1 + 4d}}$$

und bei Schornsteinen aus Eisenblech

$$\text{mit } 3{,}2 \sqrt{\frac{d}{1 + 10d}}$$

Wo d den Durchmesser des Schornsteins und 1 die ganze Länge des Rauchganges (Kamin und Feuerkanal zusammengenommen) bezeichnet.

Gesezt also, die theoretische Geschwindigkeit werde = 15 Met. gefunden; und die Höhe des Schornsteins sey 20 M., die Weite 0,3 M. und die Länge des Feuerkanals 6 Met., so wäre die reelle Geschwindigkeit, wenn der Schornstein von Backstein ist $= 15 \times 2 \sqrt{\frac{0{,}3}{26 + 1{,}2}} = 30 \times 0{,}104$ = 3,12 M.

**) Man darf jedoch nicht glauben, daß im Verhältniß dieser Verengerung weniger Luft durchziehe. Das gleiche gilt auch von einem auf dem Schornsteine und am Aschenraume angebrachten Register. Wird dadurch die Oeffnung auf die Hälfte verengert, so strömt doch weit über die Hälfte Luft

Wenn, was ökonomisch vortheilhaft ist, der Rauch mehrerer Oefen in einen gemeinschaftlichen Schornstein geleitet wird, so muß natürlich der Querschnitt desselben dem erforderlichen Gesammt-Querschnitt aller einzelnen Kamine gleich kommen.

Die Construktion der Rauchfänge übergehen wir. Die großen werden gewöhnlich von Backsteinen aufgeführt, kleinere auch aus Eisenblech, Kupferblech oder gegossenen Röhren zusammengesetzt.

4.

Von den Feuerkanälen.

Gewöhnlich läßt man bei ordentlichen Kesseln die Feuerluft nicht blos den Boden des Kessels bestreichen, sondern man leitet sie noch durch Kanäle (carneaux, galeries) um den Kessel herum, so daß sie auch mit den Seitenwänden desselben in Berührung kommt.

---

durch, weil die Geschwindigkeit, wie die Erfahrung lehrt, vergrößert wird. Und daraus folgt denn auch, daß in einem Schornstein von gleicher Höhe und gleich weiter Ausmündung, und bei gleicher Temperatur der Luftzug etwas schneller ist, wenn der ganze Schornstein weiter ist. *) Auch der Diam. hat daher Einfluß auf den Zug. Die Zugkraft ist zwar dieselbe, weil diese blos durch die Höhe und die Wärme der Luftsäule bestimmt wird, allein bei verhältnißmäßig größerer Weite wird diese Kraft weniger geschwächt, und obschon die Geschwindigkeit der Luft, weil sie sich in einen größern Raum ausbreitet, abnimmt, so strömt doch etwas mehr Luft durch, und der reelle Zug ist deshalb etwas stärker.

*) Peclet's Versuche in s. Traité I. p. 272.

Mehrere Figuren zeigen dergleichen Kanäle.

In Fig. 18 sind o die Kanäle.

In Fig. 23 u. 24 p q.

In Fig. 29 — 31 d e f g.

In Fig. 35 x u. y.

Ohne Zweifel bezwecken solche **Feuergänge** eine bessere Benutzung der Hitze. Liegt der Herd unmittelbar unter dem Kessel, so nimmt dieser hier schon einen beträchtlichen Theil der eben entwickelten Wärme auf. Und ferner gibt die Feuerluft viel Wärme an denselben ab, indem sie unter dem übrigen Boden durchzieht. Immerhin würde sie noch zu schnell und zu heiß abströmen, wenn sie von da in den Schornstein schon entwiche. Führt man sie noch durch solche Kanäle, so wird sie um so mehr abgekühlt, je länger und mit je einer größern Fläche sie in Berührung bleibt. So zweckmäßig indessen, in der Regel ähnliche Kanäle sind, so ist nicht zu übersehen, daß die Luft eine nicht geringe Reibung darin erleidet, zumal da die Gänge fast horizontal liegen; daß sie von drei Seiten mit dem Gemäuer in Berührung sind, und diesem also auch einige Wärme abgeben; daß endlich die Lage dieser Röhren, da die Luft den Kessel seitwärts bestreicht, zur Mittheilung der Hitze nicht die vortheilhafteste ist. Solche Kanäle sind demnach nur bei ohnehin sehr starkem Zuge zulässig, und machen überdieß selbst einen etwas stärkern Zug nöthig.

Man kann daraus abnehmen, daß es immer besser ist, wenn die Kessel eine möglichst große Bodenfläche haben, und daß hohe Kessel, um welche dagegen in mehreren Wendungen Feuergänge herumgeführt sind, wenig Empfehlung verdienen.

Um die Luft unter dem Boden etwas länger aufzuhalten, bringt man zuweilen in dem breiten Feuerraume

Scheidewände *) an, so daß die Luft sich umwenden, oder hin und her ziehen muß. Jedenfalls dürften aber schmale und dafür längere Kessel mit ungetheiltem Feuerraume vorzuziehen seyn.

Es versteht sich übrigens von selbst, daß jene Feuerkanäle die gehörige Weite haben müssen, indem die Luft noch wärmer und daher ausgedehnter als in dem Schornsteine ist, und da die Luftströmung darin eher verzögert seyn soll.

Es muß endlich Vorsorge getroffen seyn, daß man diese Gänge mit Leichtigkeit reinigen kann, da sich darin viel Ruß absetzt. In Fig. 17 sieht man bei y y die Thüren, die zur Reinigung dieser Kanäle dienen.

Von den Feuerröhren, die durch die Kessel selbst hindurch gehen, wird unten die Rede seyn.

5.

Von einigen Vorrichtungen zur Verzehrung des Rauchs und zur mechanischen Aufschüttung der Kohlen.

Das Rauchen eines Feuerherds ist nicht nur lästig, sondern zugleich Ursache eines beträchtlichen Wärmeverlusts; denn der Rauch besteht hauptsächlich aus feinen Kohlentheilen, die unverbrannt entweichen und also keine Wärme entbinden.

Bei raschem Luftzuge wird oft Rauch erzeugt, indem viele Kohlentheile zu schnell in die Feuerkanäle und den Schornstein fortgerissen werden, wo sie aus Mangel an

---

*) Eine solche Feuerstätte mit sog. Dämmern von Wakefield S. im polyt. J. B. 8. S. 505. Scheidewände vermindern übrigens die Feuerfläche.

Sauerstoff nicht verbrennen können; bei schwachem Zuge, indem viele entweichen, ohne bis zum Glühen erhitzt zu werden. Sehr viel Rauch entsteht besonders beim Oeffnen der Ofenthüre und beim Schüren, weil dann eine Menge kalter Luft über das Feuer wegströmt, und das Rühren der Kohlen die Lostrennung vieler Theilchen erleichtert.

Schon lange ist man bemüht, die Entstehung des Rauchs zu verhüten oder sogen. rauchverzehrende Oefen (s. fumivores) zu Stande zu bringen. Bis jetzt scheinen noch keine vollkommen befriedigenden Einrichtungen aufgefunden zu seyn, aus dem Ebengesagten erhellt indessen, auf welchem Wege man diesen Zweck mehr oder weniger erreichen kann. Alles läuft auf Erzielung einer möglichst vollständigen Verbrennung hinaus

Dazu werden also 1) solche Vorrichtungen beitragen, durch welche eine vorläufige Erhitzung oder Röstung der Steinkohle veranstaltet wird. Einigermaßen geschieht dieß nun, indem man zwischen dem Roste und der Ofenthüre eine Platte anbringt, auf der man die Kohle, die das nächste Mal auf den Rost kommt, vorher aufhäuft. In der Zwischenzeit wird sie hier wenigstens erhitzt und ausgedörrt, und brennbare Theile, die sich verflüchtigen werden, indem sie durch das Feuer ziehen, verbrannt. Dasselbe geschieht, wenn man die Kohle vorher in einen über dem Herde stehenden Behälter oder Rumpf bringt; auch hier werden die sich verflüchtigenden Theile durch den Luftzug abwärts und durch das Feuer gezogen, wo sie verbrennen.

Ein 2tes Mittel eine vollständige Verbrennung zu bewirken, besteht in Lufträhren, welche die entfliehenden und glühenden Kohlentheilchen mit frischer Luft in Berührung bringen. Dergleichen Röhren mögen entweder etwas Luft in das Feuer selbst blasen (S. Fig. 25), oder erst gegen die vom Herde abziehende Feuerluft.

Es ist klar, daß solche Vorrichtungen mit großer Vorsicht anzubringen sind, denn alle auf diese Weise einziehende Luft, die keine Verbrennung bewirkt, ist offenbar schädlich. Bei den meisten rauchverzehrenden Oefen, die angegeben wurden, ist indessen dieses Prinzip vorzüglich benutzt, und oft ist die Anwendung von sichtbarem Erfolg gewesen. Jedenfalls ist darauf zu achten, daß solche Gänge sich nicht verstopfen, und sie zur Regulirung des Zuflusses mit Schiebern oder Hähnen gut zu versehen.

Von den vielen rauchverzehrenden Oefen, die bis jetzt schon empfohlen und vorzugsweise gepriesen wurden, führen wir hier nur einen der ältesten (und schon von Watt zuweilen gebrauchten) an, den von Robertson, wo beide Prinzipien angewendet sind. (S. Fig. 28) a ist ein Rumpf, zur Aufnahme der Kohlen. Von da fallen sie auf die etwas schiefliegende Vorplatte b; wo sie, bevor sie auf den Rost c gestoßen werden, eine ziemlich vollkommene Röstung erleiden. Damit die sich verflüchtigenden Gase verbrennen, ist die Luftröhre d vorhanden, die mit einem Schieber mehr oder weniger geöffnet werden kann; und überdieß ist bei e noch ein senkrechter Rost angebracht, der Luft durch jene Kohlen streichen läßt. *)

Alle diese Einrichtungen hindern nun aber nicht den Rauch, der sogleich entsteht, wenn die Ofenthüre geöffnet werden muß, oder so oft geschürt und Kohle hineingeworfen wird. Wohl sucht man diese Besorgung so viel möglich abzukürzen, und das Schüren ohne Oeffnung der Thüre

---

*) Ueber rauchverzehrende Oefen S. noch b. polytech. Journal Bd. 32, 404 u. Bd. 35, 344.

vorzunehmen. Demnach ist auch der Schieber x y (Fig. 29) zu empfehlen, durch den man leicht die Schlacken oder Cinders in den Aschenraum fallen lassen kann, und der etwas Luft zur Verbrennung des Rauchs durchpassiren läßt. Immerhin bleibt das Oeffnen der Thüre zum Nachschütten ein Uebelstand. Will man selten Kohlen aufschütten, so muß man den Rost mit einer zu dicken Kohlenschicht bedecken. Sie verbrennen aber um so leichter und vollständiger, je dünner sie aufgelegt sind.

Man hat daher gesucht ein mechanisches Aufschütten zu Stande zu bringen, und hoffte dadurch noch andere Vortheile zu erlangen.

Brunton von Birmingham scheint die Aufgabe zuerst gelöst zu haben. Sein Patent ist von 1819. Das Wesentlichste dieses Apparats ist aus Fig. 26 zu erkennen.*) A ist der Vordertheil des Kessels, und B ein kleiner durch die Röhre m damit verbundener Sieder. Diesen bestreicht unmittelbar die Flamme. C ist ein kreisrunder Rost aus gegossenen Stäben; dieser Rost ruht auf einem Kreuze a, und wird durch den vertikalen Baum b langsam gedreht. Gewöhnlich macht er 1 bis 2 Umgänge in 1 Minute. Diese langsame Bewegung wird durch die Räder c und d und das Getriebe e bewirkt. Das obere Räderwerk f wird durch die Maschine in Bewegung gesetzt. Auf dem Rade d liegt eine Platte, welche die Verunreinigung desselben durch die in D fallende Asche hindert. Der Rost ist mit einem Backsteinkranze g umgeben, und der Fuß h dreht sich in einem runden Behälter mit Sand, so daß nur durch die Rostöffnungen Luft in den Feuerraum gelangen kann.

―――――

*) Abbildungen finden sich im Bulletin d'Encour v. 1822. pl. 221 u. 222. in Tredgolds Traité pl. V. u. Partington t. 8.

Die Kohlen werden, in kleine Stücke zerschlagen, in den Rumpf oder Trichter i für 2—3 Stunden auf einmal aufgeschüttet. Von da fallen sie in den Behälter k und aus diesem auf den Rost, so wie sich ein Schieber öffnet. Dieß geschieht durch eine einfache Vorrichtung in angemessenen Zwischenzeiten und mehr oder weniger, so daß je nach dem Bedarf die Aufschüttung regulirt ist. (Der Mechanismus steht nemlich bei Watt'schen Maschinen mit dem Schwimmer in der Zuflußröhre oder dem Rauchregister in Verbindung.) Durch die Thüre l wird der Rost gereinigt.

Diese Vorrichtung, die fast an jedem Kessel angebracht werden kann, bringt nach vielen Zeugnissen eine sehr bedeutende Ersparniß an Kohlen. *) Leider ist sie aber ziemlich theurer und komplizirt, und mag leicht in Unordnung kommen. Auch erfordert ein solcher Drehrost viel Schmiere.

Manche geben daher einer Art Kohlenmühle, die keinen beweglichen Rost nöthig macht, den Vorzug.

Rost und Siederöhren ragen um etwa 2′ vor den Kessel hervor. Ueber diesem ist ein langer Kohlentrichter mit mehreren Paaren gefurchter Walzen angebracht; die sich ganz langsam drehen, und dadurch die Kohlen zerkleinern und allmählig zwischen den Siederöhren hindurch auf den Rost fallen lassen. Die Kohlen häufen sich hier freilich an, und müssen von Zeit zu Zeit zurückgeschürt werden.

---

*) In der Old union mill verzehrte ein Ofen in 9 Tagen 290 Ctr. Kohlen, und ohne den Apparat in der gleichen Zeit 465 Ctr. Ein anderer in der White chapel distillery in 18 Tagen ohne den Apparat 284 und mit demselben 192 Bushels. Partington S. 187. In manchen Brauereien verminderte sich der Consum um 50% (?)

Zweckmäßiger sind ohne Zweifel Vorrichtungen, wo die aus dem Rumpfe fallenden Kohlen vermittelst einer Flügelstange oder eines Ventilators auf den Rost gestreut werden. Der Rost kann in diesem Falle seine gewöhnliche Lage behalten, die Vertheilung der Kohlen hat anhaltend und ziemlich gleichförmig statt, und das Schüren wird selten nur nöthig. Bei Ventilatoren ist freilich das Zublasen von Luft sorgfältig zu vermeiden.

Fig. 23 zeigt einen solchen Apparat *).

a ist der Kohlenrumpf, b sind eiserne Walzen, welche die Kohlen zerkleinern und in abgemessener Quantität in den gegossenen Kasten c fallen lassen. Hier befinden sich blecherne Schlagflügel d, die mittelst der Seilrolle e schnell eingeschwungen werden, und die kleinen Kohlenstücke auf den Rost f werfen. Jene Flügel sind oben schmäler, damit die Geschwindigkeit verschieden ist, und die Kohle mithin in ungleicher Entfernung auf dem Rost verbreitet werde. Die Zufuhrwalzen können je nach Bedarf gestellt, und mehr oder weniger langsam umgedreht werden.

Dieser Apparat wurde von Stanley angegeben, und von J. Collier in Frankreich importirt. Er soll auf etwa 1500 Fr. zu stehen kommen. Den ganzen Apparat kann man leicht seitwärts schieben, und so zur Ofenthüre gelangen, wenn man den Rost reinigen muß.

Zu den Vortheilen dieser Vorrichtungen wird auch gerechnet, daß der Kessel durch das Schüren nicht beschädigt wird.

---

*) S. polyt. Journal. Bd. 34, S. 352, wo statt der Windflügel zwei Streicher vorhanden sind.

6.

Heizungen mit künstlichem Luftzuge, oder mit Gebläsen oder Exhaustionsmaschinen.

Um einen natürlichen Luftzug von gehöriger Lebhaftigkeit zu erhalten, sind gewöhnlich Rauchfänge oder Kamine von sehr bedeutender Höhe erforderlich. Solche Schornsteine sind nicht nur kostbar und bisweilen unbequem, sondern bei lokomotiven Maschinen, wie auf Dampfschiffen und besonders auf Dampfwagen, gar nicht anzubringen. Man ist gezwungen, sich mit Rauchfängen von mäßiger Höhe zu behelfen, und überdieß sie von Blech zu konstruiren, damit sie möglichst leicht sind.

Bei so niedrigen Kaminen ist aber, wie das starke Rauchen derselben schon zeigt, der Luftzug zu schwach, weil die Rauchsäule zu kurz ist, und weil überdieß noch das Blech sie etwas schneller abkühlt.

Man hat daher seit einigen Jahren vielfach Heizungen mit einem künstlichen Luftzuge empfohlen, der entweder durch ein Gebläse oder durch Exhaustionsapparate bewirkt werden kann. Allerdings wird ein solches Mittel stets eine nicht unbedeutende Kraft erfordern, um die der Nußeffekt der Maschine vermindert wird; nichts desto weniger können dabei namentlich für Dampffuhrwerke überwiegende Vortheile statt finden. Der Rauchfang wird nemlich fast ganz entbehrlich, und da der Luftzug dennoch sehr stark seyn kann und der Brennstoff also weit vollständiger verbrennt, so wird an solchem erspart, und der Kessel kann kleiner seyn.

Fig. 87 und 88 Tafel 6 stellen die Heizungen dar, auf welche sich 1829 J. Braitwaite und J. Ericson ein Patent

ertheilen ließen *). Beide sind für Keſſel mit innerer Feue=
rung, zum Behufe für lokomotive Maſchinen, berechnet. In
Fig. 88 wird der Luftzug durch ein Cylindergebläſe, in Fig.
87 durch eine beim Abzug des Rauchs angebrachte Erhau=
ſtionspumpe hervorgebracht. Angaben über die erforderliche
Größe der Pumpen und die zu ihrer Bewegung nöthige Kraft
fehlen. Die Einrichtung ſelbſt ergibt ſich aus einer kurzen
Erläuterung beider Figuren.

In Fig. 88 iſt a b c d der Dampfkeſſel, e das Dampf=
rohr und f die Sicherheitsklappe, g der innere Ofen, h der
Roſt, und i der Ofenraum. k iſt ein mit einem Schieber
verſehener Rumpf zur Füllung des Ofens mit Kohlen. Aus
dem Ofen geht die Feuerröhre l in mehreren Windungen und
allmählig ſich etwas verengernd, weil die Luft kälter wird
durch das Waſſer. Bei m tritt ſie in ein ganz kurzes Kamin.
n iſt die Luftdruckpumpe. Die Luft gelangt zuerſt in den
Regulator o (ein ledernes Gehäuſe auf welches das Gewicht
p drückt), und von da durch q theils über, theils unter den
Feuerherd, durch die Röhren r und s, welche zur Regulirung
mit Hähnen verſehen ſind.

In Fig. 87 iſt a b c d ebenfalls der Keſſel, e das Dampf=
rohr, f die Klappe, g der Ofen, h der Roſt und i der Ofen=
raum. Die Kohlen werden durch die Thüre k eingebracht.
Durch den Lufthahn l bringt Luft unter den Roſt, durch die
Hähne m bläst Luft in das Feuer. Die Feuerluft strömt
durch die Röhre n, deren Ende mit einer doppeltwirkenden
Luftpumpe p verbunden iſt. Wie die Erhauſtion der Luft
und dadurch ein beſtändiger Luftzug mit den Klappen o be=
wirkt wird, ergibt ſich aus der Figur. Da der Rauch ab=

---

*) S. Polyt. Journal. Bd. 55, S. 47, m. Abb.

wärts zieht, so mögen sich wenigstens Staub und Aschentheile nicht in der Rauchröhre absetzen.

Statt der Luftpumpe kann auch ein ordentlicher Ventilator oder ein beim Eingang des Kamins angebrachtes Flügelrad die Exhaustion bewirken. Eine Vorrichtung dieser Art v. James ist im polyt. Journ. Bd. 37. t. VII. abgebildet.

Eine sehr vortheilhafte Schilderung wurde neulich von den Dampfkesseln mit Ventilatoren (nach Cléments Vorschlag) gemacht, welche die HH. Seguin u. Comp. in St. Etienne bei den dortigen Dampfwagen anwenden *).

Auf dem ersten Wagen ist die Dampfmaschine, auf dem zweiten der Ventilationsapparat nebst dem Wasser- und Kohlenbehälter B und C (Fig. 80), und an diesen werden dann 12 oder mehrere Kohlenwagen angehängt, die sämmtlich auf einer Eisenbahn laufen.

Fig. 78 zeigt einen Querdurchschnitt, und Fig. 79 einen Längendurchschnitt des Kessels und Ofens nach der Linie xx, und Fig. 80 die Ventilationsmaschine.

A ist der Kessel, ein langer Cylinder aus Eisenblech $2\frac{1}{2}'$ breit und $9'$ lang.

a der $4'$ lange Rost.

b und c eiserne Kasten, die zu beiden Seiten und von hinten den Aschen- und Feuerraum einschließen, mit dem Kessel kommuniziren und mit Wasser gefüllt sind.

e 43 Feuerröhren (von $1\frac{3}{8}''$ Durchm.) Das Feuer geht von dem Rost erst zwischen dem Kesselboden und dem Behälter d hindurch, und zieht dann durch jene Röhren e in den ganz kurzen Rauchfang f.

---

*) S. den Bericht der HH. Schumberger und Köchlin, im Bull. de Mulhausen No. 22 (von 1852), und mit Bemerkungen von H. v. Baader im polyt. Journal. Bd. 46.

g ist die Thüre des Feuerherds; h die des Aschenraums. Neben der Thüre h ist zu jeder Seite eine Oeffnung, in die der Luftkanal eines der beiden Ventilatoren einmündet.

(Fig. 80) sind zwei neben einander angebrachte kreisrunde Kasten von 5' Durchmesser, in denen die Ventilatoren k mit 4 Flügeln schnell umgeschwungen werden, indem eine Rolle an der Axe derselben l durch eine andre m an dem hintern Rade des Wagens umgetrieben wird. Bei n ist ein Schieber angebracht, um den Wind zu reguliren; und o ist ein lederner Schlauch, der den Windkasten mit dem Ofen verbindet.

Dieser Kanal erzeugt 4fachen Dampf, d. h. Dampf von 3 atmoph. Ueberdruck, und dem Bericht nach 7 Pf. Dampf (oder mehr) mit 1 Pf. Steinkohle.

Ein solches Resultat ist noch äußerst selten, und bei Dampfwagen wohl noch nie bis jetzt erlangt worden. Indessen ist es glaublich, wenn dieser Ventilationsapparat wirklich ein sehr lebhaftes Feuer hervorbringt, so daß die Verbrennung vollständig ist, und die meiste Luft zersetzt wird; denn anderseits mag die ausnehmende Vergrößerung der Feuerfläche vermittelst so vieler und enger Rauchröhren dem Feuer so vollkommen die Hitze entziehen, daß der Rauch weit weniger heiß als bei hohen Kaminen entweicht: Wie heiß indessen der abziehende Rauch ist, findet sich nicht angegeben.

Der Kessel bietet wohl kaum ⅓ seiner Oberfläche oder 3 □ Met. (29 □') dem Feuer dar; aber alle Rauchröhren haben eine Fläche von wenigstens 15 □ Met. (144 □'), und die ganze Feuerfläche (auch ohne die übrigen Wasserbehälter) beträgt also an 18 □ Met. oder 170 □'.

Die Windflügel (deren Bretter circa 12″ breit und 14″ hoch sind) sollen an 300 Umgänge in 1 Min. machen, und doch nur sehr wenig Kraft absorbiren *). Eben darüber muß man indessen zuverlässige Versuche wünschen. Ueberhaupt fehlen manche Angaben, um die Vorzüge der vorliegenden Maschine gehörig zu beurtheilen; es ist nicht einmal berichtet, welche Kraft die Maschine hat und ob das Expansionsprincip benutzt ist. Auch ist nicht klar, wie das Blasen regulirt wird. Das Gesammtgewicht der beiden Maschinenwägen wird zu 6000 Kil. angegeben und sie sollen 10000 Fr. kosten.

Feuerungen mit künstlichem Luftzuge versprechen ohne Zweifel nicht blos für lokomotive Maschinen Vortheile. Ueberhaupt wäre es nützlich, wenn hohe und kostbare Schornsteine entbehrlich würden; außerdem aber läßt sich eine wesentliche Wärmeersparung erwarten, indem der Rauch nur heißer als das Kesselwasser, also 130—140° heiß, entweichen muß, und nicht 4—500° heiß, wie dieß der Zug in hohen Kaminen erfordert **). Immerhin ist aber 1) ein sehr starker Luftzug erforderlich, und daher ein sehr kräftiger Ventilator, und es

---

*) Daß diese Ventilation bei einer 20pferdigen Maschine nicht einmal die Kraft von ½ Pferde absorbire, ist kaum glaublich; obgleich die Theorie fast noch geringern Kraftaufwand finden läßt. S. Bresson de la chaleur etc. 1830, p. 175.

**) Außerdem wäre möglich, die abziehende Hitze nachher noch zu utilisiren. Bei Kaminen geht dies nicht; denn jede Erkältung des abziehenden Rauchs schwächt den Zug, und alle Versuche, Hitze zu benutzen, müssen daher scheitern. Bewirkt hingegen ein Gebläse den Zug, so braucht die Luft nur so lange, als sie den Kessel berührt, eine gewisse Hitze zu haben. Nachher kann ihr dieselbe ohne Bedenken entzogen werden.

fragt sich hiemit, ob die Hervorbringung eines solchen nicht zu viel Kraft raubt; 2) aber ist nöthig, daß der, im Herde möglich stark erhitzten Luft, die Wärme schnell wieder entzogen werde, und dieß scheint kaum anders, als durch enge und durch das Wasser gehende Feuerröhren möglich. Wendet man jedoch wie im obigen Apparate, viele solcher Röhren an, so fragt es sich, ob und wie sie auf die Dauer völlig wasserdicht herzustellen und zu verbinden sind; denn klar ist, daß, wenn eine einzige Wasser durchdringen läßt, solches sogleich in den Ofen dringt, und die Heizung unterbrochen werden muß *).

Nach einem im Nov. 1830 patentirten Systeme von Will. Church **) soll das Feuer nicht nur durch ein Gebläse angefacht werden, sondern die Luft zuerst durch den Kessel gehen, damit sie erhitzt werde. Der eigentliche Dampfgenerator, über dem ein zweiter Cylinder steht, der blos Dampf hält, besteht aus vielen concentrischen Röhren, deren Abstände Wasser-, Rauch- und Luftkanäle bilden. Die durch das Gebläse eingetriebene Luft zieht erst durch die Luftgänge, von da durch die Kohlen, und dann als Rauch durch die Rauchröhren; zuerst also nimmt die frische Luft Hitze vom Kesselwasser auf, und gibt als Rauch dann desto größere ab. Es ist indessen unbegreiflich, wie auch das London Journal sich eine ganz außerordentliche Ersparung an Brennstoff von diesem Verfahren versprechen kann, und wie der Erfinder glaubt, es werde die auf die Dampfbildung verwendete Hitze großentheils zur Heizung nochmals utilisirt.

---

*) Daß das Gebläse, wie Einige befürchten, den Kessel eher zerstören möchte, muß die Erfahrung erst zeigen.

**) S. Polyt. Journal. Bd. 45, p. 1.

Neuere Erfahrungen zeigten allerdings, daß beim Betriebe von Hochöfen das Einblasen von heißer Luft Vortheile bringe; sehr wahrscheinlich geschieht dies aber nur, indem heiße Luft den Schmelzprozeß erleichtert. Es ist kaum glaublich, daß die Luft, die sich beim Durchgange durch das Kesselwasser erhitzt, mehr Wärme abgeben mag, als sie dem Wasser entzogen hat. Ein Gewinn wäre nur denkbar, wenn die heiße Luft vollständiger zersetzt, und die Kohle vollständiger dann verbrannt würde. In keinem Falle also ein Gewinn durch Ersparung; der erzeugte Dampf muß ein bestimmtes Quantum von Wärme wegnehmen, und eben so muß der Rauch mit einer bestimmten Temperatur fortziehen. Er muß wenigstens noch heißer seyn als der Kessel. Es kann also die zur Dampfbildung verwandte Hitze nicht ein zweites Mal utilisirt werden. Gesetzt aber sogar, es möchte auf diese Weise aus dem gleichen Quantum Kohle und Luft etwas mehr Wärme zu entwickeln seyn, so wird sicherlich dieser Gewinn durch die Nachtheile überwogen, die aus der nöthigen Vergrößerung des Kessels, und der complicirtern Construktion desselben hervorgehen.

II.
Von den Dampfkesseln oder Dampferzeugern.

Unter Dampfkessel (chaudière, boiler) versteht man überhaupt das Gefäß oder den Behälter, in dem das Wasser erhitzt und in Dampf verwandelt wird.

Die Dampfkessel werden theils aus Gußeisen, theils aus starkem Eisen- oder Kupferblech verfertigt.

Platina wäre unstreitig das vorzüglichste Material, allein der hohe Preis dieses Metalls wird noch lange nicht diese Anwendung zulassen. Blei ist wegen seiner Weichheit und Schmelzbarkeit nicht brauchbar. Steinerne Dampferzeuger sind von dem berühmten Brindley zu Newcastle (1756) erbaut worden. Die Steine waren vermittelst eines Kitts aus gekochtem Leinöl und Bleiglätte dampf- und wasserdicht verbunden, und eiserne Feuerröhren gingen durch diesen gemauerten Behälter, um das Wasser zum Sieden zu bringen *).

Hölzerne, aus starken Faßdauben verfertigte und mit eisernen Reifen gebundene Kessel, wurden in Amerika durch Anderson, und in Europa z. B. von Droz versucht. Sie haben aber wenig Beifall gefunden **).

Wir reden also hier nur von Kesseln aus Gußeisen, Schmiedeisen und Kupfer, und zwar:

1. von der Größe, Form und Stärke derselben überhaupt, und
2. von den verschiedenen Arten von Dampfkesseln, die bis dahin angewendet wurden.

---

*) Von einem andern ist in Gilb. Annal. Bd. 23, S. 91, die Rede. Es bestätigte sich aber auch hier die schlechte Leitungskraft des Wassers, indem die Oberfläche längst kochte, während das Wasser am Boden erst auf $100°$ F. erwärmt war.

**) Abb. hölzerner Kessel finden sich in den Annalen des A. et M. T. 9. und Borgnis pl. 9.

1.
Von der Größe, Form und Stärke der Dampfkessel überhaupt.

Jeder Dampfkessel muß vor allem zwei Eigenschaften haben; er muß 1) in gegebener Zeit ein bestimmtes Quantum Dampf liefern können, und 2) der Kraft des sich entwickelnden Dampfs hinreichenden Widerstand leisten.

a. Größe des Kessels.

Wie früher gezeigt worden (S. 78), hängt die Dampferzeugung von der Menge Wärmetheilchen ab, welche in das Wasser übergehen; denn zur Bildung von 1 Pf. Dampf wird stets die gleiche Menge Wärme erfordert. Um 1 Pf. Wasser von 0° in Dampf zu verwandeln, braucht es 640 w oder für Wasser von 40° C. 600 w.

Soll also ein Kessel, der mit Wasser von 40° gespeist wird, fortdauernd, z. B. 10 oder 20 Pf. Dampf per Min. erzeugen, so muß das Wasser in dieser Zeit anhaltend 6000 oder 12000 w aus dem Feuerherde aufnehmen. Und umgekehrt ist W die Wärmemenge, die in 1 Min. in das Wasser übergeht, so ist bei Wasser von 40° das erzeugte Dampfquantum in Pf. $= \dfrac{W}{600}$.

Fragen wir nun, durch welche Umstände dieser Wärmezufluß bedingt ist, so finden wir ihrer drei: die Größe der Feuerfläche, die Dicke des Kessels, und die Intensität des Feuers.

Nennen wir nämlich Feuerfläche denjenigen Theil des Kessels, der zugleich einerseits mit dem Feuer, andrerseits mit dem Wasser in Berührung steht, so ist klar, daß unter sonst gleichen Verhältnissen 2 □' Fuß dieser Fläche doppelt so viel Wärme durchlassen werden als 1 □'; da alle Dampferzeugung nur auf dieser Fläche Statt findet. Ferner aber muß unstreitig die Kesselwand den Durchgang der Wärme erschweren oder verzögern, und zwar um so mehr, je dicker sie ist; so, wie eben deßhalb die Temperatur des Kessels auf der äußern Feuerseite stets höher ist, als die auf der innern Wasserseite.

Kein Körper endlich theilt einem andern Wärme mit, wenn er nicht eine höhere Temperatur hat, denn alle Mittheilung geht aus dem Bestreben der Wärme hervor, die Temperatur auszugleichen. Der Kessel kann mithin nur in so fern Wärme erhalten, als die Feuerluft heißer als der Kessel, und zwar als dessen äußere Fläche ist; und je größer diese Temperaturdifferenz ist, desto mehr Wärme wird abgegeben werden.

Es ist nun allerdings kaum möglich, aus jenen Elementen zu berechnen, wie viel Dampf ein Kessel zu produziren vermag.

Man müßte 1) durch Erfahrung ausmitteln, wie viel Wärme z. B. 1 □' Kesselfläche von einer gegebenen Dicke und bei einem gegebenen Hitzgrad des Feuers in 1 Minute daraus aufnimmt; und 2) durch andere Versuche ausmitteln, welche Veränderungen eine größere oder geringere Dicke, und ein stärkerer oder minderer Hitzgrad hervorbringt *). Es ergeben sich jedoch aus jenen Grundsätzen mehrere nützliche Folgerungen.

---

*) Nach Peclets Versuchen läßt 1 □ Meter Kesselfläche von 2—5 Millimeter Dicke in 1 Stunde 1100 Wärmeeinheiten durch, wenn die Temperaturdifferenz 75° C. beträgt; oder so viel Wärme, als zur Verwandlung von $\frac{1100}{640}$ Kil. Wasser

Man erkennt 1) daß die Menge Wasser, die sich in einem Keſſel befindet, durchaus keinen Einfluß auf das zu produzirende Dampfquantum hat, indem dieſes unter ſonſt gleichen Umſtänden lediglich von der Feuerfläche abhängt. Keſſel von ſehr verſchiedenem Inhalt können demnach gleich viel Dampf erzeugen. Eben ſo gleichgültig iſt die Größe der Waſſerfläche, die im Keſſel mit dem Dampfraum in Berührung ſteht. Und noch weniger kann eine größere Menge Dampf etwa dadurch erzeugt werden, daß man, wie Manche ſchon gewollt *), Scheidewände im Keſſel anbringt u. dgl.

Man ſieht 2) daß die Dampfproduktion nicht an allen Theilen des Keſſels gleich groß iſt, indem bei etwas großen Keſſeln die verſchiedenen Stellen einer ſehr ungleichen Hitze ausgeſetzt ſind. Am ſtärkſten iſt ſie über dem Feuerherb; am ſchwächſten da, wo die Feuerluft in den Rauchfang entweicht.

Man ſieht 3) daß in jedem Fall die abziehende Luft noch wenigſtens ſo heiß als der Keſſel ſeyn muß, weil dieſer ſonſt vielmehr Wärme weggibt, ſtatt welche zu abſorbiren; daß der Rauch deſto heißer abziehen muß, je mehr Dampf per ☐' Keſſelfläche erzeugt werden ſoll, und daß die vortheilhafteſte

---

von $0°$ in Dampf erforderlich iſt. Geſetzt alſo, die Hitze unter einem Keſſel betrüge im Mittel $500°$, und die der Keſſelfläche $125°$, ſo daß die Temperaturdifferenz $= 375°$, ſo würde demnach 1 ☐ Meter $\frac{375}{75} = 5$ mal $\frac{1100}{640}$ oder $\frac{5500}{600} = 8\frac{1}{2}$ Kil. Waſſer verdampfen (Peclet traité de la Chaleur. II. p. 19), was jedoch nach allen direkten Verſuchen viel zu wenig iſt.

*) Auf dieſem Irrthum beruht z. B. die Verbeſſerung auf welche Poole 1826 ein Patent nahm.

Dampfproduktion weder bei einem zu schwachen, noch bei einem allzu heftigen Feuer erhältlich ist. Im ersten Fall würde zu wenig Wärme abgetreten, weil die Temperaturdifferenz zu klein ist, im zweiten zu viel Wärme ungenützt wegziehen.

4) Sieht man, daß bei gleich starker Feuerung etwas weniger Dampf von hohem als von niedrigem Druck erzeugt werden kann; denn je stärkerer Dampf erzeugt wird, desto höher ist auch die Temperatur des Kessels; weil 1) derselbe dicker seyn muß, und 2) weil solcher Dampf und hiemit auch das Wasser in dem Kessel einen größern Hitzgrad annehmen.

5) Endlich erhellt daraus, daß derselbe Kessel bald mehr bald weniger Dampf erzeugt, je nachdem die Feuerung stärker oder schwächer wird.

So wenig sich indessen nach dem eben Gesagten festsetzen läßt, wie viel Dampf eine gegebene Feuerfläche erzeugen kann, so ist doch in der Regel anzunehmen, daß bei gewöhnlicher Feuerung 1 ☐ Meter Fläche etwa 30 — 35 Kil. Dampf per Stunde liefert, oder 1 ☐' circa 7 Pfund, und darnach die erforderliche Größe des Kessels zu bestimmen.

Dieses Quantum ist freilich lange nicht dasjenige, das ein Kessel, der ringsum dem heftigsten Feuer ausgesetzt ist, produziren kann, denn ein solcher erzeugt nach Christians und Clements Versuchen wohl das dreifache oder an 100 Kil. per ☐ Meter; allein bei einer solchen Heizung wird sehr viel Wärme verschwendet. Daraus erhellt aber, daß man in einzelnen Fällen durch bloße Verstärkung des Feuers mit demselben Kessel ein beträchtlich größeres Quantum Dampf erhalten kann.

b. Dampf- und Wasserraum.

Obschon, wie wir eben gesehen haben, die Produktion des Dampfes keineswegs von der Menge des Kesselwassers abhängt, und in dieser Beziehung also, wenn von der Größe eines Kessels die Rede ist, nur dessen Fläche in Betracht kommt, so muß doch jeder Kessel für mehr oder weniger Wasser- und Dampfvorrath Raum haben, und die Größe dieses Raumes ist aus mehreren Gründen nicht gleichgültig.

Es muß nemlich das verdampfende Wasser stets wieder ersetzt werden. Nun ist kaum denkbar, daß der Wasserzufluß in jedem Zeitmomente mit der Verdampfung vollkommen gleichen Schritt halte. Je kleiner also der Wasservorrath ist, im Verhältniß zur jeweiligen Verdampfung, desto mehr werden jene Ungleichheiten im Ersatz den Wasserstand verändern, und demnach auch die Größe der vom Wasser bedeckten Kesselfläche.

Beträgt z. B. in irgend einer Zeit der Zufluß nur 8 Kub. Fuß, während 10 Kub. Fuß Wasser verdampfen, so wird der Wasserstand um $1/5$ sinken, wenn der Kessel nur 10 K. F. Wasser enthält. Er verändert sich hingegen nur um $1/50$, wenn der Werth 100 K. F. beträgt.

Ferner bewirkt der Wasserzufluß eine Erkältung des Kesselwassers, und jede Ungleichheit des Zuflusses daher eine Veränderung der Temperatur; und diese Schwankungen werden ebenfalls um so stärker seyn, je weniger Wasser der Kessel enthält.

Tredgolds Vorschrift, daß ein ordentlicher Kessel wenigstens mit so viel Wasser versehen seyn soll, als er in 10 Stunden verdampft, dürfte zwar viel zu weit gehen, wenn das Speisewasser nicht ganz kalt und die Alimentation gehörig geregelt ist. Immerhin sieht man, daß ein bedeutender Wasserraum eine gleichförmige Dampfproduktion wesentlich erleichtert, und daß bei Kesseln, wo ein solcher nicht vorhanden ist, möglichst heißes Speisewasser angewendet, und für die vollkommenste Regulirung des Zuflusses gesorgt werden sollte.

Daß der Kessel nicht ganz mit Wasser angefüllt seyn darf, ergibt sich schon daraus, daß sonst unfehlbar Wasser in das Dampfrohr mit übergetrieben würde. Allein ein beträchtlicher Dampfraum ist noch aus einer andern Ursache nöthig. Der Abfluß des Dampfes ist bei keiner Maschine völlig stetig — und die Produktion überdieß nie ganz gleichförmig. Bei einem nur kleinen Dampfraume würde daher die Dichtigkeit des darin enthaltenen Dampfes beständig sehr große Veränderungen erleiden, und keineswegs also stets gleichartiger Dampf in den Dampfcylinder einströmen.

Selbst bei doppeltwirkenden Maschinen hat kein völlig kontinuirlicher Dampfabfluß statt; bei jedem Auf- und Niedergang des Kolbens ergibt sich eine augenblickliche Unterbrechung. Bei Expansionsmaschinen, wo der Dampf schon während des Kolbenhubs abgesperrt wird, dauert diese Unterbrechung weit länger, und eben so bei einseitig wirkenden Maschinen.

Wäre der Dampfraum nur so groß als der Inhalt des Dampfcylinders, so würde bei gleichförmiger Dampferzeugung die Dichtigkeit oder Spannung des Dampfes im Verhältniß der Unterbrechungszeit wachsen, und bei jedesmaliger Oeffnung der Klappe würde anfangs viel stärkerer und dann immer schwächerer Dampf einströmen. Dieser Umstand dürfte nun an sich zwar keinen Verlust an Kraft zur Folge haben; immerhin ist die Beibehaltung eines gleich starken Dampfes wünschenswerth, und da überdieß die Intensität des Feuers variirt, und mithin die Dampferzeugung, so ist um so mehr ein beträchtlicher Dampfraum nöthig.

Wie groß dieser Raum seyn muß, damit jene Schwankungen wenig fühlbar werden, hängt, wie leicht zu erachten, von der Art der Maschine ab. Bei doppeltwirkenden ohne Expansion kann derselbe am kleinsten seyn. Nichts desto weniger ist gewöhnlich bei den Watt'schen Maschinen dieser Art der der Dampfraum zu dem 10= oder 12fachen des Cylinder= inhalts angenommen.

Daß jene Variationen der Dampfdichtigkeit in manchen Kesseln, wo an Raum gespart wurde, sehr beträchtlich sind, ersieht man aus den starken Fluktuationen des Manometers.

c. Gestalt des Kessels.

Hinsichtlich der Gestalt der Dampfkessel kommt einerseits in Betracht, ob solche leicht auszuführen, und Kessel von solcher Form im Feuerraume leicht zu erwärmen sind, anderseits ist zu beachten, daß die Form einen wesentlichen Einfluß auf die Stärke des Kessels und auf das Verhältniß seiner Oberfläche zum Inhalt hat.

Den meisten Dampfkesseln gibt man eine mehr oder weniger cylindrische Form. Große kugelförmige Kessel sind ziemlich schwer herzustellen, und haben bei gleichem Inhalt eine zu kleine Oberfläche. Völlig parallelepipedalische sind nicht tauglich, weil ebene Flächen dem Dampfdruck am wenigsten Widerstand leisten.

Je kleiner der Durchmesser eines Dampfcylinders ist, desto stärker sind die Wände bei gleicher Dicke, und desto größer die Fläche im Verhältniß zum Inhalt.

d. Dicke des Kessels.

Die Bestimmung der Dicke hängt einerseits von der Zähigkeit des Metalls und dem Dampfdrucke ab, den der Kessel aushalten soll, anderseits, wie oben bemerkt worden, von der Form des letztern.

Der Kessel hat zwar einen dreifachen Druck zu ertragen, den Druck seines eigenen Gewichts, den des Wassers, und den des Dampfes über jenen der Atmosphäre. Die beiden ersten sind indessen in Vergleich mit dem letztern so gering, daß sie kaum in Betracht kommen.

Hat ein Kessel auch 4 — 5 Fuß Wasserhöhe, so beträgt der Druck auf 1 ☐' der tiefsten Bodenfläche höchstens 3—3½ Ztn. Soll der Kessel aber den Druck eines Dampfs von 2 oder 3 Atm. aushalten, so muß jeder ☐' der Kesselfläche wenigstens einem Druck von 42 oder 63 Ztn. widerstehen können.

So hochwichtig es ist, daß der Kessel die hinreichende Stärke habe, um auch die ungewöhnlichste Dampfentwicklung auszuhalten, so ist natürlich doch eine ganz überflüssige Dicke zu vermeiden. Es ist daher nützlich, diejenige Dicke für jeden Kessel bestimmen zu können, wodurch er auch dem gedenkbar höchsten Drucke widerstehen kann.

Die Zähigkeit des Eisenblechs ist ungefähr 2 mal so groß als die des Kupferblechs, und etwa 3 mal so groß als die des Gußeisens.

Es reißt nämlich bei 1 ☐ Millim. Querschnitt:
Eisenblech nach Brown vermöge 40 Kil.
Kupferblech nach Navier „ 21 „
Gußeisen nach demselben „ 14 „
oder für 1 ☐'' engl. Querschnitt:
Eisenblech durch ein Gewicht von circa 60000 Pf. engl.
Kupferblech „ „ „ 32000 „ „
Gußeisen „ „ „ 21000 „ „

Gesetzt also, ein kupferner Kessel müßte 4''' dick seyn, so sollte derselbe Kessel aus Eisenblech verfertigt, nur 2''', aus Gußeisen 6''' stark seyn. Da jedoch das Eisenblech öfters als Kupfer ungleiche Stellen hat, und das Gußeisen nur zu leicht Blasen enthält, so ist es rathsam, Kessel aus Eisenblech eben so stark, und Kessel aus Gußeisen wenigstens 3 mal so stark zu machen, als sie aus Kupfer gemacht seyn sollten.

Theoretisch läßt sich die Wanddicke eines cylindrischen Keſſels nach einer ganz einfachen Formel berechnen. Nennen wir r den Radius des Cylinders (in Millim.), p den Druck des Dampfes auf 1 ☐ Mill. (in Kilog.) und t den Zähigkeitscoefficienten des Metalls (die Kraft in Kilog. um 1 ☐ Mill. zu zerreißen), so ist die Wanddicke

$$d = \frac{r\,p}{t}$$

Wäre hiemit der Radius eines Cylinders = ½ Met. oder 500 Millim. und derselbe auf einen Dampfdruck von 3 Atm. berechnet (der 0,031 Kil. pr. ☐ Mill. beträgt) so ergibt sich

für Kupfer eine Dicke von $\frac{0{,}031 \cdot 500}{21} = 0{,}74$ Mill. *)

Offenbar kann jedoch die also gefundene Dicke lange nicht genügen, denn 1) vermindert sich wahrscheinlich die Zähigkeit des Metalls in der Hitze *); 2) werden die Platten, wo sie durch Nietung oder Löthen verbunden sind, geschwächt; 3) ist denn doch auch auf den Druck des Kessels und des Waſſers Rücksicht zu nehmen; 4) aber ist hauptsächlich zu beachten, daß der Kessel auch eine ganz ungewöhnliche Dampfentbindung, so wie manche Erschütterungen, aushalten soll,

---

*) Ein ähnliches Resultat erhält man, wenn r den Radius in Zollen, p den Dampfdruck pr. ☐" und t die Zähigkeit in Pfunden für 1 ☐" Querschnitt bezeichnet.

Für Dampf von 3 Atm. ist p = 45 ℔. und für Kupfer t = 52000 ℔. Für einen Kessel von 20" Rad. erhalten wir mithin

$$d = \frac{20 \cdot 45}{52000} = 0{,}028'' \;(= 0{,}74\ \text{Mill.})$$

**) Die Zähigkeit des glühenden Eisens ist an 6mal geringer. Ob bloße Erhitzung aber die Zähigkeit vermindert, ist unentschieden.

und daß ihm eine hinreichende Stärke auf die Dauer zukommen muß.

Obschon also die Dicke des Kessels nach obiger Regel berechnet werden mag, so wäre es doch rathsam, statt der also gefundenen Dicke eine wenigstens 10mal größere anzuwenden. *)

Die folgende Tafel enthält die in Frankreich gesetzlich vorgeschriebene Dicke (in Millim.) für **cylindrische Dampfkessel von Eisenblech**, von verschiedenen Durchmessern und Dampfdruck. **)

Sie ist nach der Formel $d = \frac{9\ r\ p\ (n-1)}{t} + 3$ oder

$d = 0{,}036\ r\ (n-1) + 3$ berechnet.

wo r den Radius des Cylinders in Millim. bedeutet und p = 0,01033 oder den Druck von 1 Atm. auf 1 □ Mill. n — 1 den Dampfdruck in Atm. über die äußere, und t = 26 (Kil.) als Tenacität des besten Kupfers für 1 □ Mill., obschon die des besten Eisens um die Hälfte größer ist.

Der theoretische Werth wird (aus obigen Gründen) noch mit 9 multiplizirt, wodurch man den Coeffizienten 0,036 erhält. $\frac{9 \times 0{,}01033}{26}$

---

*) **Prechtl** (S. technol. Encycl. III. 527.) verwandelt die ursprüngliche Formel für die Praxis in die folgende:

$d = \frac{15\ r\ p}{t} + 0{,}01\ \sqrt{2\ r}$.

um noch der für die eigene Stabilität des Kessels erforderlichen Dicke Rechnung zu tragen.

Ol. **Evans** stellt für Eisenblechkessel als praktische Formel $d = \frac{r\ p}{6400}$ auf, indem er die Zähigkeit des Eisens zu 64000 ℔ pr. □″ annimmt, und für die wirkliche Dicke die 10fache der theoretisch nöthigen verlangt.

**) S. An. des Min. T. 3 p. 497.

Der gefundenen Dicke sollen endlich 3 Mill. addirt werden, weil anzunehmen ist, daß jeder Kessel für sich oder ohne Dampfdruck wenigstens diese Dicke haben müßte. *)

bei einem Diam. von	Dicke des Kessels in Millim. für Dampf von						
	2 A.	3 A.	4 A.	5 A.	6 A.	7 A.	8 A.
50 CM.	3,90	4,80	5,70	6,60	7,50	8,40	9,30
55 ,,	3,99	4,98	5,97	6,96	7,95	8,94	9,83
60 ,,	4,08	5,16	6,24	7,32	8,40	9,48	10,56
65 ,,	4,17	5,34	6,51	7,68	8,85	10,02	11,19
70 ,,	4,26	5,52	6,78	8,04	9,30	10,56	11,82
75 ,,	4,35	5,70	7,05	8,40	9,75	11,10	12,45
80 ,,	4,44	5,88	7,32	8,76	10,20	11,64	13,08
85 ,,	4,53	6,06	7,59	9,12	10,65	12,18	13,71
90 ,,	4,62	6,24	7,86	9,48	11,10	12,72	14,34
95 ,,	4,71	6,42	8,13	9,84	11,55	13,26	14,97
100 ,,	4,80	6,60	8,40	10,20	12,00	13,80	15,60

2.

Von den verschiedenen Arten von Kesseln.

a) Rektanguläre oder Watt'sche Kessel aus Eisenblech.

Watt wählte für seine Kessel die Fig. 18 abgebildete parallelepipedale Form. Der Boden eines solchen Kessels (waggon-boiler) bildet ein langes, einwärts gekrümmtes Rektangel; die langen Seitenflächen sind flach oder ebenfalls einwärts gebogen; der Deckel aber ist stark gewölbt oder halb cylindrisch.

---

*) Mehreres über diese Formel in den Annal. d. Min. T. 3. (2 Ser.) p. 510.

Diese Form ist nicht schwierig herzustellen, und bietet eine verhältnißmäßig größere Oberfläche als die ganz cylindrische dar. Für Dampf von niedrigem Druck bietet sich eine hinreichende Festigkeit dar, und durch angebrachte starke Anker oder Stangen läßt sich das Werfen der Seiten vollends verhindern. Die Wölbung des Bodens macht, daß der Bodensatz sich vorzugsweise auf den auf dem Gemäuer aufliegenden runden Kanten ansetzt. Die Gestalt und Größe der Bodenfläche ist endlich zur Heizung besonders bequem und vortheilhaft. Auch haben die Wattschen Fabriken diese Form als bewährt stets beibehalten, und zur Bereitung von einfachem Dampf scheinen solche Kessel, wo es nicht auf Ersparung an Raum ankommt, einen entschiedenen Vorzug zu verdienen.

Man verfertigt sie aus starkem 4 bis 8''' dickem Eisenblech. Die Blechtafeln werden durch Rietnägel so dampfdicht als möglich vereinigt. Kräftige Maschinen dienen zum Durchschlagen der Nietlöcher. Die Fugen bestreicht man mit einem Eisenkitte (aus 16 Th. Eisenfeile, 2 Th. Salmiak u. 1 Th. Schwefel, die man trocken mengt und erst anfeuchtet, wenn der Kitt aufgetragen werden soll).

Rechnet man 7½ Pf. Dampf auf 1 □' Feuerfläche u. 60 Pf. Dampf für 1 Pferdekraft pr. Stunde, so muß ein Kessel für eine 20pferdige Maschine 1200 Pf. liefern, und eine Feuerfläche von 160 □' haben. Beträgt wie gewöhnlich bei diesen Kesseln der Boden die Hälfte der gesammten Feuerfläche, so muß dieser 80 □' groß seyn und der Kessel mithin ca. 16' lang und 5' breit. Bei diesen Kesseln kann also die Größe bestimmt werden, indem man auf 1 Pferdekraft 4 □' Bodenfläche rechnet.

Gewöhnlich scheint man indessen eine etwas größere Fläche anzunehmen. Nach Millington gibt man dem Kesselboden für eine 14pferdige Maschine wenigstens 60 □' und für eine 20pferdige gegen 90 □' — mithin 4½ □' pr. Pferd.

Tredgold verlangt sogar für Maschinen unter 8 Pferdkr. 5⅓ □' oder mehr, und für Maschinen unter 20 Pf. wenigstens 4¾ □' pr. Pf.

Gewöhnlich gibt man einem Wattschen Kessel so viel Wasser, als er in 10 St. verdampft, einem 20pferdigen also 20×10 oder 200 Kub. Fuß. Ist ein solcher Kessel 16' lang, und im Mittel 4' breit, so würde die Wasserhöhe also $^{200}/_{64}$ oder wenigstens 3' betragen.

Kessel von einer gewissen Größe sind ohne Zweifel ökonomischer als kleinere, weil weniger Wärme verloren geht. Allzugroße sind jedoch schon darum kaum mehr anwendbar, weil die Kapazität dann im Verhältniß zur Oberfläche zu kolossal wird.

Für Maschinen von 30, 40 und mehr Pferdekraft wird der Dampf daher gewöhnlich in 2 oder auch mehreren Kesseln, die nebeneinander eingemauert sind, zugleich bereitet; und überdieß ist es rathsam, noch einen überzähligen zu haben, damit, wenn der eine oder andere still stehen muß, die Dampfproduktion doch ohne Unterbrechung fortgehen kann.

Dieses gilt, so wie das folgende über die Bedeckung des Kessels, auch von andern Formen.

aa) Bedeckung des Kessels.

Der oben aus dem Ofen hervorragende Theil des Kessels ist der freien Luft ausgesetzt, und wird also an diese, da er weit heißer ist, Wärme abgeben. Diese Wärme wird dem Dampfe entzogen, und dieser also dadurch vermindert.

Ist die Temperatur des Kessels = 100°C. und die der umgebenden Luft ca. 25°, so verliert (nach Tredgold) 1 □' dieser blos gelegten Fläche in 1 Stunde etwa 225 w, oder so viel Wärme als er brauchte um ⅝ ℔ Wasser (von 40°) in Dampf zu verwandeln.

Gesetzt also ein Kessel (von 12' Länge und 15' Umfang) wäre zu ⅓ der Luft blos gelegt, so betrüge die abkühlende Fläche 60 □' und er verlöre dadurch die Wärme von 60 × ⅝ = 32½ Pf. Dampf. Und erzeugte dieser mit 100 □' Feuerfläche 700 Pf. Dampf in 1 Stunde, so macht jener Verlust mithin wenigstens 5% aus.

Dieser Verlust ist also keineswegs unbeträchtlich, und und man sucht daher die der freien Luft ausgesetzte Fläche entweder möglichst zu verkleinern, oder sie durch zweckmäßige Decken vor jener schädlichen Abkühlung zu schützen.

Um diese zu verhüten überzieht man zuweilen den obern Kessel mit einer Lehmschicht; allein dieses Mittel hat manche Unbequemlichkeiten, zumal bei Blechkesseln, wo gewöhnlich etwas Dampf durch die Fugen dringt. Auch eine Decke von Erde, Asche oder dgl. hat ähnliche Nachtheile. Am besten ist es, den Kessel mit einem etwa 6" davon abstehenden Blechgehäuse zu bedecken, oder mit Brettern, die auf einige über die Kessel gespannte eiserne Bögen gelegt werden. Die in dem Zwischenraume befindliche Luft, wenn sie wenig Bewegung hat, haltet als schlechter Wärmeleiter, warm, und eine solche Bedeckung ist zu allen Zeiten leicht wegzunehmen.

b. Cylindrische Kessel aus Eisenblech.

Vielen Kesseln, und namentlich den für Hochdruckmaschinen, gibt man eine cylindrische Gestalt. S. Fig. 29, 31. *)

Die Blechtafeln werden, wie bei den vorhin erwähnten, durch starke Nieten verbunden, und beide Enden des Cylinders

---

*) Die Figuren zeigen besonders, wie das Feuer um den Kessel herumgeführt wird.

mit starkgewölbten oder halbkugeligen Deckelstücken aus Blech oder auch aus Gußeisen versehen.

Um eine etwas größere Oberfläche zu erhalten, macht man zuweilen Cylinder mit ovalem Durchschnitt; da bei solchen aber die mindergebogenen Theile schwächer sind, und dem Dampf weniger widerstehen, so erleiden sie leicht eine Deformirung. Der Dampf strebt fortdauernd diese Form, in eine cylindrische zu verwandeln.

Da die Gestalt wahrer Cylinder sehr regelmäßig ist, so läßt sich die Oberfläche und der kubische Inhalt derselben leicht berechnen. Nennen wir d den Durchmesser und l die Länge des Cylinders, so ist

die Oberfläche (ohne die Endstücke) $= {}^{22}/_7$ d l und

der kubische Inhalt $= {}^{11}/_{14}$ d²l.

Folgende Tabelle gibt bei verschiedenen Durchmessern die Seitenfläche und Kapazität eines Cylinders von 10′ Länge an.

Diam.	Oberfläche.	Inhalt.
1″	2,6167 □′	0,0545 Kub.′
2″	5,2334	0,2180
3″	7,8501	0,4905
6″	15,7002	1,9620
9″	23,5503	4,4145
1′	31,4160	7,8540
1½′	47,1006	17,6626
2′	62,8008	31,4004
2½′	78,5010	49,0631
3′	94,2492	70,6869
3½′	109,9014	96,1637
4′	125,6656	125,6656
5′	157,0820	196,3525

Ein cylindrischer Kessel von 20' Länge und 4' Durchmesser bietet demnach dem Feuer wenigstens 160 ☐' Fläche dar und mag also für eine 20 — 22 pferdige Maschine genügen.

In Cornwales sieht man bei einigen kolossalen Maschinen 2 oder 3 Kessel von 30 — 40' Länge und 5' Weite zugleich in Thätigkeit.

c) Kessel aus starkem Kupferblech.

Alle Arten von Dampfkessel lassen sich wie aus Eisenblech, so auch aus Kupferblech, und auf gleiche Weise verfertigen, und in mehrfacher Beziehung hat dieses Metall zu diesem Gebrauch einen entschiedenen Vorzug.

Obschon die Zähigkeit des Kupfers fast um 2/5 geringer als die des Eisens ist (S. 156), so müßten wegen der Ungleichheit dieses Metalls eiserne Kessel doch eben so dick gemacht werden. Berstet ein kupferner Kessel, so wird er blos aufgerissen, während auch Kessel von geschmiedetem Eisen schon in Stücke zersprungen sind. Dann aber ist das Kupfer ein besserer Wärmeleiter. Es verbrennt oder oxydirt sich nicht, und ist daher weit dauerhafter. Eben so wird es weit weniger vom Seewasser angegriffen. Die Gefahr endlich, welcher eiserne Kessel ausgesetzt sind, wenn sie bei zu wenigem Wasservorrathe glühend werden, tritt bei kupfernen in geringerem Grade ein.

Was die allgemeine Anwendung des Kupfers hindert, ist der weit höhere Preis dieses Metalls, zumal bei gleicher Dicke ein kupferner Kessel schwerer ausfällt, da dessen spezifisches Gewicht größer ist. Bringt man jedoch die weit größere Dauer dieser Kessel in Anschlag, und daß sie sich leicht repariren lassen, vornemlich aber, daß, wenn sie einmal unbrauchbar werden, das Metall noch einen sehr bedeutenden Werth hat, so sollte die größere anfängliche Auslage seltener von dem Gebrauch dieses Metalls abschrecken.

d) Kessel aus Gußeisen.

Gegossene Kessel sind erst in neuerer Zeit und namentlich für Expansions- und Hochdruckmaschinen in Gebrauch gekommen.

Kleinere Kessel bestehen gewöhnlich aus 2 cylindrischen Stücken mit halbkugeligen Enden (S. Fig. 32), große aus einem cylindrischen Mittelstücke und 2 halbkugeligen Endstücken. Diese Stücke werden durch starke Schrauben und mittelst des obigen Kitts (S. 160) vereinigt. Auf den Seiten sind Ohren angegossen, mit welchen der Kessel auf Pfeilern in dem Ofen ruht.

Solche Kessel scheinen Vorzüge zu haben, weil man sie nach allen Seiten abgerundet und von beliebiger Dicke größer und leichter dampfdicht herstellen kann. Da gußeiserne Kessel aber wenigstens 3mal dicker als geschmiedete seyn müssen, so sind sie kaum wohlfeiler als diese, und dabei ausnehmend schwer. Schon mäßig große wägen an 80—100 Centner und sehr große sind daher nicht wohl aus Gußeisen zu verfertigen.

Ausserdem aber sind sie nicht ohne Grund für gefährlich anzusehen. Die Sprödigkeit des Gußeisens macht, daß schnelle Temperaturwechsel und andere Zufälle eher ein Zerspringen bewirken, und dieses ist dann vorzugsweise mit einer bombenartigen Explosion verbunden, deren Wirkungen durch das Wegschleudern der Bruchstücke sehr verheerend werden können. Beim Guß entstehen ferner gar oft Blasen, die, wenn sie auch eine erste Probe aushalten, doch bei allmähliger Degradation des Kessels leicht ein Bersten veranlassen.

Gußeiserne Kessel mögen daher nur in kleinern Dimensionen zulässig seyn, und nur da, wo ein Unfall nicht vielen Menschen verderblich seyn kann. Dampfschiffe z. B. sollten sich schon deshalb dieser Kessel nie bedienen. Uebrigens müssen dieselben nicht nur aus vorzüglich gutem Gußeisen hergestellt, sondern auch mit besonderer Sorgfalt zusammengefügt werden, weil mehrere Unglücke schon durch bloßes Auseinanderreißen der Stücke entstanden sind. *)

e) **Keſſel mit inwendigen Feuerzügen.**

Um dem Rauche schneller und vollkommener die Hitze zu entziehen, als dieß in Feuerzügen, die um den Keſſel geführt sind, geschehen kann, wird derselbe zuweilen, wie in Fig. 39, nachdem er den Boden des Keſſels geheizt, durch einen innern durch das Waſſer gehenden Rauchkanal a geleitet. Von da zieht er durch b in den Schornstein.

Ohne Zweifel kann diese Einrichtung die Benutzung der Hitze befördern; sie ist jedoch, wenn auch in weit geringerem Grade mit den Nachtheilen verbunden, die bei den folgenden Keſſeln mit inwendiger Heitzung angegeben sind; und auf die schon oben (S. 143) bei Beschreibung des Seguinſchen Dampferzeugers, wo das Feuer durch eine große Anzahl solcher Rauchröhren getrieben wird, aufmerksam gemacht wurde.

In Fig. 40 sind 4 cylindrische Keſſel, unter deren Boden das Feuer zuerst durchzieht und dann durch die beiden Rauchröhren in c und d. Die Keſſel a und b sind ganz mit Waſſer gefüllt und in Verbindung mit dem Waſſerraume in c und d durch die Röhren e e — andere Röhren f sind indeſſen noch nöthig, um auch den darin sich entbindenden Dampf in den Dampfraum der obern Cylinder abzuleiten.

f) **Keſſel mit inwendiger Feuerung.**

Fig. 46 zeigt den Durchschnitt eines solchen Keſſels, wo das innere Feuerrohr a den Feuerherd enthält.

---

*) Ein solcher Unfall ereignete sich zu Peronne 1823. Die 3 Keſſelſtücke, die nur in einander gestoßen waren, wichen plötzlich, und beide Heizer kamen durch den heißen Dampf um, ohne daß man in der Spinnerei nur ein Getöſe vernahm.

Die Feuerluft wird sodann entweder noch durch ein 2tes Rohr b durchgeführt, oder blos durch äussere Rauchgänge an den Seiten des Kessels. *)

Einerseits bezweckt diese Einrichtung eine bessere Benutzung des Feuers; andererseits wählt man sie, wie auf Dampfwagen und Dampfschiffen, wenn der Raum oder die Bewegung einen auswendigen Herd nicht wohl gestattet, und weil bei dieser Einrichtung ein gemauerter Ofen wegfällt, und also viel an Gewicht gespart wird. Solche inwendige Herde sind indessen mit manchen Nachtheilen verbunden. Da das Brennmaterial von dem Kessel ganz umgeben ist, so wird dem Feuer die Hitze zu schnell entzogen, so daß es nicht vollkommen verbrennt und das Kamin gewöhnlich weit stärker raucht als andere. Ferner leidet die innere Röhre durch die unmittelbare Berührung des Feuers sehr, und es ergeben sich daher leicht Unfälle. Noch gefährlicher werden sie, weil der obere Theil der Röhre, die dem heftigsten Feuer ausgesetzt ist, sehr leicht vom Wasser entblöst wird. Der Kessel endlich muß größer werden, und das Blech daher dicker seyn.

In den Bergwerken von Cornwall und Südwales finden sich dergleichen Kessel sehr häufig. Sie sind aus starkem Eisenblech, 20—30' lang, 5½—7' weit, und mit einem 3—4' weiten Feuerkanal versehen. Nach Taylor sollen aber gerade bei diesen Kesseln Explosionen am öftesten vorkommen. Oft arbeiten 3 oder 4 dieser großen Kessel für eine Maschine. Sie werden beibehalten, weil sie sehr viel Dampf liefern, und die Unfälle bis jetzt keine bedeutende Folgen gehabt haben.

In dem Werke von Marestier über die amerikanischen Dampfschiffe sind an zehn verschiedene Kessel mit inwendiger

---

*) Die ersten Kessel mit innerem Herde wandte Trevithik an.

Feuerung beschrieben und abgebildet.*) Wir entlehnen daraus nur die Abbildung des großen Keſſels auf dem „Kanzler Livingſton." (Fig. 41, 42, 43.)

Dieſer Keſſel iſt 25′ lang, 12—15′ breit, und vorn 11′, im übrigen etwa 6′ hoch. In der vordern höhern Abtheilung A iſt eine ovale Vertiefung B, und darin der Feuerherd. Der Feuerſtrom zieht ſich aus dem Herd in zwei 2—2½′ weite Feuerkanäle a, b bis an das hintere Ende des Keſſels, und von da wieder zurück durch die Röhren c und d, und aus dieſen durch e u. f in den Rauchfang. Der ganze Keſſel faßt 45 Tonnen, und erhält etwa 27 T. Waſſer. Der übrige Raum iſt der Dampfraum.

Bei den frühern Dampfwagen war die Feuerung noch unvollkommener, weil man ſich mit kurzen Feuerröhren und kleinen Caminen behelfen mußte. Die Heizfläche war demnach klein, und die Verbrennung ſehr mangelhaft. Es iſt daher begreiflich, daß mit gleicher Quantität Steinkohlen auffallend wenig Dampf produzirt wurde. Beſonders für Dampfwagen muß die Anwendung von Röhren, welche die Feuerfläche vermehren, und von Ventilatoren um dies Feuer zu beleben wichtig ſeyn. (S. 145.) **)

Da die unvollkommene Verbrennung bei dieſen inwendigen Feuerherden mitunter daher rührt, daß das Feuer durch die unmittelbare Berührung mit dem Keſſel zu ſchnell erkältet

---

*) Marestier s. l. bateaux à vapeur des états unis 4. 1824. p. 115 u. pl. 9.

**) Einen rectangulären Keſſel mit innerm Feuerherd und vielen Feuerkanälen, die ſämmtlich von Waſſer umgeben ſind, und wobei alſo alle Feuergefahr entfernt iſt, gibt Frazer an. S. polyt. Journ. B. 31. S. 463.

und, so mag es gut seyn, wenn der Raum es gestattet, den Herd mit einem Backsteingewölbe zu umgeben. *)

g) Kessel mit Siederöhren.

Um mehrere Nachtheile der gußeisernen Kessel zu beseitigen, führte Woolf mit Erfolg den Gebrauch besonderer Siederöhren (bouilleurs, supplementary boilers) ein, dergleichen schon früher (1776) von Blackey empfohlen wurden.

Fig. 34—36 zeigen einen solchen Kessel mit 2 Hülfsröhren. Diese Röhren a liegen in etwas geneigter Richtung unter dem Kessel. Kessel und Röhre sind durch 2 in einander geschobene Hälse (b c) und Eisenkitt dampfdicht verbunden. Mittelst angegossener Ohren ruhen auch sie in dem Gemäuer und Backsteine schließen den Feuerraum zwischen denselben, so daß das Feuer unmittelbar nur die untere Seite dieser Röhren bestreicht, und darauf erst unter dem Boden des Kessels durchzieht.

Diese Siederöhren sind hinten mit einem wohleingekitteten eisernen Stöpsel d, vorn mit einer starken, angeschraubten Platte e, verschlossen. In lezterer ist noch ein Hahn eingelassen, um die Röhre leeren zu können. Während des Siedens sind die Röhren ganz, der Kessel nur etwa bis zur Hälfte mit Wasser gefüllt.

---

*) Der Patentkessel von Gibbs, besteht aus einem hohen Cylinder. Im obern Raume ist ein inwendiger Feuerherd, dessen Gewölbe noch vom Wasser bedeckt ist; und von da zieht sich ein schlangenförmiges Rauchrohr nach dem Boden des Kessels, so daß der Rauch abwärts steigen muß, und die Hitze um so vollständiger abgehen mag, da das Speisewasser unten einströmt. Eine Beschreibung findet sich im polyt. Journal Bd. 41. S. 516.

Woulf bediente sich gußeiserner Röhren; ohne Zweifel sind aber blecherne vorzuziehen.

Hat jede der Röhren a ⅔' Diam. und 10' Länge, so bieten alle 8 eine Feuerfläche von 8 × 20 oder 160 □' dar; und liefern zu 8 Pf. per Fuß gerechnet, allein an 1280 Pf. Dampf in 1 Stunde, oder die Kraft von 21 Pferden.

Die Wassermasse in allen diesen Röhren ist ungleich kleiner als die, welche ein einziger Kessel von dieser Produktion enthalten würde. Die Röhren haben auch bei mäßiger Metalldicke eine ansehnliche Stärke, und im schlimmsten Falle würde wahrscheinlich nur 1 Röhre auf einmal bersten. Ein Glühendwerden der Röhren ist so viel als unmöglich, weil die kleinen stets mit Wasser angefüllt sind, der Hauptcylinder aber dem Feuer nur wenig ausgesetzt ist. Solche Apparate empfehlen sich daher besonders für Hochdruckmaschinen, und wenn ein zu großes Gewicht vermieden werden soll.

Die Hauptschwierigkeit bei diesen Dampferzeugern findet sich in der großen Zahl von Verbindungen, die alle dampf- und wasserdicht seyn müssen, und in der Ausdehnung, welche die Röhren, wenn sie heiß werden, erleiden. Man hat daher längere Röhren anzuwenden versucht, damit eine desto kleinere Anzahl hinreiche.

Aus Fig. 47 ist ersichtlich, wie etwa ein solcher Röhrenkessel herzustellen wäre.

In dem querliegenden Cylinder A sind 10 oder mehrere parallellaufende, etwa 30' lange, höchstens einzöllige kupferne Röhren befestigt, von denen eine jede in 10 an 3' langen Windungen aufwärts gebogen ist, und die nur 1″ von einander abstehen. Das andere Ende jeder dieser Röhren mündet sich in einen zweiten Cylinder B, aus dem das Dampfrohr C ausgeht, und dessen Ende durch eine ziemlich breite

Kommunikationsröhre D mit dem untern Cylinder A in Verbindung steht.

a ist die Heizthüre, b der Aschenherd, c das Rauchrohr, und d die Ofenwand, aus Eisenplatten mit Erde oder Asche gefüllt.

Dieser Apparat nimmt, wie man sieht, wenig Raum ein, und doch beträgt die Oberfläche von 10 solchen Röhren (bei 30' Länge und 1" Diam.) gegen 80 □'; so daß sie allein wenigstens 500 Pfund Dampf in 1 Stunde erzeugen sollten. Sind die Röhren nicht sehr dünn, so ist durchaus kein Zerspringen zu befürchten, und obschon lang, so kann die Dilatation in der Hitze, weil sie hin und her gebogen sind, nicht wohl das Losreißen von den Cylindern A und B, an die sie angelöthet sind, bewirken. Hingegen ist zu besorgen, daß bei der großen Länge, welche diese Röhren haben, ihrer fast ganz horizontalen Lage, und dem geringen Abstand von A und B, die Röhren oft zu einem bedeutenden Theile von Wasser entblößt seyn mögen, und daß die Dampfbildung daher doch lange nicht so beträchtlich seyn mag, als die Größe der Oberfläche erwarten läßt. Wahrscheinlich dürfte daher zweckmäßig seyn, das Speisewasser direkt und gewaltsam in den untern Cylinder hineinzutreiben, jedenfalls aber mißlich seyn, aus dem Wasserstand in B die gehörige Speisung zu erkennen.

Ein anderer Röhrenkessel ist der von Clark vorgeschlagene (Fig. 84).

Unter dem eigentlichen Kessel A findet sich noch ein zweiter Wasserbehälter B. Beide kommuniziren auf beiden Seiten durch ein oder mehrere weite Röhren, a a, die durch das Mauerwerk gehen. Außerdem sind aber beide durch 6 oder mehrere Reihen enger Röhren b von Kupfer verbunden, die senkrecht durch den Feuerraum C gehen, und in den Boden des Kessels und die obere Platte des Behälters B eingelöthet sind. Diese Röhren werden allein vom Feuerstrome berührt, und in ihm hat also allein die Dampfbildung statt. So heftig diese vor sich gehen mag und so eng die Röhren sind, so werden sie dennoch stets mit Wasser gehörig versehen seyn, da das Kesselwasser durch die Kanäle aa mit B in Verbindung steht, und das Wasser in die Röhren hinaufdrücken wird.

Ob dieser Apparat sich dauerhaft herstellen lasse, dürfte indessen zu bezweifeln seyn, da es kaum möglich seyn wird, so viele Röhren mit beiden Platten so zu verbinden, daß nicht sehr oft die eine oder andere Wasser in den Feuerraum durchdringen läßt.

Der von Maccurdy angegebene Röhrenkessel bezweckt hauptsächlich ein kleines Wasserquantum, ohne Anwendung flacher Gefäße, einer möglichst großen Feuerfläche auszusetzen. Er bedient sich daher mehrerer im Feuerraume horizontal liegender Cylinder a (Fig. 89), die mit einander durch kleine Röhren in Verbindung stehen, und die inwendig noch einen hohlen an beiden Enden geschlossenen Blechcylinder b enthalten (Fig. 90). So entsteht in jedem Cylinder blos ein dünner ringförmiger Raum für Wasser und Dampf. In den untersten Cylinder c wird das Wasser eingepumpt, und in dem obersten geräumigern d sammelt sich der Dampf *).

Fig. 44 stellt den Röhrenkessel von Gurney dar, wie Alban ihn beschreibt **).

Der Dampf wird in 20 oder 30 etwa 12' langen und höchstens 1" breiten Röhren ab von geschmiedetem Eisen erzeugt, die in dem Ofen A in zwei Reihen über einander

---

*) S. Register of Arts T. IV. p. 1, u. polyt. Journ. Bd. 26.
**) S. polyt. Journ. Bd. 29. S. 1. Eine andere Einrichtung solcher Tubularkessel von Gurney S. im polyt. Journ. Bd. 25. S. 24.

liegen, und in der Mitte umgebogen sind. Beide Enden dieser Röhren münden in 2 horizontalliegende Cylinder c und und d, die auf beiden Seiten durch senkrechte Röhren e mit einander kommuniziren.

Diese 4 Röhren c, d, e, e'. bilden vorn die rektangulare Oeffnung zur Feurung, die mit einer Heizthüre verschlossen ist. Aus Fig. 45 ist ersichtlich, wie die Röhren in den Cylinder e eingepaßt sind.

Der untere Theil der Röhren bildet den Rost; sie liegen also sehr nahe neben einander.

In den untern Cylinder c wird das Wasser eingepumpt; an einem Seitenende ist daher die Röhre f vorhanden. Am andern ist ein Hahn g zum Ablassen des Wassers.

In den obern Cylinder d steigt der Dampf. Beide Cylinder c und d sind aber außerdem durch die Röhren h und i mit einem senkrechten Cyl. k (von 6' Höhe und 6" Weite) in Verbindung, wo Dampf und Wasser sich vollends sondern, und der deßhalb Departor heißt. Hier sind zur Prüfung des Wasserstands die 2 Hahnen, l, m angebracht, und mit dem Deckel die Sicherheitsklappe n und das Dampfrohr o.

Da der Apparat auf Erzeugung eines sehr starken Dampfes berechnet ist, so muß besonders der Separator sehr stark seyn. Durch die Zugabe dieses Behälters scheint indessen diese Vorrichtung manchen Vorzug vor andern Röhrenapparaten zu erlangen. Der Dampf wird vollkommen abgesondert, es ist ein ordentlicher Dampfraum vorhanden, der Wasserstand wird ziemlich gleich erhalten, und es ließe sich sogar ein Schwimmer anbringen. Dabei scheint für genügende Cirkulation des Wassers gesorgt, so daß die Röhren nicht wohl trocken kochen. Auch die Reinigung *) dürfte nicht schwer,

---

*) Ueber die Reinigung der Röhren mittelst etwas Salzsäure

und die Ausdehnung, da die Röhren gebogen sind, nicht sehr zu fürchten seyn. Eher scheint zu bezweifeln, ob die Hitze wohl benutzt werde, und nicht zu schnell in den Schornstein entweiche.

In dem von Gilmann angegebenen liegen die Röhren zur Erzeugung des Dampfes in mehreren Reihen über einander, und ihre Enden kommuniziren mit einander durch Verbindungsstücke. In die unterste wird das Speisewasser eingetrieben, und es steigt von da in die höhere, so wie es sich zugleich immer mehr erhitzt; in der obersten endlich vollendet sich die Verdampfung, und diese enthält daher Wasser und Dampf. Die Feuerung ist nun aber so eingerichtet, daß das Feuer zuerst die oberste Röhre bestreicht, und daß von da der Rauch abwärts zieht, bis er in den Schornstein gelangt. Bei diesem Verfahren mag in der That die Hitze nicht nur deßwegen besser utilisirt werden, weil die Feuerluft herabzusteigen gezwungen ist, sondern noch mehr, weil sie in dem Maaße, als sie weniger heiß ist, auch mit weniger heißen Wasserröhren in Berührung kommt. Zudem ist wahrscheinlich, daß die erdigen Theile sich fast ausschließlich in den untersten Röhren absetzen werden, die also allein öfterer Reinigung bedürfen.

Vielleicht ist dieses Princip auch für Kessel mit flachem Boden bei Bereitung von einfachem Dampf anwendbar, und einigermaßen sogar bei gewöhnlichen Kesseln, wenn man mehrere senkrechte Zwischenwände mit einigen Oeffnungen anbrächte. In die hinterste Abtheilung stiege das Speiserohr hinab, und auf der vordersten stände das Dampfrohr *).

---

oder Schwefelsäure und Kochsalz. S. polyt. Journ. Bd. 25. S. 27.

*) S. polyt. Journ. Bd. 26.

In Amerika soll man mit Erfolg 2 Reihen von Röhren angewendet haben, die abwechselnd stark erhitzt werden, und in die dann Wasser eingespritzt wird, das sich sofort in hochdrückenden Dampf verwandelt. So viel Aufsehens indessen von diesem Verfahren gemacht wurde, so ist kaum einzusehen, was dadurch gewonnen werden soll, oder wie auf diesem Wege an Brennmaterial zu ersparen sey *).

1. Von den Dampfgeneratoren der HH. Perkins und Alban.

Zu denen, welche in neuerer Zeit die Verbesserung der Dampfmaschinen in der Anwendung eines möglichst hochdrückenden Dampfes zu erreichen suchten, gehören vorzüglich der Amerikaner Perkins und der Deutsche Dr. Alban. Sie bemühten sich daher auch, solche Dampferzeugungsapparate herzustellen, welche zur Bereitung eines Dampfes von 40, 50 oder mehr Atmosphären Druck vollkommen geeignet seyn mögen.

Der erste Generator, den Perkins vor etwa 10 Jahren zur Erzeugung eines solchen Dampfes erfand, war ein nicht großer aber ausnehmend starker Metallcylinder, in dem ein mäßiges Quantum Wasser eingesperrt, und der Glühhitze ausgesetzt wurde. Das Wasser kann darin zu einer sehr hohen Temperatur erhitzt werden. Wie dieß geschehen, so wurde fortwährend eine Klappe geöffnet, um etwas Wasser ausströmen zu lassen, und gleichzeitig eben so viel wieder durch eine kräftige Pumpe in den Cylinder getrieben. Die kleine Portion Wasser, die jedesmal augenblicklich herausdrang, verwandelte sich wegen der starken Ueberhitzung der ganzen Wassermasse sogleich in Dampf, und zwar in Dampf von aus-

---

*) S. polyt. Journ. Bd. 21. S. 410.

nehmender Dichtigkeit, da es in einen kleinen Raum unter einen Stempel drang, und trieb, indem er sich expandirte, mit starker Gewalt diesen vorwärts. Das Gefäß aber blieb fortwährend voll, und das Wasser konnte stets auf derselben Temperatur erhalten werden.

Dieser Generator machte bekanntlich sehr viel Aufsehen, und so manche wohl begründete Zweifel auch gegen dieses Princip der Dampferzeugung erhoben wurden, und gegen die Möglichkeit, auf diesem Wege einen wahren Gewinn zu finden, so setzten die scheinbaren Resultate das Publikum doch lange in Erstaunen. Bald gab aber Perkins selbst seinen Generator auf, indem er sich wohl von seiner reellen Unbrauchbarkeit überzeugt haben mag.

Wie es scheint, hat indessen Perkins bis jetzt nicht das Grundprinzip seines ersten Apparats für unrichtig erkannt, und daher seitdem nur eine zweckmäßigere Anwendung gesucht. Diese glaubt er nun in folgendem Apparat gefunden zu haben.

In einem Ofen (Fig. 85) sind in mehreren Reihen viereckigte Stangen a b (von etwa 4' Länge und 5'' ins Gevierte) unmittelbar dem Feuer ausgesetzt. Diese Stangen sind von Gußeisen, und haben eine röhrenförmige Höhlung von $1\frac{1}{2}$'' Durchmesser. Auf der Außenseite des Ofens sind die Stangen durch gleich dicke und eben so durchbohrte Querstücke so verbunden, daß die inneren Röhren einen einzigen geschlängelten Kanal bilden.

Die beiden obern Röhrenreihen a haben aber eine andere Bestimmung als die unterste b. Die ersteren a sollen stets mit Wasser gefüllt seyn, und dieses darin zu einer sehr hohen Temperatur (von 6 — 700° F) erhitzt werden. Dieses Wasser soll in kleinen Portionen stoßweise in die Röhren b gelangen, darin in Dampf verwandelt, und dieser hier neuerdings noch erhitzt werden.

Zwischen der letzten Röhre a' und der ersten b' ist daher eine Büchse, und darin eine Druckklappe (pressure valve) angebracht, die vermittelst eines Hebels eine Pressung von wenigstens 50 Atm. ausübt, und das Wasser in den obern Röhren zurückhält, so daß ruckweise nur so viel Wasser hinausgespritzt wird, als bei jedem Stoße einer starken Druckpumpe Speisewasser in die erste der Röhren a eingepreßt wird. Das wenige Wasser, das bei jeder Lüftung der Druckklappe in b entbricht, wird bei der starken Ueberhitzung des Röhrenwassers die Dampfgestalt annehmen, oder nach Perkins Ausdruck „als Dampf hinein blitzen."

Die Röhrenlage b wird also nur Dampf enthalten, und dieser wird darin noch sehr überhitzt, da zumal diese Röhren dem stärksten Feuer ausgesetzt sind. Da nun aber überhitzter Dampf durchaus nicht die Kraft des gesättigten Dampfes bei gleicher Temperatur hat, und solcher der Maschine eher schädlich wäre, so wird dieser nicht unmittelbar verwendet, sondern vorerst in einen Cylinder oder Rezipienten c geleitet, dem beständig etwas Wasser zugeführt wird, so daß er bis zur Höhe d mit Wasser angefüllt bleibt. Wie der Dampf durch das Wasser aufsteigt, wird er Wassertheile auflösen, und der Dampf in dem obern Raume e mithin gesättigt seyn.

Auf dem Deckel des Rezipienten ist ein Sicherheitsventil f und das Dampfrohr g angebracht.

Offenbar liegt diesem Apparate das gleiche Prinzip zum Grunde, das den ersten Generator von Perkins auszeichnete. Der Dampf soll durch spontane Entwicklung (S. 85) aus überhitztem Wasser erzeugt werden, und diese Ueberhitzung mit besonderem Vortheil in dicken Röhren mit großer Oberfläche statt finden; der neue Apparat unterscheidet sich von dem frühern hauptsächlich dadurch, daß der Dampf selbst noch überhitzt, und dann wieder durch Berührung mit Wasser in gesättigten verwandelt werden soll; daß endlich ein Dampfbehälter vorhanden ist.

Bis jetzt hat unsers Wissens die Erfahrung noch nicht über die Brauchbarkeit dieser Dampferzeugungsmethode entschieden. Die Ergebnisse der bisherigen Probe-Apparate scheinen zwar nicht sehr günstig ausgefallen zu seyn, es fragt sich aber immer, ob das Princip an sich verwerflich sey, oder ob der Fehler bloß an der Anwendung und Ausführung liege. Nach unserer Meinung beruhen die Grundsätze selbst auf irrigen Ansichten.

Gesetzt, der Apparat lasse sich ohne Schwierigkeit ausführen, und das Wasser erleide darin genau die Veränderungen, die Perkins erwartet, so fragt es sich, ob Dampf von gleicher Dichtigkeit nicht direkt und in gewöhnlichen Röhren mit gleicher Oekonomie und Sicherheit erzeugt werden könne.

Dampf von 50 Atm. Dichtigkeit hat eine Temperatur von circa 266° C. oder 512 F. Eingesperrtes Wasser, das diesem Druck ausgesetzt ist, kann ohne Zweifel also diese Temperatur erlangen, und übt dann selbst diesen Druck aus. So viel Druck muß also auch die Röhre aushalten; offenbar bedarf es aber hiezu lange nicht der Dicke, die obige Wasserröhren haben, und in der That hat diese einen andern Zweck. Perkins glaubt nemlich, solche Röhren müssen im Verhältniß ihrer (äußern vergrößerten) Oberfläche weit mehr Wärme absorbiren und dem Wasser zuführen, als dünnere thun würden, und hofft wohl dadurch den Nachtheil zu heben, der aus der hohen Temperatur des Wassers hervorgeht. Er stellt sich also gewissermaßen vor, die von der Oberfläche der Röhre aufgenommene Wärme konzentrire sich gegen die Axe, so wie eine Linse die Sonnenstrahlen im Fokus sammelt. Offenbar verhält es sich aber nicht also. Wäre dies, so müßte ein Körper von außen erwärmt im Centrum unendlich heiß seyn, und dicke Kessel besser heizen als dünne, was alles der Erfahrung geradezu widerspricht. Eine größere Fläche saugt unstreitig mehr Wärme ein, doch nur in so fern die Masse nicht wärmer wird, und die Temperatur kann nie die des Feuers übersteigen. Es ist also kaum einzusehen, wie das Wasser in einer so dicken Röhre in derselben Zeit mehr Wärme erhalten kann, als in einer dünnen von gleicher Capazität, die vom Feuer näher berührt wird, und überhitztes Wasser muß in beiden Fällen die Absorbtion noch erschweren, in so fern der Temperaturunterschied bei solchem viel geringer ist.

Dicke Röhren werden hingegen die Wärme allerdings ansammeln, und so wie erst spät nach angefangener Feuerung das innere Wasser heiß wird, so wird es lange noch Hitze aus dem fast glühenden Eisen erhalten, nachdem das Feuer schwächer geworden, oder sogar gelöscht ist; und daraus können nur zu leicht täuschende Wirkungen hervorgehen *).

Ferner ist kaum zu begreifen, welchen Vortheil die Ueberhitzung des Dampfs in den untersten Röhren haben kann; denn ohne Zweifel würde Wasser in denselben weit mehr Wärme aufnehmen, als der ungleich dünnere Dampf.

Wenn Perkins endlich diesen Dampf noch durch Wasser gehen läßt, damit er sich sättige, so ist kein Zweifel, daß er an das Wasser, das er auflöst, sehr viel Wärme abgeben,

---

*) Ueber die Menge Wärme, die sehr heißes oder gar glühendes Eisen abgeben, und die Menge Dampf, die dadurch erzeugt werden kann, findet sich bei den Sicherheitsapparaten eine Berechnung.

und daß die Temperatur des also gesättigten Dampfes ohne Vergleich niedriger seyn muß.

Es ist also in der That nicht einzusehen, was durch alle diese künstlichen Vorrichtungen, und alle diese Umwandlungen gewonnen werden sollte. Es scheint vielmehr einleuchtend, daß durch einen einfachen Röhrenapparat von gehöriger Stärke eben so gut Dampf von beliebigem hohen Druck erzeugt werden mag, und daß auf obige Weise die Dampfproduktion weit mehr und gewiß nicht weniger Brennstoff erfordern muß.

Wir glauben daher, auch dieser neuere Perkins'sche Generator verspreche keinerlei Vortheile, und auch dann nicht, wenn er noch vielfache Veränderungen erleiden sollte.

Eben so wenig scheint uns aber, daß sich von dem Prinzip des Hrn. Dr. Alban ein günstiger Erfolg erwarten lasse.

Alban glaubt nemlich, die dicken Perkins'schen Röhren verfehlten nur deßwegen die von ihrer vergrößerten Fläche zu hoffende, Wärme conzentrirende Wirkung, weil die Festigkeit des Metalls den gehörigen Durchgang der Wärme hindert, und meint daher jene Vortheile zu erreichen, wenn er das Wasser in engen und dünnen Röhren, aber nicht unmittelbar, sondern in einem Bade von flüssigem Metall dem Feuer aussetzt. Er glaubt, daß wenn die Röhre a (Fig. 86) in einem weiten mit Blei und etwas Zinn gefüllten Gefäße b liegt, und diese Metalle bei 500° F. flüssig erhalten werden, 1′ Röhre 4 und 6mal so viel Dampf liefere, als 1′ Röhre, die direkt dem Feuer ausgesetzt ist; weil jenes Gefäß im Verhältniß der weit größern Oberfläche ungleich mehr Wärme absorbirt, und das flüssige Metall diese schnell durchlassen wird. Die Wasserröhre, da sie eng ist, brauchte nicht sehr dick zu seyn, und das äußere Gefäß könnte vollends sehr dünn seyn, da es keinen Druck auszuhalten hat. Leicht könnte es auch (wie Fig. A) gekrümmt werden, so daß die Oberfläche noch sehr vergrößert würde.

Wie ein Apparat nach diesem Prinzip am zweckmäßigsten einzurichten wäre, hat Alban bis jetzt nicht angegeben; nachdem er die zuerst von ihm vorgeschlagene Einrichtung als untauglich selbst verworfen hat *). Sind jedoch die obgedachten Bemerkungen richtig, so folgt daraus, daß die Unbrauchbarkeit nicht blos in Nebenschwierigkeiten ihren Grund hatte. Nach unsern Ansichten wäre es eben so vortheilhaft, die Röhre direkte dem Feuer auszusetzen, wenn auch das Metallbad im höchsten Grade wärmeleitend wäre. Diese weit größere Conduktibilität des flüssigen Metalls ist übrigens nicht einmal durch Versuche ausgemacht.

Ueberhaupt aber sollte es nicht sehr schwer seyn, durch unzweideutige Versuche zu entscheiden, ob Röhren in einem solchen Metallbade mehr Dampf liefern als gleiche Röhren, die frei liegen.

Gesetzt indessen, die Erfahrung bestätigte der obigen Ansicht entgegen eine größere Leistung, so wäre noch immer die Fra   ob dasselbe Feuer bei mehreren Röhren nicht mehr Dampf lieferte.

Dann scheint obige Methode, da das flüssige Metall lange nicht so heiß als eine Perkins'sche Röhre von Eisen werden kann, nicht ganz geeignet zur Erzeugung eines sehr hochdrückenden Dampfes, da die Temperaturdifferenz nicht mehr groß seyn würde.

Ohne Zweifel wäre endlich die Anwendung dieses Prinzips noch mit manchen Schwierigkeiten verbunden. Das geschmolzene Blei orydirt sich leicht; wahrscheinlich griffe es allmählig die Röhren an; sehr schwer wäre die Dampfproduktion zu

---

*) S. Register of Arts Nov. 1824.

reguliren u. a. m. Wir sehen indessen, daß das Prinzip selbst höchst wahrscheinlich auf irrigen Ansichten beruht.

III.
Von der Alimentation oder Speisung des Kessels.

Der Kessel muß nicht nur Anfangs mit einem gehörigen Vorrath von Wasser versehen und fortdauernd nachgefüllt werden, sondern es muß auch der Zufluß aus mehrern Gründen mit der Verdampfung so genauen Schritt halten, daß der normale Wasserstand im Kessel so viel möglich unverändert bleibe. Bei zu starkem Zufluß wird nemlich bald der Dampfraum zu sehr beengt, was verschiedene Nachtheile hat (S. 155); bei geringerem hingegen wird die Feuerfläche des Kessels mehr und mehr vom Wasser entblöst, was noch schädlichere Folgen hat. Sinkt der Wasserstand, so wird einerseits die Dampfproduktion geschwächt, weil die Verdampfungsfläche kleiner wird, anderseits muß die blos gelegte Zone des Kessels allmählig eine höhere Temperatur annehmen, und zuletzt sogar glühend werden. In diesem Falle aber wird nicht nur der Dampf überhitzt, sondern der Kessel, zumal wenn er von Eisen ist, manchen Gefahren ausgesetzt. Er wird leichter bersten, weil glühendes Eisen weit weniger Zähigkeit hat, und bald zerstört, weil solches verbrennt. Eine zu große Verminderung des Kesselwassers kann endlich hauptsächlich die heftigsten Explosionen veranlassen, indem, sobald das glühende Metall zufällig mit dem Wasser in Berührung kommt, eine plötzliche und übermäßige Dampfentwicklung statt findet.

Wie leicht zu erachten, ist die Erhaltung des Wasserstandes auf immer gleicher Höhe, nicht durch eine möglichst gleichförmige Speisung zu erzielen, denn abgesehen, daß eine solche kaum mit der erforderlichen Vollkommenheit einzurichten wäre, ist überdieß der Dampfverbrauch selbst durchaus nicht immer derselbe. Die Alimentation muß daher von dem Consum abhängig gemacht und darnach regulirt werden.

Da es jedoch so wichtig ist, daß das Kesselwasser nie abnehmen könne, und auch die besten Speise-Apparate nicht immer ganz gute Dienste thun mögen, so wird es räthsam, öfters den Wasserstand zu prüfen.

Da endlich zur Speisung kein völlig reines Wasser genommen werden kann, und dieses leicht einen Bodenstein absetzt, so wird es nöthig diesen bestmöglichst zu verhindern und den Kessel von Zeit zu Zeit zu reinigen.

Wir haben demnach in diesem Abschnitte von der Alimentation zu reden:

1) Von dem Speisewasser und den Pumpen, die dasselbe dem Kessel zubringen;
2) von den Vorrichtungen, um den Zufluß zu reguliren;
3) von den Mitteln, um zu jeder Zeit den Wasserstand im Kessel zu erkennen;
4) von der Reinigung des Kessels und der Verhütung des Kesselsteins.

Die hieher gehörigen Vorrichtungen sind mancher Abänderung fähig, und je nach der Beschaffenheit der Kessel, und namentlich je nachdem sie mit niederm oder hohem Dampfdruck arbeiten, verschieden.

1.

Vom Speisewasser und den Speisepumpen.

Je reiner und wärmer das Wasser ist, desto tauglicher wird es zur Speisung des Kessels seyn.

Bei Maschinen, die einen Condensator haben, wird aus diesem also das hiezu nöthige Wasser geschöpft. Das condensirte Dampfwasser ist völlig reines Wasser, und durch die Condension wird das übrige beträchtlich erwärmt. Die Saug- oder Druckpumpe, die das Wasser in den Kessel hebt, heißt daher auch die Warmwasserpumpe. Sie steht in dem Condensator (1 Fig. 17), und wird gewöhnlich durch den Balancier vermittelst einer Stange M in Bewegung gesetzt.

Die Dimensionen der Pumpe sind leicht zu finden. Verbraucht ein Kessel 20 Pf. Wasser pr. Min. und soll die Pumpe wenigstens 30 Pf. oder ½ Kub.' (864 K.'') liefern können, so muß sie, wenn in 1 Min. 24 Hübe statt haben, bei jedem Hub 36 Kub.'' Wasser schöpfen. Beträgt also der Hub 8'' so muß der Kolben eine Fläche von 4½ □'' oder einen Durchmesser von 2,4'' haben.

Bei Maschinen mit niedrigem Dampfdruck wird das geschöpfte Wasser in einen Behälter gehoben, der mit der Speiseröhre in Verbindung steht, und zuweilen mit dem abströmenden Rauche in Berührung gebracht wird, damit sich das Wasser noch mehr erwärmt.

Bei stärkerem Dampf sind in der Regel nur Druckpumpen anwendbar, und gewöhnlich bedient man sich einer Pumpe mit solidem Stempel (Fig. 48). Bei Hochdruckmaschinen ist eine direkte Verbindung der Pumpe mit der Zuflußröhre fast unerläßlich, und bei Maschinen ohne Condensator, wo die Kaltwasserpumpe den Kessel füllt, eine vorläufige Erwärmung des Wassers um so wünschenswerther.

Damit die Pumpe in gutem Stand bleibe, ist vornemlich für ein gutes Filtrum zu sorgen, das auch die feinsten Unreinigkeiten zurückhält.

2.

Von der Regulirung des Zuflusses.

Alle Vorrichtungen, den Zufluß des Speisewassers so zu reguliren, daß der Wasserstand stets auf der gleichen Höhe erhalten werde, gründen sich auf folgendes Princip. Auf dem Wasserspiegel wird ein Schwimmer angebracht, der auf ein Zuflußventil oder einen Zuflußhahn wirkt, und diesen je nachdem er sinkt oder steigt, öffnet oder schließt. Die Pumpe arbeitet also gleichförmig; und die Regulirung besteht darin, daß von dem gepumpten Wasser bald mehr bald weniger in den Kessel eingelassen wird.

Vollkommener wäre allerdings diese Regulirung, wenn der Schwimmer auf die Pumpenstange wirkte, und den Hub des Kolbens nach Bedarf kürzer oder länger machte. Es scheint indessen, daß eine solche Verbindung mit zu großen Schwierigkeiten verbunden ist.

Da bei allen diesen Apparaten zugleich zu verhindern ist, daß Dampf oder Wasser aus dem Kessel durch die Speiseröhre ausströme, so müssen sie bei Kesseln mit stärkerem Dampfdrucke anders als bei solchen mit einfachem Drucke eingerichtet seyn.

a) Regulirung bei Kesseln mit niedrigem Druck.

Wir erläutern zuerst und umständlich die bei den Watt'schen Maschinen gewöhnlich angewandte Vorrichtung. Fig. 49 (und 18):

a ist der obere Wasserbehälter, der stets reichlich mit Wasser versorgt wird, und aus dem der Ueberfluß durch a' abfließen kann.

b die Speiseröhre. Sie reicht bis nahe an den Boden des Kessels, hat da eine Umbiegung, damit kein Dampf hineinsteigen kann, und mündet sich vorzugsweise an dem hintern Ende des Kessels aus.

c der Schwimmer (flotteur, float) eine runde Kalk- oder Sandsteinplatte von 2 — 3″ Dicke und 8 — 10″ Durchmesser. In der Mitte ist eine dünne Stange befestigt, die durch eine Stopfbüchse d geht, und an dem Hebel e f aufgehängt ist. Da eine solche Platte schwerer als das Wasser ist, so muß sie durch ein am längern Hebelarme f angebrachtes Gegengewicht schwebend erhalten werden. (Wiegt die Platte 50 Pf., so wiegt sie, größtentheils im Wasser eintauchend, kaum 36, und ein Gegengewicht von 10 oder 12 Pf. hält sie demnach, wenn der Gewichtarm etwa 3mal länger ist.) Solche massive Schwimmer haben vor hohlen den Vorzug, daß sie weniger schwanken, und sicherer wirken.

Vor dem Hebel e f geht eine Stange nach dem konischen Zapfen g, der eine Oeffnung im Boden des Wasserbehälters verschließt. Wie durch diesen Zapfen der Zufluß regulirt wird, ergibt sich von selbst. Man sieht sogar, daß er fast anhaltend mehr oder weniger gelüftet seyn, und also mehr oder weniger Wasser durchfließen lassen wird, weil er sich hebt, so wie der Schwimmer oder das Wasserniveau unter den normalen Stand im mindesten nur zu sinken beginnt.

Wirklich läßt diese Regulirung kaum etwas zu wünschen übrig; allein, wie leicht zu sehen, ist sie nur bei sehr niedrigem Dampfdrucke anwendbar. Denn je mehr dieser Druck den der Atmosphäre übertrifft, desto höher wird das Wasser in der Speiseröhre b über das Wasserniveau im Kessel sich erheben. Für jedes Pfund Ueberdruck pr. ☐'' steigt es um etwa 2¼′, oder für ⁹/₁₀ Kilog. pr. ☐ Centim. um 1 Meter. Wird das Marimum des Dampfdrucks also nur auf 4 ℔. (pr. ☐'' auf die Sicherheitsklappe) fixirt, so muß die Röhre b wenigstens 9′ über den Wasserspiegel hoch seyn. Für zweifachen Dampf (oder 15 Pf. Ueberdruck) müßte sie also schon eine Höhe von 33′ haben.

Aus eben dem Grund wird aber diese Vorrichtung für niedrigpressende Maschinen zugleich als Sicherheitsröhre dienen, besonders wenn das obere Ende der Röhre offen ist. Denn sobald der Dampf eine zu große Spannung erreicht, so wird Kesselwasser durch jene Oeffnung hinausgetrieben und dadurch ein reichlicher Zufluß von kälterem Speisewasser veranlaßt; und eben so wird, wenn etwa durch plötzliche Abkühlung ein Vacuum im Kessel entstände, die äußere Luft sofort einströmen, und das Gleichgewicht herstellen. Ein solcher Füllapparat entfernt mithin sogar dann fast jede Gefahr, wenn auch das Sicherheitsventil überladen oder unbrauchbar oder bei fortwährender Dampferzeugung das Dampfrohr verschlossen wäre.

Einige andere Regulirvorrichtungen, die sich mitunter durch ihre Einfachheit empfehlen, zeigen die folgenden Figuren.

Fig. 50 macht die Stopfbüchse entbehrlich. Der hohle Schwimmer a wirkt unmittelbar auf den Speisehahn b. Dieser Mechanismus ist sehr einfach, vielleicht aber nicht ganz sicher, weil der Hahn sich entweder zu stark reibt oder nicht dicht genug schließt. Die Speiseröhre muß übrigens, wie bei der folgenden Figur, die dem Dampfdruck angemessene Höhe haben, und wirkt anbei hier nicht als Sicherheitsröhre.

In Fig. 51 ist der Hahn durch ein Ventil ersetzt; allein der Ausfluß geschieht hier nicht unter das Wasser, und das

Schaukeln des Schwimmers, der ebenfalls hohl seyn muß, dürfte ein anderer Uebelstand seyn.

Weit zweckmäßiger ist die Fig. 60* angedeutete Einrichtung; zumal da man leicht zu dem Ventil gelangen kann.

b. Regulirung bei Kesseln mit hohem Druck.

Die vorigen Vorrichtungen können schon bei mittlerm Dampfdruck nicht unverändert dienen, weil die Speiseröhre viel zu hoch werden müßte.

Es kann zwar auch in diesem Fall der Zufluß aus einem Behälter statt finden, nur muß dann aber noch ein zweiter vorhanden seyn, der wechselsweise Wasser erhält oder ausfließen läßt.

Wie eine solche Alimentation einzurichten ist, zeigen die Fig. 58 u. 59.

Zwischen der Speiseröhre a (Fig. 59) die mit dem Wasserbehälter in Verbindung steht, und dem Kessel A findet sich ein starker Behälter oder Sammler b, dessen untere Mündung durch den Hahn c, und dessen obere durch ein Ventil d geschlossen oder geöffnet werden kann. Der Hahn c wird durch einen Schwimmer regiert, so daß er sich öffnet, wenn der Kessel Wasser bedarf. Geschieht dieß, wenn der Sammler voll Wasser ist, so wird dieses in den Kessel fließen, und der Sammler sich mit Dampf füllen; eben dieser Dampf aber, weil er eine starke Spannung hat, das Ventil d schließen. So wie dann aber der Hahn sich zudreht, wird umgekehrt der sich abkühlende Dampf sofort wieder die Füllung des Sammlers mit Wasser veranlassen.

Statt eines Hahns und eines Ventils können auch wie Fig. 58, 2 Hähne oder 2 Ventile den Zu- und Abfluß reguliren.

Alle Vorrichtungen dieser Art scheinen jedoch ihren Zweck nicht genügend zu erfüllen, und nicht zuverlässig genug zu seyn. Bei Hähnen tritt außer den sonstigen Nachtheilen noch der ein, daß der untere Hahn nur dann Wasser durchlassen wird, wenn er ganz geöffnet ist, weil bei kleiner Oeffnung der starke Dampf das Einströmen hindern muß. *)

Der Sammler darf ferner ja nicht zu klein seyn, besonders wenn man Ventile anwendet. Denn setzte es sich, bevor das untere Ventil sich schlösse und das obere also sich öffnete, so würde von diesem Augenblick an gar kein Zufluß mehr statt finden. Zudem ist die Alimentation stets eine unterbrochene. **) Man bedient sich daher zur Speisung der Kessel mit starkem Druck insgemein einer Druckpumpe, und regulirt den Einfluß durch mehrere Ventile.

Eine solche Regulirung zeigt Fig. 66. ***)

Eine Druckpumpe treibt beständig mit Gewalt und in hinreichender Quantität Speisewasser durch die Röhre m in den Raum n und das Ventil o hindert den Rückfluß. — Bedarf der Kessel kein Wasser, so ist das Ventil l geschlossen, und das eingepumpte Wasser entweicht durch die Röhre s,

---

*) Gurney hat daher bei seinem patentirten Speiseapparat die Einrichtung getroffen, daß der Dampf durch ein Nebenröhr über das Wasser geleitet wird. (S. polyt. Journal B. 25 S. 26.) Er soll ihn aber später selbst wieder aufgegeben haben.

**) Dieser Vorwurf trifft auch die von Dr. Alban angegebene Vorrichtung (S. polyt. Journal B. 29. S. 535.) Außerdem ist sie sehr complizirt, und nicht nach dem Consum geregelt.

***) Für diese Vorrichtung erhielt Franklin 1824 die große silberne Medaille von der königl. Ges. in London. Eine umständliche Beschreibung S. im polyt. Journ. B. 17 S. 158

indem es das Ventil p hebt. — Ist hingegen Zufluß nöthig, so gelangt das Wasser aus m durch das gelüftete Ventil l und die Speiseröhre k in den Kessel, indem p etwas stärker durch das Gewicht r zugedrückt wird.

Wie das Ventil l durch den Schwimmer o und die Zugstange g h gehoben wird, ist aus der Figur ersichtlich. Eben so sieht man, wie p auch als Sicherheitsklappe wirkt; denn sobald der Dampf eine zu große Spannung erlangt, werden offenbar beide Ventile und p zugleich gehoben; und da beide Ventile fast immer spielen, so ist nicht zu befürchten, daß sie je durch zu langes Festsitzen ihren Dienst versagen.

Weit einfacher ist der Apparat Fig. 60.

Hier sind beide Ventile a und b an derselben Stange befestigt, und der Schwimmer f regiert sie unmittelbar. c ist die Zufluß= und d die Abflußröhre. c steht in direkter Verbindung mit der Druckpumpe. Der Stand der Schwimmkugel wird durch das Gewicht g gehörig balanzirt, und ein solcher Schwimmer kann, wie man sieht, auch auf Dampfschiffen dienen. Da die Pumpe in der Regel mehr Wasser schöpft als der Kessel bedarf, so werden fast beständig beide Ventile mehr oder weniger geöffnet seyn, und die Alimentation hat daher fast ununterbrochen statt, so daß das Wasserniveau beinahe gar keine Veränderung erleiden kann. Der vorige complizirtere Apparat hat also blos den Vorzug, daß das Ventil zugleich als Sicherheitsorgan wirkt.

Bei Röhrenkesseln, in denen sich kein Schwimmer anbringen läßt, ist auf andere Weise für eine gehörig geregelte Wasserinjektion zu sorgen.

Eine direkte Regulirung des Zuflusses ohne Schwimmer hat u. a. Church [*] dadurch versucht, daß er einen Hahn

---

[*] S. polyt. Journal B. 45 S. 4 u. 40 S. 55.

durch 2 Röhren einerseits mit dem Dampfraum, anbrerseits mit dem Wasser in Verbindnng setzte. Der Hahn dreht sich beständig, es kann aber nur dann Wasser in den Kessel laufen, wenn die Dampfröhre Dampf durchläßt; der Zufluß hört auf, wenn auch diese Wasser hat.

3.

Von den Mitteln, den Wasserstand zu erkennen.

Um, was immer rathsam bleibt, zu jeder Zeit den Stand des Kesselwassers prüfen zu können, lassen sich verschiedene Vorrichtungen anbringen.

1) Eine gläserne Röhre a b (Fig. 53), die oben mit dem Dampfraume, unten mit dem Wasser kommunizirt. Ist diese Röhre nicht zu enge, so wird das Wasser in derselben stets und vollkommen eben so hoch als in dem Kessel stehen, und zwar bei hohem wie bei niedrigem Dampfdrucke.

Eine solche Röhre läßt sich indessen nicht bei allen und namentlich nicht wohl bei gußeisernen Kesseln anbringen; ferner ist das Einkitten in die beiden kupfernen Röhrenstücke bei a und b etwas schwierig; da Glasröhren endlich leicht zerbrechen, so ist es gut, die beiden Endstücke mit Hähnen zu versehen.

Den besten Kitt gibt Bleiweis, das mit Leinöl angerieben und mit etwas Minium verdickt wird.

2) Ein Schwimmer p (Fig. 55), dessen Steigen und Fallen sich durch den Zeiger q sichtbar macht; oder noch einfacher der Schwimmer (Fig. 52) mit einer Skale r.

3) Zwei Hähne a und b (Fig. 52), wovon der eine etwas über und der andere etwas unter dem Normalniveau eingesetzt ist. Gibt der obere beim Oeffnen Wasser, so ist zu

viel Waſſer im Keſſel; zu wenig hingegen, wenn der untere auch Dampf ausſtrömen läßt.

4) Auf gleiche Weiſe ſind 2 über und unter jenes Niveau tauchende Röhren a und b (Fig. 54) zu gebrauchen. Alle dieſe Vorrichtungen ſind bei hohem wie bei niedrigem Dampfdruck anwendbar.

5. Bei Keſſeln mit ſchwachem Dampfdrucke läßt ſich noch eine offene Röhre d ohne Hahn anbringen (Fig. 56), deren obere Oeffnung mit einer Pfeife verſehen iſt. Sinkt der Waſſerſtand unter c, ſo ſtrömt gewaltſam Dampf aus, und die Pfeife wird den Aufſeher herbeirufen. Dieſe warnende Röhre iſt beſonders bei kleinen Maſchinen, wo kein Wärter ausſchließlich mit der Beſorgung des Keſſels beſchäftigt iſt, zu empfehlen.

4.

Reinigung des Keſſels und Verhütung der Bodenkruſte.

Der Dampf wird nicht aus vollkommen reinem Waſſer erzeugt. Auch das reinſte gemeine Waſſer enthält einige erdige und ſalzige Theile, und eine ungleich bedeutendere Menge das Meerwaſſer, deſſen ſich Dampfſchiffe zur See bedienen müſſen. Nur das Waſſer verdampft; jene fremden Beſtandtheile bleiben aber in der Flüſſigkeit zurück, und bilden, wenn dieſe zu ihrer Auflöſung nicht mehr hinreicht, einen Niederſchlag oder Bodenſatz, von dem der Keſſel von Zeit zu Zeit gereinigt werden muß.

Gewöhnliches Waſſer enthält zwar kaum $\frac{1}{20}$ oder $\frac{1}{30}$ % ſolcher fremden Theile; obſchon alſo ein Keſſel von einer 20pferdigen Maſchine jede Min. an 20 Pf. Waſſer verdampft, und in 16 Stunden also fast 20000 Pf., so beträgt der Niederschlag doch nur 7—10 Pf. in dieser Zeit.

Dieser Niederschlag wird indessen dadurch besonders schädlich, weil er sich gern an den Boden des Kessels als eine harte Rinde anlegt. Dieser Kesselstein hat nämlich mehrfache Nachtheile. Der Kessel wird dadurch dicker, und der Durchgang der Wärme also erschwert. Der Kessel wird, zumal jene Kruste aus einem schlechten Wärmeleiter besteht, viel heißer, und zuletzt wohl glühend. Dieses Glühendwerden macht den Kessel schwächer, befördert die allmählige Zerstörung desselben, und veranlaßt auch wohl, wenn stellenweise die Rinde losspringt, Explosionen. Das Losschlagen dieser harten Kruste ist endlich mühsam, und der Kessel wird leicht dadurch beschädigt.

Man muß also, da die Abscheidung der unauflöslich gewordenen Theile nicht zu verändern ist, wenigstens die Bildung einer harten Bodenkruste zu verhüten suchen. Es sind zu dem Ende verschiedene Mittel angegeben, und mehr oder weniger zweckmäßig erfunden worden. Wir bemerken folgende:

1) Man bringe in einiger Entfernung über dem Boden eine Anzahl flacher Tröge oder Platten an; die Unreinigkeiten werden sich vorzugsweise auf diese Flächen niederschlagen, da das Wasser über denselben ruhiger ist. *)

2) Man bringt in dem Kessel eine Scheidewand x (Fig. 29) an, und läßt die Mündung der Speiseröhre in den hintern, von dem Feuer entferntesten, Theil des Kessels auslaufen. Ist der Kessel von beträchtlicher Länge, so werden die erdigen Theile sich fast ausschließlich in jener Abtheilung absondern, wo der Satz weniger nachtheilig ist.

---

*) S. polyt. Journ. B. 50. S. 356 u. 51 S. 101 u. 145.

3) Indem man unter dem Kessel einen eigenen Bodensatzbehälter anbringt. Der Satz soll sich nemlich fast ausschließlich in dieser Röhre ansammeln, und hier keinen Nachtheil bringen, weil diese Röhre dem Feuer nicht ausgesetzt ist, und leicht gereinigt werden kann. *)

4) Man setze dem Wasser etwas grobzerpulverte Kohle zu **). Auch dadurch soll nach Ferrari die Entstehung einer harten Kruste größtentheils verhindert werden, vielleicht weil die Kohle den Extraktivstoff einsaugt, der vornemlich eine solche Zusammensinterung zu bewirken scheint.

5) Das gewöhnlichste und wohl einfachste Mittel, den Kesselstein zu verhindern, besteht darin, daß man einige zerquetschte Kartoffeln oder die Abfälle auf den Malzböden in den Kessel wirft. Die schleimige Eigenschaft, die dadurch dem Wasser mitgetheilt wird, hindert das Niederfallen der erdigen Theile.

Verhütet man aber auch durch das eine oder andere dieser Mittel die Entstehung eines Kesselsteins, so muß doch von Zeit zu Zeit das trübe Kesselwasser abgelassen und der Kessel geputzt werden. Zu diesem Ende ist jeder Kessel mit einem Ablaßhahn und mit einer großen Oeffnung (dem sog. Menschenloche oder Hauptloche, trou d'homme lo manho) versehen (Fig. 18 q'). Bei Röhrenkesseln muß jede Röhre, um geputzt werden zu können, mit einem besondern Deckel verschlossen seyn. Zur Reinigung sehr enger und gekrümmter Röhren mag auch wohl verdünnte Salzsäure angewendet werden. Beim Hineinsteigen in große Kessel ist Vorsicht zu empfehlen, da der Kessel nicht nur sehr heiß wird, sondern auch mit schädlichen Luftarten angefüllt seyn kann.

---

*) S. polyt. Journ. B. 43 S. 241.
**) S. polyt. Journ. B. 51 S. 207.

Wie der Salzniederschlag auf Dampfschiffen zu verhindern ist.

Die Kessel der Dampfschiffe, die das Meer befahren, müssen mit Seewasser gespeist werden. Da dieses an 3% salziger Theile enthält, die beim Verdampfen zurückbleiben, so würde sich in kurzer Zeit eine große Menge Salz in dem Kessel ansammeln. Da jedoch der Niederschlag sich erst dann bilden kann, wenn das Wasser den Sättigungspunkt erreicht hat, so muß aller Niederschlag verhütet werden, wenn man das Wasser nie zu diesem Punkte gelangen läßt, und dieß geschieht, wenn man beständig einen kleinen Theil des der Sättigung nahen Kesselwassers abfließen läßt.

Die Sättigung tritt ein, wenn das Wasser etwa 36% Salz enthält; läßt man den Gehalt also nicht über 30% steigen, so wird kein Salz sich niederschlagen können; und dazu ist hinreichend, daß auf 10 ℔ Speisewasser stets 1 ℔ Kesselwasser abfließe, während 9 ℔ verdampft werden. Es werden nämlich jene 10 ℔ 0,3 ℔ Salztheile haben, und eben so viel 1 ℔ des heißen Wassers; demnach stets gleichviel Salz fortgeschafft als hineingebracht wird.

Allerdings wird etwas Hitze dabei verloren, doch sehr wenig; denn da es 5½mal weniger Wärme bedarf, um 1 ℔ Wasser zum Kochen zu bringen, als um es in Dampf zu verwandeln, und mittlerweile 9 ℔ verdampft werden, so ist der deßhalb größere Wärmeaufwand nur auf $1/54$ des Ganzen zu schätzen.

Ueberdieß kann das abgezogene Wasser benutzt werden, um das Speisewasser zu erwärmen.

———

Oekonomische Bemerkung.

Daß jedes Stillestellen der Maschine einen nicht geringen Verlust an Heizstoff nach sich ziehen muß, ist einleuchtend. Den eingeschlossenen Dampf und eine noch weit größere Menge sich nun erst bildenden, muß man entweichen lassen, weil die Temperatur des Wassers auf den natürlichen Siedepunkt gebracht werden muß; und eben so muß alle sich noch aus der Kohle entwickelnde Hitze verloren gehen. Dieser Verlust ist besonders bedeutend, wenn der Gang der Maschine oft unterbrochen wird, und für solche zumal verdient die Verhinderung dieses Verlusts alle Aufmerksamkeit. (S. 84)

Offenbar kann dieser Zweck einigermaßen erreicht werden, wenn man einige Zeit, bevor die Maschine stille stehen soll, den Wasserzufluß unterbricht, indem man z. B. das Gewicht, das den Schwimmer trägt, durch ein zweites verstärkt, so daß dieser den Zuflußzapfen nicht heben kann; und den Wasserstand bis zu einem Minimum (bis der Wasserhahn Dampf gibt) sich erniedrigen läßt. Wird dann, so wie die Maschine stille gestellt ist, der Zuflußzapfen wieder geöffnet, und Wasser sogar bis das Niveau ein gewisses Maximum erreicht, eingelassen, so mag dieses das Kesselwasser hinlänglich erkälten, daß wenig oder gar kein Dampf zu entweichen braucht, und der Rest des Heizstoffes noch utilisirt werden kann. Es fragt sich also blos, wie weit diese temporäre Verminderung und nachherige Vermehrung des Kesselwassers ohne sonstige Störung gehen kann, und diese Regulirung muß dann mit gehöriger Vorsicht vorgenommen werden.

Eine mechanische Vorrichtung mittelst mehrerer Schwimmer u. dgl. um diese Nachfüllung zu bewirken, hat Th. Hall angegeben. *) Sie scheint uns aber für Maschinen,

---

*) S. Repertory of Arts. Juny 1825.

deren Gang nicht sehr häufig unterbrochen wird, entbehrlich *). Verdienstlich ist aber, daß er besonders auf den Wärmeverlust, der aus jenem Umstande sich ergibt, aufmerksam gemacht hat.

IV.
Regulirung des Kesseldampfs.

Weder die Produktion noch der Consum des Dampfes hat mit völliger Gleichförmigkeit statt. Aus diesen Ungleichheiten, in so fern sie sich nicht korrespondiren, ergibt sich eine Veränderung des Dampfdrucks im Kessel. Wird in einem Zeittheile mehr Dampf verbraucht als erzeugt, so vermindert sich die Dichtigkeit und Spannung desselben, und das gleiche Volum hat weniger Kraft. Umgekehrt wird die Spannung erhöht, wenn mehr Dampf produzirt als consumirt wird, und in kurzer Zeit kann dann sogar der Dampf einen viel zu hohen und gefährlichen Grad von Elastizität erreichen.

Hat der Dampfraum auch die 10fache Capazität des Cylinders, so kann, wenn bei jedem Hube nur ⅔ des gleichzeitig erzeugten Dampfes verbraucht wird, und in 1 Min. 30 Hube geschehen, der Dampf in dieser Zeit schon die doppelte Dichtigkeit erlangen, und in ⅓ Min. wird dieß schon statt finden, wenn bei gleich starker Dampferzeugung der Abfluß aufhören sollte.

---

*) Eine Maschine, die in einer Woche 102 Stunden arbeitete, verzehrte 484 Zentner Steinkohle, und mit Hall's Apparate nur 572 Z.

Es ist daher von großer Wichtigkeit, die Erzeugung des Dampfes nach dem jeweiligen Bedarf reguliren, und zu jeder Zeit die Spannung des Kesseldampfes wahrnehmen und prüfen zu können.

Wir reden demnach:
1) von den Mitteln, die Stärke des Dampfes zu erkennen, und
2) von der Regulirung der Dampferzeugung.

1.

Von den Mitteln, die Stärke des Dampfes zu erkennen.

Bei Maschinen mit niedriger Pressung kann dieß durch eine sehr einfache Vorrichtung geschehen.

Bringt man am Vordertheile des Kessels einen kleinen oben offenen Heber a b c (Fig. 61) an, dessen eine Schenkel in den Dampfraum sich öffnet, und der zum Theil mit Quecksilber gefüllt ist, so wird, wenn der Dampf stärker drückt als die Atmosphäre, das Quecksilber im Schenkel c steigen, und der senkrechte Abstand beider Niveaus genau den Druck des Dampfes über den der Luft anzeigen.

Gewöhnlich wendet man, weil Glas zu zerbrechlich ist, eine eiserne Heberöhre an. In diesem Falle muß man ein leichtes Stäbchen, oder einen kleinen Zapfen mit einem Drath über das Quecksilber im längern Schenkel stellen. An dem Hervorragen dieses Schwimmers, hinter dem man eine kleine Skale anbringt, läßt sich dann leicht das Steigen oder Sinken des Quecksilbers wahrnehmen.

Da das Quecksilber zugleich im kürzern Schenkel sinkt, wenn es im längern steigt, und zwar, wenn die Röhre überall gleiche Weite hat, eben so viel, so zeigt jede Veränderung des Schwimmers eine doppelt so große des barometrischen Dampfdrucks an. Steigt oder sinkt also jener Index um ½'' so hat sich die Spannung des Dampfs um 1'' oder $1/30$ Atmosph. vermehrt oder vermindert, oder um ½ Pf. per □Zoll (engl.).

Ist der kürzere Schenkel (wie Fig. 63) mit einer Kugel versehen, oder steht die Inderröhre a (wie Fig. 64) in einem dichtgeschlossenen Gefäße mit Quecksilber b, in welches der Dampf tritt, so zeigt der Quecksilberstand in den Röhren oder der Inder die ganze barometrische Veränderung an, weil das Niveau in dem viel weitern Gefäße sich nur wenig ändert.

Ist die Röhre a nur 7—8'' hoch, so wird, wenn der barometrische Druck des Dampfes stärker wird, die Quecksilbersäule demselben nicht widerstehen können, das Quecksilber wird herausgeworfen werden, und sofort Dampf ausströmen. Damit dies, ohne das Quecksilber zu verlieren, statt haben kann, wird über der Röhre der Becher c angebracht. Hier sammelt es sich, bis der Dampfdruck wieder nachläßt.

Diese einfache Vorrichtung zeigt mithin nicht nur mit großer Zuverlässigkeit zu jeder Zeit den Druck des im Kessel befindlichen Dampfes an, sondern sie dient zugleich, besonders wenn die Röhre ziemlich weit ist, als Sicherheitsorgan.

Bei Maschinen mit stärkerem Dampfe muß indessen auch jene Röhre verhältnißmäßig höher seyn. Für 2fachen Dampf muß die Höhe wenigstens 30'' (engl.) oder 76 CM. betragen; für 3- oder 4fachen Dampf wenigstens 60 oder 90''. Die erforderliche Höhe des Apparats kann also zuletzt allzu unbequem oder unausführbar werden. Immerhin verdient derselbe, so lange er sich herstellen läßt, vor jedem andern den Vorzug.

Fig. 57 zeigt einen solchen für stärkern Druck eingerichteten Inder. Der Schwimmer a hängt hier an einer dünnen Kette, die über die Rollen b geht, und ein Gegengewicht c trägt. Dieses sinkt und steigt längs einer Skale, an der sich also die Spannung absehen läßt.

Mit diesem Inder kann unschwer ein Wecker verbunden werden. Eine einfache Vorrichtung ist aus Fig A zu erkennen. Ist nämlich die Zunge a bei dem 50sten Grad der Skale z. B. eingesetzt, so wird sie ausgelöst werden, so wie das Gewicht bei dieser Tiefe auf dieselbe drückt, und sogleich die Feder die Glocke (oder einen ordentlichen Wecker) in Bewegung setzen. Dergleichen Einrichtungen mögen wenigstens bei Nachtzeit oft nützlich seyn.

Auf ähnliche Weise läßt sich auch, wenn das Gewicht c nicht zu schwach ist, ein Auslösungshebel anbringen, der das Register (im Rauchfange) fallen läßt, sobald der Dampfdruck ein gewisses Maximum erreicht hat, so daß das Feuer, auch ohne Zuthun des Heizers, gedämpft wird.

Bei Hochdruckdampf, oder wenn offene Röhren eine zu unbequeme Höhe erhalten müßten, wendet man geschlossene oder Manometer an, in welchen der Dampfdruck durch die Zusammendrückung der eingeschlossenen Luft angegeben wird. Man geht hier von dem Mariottischen Gesetze aus, nach dem der Raum, in welchen die Luft zusammengepreßt wird, in verkehrtem Verhältniß zum Drucke steht.

Fig. 62 stellt einen solchen Manometer dar. a b ist ein kleines eisernes Gefäß mit Quecksilber gefüllt. In dem Deckel ist eine starke Glasröhre c eingepaßt, die Luft enthält, und bis nahe auf den Boden des Gefäßes reicht. Durch die Röhre d dringt Dampf aus dem Kessel über das Quecksilber. Uebte das Quecksilber, wenn es in die Röhre steigt, nicht selbst einen Druck auf den Dampf aus, so würde es genau bis zur

Mitte der Röhre sich erheben, wenn der Dampfdruck den von 2 Atmosph. erreichte, wofern nämlich die Röhre genau kalibrirt ist; denn in diesem Falle müßte die Luft eine doppelte Dichtigkeit erlangen, und also auf die Hälfte des ersten Raumes zusammengedrängt werden. Eben so würde das Quecksilber auf $2/3$, und $3/4$ der Höhe steigen, so bald der Dampf einen Druck von 3 oder 4 Atm. hätte.

Wäre der Manometer also 24″ hoch, so zeigte eine Höhe von 12″ einen zweifachen, eine Höhe von 16″ einen 3fachen, eine Höhe von 18″ einen 4fachen Dampf an.

Da indessen, wie gesagt, die Quecksilbersäule vom Dampf noch getragen werden muß, so steigt dasselbe lange nicht so viel, und es muß daher eine Correktion bei der Berechnung der jedem Dampfdrucke entsprechenden Höhe vorgenommen werden, und diese ist um so beträchtlicher, je länger die Röhre ist.

Außerdem aber sieht man, daß die Grade immer kleiner werden, je stärker der Dampfdruck ist, und dieser Uebelstand ist um so fühlbarer, je kürzer die Röhre ist.

Dem ersten Uebelstande läßt sich dadurch begegnen, daß man (wie Fig. 62) die Manometerröhre horizontal legt, und die Füllung so einrichtet, daß das Quecksilber bis n steht, wenn die Röhre p mit der Luft kommunizirt. In diesem Falle ist keine Correktion nöthig.

Größere Grade oder Distanzen kann man erhalten, wenn der Manometer den Dampfdruck nur in gewissen Grenzen anzuzeigen braucht.

Ein solcher Manometer ist Fig. 77 abgebildet.

Es besteht dieser aus zwei Kugeln a und b, und der gläsernen Zwischenröhre c. Soll die eigentliche Manometerröhre c nur den Dampfdruck zwischen 4 und 8 Atmosphären anzeigen, so muß die Kugel a $3/4$, die Kugel b $1/8$, und die

Röhre c ebenfalls ⅛ der gesammten Kapazität enthalten. In diesem Falle wird nemlich das Quecksilber bis o steigen, wenn die Luft auf ¼ zusammengedrückt ist, und der Dampf also ein 4facher ist, und bis p, wenn die Luft auf ⅛ zusammengepreßt und der Dampf ein 8facher ist. Die Röhre c wird in Grade abgetheilt; allein diese Grade werden ebenfalls abnehmen, und außerdem ist wegen der Quecksilbersäule einige Correktion nöthig.

Sollten die Grade der Skale von ungefähr gleicher Größe seyn, so müßte man eine konisch sich verengende Röhre nehmen. Die Graduation möchte freilich nicht wenig Schwierigkeit haben.

Die Besorgniß, daß Manometer oder Druckprüfer mit eingeschlossener Luft aus andern Gründen keine vollkommene Zuverlässigkeit gewähren können, scheint unerheblich.

Allmählig dürfte freilich 1) das Quecksilber etwas Sauerstoff absorbiren, und so die Luftmenge sich etwas vermindern; diese Einwirkung wäre aber zu entfernen, wenn man den Manometer mit Stickgas füllte. 2) Möchte die ungleiche Temperatur einige Unsicherheit verursachen; dieser Einfluß kann jedoch nicht bedeutend seyn. 3) Fürchtet man, die Elastizität der eingeschlossenen Luft möchte mit der Zeit etwas schwächer werden; bis jetzt lassen dies aber keine Beobachtungen vermuthen. Immerhin wäre diese Veränderung leicht zu erkennen, wenn man bisweilen den Manometer auf den Normalstand bei'm Druck der atmosph. Luft prüft. 4) Ist nicht zu bezweifeln, daß dieses Instrument zur Bemessung des stärksten Dampfes tauge, da die Gültigkeit des Mariottischen Gesetzes für jeden Grad der Zusammenpressung nach neuern Versuchen so viel als entschieden ist.

Daß der Quecksilberbehälter ganz hermetisch verschlossen seyn muß, hat der Manometer mit den vorigen Apparaten gemein.

Um den Hochdruckdampf zu messen, hat Ol. Evans einen Kolben a (Fig. 73) empfohlen, gegen den von außen eine Feder b von gehöriger Stärke drückt. Je stärker der Dampfdruck von innen ist, desto mehr wird der Kolben sich heben, allein desto stärker wird auch die Feder entgegen drücken, so daß jedem Druck eine bestimmte Höhe des Stempels entsprechen wird. Diese Einrichtung ist einfach, kaum aber so zuverlässig als ein Manometer. Die Reibung des Kolbens ist veränderlich, und die Elastizität der Feder vermindert sich allmählig. Bei übermäßigem Dampfdruck kann ein solcher Stempel hingegen als Sicherheitsventil nützlich seyn.

Ein sehr bequemes Mittel, die Spannung des Kesseldampfes zu erkennen, bietet endlich ein Thermometer dar, das mittelst einer Stopfbüchse in dem Deckel des Kessels befestigt ist, und dessen Kugel a (Fig. 65) in den Dampfraum taugt; denn bei gesättigtem Dampfe entspricht jedem Grade von Dichtigkeit auch eine bestimmte Temperatur (S. oben S. 66). So wissen wir, daß der Dampf bei 122° C. 2fache, bei 145° C. 4fache, bei 162° 6fache Spannung hat u. s. w.

So sehr indessen der Gebrauch des Thermometers zu empfehlen ist, so macht es doch andere Mittel nicht entbehrlich. Denn abgesehen, daß die Temperaturgrade für sehr hochdrückenden Dampf noch nicht genau bestimmt sind, und daß die Temperaturänderungen um so kleiner werden, je dichter der Dampf ist, so läßt sich auch aus dem beobachteten Wärmegrad nicht immer mit Sicherheit auf die Spannung des Dampfes schließen, weil dieser nicht selten überhitzt wird (S. 59). Ueberdieß ist dieses Werkzeug sehr zerbrechlich,

wenn auch über die Röhre ein zweiter Glascylinder angeschraubt wird.

———

2.
Von den Mitteln, die Dampferzeugung zu reguliren.

Alle Regulirung der Dampfproduktion muß von dem Princip ausgehen, daß das Feuer verstärkt oder gedämpft werde, je nachdem zu wenig oder zu viel Dampf erzeugt wird.

Bei Maschinen mit niedriger Pression geschieht dieß gewöhnlich dadurch, daß man in der Speiseröhre B (Fig. 18) einen Schwimmer n durch Ketten mit einem Register in Verbindung bringt, das den Feuerkanal mehr oder weniger schließen kann. Denn wird der Dampfdruck etwas zu stark, so sinkt das Register, und der Zug wird verhältnißmäßig gehemmt. Das Register wird entweder am Eingang des Feuergangs in den Rauchfang, oder noch zweckmäßiger, beim Eintritt der Luft unter den Herd angebracht. So zweckmäßig indessen diese Vorrichtung ist, um das Steigen des Dampfdrucks über eine gewisse Grenze zu verhindern, indem gar bald der Zug vollständig gehemmt würde, so läßt sich dadurch doch keineswegs auch eine Verstärkung des Feuers bewirken, wenn der Dampf allzu schwach geworden ist.

Eine vollständige Regulirung kann bei einer mechanischen Aufschüttung des Kolben erzielt werden, weil hier auch die Kohlenmühle (S. 138) mit jenem Schwimmer in Verbindung gebracht werden kann. Wird der Dampf zu schwach, so wird nicht nur der Kaminschieber mehr geöffnet, sondern zugleich auch mehr Kohle aufgeschüttet und umgekehrt.

Bei Maschinen mit höherm Druck wird hingegen eine mechanische Regierung des Feuers sehr schwierig. Zwar läßt sich z. B. auch der Stempel Fig. 73 oder der Schwimmer a Fig 57 mit einem Kaminschieber in Verbindung bringen, die Wirkung dieser Apparate ist aber so gering oder so unsicher, daß jene Regulirung schwerlich auf eine genügende Weise herzustellen seyn dürfte.

Bei hochdrückenden Maschinen ist daher insbesondere eine fortwährende Aufsicht des Heizers unentbehrlich. Ueberhaupt aber gehört wohl die mechanische Regulirung der Dampfproduktion, je nach der Veränderung des Dampfconsums, zu denjenigen Verrichtungen der Dampfmaschine, die noch am meisten der Vervollkommnung bedürfen.

V.
Von den Mitteln, eine Explosion des Kessels zu verhüten.

Dampfmaschinen werden noch insgemein als besonders gefährliche Apparate betrachtet. Die Maschine selbst ist zwar offenbar nicht gefährlicher als jede andere, wo Bewegungen mit eben so großer Kraft statt finden; denn daß der Dampf im Cylinder oder der Dampfbüchse einen Unfall veranlaßte, ist fast ohne Beispiel. Eben so ist der Ofen nicht gefährlicher als jeder andere. Allein es ist Möglichkeit vorhanden, daß der Kessel springe, und ein solches Ereigniß kann theils durch die weggeschleuderten Bruchstücke des Kessels und Ofens, theils durch die Ergießung des siedenden Kesselwassers und der eingesperrten Dampfmasse höchst bedeutende Verheerungen anrichten, und die bedauerlichsten Folgen haben. Und bekanntlich fehlt es nicht an Beispielen, welche die Möglichkeit, so wie die oft schrecklichen Wirkungen einer solchen Explosion darthun *).

Nichts desto weniger darf behauptet werden, daß die Gefährlichkeit der Dampfmaschinen bei weitem nicht so groß ist, als man sie sich gewöhnlich vorstellt. Richtig wird nämlich die Größe der Gefahr nur aus dem Probabilitätsverhältnisse beurtheilt. Gesetzt also, es ergäben sich jährlich 10 oder 15 Explosionen von Dampfkesseln (und diese Annahme ist sicherlich zu groß, denn die meisten kommen wohl zur öffentlichen Kunde), so käme doch, da wenigstens 15000 Dampfmaschinen existiren, nur Eine Explosion auf 1000 Maschinen, und da jede Maschine im Durchschnitt jährlich über 4000 Stunden lang arbeitet, so ist für jeden Kessel wenigstens 4,000,000 gegen 1 zu wetten, daß er in der nächsten Stunde nicht zerspringen werde. Könnte man ähnliche Berechnungen über die Unfälle anstellen, die sich beim Gebrauch von Pferden und Wagen, oder dem der Schießgewehre ereignen, so würde man wahrscheinlich eine noch größere Gefährlichkeit finden. Ohne Vergleich größer ist namentlich die Gefahr, der man auf Schiffen ausgesetzt ist, denn von 20 oder 30 Schiffen, die ein Jahr durch die See befahren, verunglückt wenigstens Eines. Daß in neuern Zeiten häufiger von Unfällen gehört wird, ist eine natürliche Folge der beständigen Vermehrung der Dampfmaschinen, und wenn einerseits wohl ihre Construktion vollkommener wird, so bringt der allgemeinere Gebrauch derselben anderseits wahrscheinlich eine größere Sorglosigkeit mit sich.

---

*) S. Arrago im Annuaire du bur. d. longit. v. 1829 u. 1830, u. Hachette hist. de la Mach. à Vapeur. 1830.

Bedenkt man aber ferner, daß an den meisten der bisher statt gehabten Explosionen unzweifelhaft eine schlechte Beschaffenheit des Kessels, höchst nachlässige Besorgung, oder eine muthwillige und frevelhafte Ueberladung desselben Schuld war, so darf man sogar behaupten, daß für Kessel, die in vollkommen gutem Zustande sind, und von deren gewissenhafter Aufsicht man versichert seyn kann, die Wahrscheinlichkeit eines Berstens noch ohne Vergleich geringer ist, und daß solche beinahe als völlig gefahrlos betrachtet werden können.

Je größer indessen das Unglück ist, das eine Explosion anrichten kann, desto wichtiger ist, alle Umstände genau zu kennen, die eine solche veranlassen, und alle Mittel, welche derselben zuvorkommen können *).

Nicht ohne Grund sind auch, wie in Frankreich und Holland, einige der bewährtesten Sicherheitsmittel durch polizeiliche Verordnungen sogar vorgeschrieben; zumal da aus niedrigem Eigennutze oft Menschenleben einer unnöthigen Gefahr Preis gegeben werden, und eine Explosion leicht auch solche beschädigen kann, die sich der Gefahr gar nicht freiwillig oder wissentlich aussetzen **).

---

*) Neulich noch setzte die Soc. d'Enc. zu Paris zwei Preise von 12000 Fr. auf die Erfindung eines neuen noch vollkommnern Sicherungsmittels, und die Angabe einer möglichst gefahrlosen Bauart des Kessels. S. Ann. des Min. II. 6. p. 456.

**) Für die beiden Preise von 12000 Fr., welche die Soc. d'Enc. auf neue Sicherheitsmittel aussetzte, waren 21 Bewerber eingekommen, wovon aber 20 schon darum keinen Anspruch machen konnten, weil sie den Apparat nicht einer baromet. Probe unterworfen hatten. Es konnte daher in der Sitzung von 1831 kein Preis ertheilt werden, und die Vorrichtungen, die silberne Medaillen erhielten, scheinen uns von

Die verschiedenen Ursachen, welche ein Zerspringen des Kessels herbeiführen können, sind namentlich folgende:

1) eine fehlerhafte Construktion des Kessels;
2) ungenügende Stärke des Kessels in Folge der allmähligen Deterioration oder Abnutzung desselben;
3) übermäßige Spannung des Dampfes, in Folge einer anhaltenden Anhäufung desselben;
4) eine übermäßige instantane Dampf= oder Gasentbindung, in Folge einer allzu starken Verminderung des Kesselwassers, (oder des Losspringens einer dicken Bodenkruste); *)
5) ungewöhnlicher Druck der Luft von außen, wenn sich im Kessel ein Vacuum erzeugen sollte;
6) gewaltsamer Druck gegen den Boden des Kessels, durch Detonnation brennbarer Gasarten im Feuerraume. **)

Wir reden demnach:

1) von dem Verfahren, die gehörige Stärke des Kessels zu prüfen; und
2) von den Mitteln, einen gefährlichen Druck von außen oder innen abzuwenden, oder den Sicherheitsapparaten.

Aus dem Vorhergehenden ergibt sich übrigens schon, daß die Gefahr einer Explosion nicht nur je nach der Größe, sondern auch je nach der Construktion eines Kessels sehr verschieden seyn wird. Bei gußeisernen Kesseln ist sie größer als bei geschmiedeten; bei Kesseln mit Siederöhren geringer als bei einfachen; noch kleiner endlich bei eigentlichen Röhrenapparaten. Auf die Frage, ob die Bereitung hochdruckenden

---

keiner besondern Bedeutung. — S. Bull. d'Enc. Dec. 1832. Rappt. v. Baillet.

*) S. u. a. Perkins im Polyt. Journal. Bd. 24. S. 486.
**) S. Taylor im Polyt. Journ. Bd. 24. S. 300.

Dampfes gefährlicher heißen mag, als die von niedrigdrucken=
dem, werden wir später zurückkommen.

1.
Vom Probiren der Keſſel.

Die Vorſicht erfordert, daß jeder Keſſel, jeder wenig=
ſtens, der für Hochdruckmaſchinen dienen ſoll, vorerſt probirt
werde. Man will ſich dadurch verſichern, ob derſelben irgends
Dampf durchlaſſe, hauptſächlich aber, ob er auch dem ſtärk=
ſten Dampfe, dem er je ausgeſetzt ſeyn mag, widerſtehen
kann. Es wäre thöricht, ſich durch eine ganz unnöthige Dicke
des Metalls dieſe Sicherheit verſchaffen zu wollen (S. 156),
doch unklug auch, ſich auf bloße Berechnungen zu verlaſſen.
Zudem hat oft das gewalzte, und noch mehr das gegoſſene
Eiſen ſchwache Stellen, die das Auge auf keine Weiſe wahr=
nehmen kann.

Natürlich probirt man die Keſſel auf einen ungleich grö=
ßern (meiſt 4= oder 5fachen) Druck, als er gewöhnlich zu er=
tragen haben ſoll, denn er ſoll auch bei jeder außerordentlichen
Dampfentbindung den Druck aushalten, und überdies wird
jeder Keſſel allmählig ſchwächer.

Zum Probiren wendet man entweder Dampf oder Waſ=
ſer an.

1) Die Dampfprobe beſteht darin, daß man alle Oeffnun=
gen des Keſſels verſchließt, die Sicherheitsklappen mit 4, 5
oder mehrfachem Gewichte, als ſie in der Regel tragen ſoll,
belaſtet, und dann unter ſtarker Feuerung ſo lange Dampf
erzeugt, bis die Klappe ſich hebt.

Da dieſe Probe aber auch dem Keſſel, der ſie aushält,
leicht nachtheilig iſt, und den, der ihr nicht widerſteht,

explodiren macht, so wird sie selten, und für gegossene wohl nie angewendet. Fast allgemein wendet man daher

2) die hydrostatische an. Der Kessel wird nemlich ganz mit Wasser gefüllt, die Sicherheitsklappe belastet wie vorhin, und dann mittelst einer angebrachten Druckpumpe noch etwas Wasser hineingezwungen, bis jene Klappe sich hebt. Fände sich irgend eine zu schwache Stelle, so würde dieselbe reissen und Wasser hinausbringen, aber ohne alle Gefahr oder Explosion.

Gesetzt, der Kessel sey auf einen Dampfdruck von 4 Atmosph. als Maximum berechnet, die Klappe also mit 45 Pf. per Zoll beschwert, und bei der Probe belastet man sie mit 12×15 oder 180 Pf. — so wird, hat die kleine Pumpe nur $\frac{1}{4}$ $\square''$ Weite, bei dem Druck von $^{180}/_{4}$ oder 45 Pf. auf den Kolben derselben, die Klappe bereits sich zu heben anfangen; zugleich aber wird das Wasser im Kessel auf jeden $\square''$ der innern Fläche einen Druck von 12 Atm. oder 180 Pf. ausüben.

Jener Druck wird indessen nicht eintreten, bevor noch etwas Wasser in den bereits vollen Kessel hineingepumpt wird — weil nämlich, wenn auch der Kessel nicht die geringste Ausdehnung gestattet, das Wasser selbst sich etwas zusammendrücken läßt. Beträgt diese Compression $\frac{1}{25000}$ für jede Atmosph., und enthielt der Kessel 100,000 Kub.′, so würde, bis der Druck dem einer 12fachen gleich Atm. käme, 12×4 oder 48 Kub.′′ hineinzupressen seyn.

Wird nun das Pumpen fortgesetzt, so wird der Druck nicht mehr zu- aber eben so wenig abnehmen; denn die Sicherheitsklappe hebt sich, wird jedoch gerade nur so viel Wasser austreten lassen, als hinzu kommt. So kann die Probe nach Belieben verlängert werden.

Eben so begreiflich ist aber, warum, wenn jetzt oder früher schon irgend eine schwache Stelle risse, nicht die mindeste Explosion zu befürchten ist; denn so wie hier nur etwas Wasser auszuspritzen anfängt, so vermindert sich sogleich der Druck desselben; ja fast augenblicklich muß der Druck aufhören, da zu dem Ende nur jene 48 Zoll Wasser (ca. $1/2000$ der ganzen Masse) entweichen müssen.

Jeder erkennt leicht, warum die Wirkung eine ganz andere seyn muß, wenn der Kessel mit 13fachem Dampf erfüllt wäre; offenbar müssen $12/13$ der Dampfmasse ausströmen, bevor sich der Mehrdruck desselben verloren hätte — und da dieses merklich Zeit erforderte, so erfolgt fast immer eine gänzliche Zerreissung des Kessels und mithin eine förmliche Explosion.

Die hydrostatische Probe hat also bedeutende Vorzüge, für alle Kessel wenigstens, die keine einwärts gekrümmte Wandungen haben, und eben so tauglich ist sie zur Prüfung der Röhren.

Bei Anwendung dieser Probe ist jedoch Folgendes zu beachten:

1) während dieser Probe ist der Kessel einer niedrigen Temperatur ausgesetzt, bei starkem Dampfdrucke aber einer weit höhern. Es fragt sich also, ob die Zähigkeit des Metalls sich gleich bleibt; denn nähme sie durch die Erhitzung merklich ab, so würde ein Kessel, der einen hydrostatischen Druck von 12 Atm. aushielte, lange nicht einem Dampfe von gleicher Spannung widerstehen. Bis jetzt fehlen entscheidende Versuche. Man weiß schon, daß glühendes Eisen ungleich (an 6 mal) weniger zähe ist, als kaltes, und demnach ist klar, daß Stellen, die etwa glühend werden, sehr leicht bersten können: ob aber die Zähigkeit durch bloßes Erwärmen schon leide,

ist ungewiß, und nach einigen Versuchen (v. Dufour) sogar unwahrscheinlich. (S. 157.)

2) Wird bei jener Probe der Druck sehr gleichförmig verstärkt. Ein Kessel mag also bei diesen Versuchen einen weit stärkern Druck aushalten, als wenn derselbe plötzlich auf ihn einwirkte.

3) Ist der Kessel nicht selten Erschütterungen oder ziemlich raschen Temperaturwechseln ausgesetzt, worunter die Stärke desselben leidet, so daß schwächere oder schadhafte Stellen auch einem geringern Drucke weichen mögen.

4) Aber und vornemlich ist nicht zu übersehen, daß jeder Kessel durch den anhaltenden Gebrauch nur zu bald schwächer werden muß.

Aus allem diesem erhellt daher, wie nöthig es ist, die Probe auf einen ungleich stärkern Druck vorzunehmen, als den der Kessel in der Regel als Maximum auszuhalten haben soll, und wie wichtig es ist, Proben von Zeit zu Zeit zu erneuern, oder recht oft wenigstens den Kessel genau zu untersuchen; denn auch die vollkommensten Sicherheitsapparate sind es unter der Bedingung nur, daß der Kessel nicht zu lange gebraucht werde.

2.

Von den Sicherheitsapparaten.

Ohne Zweifel können als schützende Vorrichtungen schon einigermaßen alle diejenigen angesehen werden, welche den Zufluß des Wassers und die Feuerung reguliren, denn die Gefahr wird schon sehr entfernt, wenn diese in gutem Stande sind und gehörig funktioniren. Eben so dienen zur Sicherung auch alle Apparate welche die Spannung und die Temperatur der Dämpfe und den Wasserstand im Kessel anzeigen, indem man mit ihrer Hülfe zu jeder Zeit erkennen kann, ob Gefahr vorhanden ist. Manche leisten sogar in noch eigentlicherm Sinn als Schutzmittel einige Dienste; durch die Röhre des Hebermanometers kann Dampf ausströmen, wenn seine Spannung ein gewisses Maximum übersteigt (S. 201); und durch die Speiseröhre Wasser bei Kesseln für niedrigen Dampfdruck. Der Manometer läßt sich mit einem Wecker verbinden, und die Wasserstandsröhre so einrichten, daß bei zu niedrigem Stande der Dampf mit pfeifendem Tone entweicht. (S. 202. 194.)

Alle diese Vorkehrungen sind von großem Werth, jedoch nicht genügend. Es werden noch solche nöthig, die ganz eigentlich auf Hebung jedes gefahrdrohenden Umstandes berechnet sind, und erst dann in Wirksamkeit treten, wenn ein solcher vorhanden ist.

a. Von den Sicherheitsventilen.

Unter allen Vorrichtungen zur Verhütung einer Explosion nimmt das Sicherheitsventil immer die erste Stelle ein, wenn gleich es nicht, wie man ehemals glaubte, jede andere entbehrlich macht. Es kann nemlich vollkommen wohl gegen die Gefahr schützen, die aus einem übermäßigen Dampfdrucke in Folge anhaltender Dampfanhäufung entspringt, und dieser Gefahr ist allerdings der Kessel bei weitem am ehesten, doch nicht allein, ausgesetzt.

Die Sicherheitsventile (soupapes de sûreté, safety valves) gründen sich auf den Satz, daß der Druck des Dampfes gegen jede einzelne Stelle des Kessels genau in dem Verhältnisse zunimmt, als die Kraft des Dampfes überhaupt wächst; und daß dieser Druck für 1 Atmosph. auf 1 □″ 14 — 15 Pf. oder auf 1 □ Centim. 1,03 Kil. beträgt. Bringt man daher auf dem Kessel eine Oeffnung an, in die eine

Klappe oder ein Stempel paßt, und beschwert man diese Klappe mit einem Gewicht, so wird sie geschlossen seyn, so lange der Ueberdruck des Dampfs über den der Atmosphäre auf die Fläche der Klappe nicht stärker ist als das darauf lastende Gewicht; sie aber sofort öffnen und Dampf entweichen lassen, so wie jener Druck das Maximum übersteigt; und durch die Entweichung des Dampfes wird jede gefährliche Anhäufung desselben im Kessel verhindert.

Damit indessen eine solche Klappe ihren Zweck vollkommen erfülle, muß sie 1) die gehörige **Weite** haben; 2) **gehörig beschwert** und 3) **durch keine sonstige Kraft in ihrem Spiel gehindert** seyn.

Soll eine Sicherheitsklappe jede fernere Anhäufung des Dampfes, wenn er einmal eine gewisse Spannung erlangt, verhindern, so muß die Oeffnung offenbar groß genug seyn, um soviel Dampf entweichen zu lassen, als nur immer produzirt werden mag, da sie auch für den Fall berechnet seyn muß, daß gar kein Dampf verbraucht wird. Es fragt sich also, wie viel Dampf von bestimmter Dichtigkeit ein Kessel als Maximum in 1 Sek. z. B. produziren kann, und mit welcher Geschwindigkeit ein solcher Dampf aus einer Oeffnung ausströmt.

Nachdem was früher (S. 92) über die Geschwindigkeit des ausströmenden Dampfes mitgetheilt worden, würde die Weite dieser Klappe auf folgende Weise zu berechnen seyn.

Wir haben gesehen, daß bei gewöhnlichen Kesseln etwa 50 Kil. Dampf für 1 □ Meter Feuerfläche in 1 Stunde oder $1/_{420}$ Kil. in 1 Sek. zu rechnen ist. Ein Kessel von 8 □ M. Fläche liefert also in 1 Sek. $8/_{120}$ oder $1/_{15}$ Kil. Dampf. — Soll der Dampf höchstens eine Spannung von 2 Atm. erreichen, so müssen, da 900 Cub. Decim. doppelter Dampf 1 Kil. wiegen, pr. Sek. $^{900}/_{15}$ = 60 Kub. Decim. Dampf entweichen können. Da nun ferner doppelter Dampf in die Atmosphäre mit einer Geschwindigkeit von 428 M. oder 4280 Decim. ausströmt, so würde eine Oeffnung von 1 $\square$ Decim. in 1 Sek. 4280 Kub. Decim. ausströmen lassen. Zur Entweichung von 60 Kub. Decim sollte also eine Oeffnung von $^{60}/_{4280} = ^{1}/_{71}$ $\square$ Decim. oder von 1,4 $\square$ Centim. hinreichen.

Stellen wir noch eine Berechnung für einen Kessel von 2 $\square$ Met. Siedfläche und für ein Maximum von 10 Atm. Druck an. Ein solcher liefert pr. Sekunde $^{2}/_{120}$ oder $^{1}/_{60}$ Kil. Dampf und von solchem wägen 208 Kub. Dezim. 1 Kil. Es entstehn also pr. Sek. nur $^{208}/_{60}$ oder $3^{1}/_{2}$ Kub. Decim. Dampf; und da dieser mit einer theoretischen Geschwindigkeit von 608 Met. oder 6080 Decim. ausströmt, so sollte eine Oeffnung von $\frac{3^{1}/_{2}}{6080}$ $\square$ Decim. oder etwa 0,06 Cent. hinreichen.

Ohne Zweifel wird man diesen Klappen, zumal bei Hochdruckkesseln, eine ungleich größere Weite geben wollen, immerhin sieht man aus diesen Berechnungen, daß eine sehr geringe Oeffnung schon für vollkommen sichernd zu halten ist.

Daß die Spannung des Kesseldampfes sehr schnell steigen muß, zumal wenn die Maschine ganz abgestellt wird, und die Dampfproduktion doch gleichmäßig fortdauert, ist leicht zu erkennen, in der That nimmt dieselbe aber doch lange nicht so schnell zu, als man vielleicht vermuthen möchte.

Gesetzt, ein Kessel von niedriger Pression fasse 200 Kub.' Wasser und 100 K.' Dampf und verdampfe in 1 Min. 15 Pf. oder $^{1}/_{4}$ K.' Wasser. In diesem Falle absorbirt er pr. Min. 15600 w oder 9000 w. Entständen nun wirklich 15 Pf. Dampf während gar kein Dampf consumirt wird, so würden, da 100' Dampf (von $1^{1}/_{8}$ Pression) ca. 4 Pf. wägen, die 100' jetzt 4 + 15 oder 19 Pf. wägen und der Dampf also fast 5mal dichter seyn. Allein da dichterer Dampf eine höhere Temperatur haben muß, so muß auch die Temperatur des Kesselwassers und zwar die ganze Masse desselben eben so erhöht werden. Beträgt also diese bei Dampf von 1⅛ Atm. 105° und bei 2 Atm. 122°, so muß das Wasser während der Dampf bis zur zweifachen Dichtigkeit gesteigert wird, um 17° steigen.

Um aber 200 K.' oder 12000 Pf. Wasser um 17° zu erhitzen, bedarf es 17×12000 oder 204000 w. Man sieht daher, daß wenn auch dem Kessel fortwährend gleichviel Wärme d. h. 9000 w zugeführt würden, doch wenigstens 24 Min. verstreichen müßten, bis der Dampf nur zu zweifacher Dichtigkeit gebracht werden könnte. Gesetzt also, der Kessel, obschon für einfachen Dampf bestimmt, halte wenigstens einen doppelten aus, so sieht man, daß auch dann, wenn gar kein Sicherheitsventil vorhanden wäre, nicht wohl eine Gefahr eintreten kann, wofern nicht auf die unverantwortlichste Weise immer fortgefeuert wurde. *)

Eben so sieht man aber aus dieser Betrachtung, daß eine gefährliche Anhäufung des Dampfes um so eher eintreten kann, je geringer die Menge des Kesselwassers, und je größer der normale Dampfdruck ist, da die nöthige Temperaturerhöhung immer kleiner wird.

Gesetzt ein Kessel, der mit 4fachem Dampf arbeiten soll, fasse nur 40 K.' Wasser und 20 K.' Dampf, und absorbire

---

*) Und umgekehrt wird, wenn der Dampfkonsum zunimmt, das überhitzte Wasser dann lange noch mehr Dampf liefern. Aus dem ebenbeleuchteten Umstande ergibt sich also, wie hauptsächlich auch die Menge des Kesselwassers die Gleichförmigkeit des Dampfdrucks begünstigt, und warum große Kessel in der That minder gefährlich heißen dürfen als kleine.

doch pr. Min. 7200 w, so wird Wasser und Dampf eine Temperatur von 145° haben müssen. Absorbiren nun jene 40' oder 2400 Pf. Wasser 7200 w in 1 Min., so steigt die Temperatur in jeder Min. um 3° in 4 Min. also schon auf 157 und in 8 Min. auf 169°. Diese Temperatur entspricht aber schon der eines Dampfes von 7¼ Atmosph.

Aus diesem erhellt, daß Hochdruckkessel, wenn sie nicht gefährlicher heißen sollen, eine weit stärkere Construktion und viel mehr Vorsicht erheischen.

Nichts ist einfacher als die Berechnung des Gewichts, womit eine Sicherheitsklappe zu belasten ist, wenn das Maximum des Drucks bestimmt ist, den der Kessel über den der Atmosph. aushalten soll, da die Fläche der Klappe sich leicht finden läßt.

Man weiß nemlich, daß für jede Atmosph. Ueberdruck das Gewicht betragen muß

für 1 □" engl. 14½ Pf. oder
für 1 ◯" 11⅓ Pf. und
für 1 □ Centim. 1,03 Kil. oder
für 1 ◯ Centim. 0,81 Kil.

für 1" Barometerhöhe also ca. ½ Pf. pr. □" der Klappe u. für 10 Centim. —   —   0,136 Kil. pr. □ Centim.

Eine Klappe von 8 □ Centim., die den Dampf auf 3 Atm. beschränken soll, muß also mit $2 \times 8 \times 1,03 = 16,48$ Kil. beschwert werden; und eine Klappe von 4 ◯", die auf ein Maximum von 1¼ Atm. berechnet ist, mit $¼ \times 4 \times 11⅓$ also 11⅓ Pf.

Schwieriger ist zu verhüten, daß die Klappe nie aus Unvorsichtigkeit oder Muthwillen stärker beschwert werde, denn bekanntlich sind sehr viele Unfälle durch eine unbedachte oder zufällige Ueberladung des Ventils veranlaßt worden.

Es ist daher rathsam, dem Ventil entweder eine solche Einrichtung zu geben, daß das Gewicht von Unbefugten nicht leicht verändert werden kann, oder aber den Kessel mit 2 Apparaten zu versehen, wovon der eine (etwas stärker beladene) unzugänglich gemacht ist. Ein solches doppeltes Ventil schreibt die franz. Ordonnanz gesetzlich vor.

Es versteht sich von selbst, daß bei obiger Berechnung auch das Gewicht des Ventils selbst in Anschlag kommt; bei konischen Ventilen verdient aber noch ein anderer Umstand Berücksichtigung. Die äußere Fläche ist nemlich etwas größer als die innere, und daher auch der respektive Luftdruck. Hätte die obere Fläche $4\frac{1}{2}\square''$ und die untere nur $4\square''$, so wäre der Luftdruck auf jene $= 4\frac{1}{2} \times 14\frac{1}{2} = 65\frac{1}{4}$ Pf. Der Druck des einfachen Dampfes auf diese nur $= 4 \times 14\frac{1}{2} = 58$ Pf. Auch ohne Beschwerung des Ventils würde demnach ein um $\frac{1}{8}$ dichterer Dampf erfordert um dasselbe zu heben. (Einen ganz kegelförmigen Zapfen würde auch der stärkste Dampf nicht heben können).

Es ist jedoch klar, 1) daß jene Wirkung nur im ersten Augenblick der Lüftung fühlbar ist, denn sowie etwas Dampf zwischen das Ventil und sein Futter tritt, hört jene Ungleichheit auf; 2) daß sie überhaupt nur insofern statt hat, als das Ventil vollkommen luftdicht anschließt.

Nicht dieser Umstand nur kann aber die Hebung eines Ventils erschweren, sondern noch mehr die Cohäsion, die bei völlig dampfdichtem Anschließen desselben an das Futter wirksam wird, und zwar nicht allein bei konischen, sondern bei allen Ventilen. Ein starkes Cohäriren ist um so mehr zu befürchten, je länger das Ventil unverrückt bleibt. Es ist daher rathsam, das Ventil von Zeit zu Zeit auf einen

Augenblick zu lüften, oder Ventile, die nicht ganz festsitzen, anzuwenden. *)

Unbedeutender sind einige Zweifel, die man neuerlich gegen die Zuverlässigkeit der Sicherheitsventile erhoben hat. Man fand nemlich, daß wenn Luft oder Dampf mit großer Geschwindigkeit aus einer in einer ebenen Platte angebrachten Oeffnung ausströmt, und diese mit einer breiten und flachen Scheibe bedeckt wird, letztere in Folge eines sehr starken Gegendrucks der Luft in einer sehr kleinen Entfernung von der Oeffnung zurückgehalten wird, so daß das Ausströmen des Dampfes etwas gehemmt bleibt. Es folgt aber daraus nur, daß ähnliche Deckelventile, die man ohnehin wohl nie anwendet, verwerflich sind. **)

Betrachten wir nun noch die verschiedene Einrichtung solcher Ventile.

Fig. 67 u. 68 zeigen Kegelventile mit unmittelbar darauf lastendem Gewichte.

In Fig. 68 kann dieses leicht verändert werden, indem man die Metallscheiben vermehrt oder vermindert.

In Fig. 67 ist das Ventil mit einer Laterne verbunden.

In Fig. 76 ist das Gewicht unzugänglich.

Fig. 69 zeigt ein Kegelventil mit einem im Kessel hangenden Gewichte. ***)

---

*) Man könnte auch wohl die Sicherheitsklappe durch ein Räberwerk mit der Maschine in Verbindung bringen, so daß sie von selbst alle 5 Min. auf einen Augenblick gelüftet würde.

**) Die erste Beobachtung machte Griffith. Besonders suchte Clement daraus eine große Unzuverlässigkeit der Ventile zu erweisen. S. Ann. de Phys. Sept. 1827.

***) Abbildung verschiedener Ventile mit inwendigem Gewicht. S. im Bull. d'Encour. f. 1830 p. 102.

Fig. 72 ein doppeltes Ventil, dessen Gewichte an Hebeln wirken. Die Anwendung eines Hebels hat den Vortheil, daß das Gewicht kleiner seyn kann, der Druck leicht zu verändern ist, und das Ventil leicht gelüftet werden kann.

Fig. 75 ein Kolbenventil. Der Kolben spielt so wie der Dampf sich verändert, und ohne Dampf entweichen zu lassen. Dieß geschieht erst, wenn der Dampf eine gewisse Spannung erreicht, und wie diese wächst, so wird die Oeffnung größer und desto mehr Dampf strömt aus. Zugleich wirkt aber die Feder um so kräftiger entgegen. Diese Ventile hätten Vortheile, wenn die Elastizität der Feder und die Kolbenliederung sich gleich blieben.

Fig. 74 zeigt das Woolffsche Kolbenventil. Auch hier erfährt der hohle Kolben einen immer größern Druck je mehr er steigt, und die Dampfmündung sich erweitert. Statt der Feder drückt aber eine geneigte Hebelstange, deren Gewicht sich entfernt, so wie der Hebel gehoben wird und in eine mehr wagrechte Lage kommt.

Fig. 71 ist ein Kugelventil, das besonders für Dampfschiffe geeignet ist, und überhaupt den Vortheil hat, daß es nicht leicht anrosten kann.

b. Elastische Sicherheitsscheiben.

Da die Möglichkeit vorhanden ist, daß eine Sicherheitsklappe ihren Dienst versage, oder daß bei gar zu übermäßiger und rascher Dampfbildung nicht Dampf genug durch dieselbe entweiche, so hat man in neuerer Zeit vorgeschlagen, auf dem Rücken des Kessels eine oder mehrere Oeffnungen anzubringen, und diese mit elastischen Metallplatten von einer genau erprobten Stärke zu verschließen. Dergleichen Scheiben würden nemlich, sobald der Dampfdruck einen gewissen Grad überstiege, sofort reißen, den Dampf in Masse ausströmen laſſen, und ſo jede Exploſion verhüten, wofern wenigſtens die Dampfentſtehung nicht eine faſt inſtantane wäre.

Bis jetzt ſind indeſſen ſolche Sicherheitsplatten noch wenig oder gar nicht in Gebrauch gekommen; und daran dürfte hauptſächlich die große Schwierigkeit Schuld ſeyn, Scheiben mit einer beſtimmten Reſiſtenz herzuſtellen. Ihre Stärke ändert mit der Größe, der Dicke, der Temperatur und der Beſchaffenheit des Metalls. Weder durch Berechnung noch durch Verſuche läßt ſie ſich mit Zuverläſſigkeit wohl ausmitteln, und doch muß ihre Stärke genau fixirt ſeyn, wenn ſie ihren Zweck erfüllen ſollen. *)

c. Sicherheitsmanometer.

Ein offener Manometer iſt einigermaßen ſchon ſchützend, weil er bei übermäßigem Dampfdruck etwas Dampf ausſtrömen läßt. Er kann aber in weit höherm Grade noch ein Sicherheitsinſtrument werden, wenn man die Einrichtung trifft, daß das Gegengewicht des Schwimmers (Fig. 57), ſobald es bis zu einer gewiſſen Linie ſinkt, an einen Hebel oder eine Feder ſtößt, deren Auslöſung das Fallen des Kaminregiſters und hiemit das Auslöſchen des Feuers zur Folge hat. Ein Apparat dieſer Art wurde von einem Maſchinenaufſeher in Mülhauſen, Henry, erfunden. **)

Allein auch dieſe Vorrichtung, außerdem daß ſie ſich nicht immer anbringen läßt, iſt wie die vorige nur in dem Falle wirkſam, als die Gefahr nach einer allmähligen Steigerung des Dampfdrucks eintritt.

---

*) Hieher gehört einigermaßen auch der von Perkins vorgeſchlagene Sicherheitsſack (safety bull), d. h. ein Röhrenſtück, das abſichtlich weit ſchwächer gemacht iſt, und daher reißt, ehe der Dampf für andere Theile zu ſtark wird.

**) S. Bulletin v. Mülhauſen Nr. 1.

d. Thermische Sicherheitsapparate. — Anwendung fusibler Metalle.

Fast allen Explosionen geht eine abnorme Temperaturerhöhung des Dampfes voran, denn fast alle werden entweder durch die Anhäufung von gesättigtem Dampfe, oder durch eine plötzliche Dampfentwickelung bei allzutiefem Wasserstande veranlaßt, und im ersten Falle nimmt die Temperatur mit der Dichtigkeit zu, im zweiten aber muß der Dampf überhitzt werden, und zwar bevor noch ein Theil des Kessels glühend wird. Da es nun Wirkungen gibt, die erst bei einem bestimmten Hitzegrade eintreten, so lassen sich auch auf solche schützende Vorrichtungen gründen.

Es gibt namentlich zweierlei Wirkungen, die sich zu diesem Zwecke zu eignen scheinen, die Ausdehnung der Metalle, und die verschiedene Schmelzbarkeit gewisser Metallgemische. *)

Bekanntlich dehnt die Hitze Metallstäbe aus, und zwar mit großer Kraft. Es läßt sich also denken, daß wenn ein solcher Stab dergestalt gegen eine Klappe im Deckel des Kessels angebracht wäre, daß eine gewisse Verlängerung desselben diese Klappe heben muß, der Dampf einen Ausweg fände, sobald seine Temperatur einen gegebenen Grad überstiege. Die Ausdehnung der Metalle ist jedoch so sehr gering (für Kupfer z. B. nur $1/60000$ für $1°$ C.), daß ähnliche Vorrichtungen mehr sinnreich als wirklich anwendbar heißen dürfen. **)

---

*) Die Idee, fusible Metalle zu diesem Behufe anzuwenden, scheint zuerst Reichenbach gehabt zu haben.

**) Und noch weniger kann es daher Jemanden einfallen, das Herablassen eines Kaminregisters mit Hülfe eines auf einem Thermometer ruhenden Schwimmers zu bewirken, wie dieß bei Manometern noch möglich ist. (S. 202.)

Wir glauben daher keine der vorgeschlagenen näher beschreiben zu sollen *).

Ungleich brauchbarer zeigen sich hingegen gewisse Metallgemische, die bei einem bestimmten Hitzegrade schmelzen; denn gießt man z. B. mit einem solchen Gemische, das bei 140° schmilzt, eine absichtlich im Kessel angebrachte Oeffnung aus, so würde dieser Zapfen sogleich schmelzen und der Dampf entweichen, so wie er diese Temperatur erlangte. **)

Folgende Tafel gibt den Schmelzpunkt verschiedener Metallgemische von Wismuth, Blei und Zinn an, und die jener Temperatur entsprechende Spannkraft gesättigter Dämpfe.

Legirung.			Schmelzpunkt.		Dampfdruck.
8 W.	8 B.	3 Z.	226 F.	108 C.	$1\frac{1}{3}$ Atm.
8	8	4	236	113	
8	8	6	243	117	$1\frac{2}{3}$
8	8	8	254	122	2
8	10	8	266	130	
8	12	8	270	132	fast 3
8	16	14	290	143	$3\frac{3}{4}$
8	16	8	300	148	
8	16	10	304	151	$4\frac{3}{4}$

Gesetzt also der Dampf soll in einem Kessel höchstens mit einem Druck von 2 Atm. arbeiten, und dieser in keinem Falle den von 3 Atm. übersteigen können, so würde die Sicherheitsklappe mit 15 Pf. pr. □″ beschwert, zugleich aber ein

---

*) Mehrere dergleichen finden sich im Traité de la Chaleur von Peclet. T. II.

**) Dergleichen Metallgemische scheint zuerst Reichenbach vorgeschlagen zu haben.

Metallzapfen, der bei 134° C schmilzt, angebracht; denn sollte je einmal die Klappe übermäßig beladen seyn, oder aus irgend einer Ursache nicht funktioniren, so würde auch dann noch dem Dampf ein Ausgang verschafft, sobald er eine gefährliche Spannung erreicht hätte.

Ebenso würde der Zapfen auch schmelzen, wenn etwa das Kesselwasser sich zu sehr verminderte, und so der Rand der Feuerfläche entblöst würde und sich zu erhitzen anfinge; denn sehr bald würde der Dampf wenigstens auf 134° überhitzt werden und diese Wirkung wird um so wichtiger seyn, da in diesem Falle die Spannkraft des Dampfes sich wenig verändern und die Sicherheitsklappe daher unbewegt bleiben kann.

Obschon indessen dergleichen Zapfen bereits durch die franz. Ordonnanz als wesentliches Schutzmittel vorgeschrieben sind, *) so werden sie doch bis jetzt noch nicht häufig angewandt. Man tadelt nemlich daran:

1) daß diese Metalle, bevor sie schmelzen, weich werden, und daß also etwas breite Platten zu früh nachgeben. Dieser Uebelstand wird aber gehoben, wenn man die Platten in der Mitte dicker macht, und sie mit einem starken Drathgewebe überzieht. (S. Fig. 72 A.)

2) Tadelt man, daß so oft der Metallpfropfen zum Schmelzen kommt, die dadurch entstandene Oeffnung viel zu lange offen bleibt, und daß der Apparat sich nicht ohne Schwierigkeit wiederherstellen lasse. Ein Sicherheitsventil schließt sich sogleich wieder von selbst, wenn der Druck der Dämpfe

---

*) Die franz. Ordonnanz von 1828 schreibt 2 Scheiben vor, eine die bei 10° und eine zweite größere, die bei 20° über der Normaltemperatur des Dampfes schmelzbar ist.

nachläßt. Wenn man aber statt der Pfropfen Platten anwendet, die über einer im Deckel angebrachten Oeffnung angeschraubt werden, so dürfte die Wiederherstellung nicht sehr aufhalten. Ueberdieß könnte man gewöhnliche Ventile anbringen (wie Fig. 69), die durch ein inneres Gewicht aus fusibelm Metall zugehalten wären. Endlich kann man auch die Platte auf einer Röhre befestigen, die sich durch eine einfache Drehklappe schließen läßt.

3) Findet man, daß solche Metallplatten als Schutzmittel gegen die Anhäufung des Dampfs, wofern doppelte Sicherheitsklappen vorhanden sind, und diese oft nachgesehen werden, so viel als überflüssig sind — als Schutzmittel gegen Explosionen aber durch plötzliche Dampfbildung gar wenig leisten mögen. Diese Gefahr tritt nemlich hauptsächlich ein, wenn das Wasser sich zu sehr vermindert, und ein beträchtlicher Theil des dem Feuer ausgesetzten Kessels übermäßig heiß oder wohl gar glühend wird. Der innere Dampf wird dann blos überhitzt, seine Spannung nimmt aber wenig oder gar nicht zu, und weder der Gang der Maschine noch der Manometer oder die Sicherheitsklappe zeigen demnach eine Gefahr an. Nur der Thermometer würde sie verrathen, und dieser wird nicht beständig beobachtet. Allein angenommen, auch der Dampf würde, bevor eine reelle Gefahr vorhanden ist, stets bis zu dem Grade überhitzt, daß ein Metallpfropfen zum Schmelzen käme, so ist zu bezweifeln, daß dadurch die Explosion verhütet, oder auch nur verzögert werde. Eine Oeffnung hilft dem Uebel nicht ab. Im Gegentheil, so wie der Dampf sich plötzlich dilatiren kann, mag dieß eine Aufwallung veranlassen, und sind einige Stellen des Kessels bereits glühend, eine Explosion eben dadurch befördert werden. Denn wie beträchtlich auch die Oeffnung seyn mag, so kann

eine instantan sich bildende Dampfmasse dadurch nicht entweichen. *)

---

*) Welche bedeutende Dampferzeugung durch Ueberhitzung des Kessels und sehr schnell veranlaßt werden kann, ist aus folgender Berechnung ersichtlich:

Die Wärmecapazität des Eisens ist allerdings etwa 8mal kleiner als die des Wassers; d. h. 1 Pfund Wasser bedarf fast 8mal mehr Wärme als 1 Pfund Eisen, damit es um $1°$ heißer wird. Da aber das Eisen fast 8mal schwerer ist als Wasser, so hat 1 Kub.″ Eisen doch eben soviel Wärme als 1 Kub.″ Wasser bei gleicher Temperatur, und 1 Kub.″ Eisen von $610°$ kann mithin 1 Kub.″ Wasser verdampfen, indem er alle Wärme bis auf $100°$ abgibt. Und 1 Kub.″ Wasser gibt beinahe 1 Kub.″ Dampf von 1facher Pressung. Gesetzt nun, ein Kessel habe 1″ Dicke, 160″ Länge, und 50″ Breite, so werden, wenn das Wasser nur um 6″ zu tief steht $(3 \times 50 + 3 \times 160) \times 6''$ oder 2520 □″ Kesselfläche entblößt. Erhitzt sich nun diese im Mittel nur auf $500°$ und wird sie, indem sie mit kochendem Wasser in Berührung kommt auch nur auf $250°$ erkältet, so gibt doch jeder □″ $500 - 250$ oder $270°$ ab; jede kann also 1 Kub.″ Wasser und die ganze Fläche 1260 Kub.″ in Dampf verwandeln; so daß 1260 Kub.″ einfacher Dampf entsteht. Diese Dampfbildung wird freilich nicht in einem Augenblick statt haben, immerhin sieht man, daß sie sehr kurze oder große Ausdehnung veranlassen kann, der auch der stärkste Kessel nicht zu widerstehen vermag. Und wie viel größer wird sie erst dann, wenn der Kessel glühend ist, wenn der Dampfraum klein, der Wasserstand noch mehr gesunken, und der Sicherheitsventiler in schlechtem Zustande ist? Zu dem kommt noch, daß das Eisen, wenn es explodirt, ungleich spröder ist.

Aus den Versuchen die unlängst Herr Johnson zu Philadelphia anstellte (polyt. Journ. Bd. L. S. 140) ergibt sich, daß zur hohen Erhitzung des im Dampfe zu schwebenden Wasser

Man könnte jenen Zapfen ferner mit einem besondern Alimentationsreservoir in Verbindung bringen, so daß das Schmelzen desselben einen ausserordentlichen Zufluß von Wasser bewirkte; aber auch dieß wäre nicht rathsam. Denn sobald ein Theil des Kessels glühend oder nur heiß geworden, ist sowohl eine plötzliche Oeffnung des Sicherheitsventils, als ein plötzliches Zugießen von Wasser gefährlich.

Der einzige Weg, um im Falle einer fortschreitenden Ueberhitzung des Kessels das Uebel zu heben, besteht offenbar in möglichst schneller Verminderung des Feuers. Man hat deshalb angerathen, fusible Zapfen am untern Theile des Kessels anzubringen, etwas unter der niedrigsten Linie, die der Wasserstand erreichen darf, denn sowie dieser zu tief sänke, würde der Zapfen schmelzen, und das ausfließende Wasser das Feuer löschen. Offenbar ist aber eine solche Vorkehrung mit großen Unbequemlichkeiten verbunden. Eine solche Ueberschwemmung des Feuerraums würde schon lange eine Unterbrechung zur Folge haben, und die Herstellung des Zapfens ziemlich schwer seyn. Bringt man hingegen diesen Zapfen an einer etwas höhern Stelle an, so daß blos Dampf ausströmte, so würde dem Uebelstand gar nicht abgeholfen.

Wie uns scheint, dürfte die folgende Vorrichtung die passendste und bequemste seyn, um jede Gefahr, die aus allzugroßer Verminderung des Kesselwassers entstehen kann, abzuwenden.

---

getaucht, unter 40 Sec. 10¾ Unzen Wasser in Dampf verwandelt, bei dunkler Rothglühhitze in 90 Sec. 16 Unzen; und bei lichter Rothglühhitze in 120 Sec. 20 Unzen. Uebereinstimmende Resultate gaben Versuche mit einem Cylinder von 65 Unzen Schwere und 38 □″ Oberfläche; auch dieser verdampfe in 45 Sec. bei schwarzer Hitze 5 Unzen Wasser, und bei rothglühender in 150 Sec. 8 Unzen.

Man hänge in dem Dampfraume ein Gewicht a (Fig. 81) aus einem Metallgemische von bestimmter Schmelzbarkeit auf. Die Stange b, an der es hängt, geht durch eine Stopfbüchse, und steht vermittelst der Ketten und Rollen c und d mit einem eigenen Register oder Schieber in Verbindung, der den Rauchfang oder den Luftzugang schließen kann. Dieser Schieber wird, so lange das Gewicht wirkt, offen seyn; sowie es aber der überhitzte Dampf schmelzt, wird sogleich der Schieber fallen und aller Zug unterbrochen seyn.

Das Abschmelzen des Metalls bewirkt also hier sofort das Wichtigste, die Löschung des Feuers, und zwar auf die unnachtheiligste Weise. Zu gleicher Zeit wird der Heizer dadurch avertirt, und ohne Gefahr den Kessel wieder in guten Stand setzen können. Er wird damit anfangen, die Kohlen herauszuziehen und sowie der Thermometer eine Minderung der Hitze anzeigt, die Sicherheitsklappe öffnen, den Alimentationsapparat untersuchen und den Kessel wieder auffüllen. Dem Dampf wird nicht sogleich ein Ausgang verschafft, was eher schädlich als nützlich ist; und da kein Zapfen wieder herzustellen ist, so kann die Maschine sehr bald und leicht wieder in Gang gesezt werden. Man wird einstweilen sogar das Register durch ein außen angehängtes Gewicht halten, und mit dem Anhängen eines neuen innern Gewichts bis zum nächsten Stillestellen der Maschine abwarten können, wo dann das Hauptloch geöffnet wird. *)

Nur in einem Falle könnte die obige Vorrichtung unwirksam seyn, wenn nemlich der Boden des Kessels unter

---

*) Statt des Gewichtes könnte man auch den Stab a mit einem schmelzbaren Cylinder b (Fig. 82) umgeben. Dieser würde bei einem gewissen Grade von Hitze zuerst von unten abschmelzen, und so der Schieber allmählig sinken.

einer dicken Bodenkruste zum Glühen kommt, denn in diesem Falle hätte keine bedeutende Ueberhitzung des Dampfes statt. Man hat daher angerathen am Boden des Kessels einen Pfropfen von Blei anzubringen, weil dieser vor dem Erglühen desselben schmelzen und das ausfließende Wasser dann das Feuer löschen würde. *)

Daß unter einer dicken Bodenrinde der Kessel glühend werden kann, und daß beim Losspringen der Rinde das plözlich mit dem glühenden Eisen in Berührung kommende Wasser eine Explosion veranlassen könne, ist nicht zu bezweifeln, und nach Perkins soll diese Gefahr dadurch noch größer seyn, weil sich zwischen dem glühenden Metall und dem Wasser eine dünne Dampfschicht bilden könne, die eine Zeitlang die Berührung hindert, und unterdessen das Glühendwerden befördert. Nichts destoweniger möchten solche Zapfen ziemlich entbehrlich seyn, da die Entstehung einer dicken Rinde sich leicht verhüten läßt, und wenn sie sich bildete, das Schmelzen des Zapfens nicht immer abhelfen würde.

e. Schutzmittel gegen äußern Druck.

Nur äußerst wenige Explosionen mögen einem von außen wirkenden Dampfe zuzuschreiben seyn; immerhin sind auch

---

*) Mehrere Explosionen haben sich kurz vor dem Abfahren oder dem Anlanden von Dampfschiffen ereignet. Jenes wohl, weil man die Abfahrt verschob, und der Dampf sich also zu sehr anhäufte, ehe die Maschine in Thätigkeit kam; dieses, indem man aus Oekonomie zu früh die Speisung des Kessels unterbrach, und das Wasser darin sich allzusehr verminderte. Daß wenn der Kessel zu glühen anfängt, der Dampf sich zersetze und Wasserstoffgas liefere, und dadurch Explosionen sich ergeben (wie neulich Makinnon meinte), ist weder erwiesen noch sehr wahrscheinlich.

von dieser Seite Unfälle möglich, und Vorkehrungen auch um solche zu verhüten rathsam.

Eine Erdrückung des Kessels von aussen kann 1) sich ereignen, wenn der Dampfraum groß ist, der Dampf wenig Spannung hat, und auf einmal viel kaltes Wasser einfließt. Der Dampf mag dann durch starke Erkältung großentheils condensirt werden, und so im Kessel eine Art Vacuum entstehen. Ist der Kessel auf einfachen Dampf berechnet, und ohnehin ziemlich schwach, und hat er überdieß einwärts gebogene Wände, so wird sehr wohl begreiflich, daß die atmosphärische Luft, deren Druck auf 1 $\square'$ über 20 Ctn. beträgt, eine Erdrückung zu bewirken im Stande ist.

Gegen diese Gefahr, der übrigens wohl nur Kessel mit niedriger Pression ausgesetzt sind, schützt eine einwärts gestellte Klappe (Fig. 70), die keiner nähern Beschreibung bedarf. Sobald der Druck des Dampfes schwächer wird als der der äußern Luft, so öffnet sich die Klappe, und die einströmende Luft stellt sofort das Gleichgewicht her.

Eine Beschädigung des Kessels und des Ofens überhaupt, kann 2) sich ergeben, wenn im Feuerraume brennbare Gasarten detoniren. Da dergleichen Gase sich aber höchstens dann etwa bilden mögen, wenn die Kohlen eine unvollkommene Combustion erleiden, und der Rauchabzug zugleich gehindert ist, so kann diese Gefahr wahrscheinlich ganz beseitigt werden, wenn man die Verminderung des Zugs durch einen Schieber im Luftkanal statt durch ein Rauchregister bewirkt, oder Vorsorge trifft, daß letzteres sich nie ganz schließen kann.

Vierter Abschnitt.

Von den verschiedenen Organen der eigentlichen Dampfmaschine.

I.

Vom Dampfcylinder.

Der wesentlichste Theil aller Kolbendampfmaschinen ist der große Dampfstiefel oder Treibcylinder, in welchem der Kolben spielt. Dieser Cylinder ist fast allgemein von Gußeisen *), aufs sorgfältigste durch besonders dazu eingerichtete Bohrmaschinen ausgebohrt **), und mit einem möglichst fest und dicht anschließenden Boden- und Deckelstücke versehen.

---

*) Ol. Evans giebt Cylindern aus geschmiedetem Eisen für Hochdruckmaschinen den Vorzug, doch hauptsächlich wohl, weil die Verfertigung großer gußeiserner in Amerika manchen Schwierigkeiten unterlag. Der berühmte Brindley verfertigte eine große atmosphärische Maschine mit einem hölzernen Cylinder.

**) Beschreibung und Abbildungen der trefflichen Cylinderbohrmaschinen zu Chaillot in Paris finden sich im Bull. de la Soc. d'Enc. für 1823 pl. 254 u. 55. Andere in Prechtl's techn. Encycl. Bd. 2 S. 560 fg.

Das Bodenstück ist gewöhnlich an mehreren Stangen angeschraubt, welche tief in das Grundgemäuer eingelassen sind. (S. Fig. 17.)

Gewöhnlich wird der Cylinder ganz senkrecht gestellt, weil in dieser Lage die Reibung des Kolbens auf die Seitenwände am gleichförmigsten ist; doch giebt es auch Maschinen mit horizontal- oder schiefliegenden Cylindern. Eben so hat man neulich Maschinen mit oszillirenden Cylindern konstruirt. Ferner haben die meisten Maschinen nur einen Dampfcylinder; zuweilen wendet man aber auch zwei (oder mehrere) an, in denen der Dampf theils gleichzeitig, theils abwechselnd wirkt. *)

Die Größe der Cylinder wird natürlich durch die Stärke der Maschine bestimmt; es fragt sich, wie viel Dampf bei jedem einfachen Schube in den Cylinder treten, und zu welchem Volum er sich ausdehnen muß. Der Inhalt findet sich, wenn man das Quadrat des Durchmessers mit 0,785 und dann noch mit der Länge des Schubs multiplicirt.

$$J = 0{,}785\, d^2 h.$$

Das schicklichste Verhältniß der Höhe zum Durchmesser ist das von 2 oder 2½ : 1. Jedenfalls ist dabei zu berücksichtigen, daß der Kolben mit der angemessensten Geschwindigkeit sich bewege.

Da der Cylinder in der Luft steht, so erleidet er eine Abkühlung, und dadurch die Kraft des Dampfs eine Verminderung. Nach Tredgold's Formel zur Berechnung dieses Verlusts, würde er bei gewöhnlichen Cylindern und niedriger Pression etwa 1/65 betragen. Diese Erkältung ist verhältnißmäßig

---

*) Man hat auch wohl eine Art doppeltwirkender atmosph. Maschine herzustellen gesucht, indem man zwei verkehrt und über einander stehende Cylinder anbrachte.

größer, je kleiner der Cylinder, je kälter die umgebende Luft, und je heißer der Dampf ist, also etwas größer bei Hochdruckmaschinen. *)

Um sie zu verhüten, ist es zweckmäßig, den Cylinder mit einem hölzernen Futter, oder noch besser mit einem 3 — 4″ abstehenden Blechmantel zu umgeben, indem die dazwischen eingeschlossene Luft den Durchgang der Wärme erschwert. Zuweilen wird derselbe in den Kessel selbst eingesenkt. Allein es ist klar, daß dieser dann desto geräumiger seyn muß, und daß diese Einrichtung nur bei kleinen Maschinen thunlich ist.

Sehr oft umgiebt man den Cylinder auch mit einem zweiten eisernen, der mit dem Kessel in Verbindung steht, und also selbst voll Dampf ist. Ein solcher Mantel (steamjacket, chemise) ist um so mehr als eine Verlängerung des Kessels anzusehen, da der Dampf aus demselben Cylinder übergeht. Daher auch in diesem Gehäuse oft noch ein Inder (S. 52) angebracht ist, um den Dampfdruck zu erkennen.

Obschon nun aber eine solche Dampfhülle eine Erkältung des Dampfs im Cylinder verhindern mag, so kann dadurch doch unmöglich jener Wärmeverlust vermindert werden; er muß vielmehr eher größer seyn, da jetzt eine noch größere Fläche mit der Luft in Berührung kommt. **)

---

*) Eben daher geben kleine Modelle in der Regel fast gar keinen Nutzeffekt.

**) Einige (wie Saulnier, S. Bull. de la Soc. d'Enc. v. 1827 S. 424) wollen nicht den frischen, sondern den gebrauchten Dampf in den Mantel führen, und wirklich scheint dies zweckmäßiger. Trägt dieser Dampf auch wenig zur Warmhaltung des Innern bei, so dürfte dieß doch fast reiner Gewinn seyn.

Bei der Woolfschen Maschine mit 2 Cylindern steht auch der Boden derselben in dieser Dampfhülle. Ob bei Expansionsmaschinen diese Umhüllung zweckmäßig sey, werden wir an einem andern Orte untersuchen; da übrigens etwas Dampf in einem solchen Mantel kondensirt wird, so muß das darin sich versammelnde Wasser wieder in den Kessel fließen können.

In der Mitte des Deckelstücks geht die Kolbenstange durch, und zwar zur Verhinderung aller Dampfentweichung durch eine sogenannte **Stopfbüchse**; ferner enthält die obere Vertiefung des Deckels gewöhnlich eine Lage von flüssigem Talg und einen kleinen Hahn, den Schmierhahn, der von Zeit zu Zeit auf einen Augenblick geöffnet wird; und zwar während der Kolben steigt. Es hat nämlich alsdann über dem Kolben eine Verdünnung statt, so daß etwas Talg eingezogen wird, und der Kolben auf diese Weise ohne Wegnehmen des Deckels geschmiert werden kann.

Zuweilen endlich ist an dem Boden noch ein Hahn angebracht, um, wenn die Maschine angehen soll, das angesammelte Wasser und alle im Cylinder befindliche Luft ausströmen zu lassen. Diesen Reinigungshahn nennt man den Schnüffler C (reniflard, snifting clak).

II.

Von Dampfkolben.

Die Beschaffenheit des Dampfkolbens oder Stempels (piston) ist offenbar ein Gegenstand von höchster Wichtigkeit.

Er muß 1) eine gewisse Dicke haben, damit er in seiner auf die Axe des Cylinders senkrechten Stellung nie im mindesten verrückt werde; die Dicke darf daher auch bei ziemlich weiten Cylindern nicht weniger als ⅛ oder ⅙ des Durchmessers betragen.

2) Aber und vornemlich muß er auf die Dauer möglichst dampfdicht seyn; denn läßt der Stempel Dampf durch, so ist dieser nicht nur für den Effekt verloren, sondern, bei Maschinen mit einem Condensator wenigstens, vermehrt der entweichende Dampf den Gegendruck auf die Rückseite des Kolbens; der Condensator muß überdies mehr arbeiten, und mehr Condensionswasser muß herbeigeschafft werden. Und wirklich kann der Nutzeffekt einer Maschine sehr leicht bloß wegen des Undichtwerdens des Kolbens auf die Hälfte und darüber sich vermindern.

So nöthig es nun aber ist, so viel möglich alles Entweichen von Dampf zu verhindern, so kann dies jedoch nicht ohne Aufwand von Kraft geschehen. Je dichter nämlich der Kolben schließt, desto größer wird die Reibung desselben am Cylinder, und je größer die Spannung des Dampfes ist, desto mehr Dichtigkeit wird erfordert, und desto beträchtlicher wird also wieder die Reibung seyn.

Allerdings hängt diese Reibung auch von der Beschaffenheit der reibenden Flächen ab. Ein metallener Kolben erzeugt eine etwas geringere Reibung als ein mit Hanf umwundener. Immerhin sieht man, daß sie bei einem arbeitenden Kolben weit beträchtlicher seyn muß, als bei einem leergehenden, bei doppeltwirkenden Maschinen größer als bei einseitig wirkenden, und bei hochdruckendem Dampfe weit größer als bei schwachdruckendem.

Tredgold*) berechnet die Kraft, die zur Ueberwindung

---

*) Tredgold traité. S. 580.

der Kolbenreibung erfordert wird, bei doppeltwirkenden Maschinen:

für metallene Kolben auf 0,07 und
für hänfene Kolben auf 0,12 der ganzen Kraft. *)

Jene Reibung hat aber ferner die Wirkung, daß der Kolben sich allmählig abschleift. Damit nun dadurch die Dichtigkeit nicht in kurzem leide, so wird es nöthig, daß der äußere Kranz des Kolbens eine gewisse Elastizität besitze.

Bei gewöhnlichen Wasserpumpen erhält man bekanntlich die erforderliche Dichtigkeit und Elastizität, indem man den Kolben mit Leder überzieht, und nennt daher überhaupt diese Dichtmachung die Lederung oder Liederung. Für Dampfkolben ist aber die Anwendung des Leders nicht thunlich; für solche gebraucht man entweder eine Liederung von Hanf oder Metallstempel, denen man durch geeignete Mittel die nothwendige Elastizität verschafft.

Kolber mit Hanfliederung.

Diese sind noch immer die gewöhnlichsten, und bei Maschinen mit niedrigem Druck fast ausschließlich im Gebrauch.

Die Construktion eines solchen Kolbens ist aus Fig. 91 ersichtlich.

Der Kolben besteht aus zwei Hauptplatten a und b, die möglichst genau in den Cylinder cc passen. In das Bodenstück ist das konisch geformte Ende der Kolbenstange d mittelst eines durchgesteckten Keils e befestigt. Der obere Theil dieses Bodenstücks hat, wie man sieht, einen etwas kleinern

---

*) Von der Verminderung des Nutzeffekts, welche die Bewegung des Kolbens, dessen Reibung, und der nie ganz zu verhütende Dampfverlust verursachen, wird später die Rede seyn.

Durchmesser, so daß eine 1 — 2″ tiefe Rinne entsteht. In diese Höhlung wird nun Hanf, der vorher mit Talg beschmiert worden, eingestopft, oder sie wird mit eigens hiezu geflochtenen Schnüren oder Hanfzöpfen dicht umwickelt. Ist die Höhlung auf diese Weise ausgefüllt, so wird die Deckelplatte a aufgelegt, und mittelst der Schrauben f angezogen, so daß der Hanfring nicht nur stark zusammengepreßt wird, sondern noch eine etwas hervorspringende elastische Wulst bildet, der dicht an den Dampfcylinder anschließt. Um die Liederung und den Kolben überhaupt, während die Maschine im Gang ist, mit Talg zu versehen, da dieser von dem heißen Dampfe allmählig weggeführt wird, ist am Deckel des Cylinders ein kleiner Trichter (h′ Fig. 17 u. h Fig. 93) angebracht, der mit einem Hahne geöffnet werden kann. Durch diesen Trichter läßt man von Zeit zu Zeit, während der Kolben aufwärts steigt, etwas geschmolzenen Talg einfließen. Ist der Kolben neu, so ist es gut, dem Talg etwas fein geriebenen Graphit zuzusetzen.

So oft nach längerem Gange der Maschine die Liederung nicht mehr dicht genug schließt, wird die Platte aa mittelst der Schrauben f nachgezogen, bis endlich eine Erneuerung der Hanfspile oder eine frische Lage nöthig wird.

Der eben beschriebene Stempel hat das Unbequeme, daß, so oft die Liederung dichter gemacht werden soll, der Deckel des Cylinders geöffnet werden muß, weßhalb denn auch das Anziehen der Schrauben nicht oft genug vorgenommen wird. Um dieses Nachschrauben ohne Oeffnung des Cylinders vornehmen zu können, hat Woolf folgende Einrichtung getroffen:

An jeder der Schrauben f (Fig. 93) ist ein kleines gezähntes Rad befestigt, das in ein größeres g eingreift. Eine der Schrauben ist außerdem mit einem viereckigen Kopfe i versehen, an dem man sie mit einem Schlüssel umdrehen kann; und dieser Kopf paßt, wenn der Kolben gehoben ist, in eine Oeffnung des Cylinderdeckels, die mit einer Büchse zugeschraubt ist. Soll nun die Liederung angezogen werden, so wird diese Büchse geöffnet, und jener Kopf, wenn er hervorragt, gedreht — denn mittelst jenes Räderwerks werden auch die übrigen Schrauben dadurch umgedreht. An derselben Büchse kann zugleich der Schmiertrichter h angebracht werden.

Nach einer andern Einrichtung (Fig. 92) ist der Kolben mit einem Schraubengewinde c versehen, und ein gezähntes Rad d, welches sich um denselben als Achse dreht, hat in seiner Mitte die entsprechende Schraubenmutter. a ist wie oben ein Getriebe mit hervorragendem Kopfe. Wird dieses gedreht, so dreht sich auch die Schraubenmutter, und so wird das obere Stück des Kolbens niedergepreßt. Damit der Deckel sich nicht selbst drehen könne, ist er durch einige Stellstifte b mit dem Bodenstück in Verbindung.

Metallene Kolben.

Diese Kolben sind hauptsächlich für Hochdruckmaschinen zu empfehlen.

Metallene Kolben sind in der Regel zwar etwas zusammengesetzter als die vorigen, und schwieriger eben so dampfdicht zu machen; gut konstruirt haben sie aber mehrere Vorzüge.

Ihre Reibung ist geringer (im Verhältniß von 3 : 4).

Sie bedürfen keines Nachschraubens.

Sie leiden weit weniger durch die Hitze des Hochdruckdampfes, und sind überhaupt dauerhafter.

Die ersten metallischen Kolben mit elastisch gemachtem Kranze erfand Cartwright (1797).

Dieser Kolben bestand wesentlich in folgendem: (Fig. 94 und 96) zwischen der Deckel- und Bodenplatte sind zwei

Paar in 4 Segmente getheilte Metallringe a und b befestigt, und gegen jedes Segment der innern Ringe drückt eine Spiralfeder c. Haben diese Federn eine gehörige Stärke, so werden die äußern Ringe möglichst dicht an dem Cylinder anschließen, und auch dann noch, wenn sie durch die Friktion allmählig abgerieben werden. Zwar werden die Fugen zwischen den Segmenten sich dann etwas erweitern, allein da die Fugen der innern Segmente nicht mit jenen zusammen treffen, so kann auch daraus zunächst kein Uebelstand erwachsen.

Nichts desto weniger ergab sich aus dieser Construktion, so sinnreich sie war, eine namhafte Unvollkommenheit. Da nemlich die innern Segmente nicht ebenfalls abgeschliffen werden, und ihre Krümmung beibehalten, die einem kleinern Kreise angehört, so berühren sich die innern und äußern Segmente nicht mehr genau, wenn sie nach auſſen gerückt und erweitert werden; und es entstehen daher nicht nur größere, sondern überdies neue Fugen, welche den Dampf dann mehr und mehr durchlassen. Diese ersten Metallstempel bedurften mithin einer wesentlichen Vervollkommnung, um gute Dienste zu thun.

Um diesem Fehler zu begegnen, gab Barton (oder nach Einigen Browne) dem Kolben folgende Einrichtung.

Statt der doppelten Ringe, welche den Kranz bilden, wendet Barton nur einfache an (Fig. 99). Zwischen die Segmente a sind aber 4 dreieckige Metallkeile b eingeschoben, deren Grundflächen auf einem breiten stählernen Reifen c ruhen, oder, wie die Segmente bei dem vorigen Stempel, auf einzelnen Spiralfedern. Es ist klar, daß jener elastische Ring, indem er auf die Keile drückt, zugleich die Kreissegmente an den Cylinder anpreßt, und daß, wenn diese sich allmählig abschleifen und auseinander weichen, die Keile ebenfalls vorwärts dringen, und, während auch ihre Spitze sich abschleift, die entstandenen Fugen ausfüllen. Diese Wirkung werden sie so lange ausüben, bis endlich der Federring c seine ursprüngliche Kreisform wieder erlangt hat. Der Kolben hat dann die in Fig. 100 gezeichnete Gestalt.

Dieser Stempel kann übrigens, um das Gewicht zu vermindern, viele hohle Räume haben, indem die Kolbenstange d blos in einem an den Boden angegossenen Rahmen e befestigt zu werden braucht.

Man hat gefürchtet, die Keile möchten in den Cylinder Furchen eingraben, weil sie sich allerdings mehr als die Segmente abreiben müssen. (Bei rechtwinklichten Keilen müßten sie gerade doppelt so schnell abgerieben werden, als die Segmete, weil der Keil um das Doppelte vorwärts rückt.) Allein die Erfahrung bestätigt diese Besorgniß nicht *); und hätte dieser Uebelstand je statt, so könnte ihm dadurch begegnet werden, daß man die Keile aus einem etwas weichern Metall verfertigte. Gegründeter scheint der Einwurf, daß, da die Elastizität der Federn nothwendig abnimmt, der Druck nicht gleich bleiben kann, und daß er also entweder anfangs viel zu groß, oder später zu gering seyn muß.

Ueberhaupt hat sich der Barton'sche Stempel durch lange Erfahrung schon als sehr brauchbar bewährt, und namentlich für Hochdruckmaschinen **), und die meisten der vorgeschlagenen

---

*) S. u. a. Polyt. Journ. Bd. 29. S. 308. und Bd. 27. S. 404.

**) Nach Dr. Alban soll er zwar für sehr starken Dampf (von 20 Atm. z. B.) nicht brauchbar seyn; allein wir sehen nicht, daß er dafür einen bessern weiß. Auch die von ihm angegebene Abänderung scheint uns keineswegs zweckmäßig. Eben so ist das von Tredgold dagegen Gerügte (Traité p. 375) von geringem Belang. Manche Modifikationen sind übrigens, wie dies in England oft der Fall ist, wohl

Abänderungen machen wohl denselben komplizirter aber schwerlich tauglicher.

Eine der einfachsten Abänderungen zeigt Fig. 95 u. 98. Dieser Kolben besteht aus einem massiven Cylinder a (aus Gußeisen), in dem die Stange b befestigt ist. An dem Umfange ist eine breite Vertiefung eingedreht, welche die 4 Segmente c, die aus Messing oder Bronze gegossen sind, aufnimmt, so wie die Keile d, nebst den doppelten Federn e, wodurch diese angedrückt werden. In dem Segmente ist eine kleine Rinne f eingedreht, die zur Aufnahme der Schmiere bestimmt ist. Um diesen Kolben für sehr starken Dampf noch dichter zu machen, kann man in den Kranz noch 2 schmale Rinnen g eindrehen, und diese mit einem eingelegten Ringe von Stahl versehen, dessen Enden gabelartig in einander passen.

Um die Beschädigung des Cylinders, welche die Bartonschen Keile befürchten ließen, zu vermeiden, schlug Dr. Alban einen Stempel vor, der aus 2 Lagen mit 4 Segmenten besteht (Fig. 97)*), von diesen Segmenten sind die beiden kleinern aa fest, und die größern bb mobil; diese nur werden abgenützt, und die beiden Federn nachgerückt und angedrückt. Da beide Lagen so gestellt sind, daß die Segmente b der obern Lage mit den Segmenten a der untern korrespondiren, und überdies breiter sind, so bilden alle 4 b eine vollkommene Dichtung, oder kreisrunde Lieberung. Da jedoch an den sich deckenden Stellen eine doppelte Abreibung statt haben muß, so ist kaum einzusehen, daß diese überdieß zusammengesetztere Vorrichtung

---

nur vorgenommen worden, um Bartons Patent zu umgehen. Gewiß ist, daß bis jetzt noch kein besseres Princip, als das Bartonsche (mit Keilen) gefunden worden ist.

*) S. Polyt. Journ. Bd. 32. S. 165 m. Abb.

vor den einfachen Keilen einen Vorzug haben sollte. Indessen hat auch Mottershead einen ähnlichen Stempel (mit 6 Segmenten aus Bronze) empfohlen, und es soll derselbe ohne Oel sogar in Hochdruckmaschinen gute Dienste thun *).

Man hat übrigens auch Metallstempel herzustellen gesucht, deren Kranz selbst elastisch ist.

Ein solcher ist der von Taylor und Martineau angewandte (Fig. 101). Dieser besteht aus zwei starken elastischen Metallringen, wovon jeder einen Einschnitt hat, und welche so auf einander zu liegen kommen, daß die äußere Fuge von der innern gedeckt wird. Die Elastizität erhalten die Ringe, indem sie nach einem etwas größern Umfang gebildet, und dann in den Cylinder zusammengepreßt oder eingeklemmt werden.

Aehnlicher Stempel bedient sich, wie es scheint, auch Perkins; und von seinen Kolben rühmte er, daß sie Dampf von 30 und mehr Atm. nicht durchlassen, und überdieß keiner Schmiere bedürfen. Seine Stempel sollen aus einer Composition von 20 Kupfer, 5 Zinn und 1 Zink bestehen, und der Cylinder aus vorzüglich dicht gegossenem Eisen.

Eine andere hieher gehörige Art Kolben ist der Jessop'sche (Fig. 102) **). In die Füllung zwischen dem Boden- und Kesselstücke des Kolbens wird erst eine Hanfgarnitur gebunden, und darüber dann der spiralförmige und sich federnde Metallstreif A.

Schwerlich dürften indessen diese Kolben den obigen gleich kommen. Die Elastizität der Ringe scheint bei dem ersten wenig Spielraum zu gestatten, der letztere aber nicht leicht ganz dampfdicht auszuführen seyn, und überdies auch

---

*) S. Polyt. Journ. Bd. 54. S. 248 m. Abb.
**) S. Polyt. Journ. Bd. 12. S. 56.

wegen der Abnutzung des Hanfpolsters wenig Dauerhaftigkeit haben *).

Haykrafts Wasserliederung.

Um den Dampfverlust, der im Cylinder wegen unvollkommener Dampfdichtigkeit des Kolbens, zumal in Hochdruckmaschinen, statt findet, beinahe unmöglich zu machen, hat Haykraft folgende Einrichtung angegeben: (S. Fig. 103) **)

Aus dem Kessel a führt das Dampfrohr b in den Cylinder c über den Kolben d, und ein zweites Rohr e verbindet den Boden des Kessels ebenfalls mit dem Cylinder, so daß das Kesselwasser in den Raum unter den Kolben tritt. f ist die Kolbenstange, die durch die Stopfbüchse g geht, und die Kurbel treibt. Durch h tritt der Dampf, nachdem er gewirkt, in die Luft oder den Condensator.

Wird die Admissionsklappe i geöffnet, so treibt der über den Kolben tretende Dampf denselben herab; denn obschon das Wasser unter dem Kolben von demselben Dampfe gedrückt wird, so übt doch der Dampf über dem Kolben einen doppelt so großen Druck aus, wenn die Kolbenstange f sehr dick ist, und die Sektion etwa die Hälfte der Cylindersektion beträgt. Ebenso wird aber umgekehrt nach vollendetem Niedergang, wenn i geschlossen und h geöffnet wird, das Wasser oder

---

*) Obgleich im Grunde die Dichtmachung der Kolbenstange auf denselben Prinzipien beruht, wie die des Kolbens, so scheinen doch Metallliederungen auf jene nicht anwendbar, und bis jetzt behilft man sich noch allgemein mit Hanfliederungen für die Stopfbüchsen. Alle Beachtung verdient hingegen die neulich empfohlene Anwendung von leicht schmelzbaren Metallgemischen, um die Schmiere zu ersetzen.

**) S. Polyt. Journ. Bd. 41. S. 522.

vielmehr der darauf wirkende Dampf, mit gleicher Kraft den Kolben wieder steigen machen. Auch bei dieser Einrichtung wirkt also der Dampf beidseitig, da aber der Kolben nicht, nur den Dampf trennt, sondern eine Wassermasse, so ist wirklich anzunehmen, daß derselbe sowohl dem Dampfe als dem Wasser den Durchgang in hohem Grade versperrt.

Sollte indessen auch diese sinnreiche Einrichtung jenem Verluste auf eine genügende Art begegnen, so scheint es doch

1) schwer, einen gleich starken Druck von beiden Seiten auf den Stempel, und demnach eine ganz gleichförmige Bewegung zu erhalten;
2) bringt wohl die starke Bewegung des Wassers einen Uebelstand hervor, veranlaßt einige Erkältung und erfordert einigen Kraftaufwand;
3) vermehrt der bedeutende Umfang der Kolbenstange eine größere Reibung in der Stopfbüchse.

III.

Von den Vorrichtungen zur Admission des Dampfes.

In allen Kolbenmaschinen gelangt der Dampf aus dem Kessel zuerst durch das Dampfrohr in einen Behälter, die Dampfkammer (boëte à vapeur, Steambox), und wird von dort aus durch verschiedene Vorrichtungen bald über bald unter den Kolben, so wie hinwieder aus dem Cylinder geleitet.

Wie natürlich, muß das Dampfrohr weit genug seyn, um auch das Maximum von Dampf durchströmen zu lassen, das je zur Bewegung des Kolbens erforderlich ist, und so geschwind auch der Dampf aus der Oeffnung strömt, so muß er doch ungleich weiter seyn, da die Geschwindigkeit durch die Röhre selbst, und noch mehr durch die Biegungen derselben, beträchtlich vermindert wird. Gewöhnlich macht man daher den Durchschnitt dieses Rohres nicht über 40 — 50 mal kleiner als den des Cylinders; oder hat dieser einen Durchmesser von 30″, so giebt man dem Dampfrohr einen Durchmesser von 4 — 5″; besonders wenn es mehrere Male in Winkeln umgebogen ist.

Vor dem Eintritte des Rohrs in die Dampfkammer bringt man gewöhnlich einen Hahn oder eine Drehklappe an, damit dadurch nicht nur der Eintritt des Dampfes ganz gesperrt, sondern vornemlich noch, damit der Zufluß nach Bedarf gemindert werden kann.

Es ist nemlich klar, daß wenn das Rohr Dampf genug liefern muß, damit der Kolben bei demjenigen Druck des Dampfes und derjenigen Last, worauf die Maschine berechnet ist, mit gehöriger Geschwindigkeit bewegt werde, diese immer weit größer würde, so oft die Elastizität des Dampfes stärker, oder die Last geringer wird. Die Bewegung des Kolbens würde demnach sehr ungleichförmig seyn.

In manchen Fällen ist eine solche Ungleichheit freilich ziemlich gleichgültig. Treibt die Maschine ein Pumpenwerk, so bleibt die Last dieselbe; eine ungleiche Bewegung kann also fast nur von der stärkern oder schwächern Heizung, oder der mehr oder weniger vollkommenen Condensation herrühren, und dann arbeitet die Pumpe etwas schneller oder langsamer. Eben so hat auf einem Dampfschiffe die Ungleichheit, da der Widerstand oft viel größer ist, keinen andern Nachtheil, als daß das Schiff langsamer vorwärts kommt.

In vielen Fällen, und namentlich bei fast allen industriellen Anwendungen, ist aber eine möglichst gleichförmige

Geschwindigkeit des Kolbens sehr wünschenswerth. Bei den meisten Maschinen ist es höchst wichtig, daß die Kraft, die sie in Bewegung setzt, vollkommen gleich bleibe. Gerade hier kann aber eine solche Ungleichförmigkeit gar häufig eintreten, indem die Last, je nachdem mehr oder weniger Maschinen zu gleicher Zeit abgestellt werden, oft bedeutend vermehrt oder vermindert wird.

Für den industriellen Gebrauch der Dampfmaschine ist es daher wesentlich nöthig, daß man eben so den Zufluß des Dampfs durch Drehung eines Hahns oder Ventils moderiren kann, als den des Wassers auf ein Wasserrad vermittelst eines Schutzbrettes. Je unvollkommener aber die Regulirung stets bleiben muß, wenn sie nach eingetretenem Uebelstand erst vorzunehmen ist, desto werthvoller muß die Erfindung eines Apparats seyn, mittelst dessen sie durch die Maschine selbst vollzogen wird, und dessen Wirksamkeit von der Geschwindigkeit der Maschine selbst abhängig gemacht ist.

Eine solche Vorrichtung erfand bereits der berühmte J. Watt, und noch bis auf den heutigen Tag ist sie durch keine zweckmäßigere ersetzt worden. Dieses sinnreiche Organ heißt das konische Pendel, der Centrifugal-Regulator, Moderator oder Governor.

Diese Vorrichtung gründet sich auf folgendes Princip: Verbindet man mit einer Spindel a b (Fig. 174) eine schwere Kugel c mittelst eines in einem Schlize befestigten Stabes d, so daß die Kugel sich zugleich mit der Spindel umdrehen muß, so kann diese Kugel in derselben Zeit nicht mehr Umgänge machen, als ein Pendel Hin- und Herschwingungen macht, dessen Länge gerade so groß ist, als die senkrechte Entfernung des Aufhängungspunktes vom Centrum der Kugel oder als die Linie e.

Ein Pendel von 37" Länge macht in 1 Min. 30 Doppelschwünge; wäre also der Arm d 40" lang, so würde, sobald die Spindel 30 Umgänge in 1 Min. macht, die Kugel sich vermöge der Centrifugalkraft so weit heben, bis der senkrechte Abstand e nur 37" beträgt. Je schneller die Spindel sich dreht, desto höher steigt die Kugel. Dreht sie sich langsamer, so bleibt sie an der Spindel anliegend. Je länger der Arm d ist, desto schneller muß die Spindel sich drehen, bevor die Kugel steigt, und umgekehrt.

Die nöthige Länge des Arms, oder die Entfernung des Aufhängungspunktes vom Centrum der Kugel, und die Erhebung desselben läßt sich übrigens für jede Geschwindigkeit genau berechnen, da man weiß, daß die Zahl der Pendelschwünge sich umgekehrt verhalten, wie die Quadratwurzeln der Länge, d. h. daß ein Pendel 4 oder 9 mal länger seyn muß, damit er 2 oder 3 mal weniger Schwünge in derselben Zeit mache, und 4 oder 9 mal kürzer, damit er 2 oder 3 mal mehr Schwünge mache.

Muß sich die Kugel so weit erheben, daß $e = 37''$ oder 1 Met. ist (0,994 M.), wenn sie 30 Umgänge macht, so muß sie so weit steigen, daß $e = \frac{9}{16} \times 37$ oder $20\frac{13}{16}''$ wenn sie 40 Umgänge machen muß, oder $\frac{4}{3}$ mal so viel.

Betrachten wir nun, wie dieses Prinzip zur Herstellung eines Regulators für die Admissionsklappe benutzt werden kann.

A (Fig. 175) sey die Welle, welche durch die Treibstange des Balanciers in Bewegung gesetzt wird, und die daher so viel Umgänge macht, als der Kolben Doppelhübe. Steht diese Are mit einer Spindel a b durch Getriebe oder Seilscheiben in Verbindung, so wird auch die Spindel entweder gleich viel Umgänge machen, oder in demselben Verhältniß wie die Are geschwinder oder langsamer sich drehen.

Eben so werden 1 oder mehrere (am füglichsten 2) Kugeln o umschwingen, die auf obige Weise an der Spindel befestigt sind, und giebt man den Armen d die angemessene Länge, so wird erhältlich seyn, daß schon bei der normalen Geschwindigkeit der Maschine die Kugeln sich von der Spindel entfernen oder sich heben müssen, und demnach fortwährend steigen oder sinken, je nachdem der Gang der Maschine etwas zu schnell oder zu langsam wird.

Es handelt sich also nur darum, vermittelst dieses Steigens und Sinkens jener Kugeln oder des konischen Pendels, ein zweckmäßiges Zu= oder Aufdrehen der Dampfklappe (der sogenannten throttle valve) zu bewirken, und dieß ist z. B. auf folgende Weise möglich.

Beide Arme d sind mit einer kleinen Zugstange f versehen, die an einem Ringe g befestigt sind, der die Spindel umfaßt, und unter welchem eine Hülse h angebracht ist. In dieser Hülse liegt der eine Arm eines Hebels i, und der andere steht, wie die Fig. 176 zeigt, mit dem Schlüssel der Dampfklappe x in Verbindung. Es erhellt von selbst, daß, wie die Kugeln sich entfernen oder zusammenfallen, auch der Ring und mithin die Hülse etwas steigen oder sinken muß, und wie auf diese Weise jene Veränderungen auf die Dampfklappe wirken.

Die Schwere der Kugeln ist im Grunde ziemlich gleichgültig; nur muß das Gewicht groß genug seyn, daß der Widerstand, den das Drehen der Klappe und die Hebelverbindungen bewirken, auf ihr Spiel keinen hindernden Einfluß ausübt. Je nach der Größe der Maschine giebt man daher jeder Kugel eine Schwere von 20 — 60 und mehr Pfunden.

Sowohl die Verbindung der Hauptare mit dem Regulator, als aber die des Pendels und der Dampfklappe kann, wie leicht zu erachten, auf mancherlei Weise verändert werden.

In Fig. 176 ist A die Seilscheibe, welche die Spindel abträgt. Die beiden Kugeln wirken auf ein doppeltes Gestänge oder die Scheere n m, und so auf den Ring g, und dieser trägt ein Gewicht h, das wieder, wie die Figur zeigt, durch Hebel auf die Drehklappe agirt. z ist eine Stütze, worauf die Kugeln ruhen, wenn sie zusammen fallen.

Wir haben nun noch zu untersuchen, wie die passendste Länge der Pendelarme gefunden wird.

Soll der Kolben beim normalen Gange 30 Hübe pr. Min. machen, die Geschwindigkeit aber nie 32 übersteigen, so muß die Dampfklappe beinahe ganz offen seyn, wenn die Zahl der Hübe 30 beträgt, und sich völlig schließen, so bald sie auf 32 steigt. Vermindert sie sich auf 29, so muß die Klappe sich nicht nur ganz öffnen, sondern die auf ihren Stützen nun aufliegenden Kugeln müssen anzeigen, daß der Gang der Maschine einer Beschleunigung bedarf. Schon beim normalen Gange müssen also die Kugeln etwas gehoben seyn.

Dreht sich der Pendel eben so schnell als die Welle (wie wenn y und x Fig. 174 gleich viel Zähne haben), so muß die senkrechte Distanz e beim normalen Gange 37″ (1 Met.) betragen; und soll in diesem Falle der Elevationswinkel $o = 35°$ seyn, so muß

$d : e$ (37″) seyn, wie $1 : \mathrm{Cosin.}\ 35°\ (= 0{,}82)$

oder $0{,}82 : 1 = 37 : ? = 45$

Die Entfernung von b bis zum Centrum der Kugeln muß also 45″ groß seyn.

Erreicht die Maschine das Maximum der Geschwindigkeit, oder machen die Kugeln 32 Umgänge pr. Min., so erheben sie sich so, daß $e = \dfrac{37 \times 30^2}{32^2} = \dfrac{37 \times 900}{1024} = 32\frac{1}{2}$.

So wie 37″ dem Cos. von 35°, so entsprechen 32½″ dem Cosin. von 45°.

Es muß also die Hebelverbindung so geordnet seyn, daß wenn der Elevationswinkel auf 45° steigt, das Niedergehen des Ringes eben das völlige Schließen der Klappe bewirkt*).

Es ergibt sich dann von selbst, daß, wenn jener Winkel noch etwas kleiner wird, die Klappe sich gänzlich öffnet, und daß das Aufliegen der Kugel auf ihre Stützen bei etwa 30° Erhebung) auf einen zu langsamen Gang hinweist.

Schon bei obiger Einrichtung erhält indessen das Pendel eine fast unbequeme Länge, und noch weit länger würde es, wenn die Maschine weniger Hübe machte. Bei 20 Hüben z. B. müßte es schon $\frac{30 \times 30}{20 \times 20}$ oder 2¼ mal länger seyn.

Es wird also nöthig, dem Pendel eine größere Geschwindigkeit zu geben, und dieß geschieht, indem man der Scheibe oder dem Rade, welches die Pendelspindel trägt, einen kleinern Durchmesser giebt, oder den Moderator (wie in Fig. 17) mit einer schneller sich bewegenden Welle in Verbindung setzt.

Macht z. B. die Hauptwelle beim normalen Gange 20 Revolutionen in 1 Min. und hat das Zahnrad y halb so viel Zähne als x, so macht der Pendel 40 Umgänge pr. Min. Es wird also in diesem Falle

$$e = \frac{37 \times 30 \times 30}{40 \times 40} = \frac{37 \times 9}{16} = 20^{13}/_{16}''$$

und die Länge der Arme bis ins Centrum der Kugel braucht also nur etwa 24″ zu betragen.

---

*) Von der Stellung der Zugstange oder der Scheere hängt es ab, ob die Kugeln eine größere oder kleinere Bewegung des Ringes hervorbringen. Bei einer Scheere (Fig. 176) ist die Bewegung größer, als bei einfachen Stangen wie Fig. 175.

Von den mancherlei Abänderungen des Watt'schen Regulators führen wir nur noch die von Brunel angegebene an, wo die Fliegkugeln sich nicht in einer horizontalen, sondern (wie dieß auf Schiffen passender seyn mag) in einer vertikalen Ebene herum bewegen. *)

An der wagrechten Spindel b b (Fig. 177) sind 2 Paar sorgfältig gegeneinander abgewogene, und kreuzweise verbundene Kugeln c befestigt. Auch sie werden sich von der Spindel entfernen, je schneller sie umgeschwungen werden. Dadurch aber verrücken sie die b b umfassende Büchse a; und so kann ebenfalls durch den Hebel d auf die Dampfklappe gewirkt werden.

Anderer Einrichtungen statt der Kugeln gedenken wir nicht, weil diese bis jetzt unstreitig den Vorzug verdienen.

Bei Expansionsmaschinen, wo die Absperrung durch einen eigenen Absperrungshahn veranstaltet wird, kann die Regulirung der Maschine auch dadurch statt finden, daß man das Pendel nicht auf die Admissionsklappe, sondern auf den Absperrungshahn wirken läßt. Geht die Maschine zu geschwind, so würde früher, geht sie zu langsam, so würde später abgesperrt.

So geeignet nun aber das konische Pendel ist, um die Geschwindigkeit der Maschine zu reguliren, so ersieht man doch 1) daß es blos ein gewisses Uebermaaß von Geschwindigkeit zu verhindern vermag; einen allzulangsamen Gang aber nur anzeigen kann; 2) daß es die Ursache der zu starken Beschleunigung nicht hebt; und 3) daß dasselbe blos bei Maschinen, die ein Schwungrad haben, oder wo die Kolbenbewegung in eine rotirende verwandelt wird, anwendbar ist. Obschon nun bei andern oft diese Regulirung weniger Bedürfniß ist,

---

*) S. polyt. Journ. Bd. 11, S. 71.

so bleibt doch eine Einrichtung zu diesem Zwecke wünschens=
werth, die auf ein anderes Prinzip gegründet ist.

Zu den Versuchen dieser Art gehört folgender:

Die Kaltwasserpumpe schöpft in einen Behälter, aus dem
ein gleichförmiger Abfluß statt hat. Geht die Maschine schnel=
ler, so arbeitet die Pumpe auch mehr; das Niveau in jenem
Behälter steigt also, und umgekehrt. Ist nun auf jenem Ni=
veau ein Schwimmer angebracht, und steht dieser mit der
Admissionsklappe in Verbindung, so kann auch dadurch der
Zufluß des Dampfes regulirt werden. *) Auch diese Vor=
richtung steht indessen dem Centrifugalregulator nach, und
wird daher für Maschinen mit einer Treibwelle nicht vorzu=
ziehen seyn.

Bei Maschinen, die Wasser pumpen, kann auch der Wind=
kessel, wenn ein solcher vorhanden ist, zur Regulirung benutzt
werden. Wie nämlich die Maschine schneller geht, wird der
Luftdruck in diesem Kessel etwas stärker. Bringt man mit
demselben also einen kleinen Cylinder mit einem Kolben in
Verbindung, so wird dieser je nach dem Luftdrucke sich heben
oder sinken, und dadurch ebenfalls eine Drehung der Dampf=
klappe zu vermitteln seyn. **)

---

*) Auf diesem Prinzip beruht ein von Preuß vorgeschlagener
Regulator. S. Polyt. Journ. Bd. 15. S 509. — Eine
andere Methode von Rivers gibt Partington S. 21.

**) S. Tredgold traité p. 445.

VI.

Von der Distribution des Dampfes oder der Steuerung.

Da das Hin= und Hergehen des Dampfkolbens nur durch ein abwechselndes Ein= und Ausströmen des Dampfes in und aus dem Cylinder möglich wird, so müssen in der Dampfkammer Vorrichtungen vorhanden seyn, durch deren Verrückung abwechselnd eine Verbindung des Cylinders mit dem Dampfrohre oder mit dem Condensator (oder der Luft) bald geöffnet bald abgeschlossen werden kann. Diese Einrichtungen, wodurch das Zu= und Abströmen des Dampfes dirigirt wird, begreift man im Allgemeinen unter dem Namen der Steuerung; und die Dampfkammer oder Dampfbüchse, welche die eigentlichen Distributions= oder Circulationsorgane enthält, pflegt man deshalb nicht unpassend auch das Herz zu nennen.

In der Einrichtung der Steuerung herrscht eine sehr große Mannichfaltigkeit, denn:

1) kann man sich verschiedener Organe bedienen, um das Auf= und Abschließen jener Verbindungen zu bewirken; man wendet Hähne, Ventile, Schieber, Kolben und Drehscheiben zu diesem Zwecke an, die alle unter gewissen Umständen eigenthümliche Vor= und Nachtheile haben.

2) Muß der Wechsel der Auf= und Abschließung jener Organe je nach dem Systeme, nach dem der Dampf wirken soll, sehr verschieden seyn; ein eigenes Spiel derselben wird erfordert bei atmosphärischen Maschinen, bei einseitig oder doppeltseitig wirkenden, bei Expansionsmaschinen mit einfachen oder mehreren Cylindern u. s. w.

3) muß die Art und Weise, wie die erforderlichen Bewegungen jener Organe durch die Maschine selbst hervorzubringen sind, je nach der Beschaffenheit dieser Bewegungen und nach der der Maschine verschieden seyn.

Wir betrachten daher:

1) wie die innere Steuerung bei den verschiedenen Systemen der Maschine und bei Anwendung verschiedener Organe eingerichtet, und wie das Spiel dieser Organe beschaffen seyn muß; und dann erst

2) wie durch die Maschine die erforderliche Bewegung jener Organe erzielt wird, oder wie die äußere Steuerung einzurichten ist.

1.

Verschiedene Einrichtung der innern Steuerung.

a. Steuerung einer atmosphärischen Maschine durch einen Hahn. Fig. 111.

Hier muß der Dampf blos abwechselnd in den Cylinder a unter den Kolben b einströmen, und dann wieder in den Condensator abfließen. Es geschieht dieß vermittelst eines Hahns c mit gebogener Durchbohrung, und indem sich dieser in einer Viertelswendung hin- und herdreht. Steht er wie bei A, so strömt der Dampf durch d ein; steht er wie bei B, so geht der Dampf durch e in den Condensator.

Diese Vorrichtung ist sehr einfach. Alle Hähne verursachen aber, wenn sie völlig dicht schließen, ziemlich viel Reibung, und schleifen sich bald ab. Zudem geschieht Oeffnung und Schließung nicht augenblicklich. Der Dampf endlich, der in der Höhlung des Hahns und der Röhre f zurückbleibt, geht verloren; und diese Oeffnungen müssen dennoch eine ziemliche Weite haben.

b. Steuerung einer einseitig wirkenden Maschine durch einen Kolben. Fig. 102.

Durch a strömt der Dampf ein; durch z aus in den Condensator. Steht der kleine Kolben b wie in der Figur, so steht der des Cylinders B abwärts, denn der Eintritt des Dampfs ist abgesperrt. Nimmt h darauf die Stellung von c an, so strömt Dampf in den Cylinder und B steigt.

c. Steuerung einer einseitigen Expansionsmaschine durch einen Hahn. Fig. 115.

Der Dampf soll das Aufsteigen des Kolbens B bewirken, jedoch zum Theil durch Expansion. Während des Steigens muß der Zufluß desselben also abgesperrt werden. Es geschieht dieß durch einen Hahn mit gekrümmter Durchbohrung, und indem ihm eine dreifache Bewegung ertheilt wird.

Steht der Hahn wie bei x, so sinkt der Stempel B; der Dampf entweicht durch z in die Luft, während die Dampfröhre a abgeschlossen ist. Soll der Stempel steigen, so nimmt der Hahn anfangs die Stellung y an, so daß eine Verbindung des Stiefels mit dem Dampfrohre a eintritt; sofort aber die von Z, wo der Hahn beide Röhren a und z abschließt.

d. Steuerung einer einseitig wirkenden Maschine mit geschlossenem Cylinder mittelst Klappenventilen. Fig. 113 u. 114.

Das Einströmen des Dampfs über den Stempel soll den Niedergang bewirken, während der untere Theil des Cylinders mit dem Condensator in Verbindung ist. Es geschieht dieß in Fig. 115, indem die durch die Dampfbüchse b gehende Stange c sich hebt, so daß die Klappenventile v und q sich öffnen, p hingegen sich schließt. Es bringt nämlich jetzt Dampf aus a über den Kolben, und der unter ihm befindliche kann durch z wegziehen. — Ist der Niedergang vollzogen, so wird jene Stange abwärts gezogen, so daß p sich öffnet, und v u. q sich schließen. Da auf diese Weise der Kolben auf beiden Seiten gleichen Druck erleidet, so wird ein am andern Ende des Wagebaums drückendes Gegengewicht den Kolben heben, und der Dampf ungehindert durch h und p unter denselben abfließen.

Die Steuerung Fig. 114 unterscheidet sich dadurch von der vorigen, daß die Klappenstange c nicht durch die Büchse b hindurchgeht, und daß das Ventil p durch eine eigene die erstere röhrenförmig umfassende Stange d unabhängig bewegt wird. Auch hier ist a die Mündung des Dampfrohrs, und z der Eingang in die Abzugsröhre.

e. **Steuerung einer doppeltwirkenden Maschine durch einen Vierweghahn. Fig. 116.**

Der Kolben bewegt sich einzig durch den Dampfdruck. Beim Niedergang muß der Dampf über denselben sich ergießen, und unten wegfließen, und das Umgekehrte beim Aufsteigen statt haben. Dieß geschieht vermittelst des doppelt durchbohrten sogen. Vierweghahns b. Steht der Hahn wie in der Figur, so sinkt der Kolben B, weil der Dampf durch a über denselben gelangt, und von unten durch z entweichen kann. In der Stellung von A muß der Kolben steigen.

Die Einrichtungen Fig. 115 u. 116 eignen sich besonders für Cylinder, die in den Kessel eingesenkt sind (S. 235).

f. Steuerung doppeltwirkender Maschinen mittelst eines Schiebladenventils. Fig. 117.

A ist die Dampfkammer und a das Dampfrohr. Die Röhre b führt über, die Röhre c unter den Kolben. z ist der Eingang in das Abflußrohr.

d ist eine Schieblade (sliding valve, tiroir), die vermittelst des gezahnten Sektors o und der Zahnstange hin und her geschoben werden kann, und so die Röhren b und c bald mit A bald mit z verbindet. Steht diese Schieblade wie in der Figur, so kann der Dampf aus A durch b über den Stempel fließen, während zugleich der unter ihm befindliche durch c nach z entweichen kann. Bei dieser Stellung muß mithin ein Niedergang des Kolbens statt finden.

Wird sodann durch eine kleine Wendung des Sektors die Schieblade so verrückt, daß d auf p und d' auf q zu stehen kommt, so treten umgekehrte Verbindungen ein, und der Kolben muß steigen.

Die Schieblade (die zuerst von Murray 1799 angewendet wurde) ist offenbar eine glückliche Erfindung, denn sie gestattet große Oeffnungen und ein sehr schnelles Auf- und Zuschließen derselben.

Eine etwas abweichende Einrichtung eines Schiebladenventils sieht man in den Fig. 127 und 128.

Die Schieblade wird hier durch eine Stange n bewegt. Durch a strömt der Dampf ein, durch Z geht er in den Condensator, b führt über, c unter den Kolben. Die halbcylindrische Schieblade B wird durch zwei Liederungen d d fest angedrückt, und diese Liederungen lassen sich leicht in gutem Stande erhalten. Steht die Lade wie Fig. 127, so fließt der Dampf aus a nach b und aus c nach z; der Kolben sinkt also

Steht die Lade wie Fig. 128, so geht der frische Dampf a aus nach c, und aus b nach a; und der Kolben muß mithin steigen.

g. Steuerung doppeltwirkender Maschinen mittelst 4 einzelner Klappen. Fig. 118.

Hier sind 2 Dampfbüchsen A und B vorhanden. In jede fließt bei a Dampf ein, und bei a aus. Jede hat 2 Klappenventile, die durch kleine gezahnte Sektore oder Hände gehoben oder geschlossen werden. A steht mit dem obern Theile des Cylinders in Verbindung durch b; und B mit dem untern durch c.

Stehn die Klappen wie in der Figur, so muß der Kolben steigen; denn Dampf geht durch q nach c, und eben so fließt er aus b durch p nach Z ab.

Es ist klar, daß diese Steuerung sehr leicht zur Expansion eingerichtet werden kann. Die Klappen o und q darf man nur früher schließen, als ein Kolbenhub vollzogen ist.

Klappen haben übrigens den Vortheil, daß Oeffnung und Schließung sehr schnell bewirkt wird; den Nachtheil hingegen, daß die Klappe einen beträchtlichen Gegendruck zu überwinden hat.

h. Steuerung einer Expansionsmaschine vermittelst einer Schieblade. Fig. 129—132.

Wie die Steuerung durch eine Schieblade zu bewirken ist, wenn der Dampfzufluß während des Hubs gehemmt oder abgesperrt werden soll, ergibt sich von selbst aus vorliegenden Figuren.

Im Anfange des Niedergangs hat die Schieblade A die Stellung Fig. 129. Aus a fließt Dampf über den Kolben B;

und der untere Theil des Cylinders kommunizirt durch z mit dem Condensator.

Sobald die Absperrung eintreten soll, rückt die Schieblade in die Stellung Fig. 130. Der Dampfzufluß aus a hört auf, und der Dampf wirkt blos durch Expandirung; fortdauernd kommunizirt der untere Theil mit dem Condensator. So bleibt die Lage bis der Niedergang vollzogen ist. Im Anfange des Aufsteigens rückt die Lade in die Stellung Fig. 131; und wie die Absperrung eintreten soll in die Fig. 132.

i. Steuerung mit einem besondern Sperrhahn.
Fig. 126.

Der Vierweghahn u bringt wechselsweise den obern und untern Theil des Cylinders (durch b und o) mit der Dampfröhre a und der Exitröhre z in Verbindung. Der Hahn p sperrt aber den Zufluß nach Erforderniß früher oder später ab. Das Ausgangsrohr geht durch eine Wasserröhre q, damit die in die luftströmenden Dämpfe das Speisewasser erhitzen.

k. Steuerung mit rotirender Scheibe.
Fig. 119 — 122.

Diese Steuerung besteht aus drei wesentlichen Stücken, welche in dem Vertikaldurchschnitte Fig. 119 zu sehen sind, nämlich aus der festliegenden Bodenscheibe m, dem Dampfgehäuse o und einer deckelförmigen, zweiten Scheibe n, welche sich auf der ersten Scheibe und um das Centrum des Dampfgehäuses herumbewegt.

Bei a tritt der Dampf in das Gehäuse, bei z entweicht derselbe in den Condensator. Die Röhre o korrespondirt mit dem untern und die Röhre b mit dem obern Ende des Dampfcylinders. In der angedeuteten Stellung streicht daher der Dampf von a nach dem untern Theile desselben, treibt den

Kolben aufwärts und der auf der vordern Seite des Kolbens befindliche Dampf entweicht durch die Röhre b nach dem Condensator z. Macht nun die Achse der beweglichen Scheibe eine halbe Wendung, so kömmt die Oeffnung p derselben auf die Oeffnung q der fixen Scheibe zu stehen, so daß alsdann Communikation zwischen c und z und zwischen a und b statt hat, wodurch, wie leicht zu begreifen ist, das Hinuntergehen des Kolbens bewirkt wird.

Fig. 122 zeigt die Horizontalansicht der feststehenden Platte m, nebst den darin befindlichen Oeffnungen p, q u. z; Fig. 120 diejenige der drehenden Scheibe n und Fig. 121 eine Horizontalsektion dieser letzteren. Da die Oeffnung q in der fixen Scheibe nur einen Winkel von 30°, die derselben korrespondirende, welche in der beweglichen Scheibe sich befindet, hingegen einen Winkel von 60° umfaßt, so folgt hieraus, daß die Scheibe eine Viertelswendung von dem Augenblicke des Eintrittes des Dampfes in den Cylinder bis zu seiner gänzlichen Absperrung macht, und daß sich mithin der Dampf bis zu einem doppelt so großen Volum ausdehnen kann. Da ferner die Oeffnung p in der Drehscheibe einen Winkel von 150° umfaßt, so hat beständig eine Communikation zwischen dem Condensator z und einer der beiden Röhren a und b statt.

I. Steuerung mit Hahnenventilen von Maudslay.
Fig. 123 — 125.

m ist ein konischer doppelt durchbohrter Hahn, der vermittelst des Zahnrades p in Viertelswendungen sich fortwährend hin- und herbewegt; die in dem Centrum desselben befindliche Höhlung ist durch die Wand i in zwei gleiche Theile getheilt, so daß durchaus keine Communikation zwischen diesen beiden Hälften statt haben kann. B ist der Communikationskasten, dessen Horizontalsektion Fig. 125 und dessen

Vertikaldurchschnitt Fig. 123 zeigt. Derselbe bildet drei durch Wände von einander getrennte Röhren, wovon die eine d zu dem untern Ende, die zweite e zu dem obern Ende des Dampfcylinders führt und die mittlere f mit der Röhre z in Verbindung steht, welche den Dampf in den Condensator bringt. Derselbe tritt bei a ein, und geht nach der angezeigten Stellung des Hahnes durch die Leitung d nach der Oeffnung h über, welche in dem Boden des Dampfcylinders angebracht ist, treibt den Kolben aufwärts und jagt den jenseitsliegenden Dampf durch die Leitung e nach dem Condensator Z. Nach einer Viertelswendung des Hahnes hat das Gegentheil statt und der Kolben wird wieder abwärts getrieben. Um soviel als möglich das Entweichen des Dampfes zu verhindern, läuft die Achse des Hahnes in einer Stopfbüchse s und das obere Ende derselben wird vermittelst einer auf einem Stifte gesteckten Feder v fest angehalten.

Fig. 124 zeigt einen Längendurchschnitt nach der Linie x x an.

m. **Steuerung für einen mit Mantel versehenen Dampfcylinder mit 2 halbrunden Schiebladen. Fig. 134 u. 135.**

Bei a tritt der Dampf ein, umringt den ganzen Dampfcylinder C und geht durch die Oeffnung d nach dem Distributionsgehäuse B. Nach der angezeigten Stellung der beiden Schiebladenventile n n, welche durch eine Stange verbunden sind und mit einander hin- und hergezogen werden, kann nun der Dampf aus dieser Oeffnung durch den Kanal p nach der Oeffnung b gelangen, welche in dem Boden des Cylinders angebracht ist; der entweichende Dampf kann hingegen oben durch die Oeffnung c direkte nach dem Condensator z gelangen. Durch eine kleine Bewegung der Schiebladen entsteht eine

Communikation zwischen den Oeffnungen d und o und zwischen der Oeffnung b und der Röhre x des Condensators, so daß nun umgekehrt der Kolben abwärts gehen muß.

n. Steuerung für eine Expansionsmaschine mit Kolben. Fig. 133.

Diese Figur bedarf keiner nähern Erläuterung. So wie die Kolben p, q stehen, ist der Zufluß des Dampfs aus a nach dem obern Theile des Cylinders abgesperrt; von unten fließt er hingegen ungehindert durch z ab.

o. Steuerung für die von dem Mechaniker Saulnier in Paris konstruirte Expansions= maschine. Fig. 154.

Diese besteht aus zwei verschiedenen Steuerungsgehäusen A und B, welche mit einander durch die Oeffnung v verbunden sind, und wovon die innere B ganz die nämliche Construktion hat wie in Fig. 117. Anstatt daß der Dampf aus dem Dampf= kessel direkte zur Oeffnung v in das innere Gehäuse B ein= bringt, führt ihn die Dampfröhre i zuerst in das äußere und die Oeffnung v wird von dem in letzterm befindlichen Schie= ber a bei einem Hin= oder Hergange des Kolbens einmal geöffnet und geschlossen, so daß der Dampf jedesmal nur am Anfange der Bewegung in das innere Gehäuse und mithin in den Cylinder eindringen und sich mithin, während dem das Ventil a geschlossen ist, in demselben expandiren kann.

Auf eine solche Art kann Saulnier mit wenigen Ab= änderungen und durch die Anbringung des äußern Gehäuses B, fast eine jede Maschine, welche früher ohne Expansion ar= beitete, und besonders leicht die Watt'sche Maschine, in eine Expansionsmaschine umwandeln und daher den Effekt derselben merklich vergrößern.

Steuerungen für Expansionsmaschinen mit zwei Dampfcylindern.

Bei denselben strömt gewöhnlich der Dampf fortwährend in den kleinen Dampfcylinder ein, tritt aber, nachdem er in demselben mit seiner vollen Pression gewirkt hat, in den größern über, dehnt sich hier aus, und entweicht zuletzt in die freie Luft oder in den Condensator. Diese Steuerung kann auch hier wieder entweder aus Kolben, oder aus Schiebern, oder aus beiden zugleich, oder aus Hahnen bestehen.

p. mit Kolben. Fig. 136 u. 137.

Der Dampf tritt hier bei a ein, und wird, nachdem er seine ganze Wirkung gethan hat, durch die Oeffnungen z oder z' in den Condensator getrieben. Dieß geschieht durch 4 Kolben, welche sich an zwei verschiedenen Stangen m und n befinden, die sich nach jedem einfachen Kolbenzuge zu gleicher Zeit um ein weniges auf= oder abwärts bewegen. Nehmen wir an, der Kolben sey im Hinuntergehen begriffen, wie in Fig. 136, so strömt der Dampf direkt aus der Röhre a über den Kolben des kleinen Cylinders A. Der Dampf, welcher sich unterhalb des Kolbens befindet, kann durch die Oeffnungen c und c' über den Kolben des größern Dampfcylinders gelangen, und der unterhalb dieses Kolbens befindliche Dampf entweicht endlich durch die Oeffnung z in den Condensator. Sobald nun die beiden Kolben ihren Lauf vollendet haben, werden die zwei Stangen m und n etwas herunter getrieben und nehmen die in Fig. 137 gezeichnete Stellung ein; das Gegentheil hat alsdann statt, und der Dampf entweicht endlich durch die Oeffnung z' in den Condensator.

q. Steuerung mit Schiebventilen. Fig. 138 — 141.

Diese Steuerung besteht aus zwei Schiebventilen o und o', welche sich an zwei verschiedenen Stangen l und l' befinden, die auch hier wieder gleichzeitig hinauf- und hinunterbewegt werden. Diese Steuerung ist übrigens gänzlich dieselbe wie in Fig. 117 und unterscheidet sich nur dadurch, daß der Dampf, welcher seine Wirkung in dem kleinen Cylinder B verrichtet hat, anstatt sogleich in den Condensator zu gelangen, durch die Röhre v in eine zweite Dampfkammer m übergeht, in der sich die Steuerung des großen Cylinders A befindet.

Da die Steuerungen für den großen und für den kleinen Cylinder ganz gleich sind, so ist hier nur die des großen Cylinders abgebildet worden, wovon Fig. 138 eine Vertikalsektion durch die Achse derselben und Fig. 139 eine Sektion durch die Mitte des Steuerungsgehäuses m zeigt. Fig. 141 zeigt hingegen den Grundriß beider Cylinder nebst ihren Steuerungen.

Damit die Schieber o und o' fest an die Oberfläche anhalten, auf welcher sie sich hin- und herschieben, sind dieselben mit Stahlfedern versehen, welche beständig die Scheiben vermöge ihrer Elastizität von sich zu entfernen suchen.

r. Steuerung mit Kolben und Schiebventilen.
Fig. 148.

Diese besteht aus einer einzigen Stange l, an welcher zwei Kolben o und o' und der Schieber m befestigt sind und welche sich in einem Kasten C hin- und herbewegt, der sich zwischen den beiden Dampfcylindern A und B befindet. Der Dampf tritt bei a ein, und dringt nach der angezeigten Stellung der Stange l von oben in den Cylinder A. Der auf der andern Seite des Kolbens befindliche Dampf entweicht in den obern Raum des Cylinders B und aus dem untern fließt er durch die Röhre z in den Condensator ab.

Ist der Kolbenhub vollendet und befinden sich die beiden Dampfkolben im untersten Theile ihrer Cylinder, so wird die

Stange l etwas herunterbewegt, so daß alsdann die Kolben o und o' unter den Oeffnungen d und d' des größern Cylinder und die beiden Enden des Schiebladenventils unter die Oeffnungen h und h' des kleinen Cylinders zu stehen kommen. Durch diese Veränderung der Steuerungsorgane wird die frühere Communikation aufgehoben und es hat alsdann eine solche statt zwischen a und h', zwischen b und d' und zwischen d und der Oeffnung p, welche den Dampf durch die Oeffnung q in die Röhre s des Condensators leitet.

s. **Steuerung mit konischen Klappen und einem Hahne. Fig. 142—145.**

Der Dampf ergießt sich hier aus der Dampfröhre a in eine gemeinschaftliche, beide Dampfcylinder umgebende Hülle oder den Mantel (S. Fig. 142). Indem er aus demselben wieder austritt, begegnet er zuerst dem Regulirhahne x, welcher ganz unabhängig von der Steuerung ist, und durch den Centrifugalmoderator allein regiert wird. So wie er aber diesen Hahn passirt hat, trifft er den langen an zwei Stellen durchbohrten Dampfhahn p an, welcher in Fig. 143 deutlicher zu sehen ist, und bringt durch die untere Durchbohrung desselben v entweder durch die Oeffnung b in den obern Raum, oder durch die Oeffnung b' in den untern Raum des kleinern Dampfcylinders ein, je nachdem der Dampfhahn die Stellung in Fig. 145 oder diejenige in Fig. 144 hat. Die obere diametrale Durchbohrung s desselben steht alsdann so, daß eine Communikation statt hat zwischen derjenigen der beiden Oeffnungen b und b', welche nicht mit a in Verbindung steht, und einer der beiden Oeffnungen o und o', wovon die erstere den Dampf von oben und die letztere denselben von unten in den zweiten Dampfcylinder führt. In Fig. 144 z. B. kommunizirt die Oeffnung a der Dampfröhre mit b', oder dem untern Theile des kleinern Dampfcylinders, und der Kolben wird daher in denselben hinaufgetrieben. Der jenseits derselben sich befindende Dampf kann durch die Oeffnung b und o' nach dem untern Theile des zweiten Dampfcylinders gelangen, und mithin ebenfalls den Kolben aufwärts bewegen, und da die konische Klappe i offen ist, so kann der Dampf, dessen Wirkung vollends geschehen ist, nach dem Condensator z entweichen. Befinden sich beide Kolben ganz oben in ihren Dampfcylindern, so macht der Hahn p eine Viertelswendung, und die Stange, an welcher sich die Klappen befinden, geht ein wenig herunter, so daß alsdann eine Communikation zwischen a und b, b' und o, o' und z statt findet (S. Fig. 145), und dadurch beide Kolben wieder hinuntergetrieben werden.

Wegen der genauen Beschaffenheit dieser merkwürdigen Steuerungsart, verweisen wir, da sie schon öfter dargestellt worden ist, auf einige andere Werke *).

2.

Beschreibung der verschiedenen äußern Steuerungen.

Diese äußern Steuerungen bestehen meistens aus exzentrischen Scheiben, welche durch eine Combination von Hebeln und Stangen die Klappen und Schiebventile der innern Steuerungen hinauf und hinab ziehen, und die Hahnen hin und her bewegen.

---

*) S. Bulletin de la Soc. d'Enc. 1817 p. 267. Christ. méc. ind. pl. 27. Dinglers polyt. Journ. I. p. 129. Eine Aenderung der Hahnen schlug Balcourt vor S. Bull. de la Soc. d'Enc. pl. 204.

In vielen Maschinen, und namentlich in den Watt'schen und Woolf'schen, haben diese exzentrischen Scheiben meistens die in Fig. 140 h angezeigte Form. Auch in den Maudsleischen Maschinen, deren Steuerung in Fig. 124 abgebildet ist, und wo das Hin= und Herbewegen eines Hahnes bewirkt werden soll, geschieht dieß vermittelst derselben; nur muß hier die Bewegung vermittelst zweier in einander eingreifender Win= kelräder, wovon sich das eine an der Achse des Hahnes befin= det, das andere in Verbindung mit dem Hebelsystem steht, in eine andere Richtung gebracht werden.

Fig. 140 zeigt die äußere Steuerung für die Woolf'sche Maschine. Da die beiden Schiebladenventile zu gleicher Zeit hinauf oder hinabgehoben werden, und eine gleich große Ver= schiebung erleiden müssen, so kann dieß geschehen vermittelst einer Verbindung zweier Stangen pp mit einer dritten r, an welchen die Stangen ll der beiden Ventile befestigt sind (Fig. 138). Man hat daher zur Bewegung beider Ventile nur ein einziges Exzentrikum h nöthig, und nur an der Achse s zwei gleich lange Kurbeln i zu befestigen, welche die Stan= gen pp in Bewegung setzen müssen. Die Axe h des Exzen= trikums erhält seine Bewegung vermittelst zweier Winkelräder von der Hauptachse der Maschine. Der Hebel y dient nur, die Distribution des Dampfes von Hand zu verrichten, wenn man die Maschine in Bewegung setzen will.

Fig. 154 zeigt die Art, wie die innere Steuerung der Maschine von Saulnier in Bewegung gesetzt wird.

Da der Sperrschieber a, der den Dampfzufluß bei einem Theil des Hubs hemmen soll, gerade doppelt so viel Hin= und Hergänge zu machen hat als der zweite Schieber b, so müssen also zwei Exzentrika x und y, und mithin auch zwei ver= schiedene Achsen o und i vorhanden seyn, wovon die eine dop= pelt so viel Umgänge macht als die andre.

Dieß wird durch zwei in einander greifende und an diesen zwei Achsen befestigte Stirnräder bewirkt, wovon das eine doppelt so viele Zähne hat als das andre. Da der Weg, den der Sperrschieber a zu machen hat, kleiner ist als der, welchen der Distributionsschieber b zu machen hat, so muß auch die Exzentrizität und mithin der Durchmesser des Exzentrikums i kleiner seyn, als der des Exzentrikums c. Diese Vorrichtung hat außer dem Vortheile einer leichten und einfachen Construktion noch denjenigen, daß man die Größe der Expansion nach Belieben um etwas vermehren oder vermindern kann, indem man das eine dieser Stirnräder um einen oder mehrere Zähne rückt, und dadurch die respective Stellung der beiden Exzentrika ein wenig verändert *).

Die äußere Steuerung für die in Fig. 149 beschriebene innere Steuerung mit 4 Klappen.

Von diesen 4 Klappen sollen regelmäßig die zwei äußern m und m' sich schließen, wenn die innern n und n' sich öffnen, oder m und m' sich öffnen, wenn diese letzten sich schließen. Um dieß zu bewirken, trägt die Achse A, welche durch das Rad C ihre Bewegung erhält, zwei exzentrische Scheiben x, x', welche immer eine entgegengesetzte Stellung zu einander haben. Mit der einen dieser Scheiben sind vermittelst Stangen die äußern Klappen, mit der andern derselben die innern Klappen verbunden. In der in Fig. 149 angezeigten Stellung befinden sich die äußern Klappen und mithin auch das Exzentrikum x in ihrer höchsten Lage, die innern Klappen und das Exzentrikum x' hingegen in der niedersten Stellung.

Fig. 146 stellt die Steuerung dar, welche zu der in Fig. 144 u. 145 gezeichneten gehört. In derselben soll bei jedem einfachen

---

*) Saulniers Masch. ist beschrieben im polyt. Journ. Bd. 28. S. 168. fg.

Kolbenzuge der Hahn p etwas hin= oder herbewegt, und die Stange l, welche die beiden Ventile i und i' trägt, hinauf oder heruntergestoßen werden. Beides geschieht vermittelst eines Exzentrikums c, das die Form eines sphärischen Dreiecks und eine cirkuläre kontinuirliche Bewegung hat. So wie dasselbe sich dreht, gehen die Stangen s und r hin und her, wovon die eine s die Ventile i, i', die andere r durch die beiden Zahnungen den Dampfhahn p in Bewegung setzt. Damit die Ventile i, i' richtiger spielen, sitzen sie nicht an der nämlichen Stange fest, so daß das Sinken derselben unmittelbar i schließt und i' öffnet, sondern die Klappe i sitzt an einer hohlen Spindel, um welche oben eine starke Spiralfeder t geht. Während daher die Spindel unmittelbar nur die eine Klappe verrückt, wirkt etwas später die Feder auf die andere, und hält sie zugleich in ihrer Lage fest. Auf diese Weise werden die Bewegungen sanfter und richtiger.

Fig. 150—153 erklären die von Tredgold angegebene Vorrichtung, vermittelst welcher die innere Steuerung Fig. 129—132 in Bewegung gesetzt werden kann.

Da bei derselben nur ein einziges Schiebventil vorhanden ist, und dennoch eine Expansion statt haben soll, so muß die Schubstange während eines einfachen Kolbenhubes zwei Bewegungen erhalten, wovon die eine doppelt so groß ist als die andre. Dieß wird durch ein Exzentrikum bewirkt, welches für jeden doppelten Kolbenhub einen Umgang macht, und daher vier Bewegungen veranlassen muß, wovon zwei doppelt so groß sind, als die zwei übrigen.

Die Erklärung dieser sinnreichen Vorrichtung und die Construktion dieses Exzentrikums sind aus der Hülfsfigur 152 ersichtlich.

Es sey c' die Friktionsrolle, die mit der Schubstange l (Fig. 150) in Verbindung ist, und auf welche das Exzentrikum oder dem untern Theile des kleinern Dampfcylinders, und der Kolben wird daher in denselben hinaufgetrieben. Der jenseits derselben sich befindende Dampf kann durch die Oeffnung b und o' nach dem untern Theile des zweiten Dampfcylinders gelangen, und mithin ebenfalls den Kolben aufwärts bewegen, und da die konische Klappe i offen ist, so kann der Dampf, dessen Wirkung vollends geschehen ist, nach dem Condensator z entweichen. Befinden sich beide Kolben ganz oben in ihren Dampfcylindern, so macht der Hahn p eine Viertelswendung, und die Stange, an welcher sich die Klappen befinden, geht ein wenig herunter, so daß alsdann eine Communikation zwischen a und b, b' und o, c' und z statt findet (S. Fig. 145), und dadurch beide Kolben wieder hinuntergetrieben werden.

Wegen der genauen Beschaffenheit dieser merkwürdigen Steuerungsart, verweisen wir, da sie schon öfter dargestellt worden ist, auf einige andere Werke *).

2.

Beschreibung der verschiedenen äußern Steuerungen.

Diese äußern Steuerungen bestehen meistens aus exzentrischen Scheiben, welche durch eine Combination von Hebeln und Stangen die Klappen und Schiebventile der innern Steuerungen hinauf und hinab ziehen, und die Hahnen hin und her bewegen.

---

*) S. Bulletin de la Soc. d'Enc. 1817 p. 267. Christ. méc. ind. pl. 17. Dinglers polyt. Journ. I. p. 129. Eine Aenderung der Hahnen schlug Balcourt vor S. Bull. de la Soc. d'Enc. pl. 204.

In vielen Maschinen, und namentlich in den Watt'schen und Woolf'schen, haben diese exzentrischen Scheiben meistens die in Fig. 140 h angezeigte Form. Auch in den Maudsleischen Maschinen, deren Steuerung in Fig. 124 abgebildet ist, und wo das Hin= und Herbewegen eines Hahnes bewirkt werden soll, geschieht dieß vermittelst derselben; nur muß hier die Bewegung vermittelst zweier in einander eingreifender Winkelräder, wovon sich das eine an der Achse des Hahnes befindet, das andere in Verbindung mit dem Hebelsystem steht, in eine andere Richtung gebracht werden.

Fig. 140 zeigt die äußere Steuerung für die Woolf'sche Maschine. Da die beiden Schiebladenventile zu gleicher Zeit hinauf oder hinabgehoben werden, und eine gleich große Verschiebung erleiden müssen, so kann dieß geschehen vermittelst einer Verbindung zweier Stangen pp mit einer dritten r, an welchen die Stangen ll der beiden Ventile befestigt sind (Fig. 138). Man hat daher zur Bewegung beider Ventile nur ein einziges Exzentrikum h nöthig, und nur an der Achse s zwei gleich lange Kurbeln i zu befestigen, welche die Stangen pp in Bewegung setzen müssen. Die Are h des Excentrikums erhält seine Bewegung vermittelst zweier Winkelräder von der Hauptachse der Maschine. Der Hebel y dient nur, die Distribution des Dampfes von Hand zu verrichten, wenn man die Maschine in Bewegung setzen will.

Fig. 154 zeigt die Art, wie die innere Steuerung der Maschine von Saulnier in Bewegung gesetzt wird.

Da der Sperrschieber a, der den Dampfzufluß bei einem Theil des Hubs hemmen soll, gerade doppelt so viel Hin= und Hergänge zu machen hat als der zweite Schieber b, so müssen also zwei Erzentrika x und y, und mithin auch zwei verschiedene Achsen o und i vorhanden seyn, wovon die eine doppelt so viel Umgänge macht als die andre.

Dieß wird durch zwei in einander greifende und an diesen zwei Achsen befestigte Stirnräder bewirkt, wovon das eine doppelt so viele Zähne hat als das andre. Da der Weg, den der Sperrschieber a zu machen hat, kleiner ist als der, welchen der Distributionsschieber b zu machen hat, so muß auch die Exzentrizität und mithin der Durchmesser des Exzentrikums i kleiner seyn, als der des Excentrikums c. Diese Vorrichtung hat außer dem Vortheile einer leichten und einfachen Construktion noch denjenigen, daß man die Größe der Expansion nach Belieben um etwas vermehren oder vermindern kann, indem man das eine dieser Stirnräder um einen oder mehrere Zähne rückt, und dadurch die respective Stellung der beiden Exzentrika ein wenig verändert *).

Die äußere Steuerung für die in Fig. 149 beschriebene innere Steuerung mit 4 Klappen.

Von diesen 4 Klappen sollen regelmäßig die zwei äußern m und m' sich schließen, wenn die innern n und n' sich öffnen, oder m und m' sich öffnen, wenn diese letzten sich schließen. Um dieß zu bewirken, trägt die Achse A, welche durch das Rad C ihre Bewegung erhält, zwei exzentrische Scheiben x, x', welche immer eine entgegengesetzte Stellung zu einander haben. Mit der einen dieser Scheiben sind vermittelst Stangen die äußern Klappen, mit der andern derselben die innern Klappen verbunden. In der in Fig. 149 angezeigten Stellung befinden sich die äußern Klappen und mithin auch das Exzentrikum x in ihrer höchsten Lage, die innern Klappen und das Exzentrikum x' hingegen in der niedersten Stellung.

Fig. 146 stellt die Steuerung dar, welche zu der in Fig. 144 u. 145 gezeichneten gehört. In derselben soll bei jedem einfachen

---

*) Saulniers Masch. ist beschrieben im polyt. Journ. Bd. 28. S. 168. fg.

Kolbenzuge der Hahn p etwas hin- oder herbewegt, und die Stange l, welche die beiden Ventile i und i' trägt, hinauf oder heruntergestoßen werden. Beides geschieht vermittelst eines Exzentrikums c, das die Form eines sphärischen Dreieckes und eine cirkuläre kontinuirliche Bewegung hat. So wie dasselbe sich dreht, gehen die Stangen s und r hin und her, wovon die eine s die Ventile i, i', die andere r durch die beiden Zahnungen den Dampfhahn p in Bewegung setzt. Damit die Ventile i, i' richtiger spielen, sitzen sie nicht an der nämlichen Stange fest, so daß das Sinken derselben unmittelbar i schließt und i' öffnet, sondern die Klappe i sitzt an einer hohlen Spindel, um welche oben eine starke Spiralfeder t geht. Während daher die Spindel unmittelbar nur die eine Klappe verrückt, wirkt etwas später die Feder auf die andere, und hält sie zugleich in ihrer Lage fest. Auf diese Weise werden die Bewegungen sanfter und richtiger.

Fig. 150 — 153 erklären die von Tredgold angegebene Vorrichtung, vermittelst welcher die innere Steuerung Fig. 129 — 132 in Bewegung gesetzt werden kann.

Da bei derselben nur ein einziges Schiebventil vorhanden ist, und dennoch eine Expansion statt haben soll, so muß die Schubstange während eines einfachen Kolbenhubes zwei Bewegungen erhalten, wovon die eine doppelt so groß ist als die andre. Dieß wird durch ein Exzentrikum bewirkt, welches für jeden doppelten Kolbenhub einen Umgang macht, und daher vier Bewegungen veranlassen muß, wovon zwei doppelt so groß sind, als die zwei übrigen.

Die Erklärung dieser sinnreichen Vorrichtung und die Construktion dieses Exzentrikums sind aus der Hülfsfigur 152 ersichtlich.

Es sey c' die Friktionsrolle, die mit der Schubstange l (Fig. 150) in Verbindung ist, und auf welche das Exzentrikum

[...unleserlich, stark geschwärzter Absatz...]

Soll von p. B. eine vierfache Expansion statt haben, so müssen die Stellungen Fig. 134 und Fig. 132, bei welchen sich der Dampf expandiren kann, dreimal so lange Zeit als diejenigen in Fig. 129 und 131, bei welchen derselbe mit seiner vollen Kraft arbeitet, beibehalten werden, ehe dieselben wieder eine Veränderung erleiden.

Theilt man daher den Kreis Fig. 152, wovon der eine Halbkreis für das Hinuntergehen, der andere für das Hinaufgehen des Dampfkolbens bestimmt sind, in 8 gleiche Theile, so wird die Achse C den Bogen $mq = \tfrac{1}{8}$ des ganzen Umkreises beschreiben müssen, ehe die Verrückung der Friktionsrolle von m nach n geschehen darf, welche alsdann durch die Abstufung qn' des Excentrikums bewirkt wird. Ist dieß geschehen, so muß die Achse C den Bogen $qr = \tfrac{3}{8}$ beschreiben, ehe die Rolle eine zweite Bewegung von n nach o macht. In dieser Lage bleibt dieselbe, bis die Achse C den Bogen $rs = \tfrac{1}{8}$ beschrieben hat, worauf sie durch die Abstufung $p'o''$ von o nach n zurückgeht, und endlich dreht sich die Achse C um den Bogen $sm = \tfrac{3}{8}$, wo die Rolle die anfängliche Stellung m wieder einnimmt.

Zur Veranstaltung dieser vier-Bewegungen muß mithin das Erzentrikum die Form Fig. 152 haben, und mit vier verschiedenen Abstufungen versehen seyn. Damit jedoch diese Rolle mit Leichtigkeit diese Hin= und Herbewegungen verrichten könne, dürfen dieselben nicht ganz plötzlich statt haben, und daher die Abstufungen keine gerade Linie bilden. Man rundet also dieselben auf beiden Seiten der Linien rm und qs ein wenig ab, so wie es die punktirten Linien anzeigen. Ferner ist es klar, daß das Erzentrikum durch seine Abstufungen die Rolle von sich stoßen, und von o nach m bringen kann, daß sie dieselbe aber nicht an sich ziehen kann, und daher eine zweite auf der andern Seite des Erzentrikums befindliche Friktionsrolle o, erfordert wird, um den Stoß des Erzentrikums auf der andern Seite r zu benützen, und der ersten Rolle c′, so wie der damit verbundenen Stange y die Rückbewegung mo zu geben. Zu diesem Zwecke ist diese Rolle mit der erstern durch das Gestelle dd und die vier Stangen ee verbunden (S. Fig. 150 u. 151). Da hiedurch die respective Entfernung der beiden Friktionsrollen unveränderlich gemacht wird, so muß der Diameter des Erzentrikums in allen Punkten der nämliche seyn, und daher der größte Radius cq dem kleinsten Co″ entgegengesetzt und die Bogen rs und qm einander gleich seyn, was auch gänzlich durch die angedeutete Form des Erzentrikums erfüllt wird.

Auf diese Weise kann hiemit mit Leichtigkeit die Steuerung bewegt und dadurch die verlangte Expansion des Dampfes hervorgebracht werden.

Tretgold gibt indessen auch das Mittel an, wie durch die nämliche Vorrichtung die Expansion beträchtlich vermehrt oder vermindert werden kann. Dieß geschieht dadurch, daß man noch ein zweites auf die nämlichen Friktionsrollen wirkendes Erzentrikum C′ (Fig. 151) anbringt, welches ganz die

Form des erstern hat, und vermittelst des Bolzens x an dieselbe befestigt wird, und von derselben die durch die Achse C mitgetheilte Bewegung erhält. Nur müssen in diesem Falle, damit die Rollen die Wirkung beider Erzentrika empfangen können, dieselben etwas länger gemacht werden, und die Vertiefungen r′ o′ o″ p′ an beiden einen größern Bogen umfassen, als denjenigen, den man durch die obige Construktion erhalten hat. Soll z. B. die vierfache Expansion des Dampfes durch die angegebene Figur auf eine zweifache vermindert werden können, so müssen die Bogen, während welcher der Dampf mit voller Kraft wirken soll, von $\frac{1}{8}$ bis auf $\frac{1}{4}$ des ganzen Umkreises verlängert werden können. Dieß geschieht, indem man das Erzentrikum C′ auf dem andern C so lange dreht, bis die beiden Hervorragungen n′ q m p neben einander zu liegen kommen. Um dasselbe ferner in jeder Lage auf dem Erzentrikum C befestigen zu können, ist es mit einem cirkulärlaufenden Einschnitte versehen, in welchem ein an dem fixen Erzentrikum C befestigter Stift F hin und her gleiten kann.

Da die entgegengesetzten Bogen, welche die Vertiefungen und Hervorragungen bilden, einander gleich seyn müssen, so müssen an beiden Erzentrikums statt der Vertiefungen r′ o′ o″ p′ doppelt so große, a b c d (Fig. 153) oder solche, welche einen Quadrat bilden, angebracht werden. Wird nun das Erzentrikum C′ auf dem andern in der Richtung des Pfeiles (Fig. 152) verschoben, so werden die hervorragenden Bogen immer kleiner, bis sie sich zuletzt ganz decken, und dem Achtel des Kreises gleich kommen, wodurch eine vierfache Expansion hervorgebracht wird, wie dieß durch ein einziges Erzentrikum ebenfalls geschähe.

Zu gleicher Zeit werden auch, da das Erzentrikum C immer mehr und mehr bei M hervorzuragen kömmt, die

Bogen der Vertiefungen kleiner, bis dieselben endlich ebenfalls gleich dem Achtel des Umkreises werden.

Fig. 153 zeigt z. B. die Stellung des Excentrikums C' auf dem andern C, für eine dreifache Expansion.

Jeder der Bogen a g, h k beträgt in diesem Falle ein Sechstel des ganzen Umkreises.

Eine äußere Steuerung für eine atmosphärische Maschine S. Fig. 147.

In derselben sollen sich die Klappen o und o' zu gleicher Zeit heben, während die andere p und p' sich schließen. Diese Bewegung wird durch eine Pumpenstange l der Maschine bewirkt. Diese hat zwei Stifte, wovon der obere o beim Hinuntergehen, der untere o' beim Hinaufgehen der Pumpenstange auf einen Hebel wirkt, der sich um den Punkt o herumdreht und vermittelst der 4 Stangen m, m', n, n' in Verbindung mit 4 gleicharmigen Hebeln steht, welche direkte auf die Klappen wirken. Geht z. B. die Pumpenstange hinunter, so bewirkt der Stift o daß der Punkt v und hiemit die Stangen m und m' hinuntergehen und der Punkt v und die Stangen n und n' hinaufgetrieben werden, was das Schließen der Klappen p und p' und das Oeffnen der Klappen o und o' zur Folge hat.

V.
Vom Condensator oder den Verdichtungsapparaten.

Die Condensirung des Dampfes besteht in einer Erkältung, wodurch ein Theil desselben in liquides Wasser, und der übrige in Dampf von weit geringerer Dichtigkeit und Elastizität verwandelt wird (S. 75).

Erkältet man 1 Kub.' gesättigten Dampf von 100° C. auf 40°, so werden wenigstens $^{11}/_{12}$ der aufgelösten Wassertheile zu liquidem Wasser verdichtet, und die übrigen bilden Dampf von 12mal geringerer Dichtigkeit und mehr als 14mal geringerer Elastizität. Dieser Dampf ist ebenfalls ein gesättigter, hat aber nur die einer Temperatur von 40° zukommende Dichtigkeit und Spannkraft.

Hatte jener Kub.' Dampf 650 w, so muß der verdünnte Dampf nur $^1/_{12} \times 650$ oder 54 w enthalten (da der Totalgehalt an Wärme dem Dampfgewicht proportional ist), das Wasser aber nur $^{11}/_{12} \times 40$ w oder 36 w; beide also enthalten jetzt nur $54 + 36$ oder 80 w; und dem Dampfe müssen mithin $650 - 80$ oder 570 w durch die Erkältung entzogen worden seyn.

Bei Dampfmaschinen hat eine solche Condensirung keinen andern Zweck als die dadurch bewirkte Verminderung der Elastizität. Indem man nämlich den Dampf, der gegen die eine Seite eines Kolbens drückt, kondensirt, verschafft man, dem Dampf oder der Luft die gegen die andere Seite drückt, ein Uebergewicht, oder eine relativ größere Kraft, und schon die Savery'sche Maschine (ohne Kolben) kommt, wie wir gesehen, nur in Folge einer abwechselnden Erkältung des Dampfs in Wirksamkeit. (S. 20.)

Bei allen Maschinen ist die Condensirung nicht von gleicher Wichtigkeit. Bei atmosphärischen Maschinen, so wie bei Anwendung von ganz einfachem Dampf, ist sie offenbar durchaus unentbehrlich; denn sowohl die Luft, als Dampf von nicht größerer Pression, vermag nur dann einen Kolben zu bewegen, wenn auf der andern Seite eine Art Vacuum erzeugt wird.

Wendet man hingegen höher drückenden Dampf an, so ist die Condensirung nicht streng nothwendig; denn verschafft man dem gebrauchten Dampfe nur einen Abzug in die Luft, so vermindert sich seine Spannung bis zu der der Atmosphäre, und es hat der jenseits wirkende Dampf dann doch ein Uebergewicht. In diesem Fall wird dessen Druck nur bei statt habender Condensirung noch größer.

Wendet man 3facher Dampf an, so wirkt dieser ohne Condensirung nur wie 2facher, nur mit 30 Pf. auf den □″. — Wird hingegen eine Verdünnung bis 3 Pf. auf den □″ hervorgebracht, so wird jener Dampf ein Uebergewicht von 45 — 3 oder 42 Pf. auf den □″ haben. — Und noch auffallender ist der Unterschied, wenn mit weit schwächerem Dampfe gearbeitet wird.

Man sollte demnach glauben, daß möglichste Condensirung des gebrauchten Dampfs bei allen Maschinen, wenn nicht unentbehrlich, doch in hohem Grade nützlich sey. So verhielte es sich aber nur dann, wenn die Condensirung mit keinerlei Aufwand verbunden wäre. Die Condensirung erfordert jedoch nicht nur mancherlei Apparate, welche die Maschine kostspieliger und complizirter machen, sondern überdieß eine beträchtliche Menge Wasser zur Erkältung, und eine ansehnliche Kraft um dieses herbei- und nach seinem Gebrauche wieder wegzuschaffen; die Vortheile der Condensirung werden daher um vieles durch diese Umstände vermindert, und es kann sehr oft der Fall eintreten, daß der dadurch zu erlangende Gewinn durch andere Nachtheile überwogen wird, und daß es rathsam ist, entweder keine oder nur eine limitirte Condensirung zu veranstalten.

Bei den ersten Kolbenmaschinen wurde die Erkältung des Dampfs durch wechselsweise Einspritzung von kaltem Wasser in den Dampfcylinder selbst hervorgebracht. Diese Methode wirkte schnell, hatte aber eine sehr nachtheilige Erkältung des Cylinders zur Folge. Jetzt wird die Condensirung daher allgemein in einem besondern Condensationsgefäße bewerkstelligt, in das der Dampf geführt und wo er mit kaltem Wasser in Berührung gebracht wird. Erst in neuern Zeiten hat man auch die Condensirung des Dampfs, ohne ihn in direkte Berührung mit dem Wasser zu bringen oder ohne Injektion zu veranstalten gesucht.

Wir reden demnach:
1) von den gewöhnlichen Condensatoren mit Injektion;
2) von der Condensirung ohne Injektion, und
3) von der Entbehrlichkeit der Condensirung.

I.
Von den gewöhnlichen Condensatoren mit Injektion.

Die wesentlichsten Theile des Condensationsapparates sind: (S. Fig. 17)

1) der eigentliche Condensator R, ein luftdichtgeschlossener Behälter, in dem sich der Dampf aus dem Cylinder durch die Röhre Q ergießt;
2) die Luftpumpe (pompe à air, air-pump) S, die den Dampf aus dem Cylinder zieht, und das gebrauchte Wasser und die sich daraus entwickelnde Luft wieder herausschafft;
3) der Kaltwasserbehälter oder die Cisterne T, ein meist eisernes Gefäß, in dem der Condensator steht;
4) die Injektionsröhre U, die mit einem Hahn m, und vorn mit einem Spritztrichter versehen ist;
5) die Kaltwasserpumpe V, die das zur Condension nöthige kalte Wasser liefert.

In dem Gefäße, in das der Kolben der Luftpumpe das erwärmte Wasser hebt, steht die Warmwasserpumpe, die den Kessel speist. Das übrige Wasser fließt daraus ab.

Die Kolbenstangen dieser 5 Pumpen werden gewöhnlich durch den Balancier gezogen, und machen demnach so viele Hübe, als Doppelhübe der Dampfkolben macht.

Um das Condensationsgeschäft richtig zu beurtheilen, haben wir vornehmlich die Menge des erforderlichen Erkältungswassers, und die Funktionen der Luftpumpe näher zu betrachten.

a. Von dem zur Condensation erforderlichen Wasserquantum.

Offenbar hängt dieses einerseits von der Temperatur ab, bis zu welcher der Dampf erkältet werden soll, und anderseits von der Menge des zu condensirenden Dampfes, und der Temperatur des kalten Wassers.

Wir wissen, daß (höchst wahrscheinlich) 1 Pf. Dampf stets dieselbe Menge Wärme enthält, d. i. 650 w. Um also 1 Pf. Dampf in Wasser von T^0 zu verwandeln, muß er $(650 - T)$ w verlieren, und es bedarf dazu, wenn das Wasser eine Temperatur $= t$ hat $\frac{650 - T}{T - t}$ kaltes Wasser; und für S Pf. Dampf, also $\left(\frac{650 - T}{T - t}\right)$ S kaltes Wasser.

Gesetzt, es sollen 4 Pf. Dampf in Wasser von 40° C. verdichtet werden, und das kalte Wasser habe eine Temperatur von 12°, so braucht es

$$\frac{650 - 40}{40 - 12} \times 4 \text{ oder } \frac{610}{28} \times 4 = 87\tfrac{1}{7} \text{ Pf. Wasser}$$

oder etwa 22 mal so viel als man Dampf zu verdichten hat.

Um 1 Pf. Dampf in Wasser von 50° zu verdichten mit Wasser von 15° brauchte man

$$\frac{650 - 50}{50 - 15} = \frac{600}{35} \text{ oder ca. 17 Pf. Wasser.}$$

Ist W oder das Wasserquantum für 1 Pf. Dampf und dessen Temperatur t gegeben, so finden wir die nach der Condensirung erzeugte Temperatur oder

$$T = \frac{650 + tW}{W + 1}$$

Gesezt also, man kondensire 1 Pf. mit 20 Pf. Wasser von 12°, so wird die Temperatur desselben nach der Condensation seyn

$$\frac{650 + 12 \times 20}{20 + 1} = \frac{650 \times 240}{21} = \frac{890}{21} = 42\tfrac{1}{3}°.$$

Bei doppeltwirkenden Maschinen muß jeder Hub der Kaltwasserpumpe das nöthige Wasser liefern, um den bei einem Auf- und Niedergange des Kolbens gebrauchten Dampf zu kondensiren. Das Dampfvolum kommt also dem doppelten Inhalt des Cylinders gleich, und bei Maschinen ohne Expansion ist die Dichtigkeit dieses Dampfes der des Kesseldampfes gleich zu setzen.

Bei einer Maschine von niedriger Pression, deren Cylinder 2′ Diam. und 5′ Höhe hat, beträgt der doppelte Inhalt 31,4 Kub′. Hat der Dampf eine Spannung von 4½″ über die der Atmosphäre, so ist er etwa 1500mal dünner als Wasser; 1 Kub.′ wiegt also ca. $\frac{60}{1500}$ oder $\frac{1}{25}$ Pfund und bei jedem Hube müssen mithin $\frac{314}{250}$ oder ca. 1¼ Pf. Dampf kondensirt werden.

Bedarf es des 20fachen Quantums kalten Wassers, so muß diese Pumpe mithin 25 Pf. Wasser liefern, oder um eher einen Ueberfluß zu haben, wenigstens 30 Pf. oder ½ Kub.′ und ist ihr Hub von 1½′, so muß also der Stiefel eine Sektion von 48 □″ haben.

Bei ähnlichen Maschinen kann man also auf 1 Kub. Cylinder Inhalt etwa 2 Pf. kaltes Wasser nehmen.

Man sieht hieraus, daß schon eine beträchtliche Menge Wasser erfordert wird, um nur eine mäßige Condensirung zu bewirken; bedeutend mehr bedarf es aber, wenn das Wasser minder kalt ist, oder eine noch niedrigere Temperatur nach der Condensation erhalten werden soll.

Um 1 Pf. Dampf mit Wasser von 12° auf 40° zu condensiren, bedarf es 22 Pf.

Um 1 Pf. mit Wasser von 12° auf 30° zu condensiren, hingegen $\frac{650-30}{30-12}$ oder 34½ Pf.

Und um 1 Pf. Dampf mit Wasser von 16° auf 50° zu condensiren $\frac{650-30}{30-16}$ oder schon 44¼ Pf.

Da nun die Tension des verdünnten Dampfes bei 50° kaum um 1″ kleiner ist als bei 40°, und es doch um erstere zu erhalten, fast doppelt so viel Wasser braucht, so ist leicht zu ersehen, daß es vortheilhafter ist, die Condensirung nicht zu weit treiben zu wollen.

Würde man hingegen den Dampf nur auf 60 oder 70° condensiren wollen, so würde man freilich weit weniger Wasser gebrauchen, zugleich aber der Dampf eine noch zu hohe Elastizität behalten.

Um 1 Pf. Dampf mit Wasser von 12° auf 70° zu verdichten, braucht es nur $\frac{650-70}{70-12} = \frac{580}{58} = 10$ Pf. Allein bei dieser Temperatur hat der Dampf noch ⅓ der Atmosphäre Druck; während dieser bei 40° nur 1/14 desselben beträgt.

Bei den Watt'schen Maschinen mittlerer Größe rechnet man gewöhnlich für jede Pferdekraft 1 Kub.′ Wasser pr. Stunde, oder ca. 30 Kil. das verdampfen soll; der Bedarf an kaltem Wasser kann daher zu wenigstens 20 Kub.′ oder 600 Kil. angeschlagen werden; und eine zopferbige Maschine erfordert also pr. Stunde wenigstens 12000 Kil. oder pr. Min. 200 Kil. Wasser.

Die Herbeischaffung eines so großen Quantums Wasser erfordert nicht nur eine ansehnliche Pumpe und eine namhafte Kraft, sondern oft ist sie sehr schwierig, oder gar unmöglich.

Es ist daher in vielen Fällen zu wünschen, immer dasselbe Wasser wieder anwenden zu können, und dieß ist ohne Zweifel möglich, wenn es fortdauernd wieder abgekühlt würde.

Diese Abkühlung läßt sich erhalten, indem man das Wasser aus dem Condensator auf eine Art Gradirwand pumpt, oder in einen großen und flachen Behälter, aus dessen Boden es in Tropfen, wie ein Regen, in einen untern Behälter träufelt. Allerdings wird ein ziemlicher Wasservorrath nöthig seyn, und das Herauspumpen Kraft brauchen; ferner wird etwas Wasser verdunsten; und dieses Verfahren nicht in jeder Jahreszeit gleich leicht seyn. Indessen hat sich diese Abkühlungsmethode schon durch die Erfahrung als anwendbar und nützlich erwiesen. *)

b. **Von der Luftpumpe und ihren Funktionen.**

Da der Injektionshahn fortdauernd offen ist, so hat anhaltend Einspritzung, und daher Erkältung und Verdünnung des Dampfes statt; und sowie das Abflußrohr bald von oben bald von unten dem Cylinder geöffnet wird, so erfolgt sofort ein Abströmen des Dampfes in den Condensator. Dieser würde sich jedoch bald mit Einspritzwasser füllen; und es muß dieses also stets wieder herausgeschafft werden und zwar vermittelst einer Pumpe, weil der Condensator luftdicht verschlossen

---

*) S. Bull. de la Soc. d'Enc. Nro. 220, und polyt. Journ. Bd. 24, S. 17.

seyn muß. Das Wiederherausfördern des Injektionswassers ist der erste Zweck der Luftpumpe.

Ferner sammelt sich aber in dem Condensator beständig etwas Luft an, die eben so herausgezogen werden muß. Alles Wasser enthält nämlich etwas Luft (oft $1/20$ und mehr des Volums) und diese entwickelt sich daraus bei der Erwärmung und unter einem geringen Luftdrucke. Es wird hiemit nicht nur aus dem verdampfenden Wasser, sondern auch aus der ganzen Masse des Einspritzwassers fast alle Luft entweichen; und wenn bei einem Cylinder von 15 Kub.' (wie wir oben gefunden) an 30 Pf. oder $1/2$ Kub.' Wasser zu rechnen ist, so würde sich hier gegen $1/2 \times 1/20$ oder $1/40$ Kub.' Luft entbinden können.

Und diese Luft wird 1) sich im Verhältniß der Dampfverdünnung ausdehnen, also auf das 14fache, wenn der Dampfdruck (wie bei 40°) nur $1/14$ Atm. beträgt; es werden mithin $14/40$ Kub.' Luft entstehen;

2) verbindet sich diese Luft mit eben so viel verdünntem Dampf; und das Gesammtvolum beträgt demnach $28/40$ oder $7/10$ Kub.' oder etwa $3/4$ Kub.', da die Wärme beide noch etwas ausdehnt.

Aus dieser einfachen Berechnung ergibt sich also, daß bei obigem Cylinder von 15 Kub.' Inhalt die Luftpumpe bei jedem Hube $1/2$' Wasser und $3/4$' Luft und Dampf herausschaffen, und demnach einen Inhalt von $5/4$ Kub.' oder $1/12$ des Cylinders haben muß. *)

---

*) In den Maschinen von Watt und Boulton ist sogar gewöhnlich die Capazität der Luftpumpe zu $1/8$ von jener des Cylinders angenommen; der Stiefel hat den halben Durchmesser des Cylinders, und der Hub des Kolbens die halbe Höhe.

Bei Anwendung von dichterm Dampf (ohne Expansion)

Zur Bewegung der Luftpumpe wird, wie leicht zu erachten, ein nicht geringer Kraftaufwand erfordert, und dieses ist um so größer, je weiter die Condensirung getrieben werden soll, und je geräumiger also die Pumpe seyn muß. Auch daraus ergibt sich, daß die Condensirung oft gar nicht, und immer nur innert einer gewissen Gränze vortheilhaft seyn kann. Bei gewöhnlichen Watt'schen Maschinen mag diese Pumpe etwa $1/20$ oder $1/15$ der ganzen Kraft absorbiren.

Wir fügen diesen Betrachtungen noch einige Bemerkungen bei:

1) da die Kaltwasserpumpe so viel Wasser ziehen muß, als je zur Condensation verlangt werden mag, so ist der Hahn m vorhanden, um den Zufluß zu reguliren, und das übrige Wasser muß abfließen können. Dieser Hahn, der bei n gedreht wird, kann aber einigermaßen sogar zur Regulirung der Maschine dienen, indem durch Verminderung des Einspritzwassers der Gang der Maschine offenbar erschwert wird.

2) Die Spannung des verdünnten Dampfes im Condensator entspricht nur insofern der Berechnung, als der Dampfkolben und die Steuerung nicht mehr Dampf entweichen läßt, als man gewöhnlich anzunehmen hat. Hat aber ein größerer Verlust statt, so wird auch jene Spannung stärker seyn. Es ist daher gut den Condensator mit einem Barometer in Verbindung zu bringen, an welchem die effektive Elasticität des Dampfes in demselben beobachtet werden kann. Man erhält dadurch ein sehr geeignetes Mittel um die Beschaffenheit der Kolbenlieferung zu jeder Zeit zu beurtheilen.

---

müßte das Verhältniß noch größer seyn, da gleiche Volume Dampf mehr Wasser zur Condension erfordern.

3) Da endlich das Auspumpen des Dampfes einige Zeit erfordert, so darf der Kolbenwechsel nicht zu schnell statt haben, und überhaupt weniger schnell als bei Maschinen ohne Condensator. Ueberdieß ist aus diesem Grunde zu vermuthen, daß der Gegendruck auf die Rückseite des Kolbens nicht augenblicklich aufgehoben wird.

Z.
Condensirung des Dampfes ohne Injektion.

Eine Condensirung des Dampfes ohne direkte Berührung desselben mit kaltem Wasser würde allerdings mehrere Vortheile gewähren. Die Luftpumpe wäre entbehrlich. Das condensirte Dampfwasser wäre rein und luftleer, wie destillirtes Wasser, und würde, stets wieder in den Kessel zurückgeführt, fast alle Reinigung desselben unnöthig machen; ein Umstand, der besonders auf Seedampfschiffen sehr wichtig seyn müßte. Da endlich der Kessel stets mit dem gleichen Fluidum gespeist würde, so könnte man vielleicht auch ein kostbareres, wie Weingeist, anwenden, dessen Verdampfung weniger Hitze erforderte.

Schon Watt versuchte eine solche Condensation, verzichtete aber bald darauf, da der Dampf nicht schnell genug aus dem Cylinder gezogen werden konnte.

Später (1797) gab Cartwright, der Erfinder des Metallstempels, eine Maschine an, wo der Dampf zwischen 2 nicht weit von einander abstehenden Blechcylindern, die von innen und außen von fließendem Wasser bespült waren, condensirt wurde. Allein auch seine Maschine, so sinnreich die Einrichtung war, fand keinen Beifall. *)

---

*) S. Tretgold traité p. 58.

Der Mechaniker Freund von Berlin bediente sich zu diesem Ende einer langen kupfernen Schlangenröhre, die in einem Behälter stand, in der die Maschine beständig kaltes Wasser pumpte, das unten ein= und oben wieder erwärmt abfloß.

Eben so führt Evans *) in seiner 1812 bekannt gemachten möglichst einfachen Dampfmaschine den bis zu doppeltem expandirten Dampf durch einen Condensator, den nur kaltes Wasser umgibt, und das condensirte Wasser durch eine kleine Druckpumpe stets wieder in den Kessel zurück.

Ein zusammengesetztes System von Röhren wandte Brunel an; **) und ein noch complizirteres ***) schlug Clark vor, um mit möglichst wenigem Wasser den Dampf von außen zu verdichten. Die Röhren, durch die der Dampf geht, sollen nämlich mit Tuch umwickelt seyn, von herabträufelndem Wasser begossen, und die Verdunstung durch Windflügel beschleunigt werden.

Alle bis jetzt vorgeschlagenen Condensationsmethoden ohne Einspritzung scheinen indessen wenig Erfolg gehabt zu haben.

Die dadurch etwa mögliche Anwendung eines andern Fluidums verspricht keinen wirklichen Nutzen; und zudem bleibt dasselbe nicht ganz rein, indem es stets mit Fettigkeit vermischt wird. ****)

Das condensirte Dampfwasser reicht zur Speisung nicht vollkommen hin, weil stets etwas Dampf verloren geht; es müßte also doch noch etwas Wasser dem Kessel durch eine zweite Pumpe zugeführt werden.

---

*) S. Manuel v. Evans, pl. 5. f. 6.
**) S. polyt. Journ. Bd. 11, Taf. 3.
***) S. polyt. Journ. Bd. 12, S. 502.
****) Die Schmiere verdunstet nämlich nicht, wie Viele meinen, sondern sie vermischt sich allmählig mit dem Dampfe; daher das Wasser oft ganz seifenartig oder milchicht wird.

Ferner ist zur Condensirung ohne Injektion jedenfalls eine sehr große Röhrenfläche nöthig. Der Apparat wird daher sehr zusammengesetzt, und dabei das Durchströmen des Dampfes erschwert.

Ueberdieß ist in diesem Falle ohne Zweifel ein großes Quantum kaltes Wasser erforderlich, das also geschöpft werden muß. Kann die Condension in fließendem Wasser geschehen, so kann auch bei andern Condensatoren die Wasserpumpe entbehrlich werden.

So wie endlich bei diesem Verfahren eine Regulirung der Condensirung kaum möglich ist, so fällt auch der wesentliche Vortheil weg, vermittelst eines Manometers den Zustand des Dampfkolbens stets prüfen zu können. (S. 284.)

Eine äußere Condensirung möchte daher vorzüglich nur bei Hochdruckmaschinen, deren Dampf bis dahin sonst in die Atmosphäre entweicht, mit Nutzen anwendbar seyn, und zwar wenn die Abkühlung in fließendem Wasser von sich gehen kann.

3.

Von der Entbehrlichkeit eines Condensators.

Bei Anwendung eines hochdruckenden Dampfs ist eine Condensirung desselben, wie schon bemerkt, nicht nothwendig, und auf Dampfwagen ist man gezwungen, auf einen Condensator zu verzichten, weil es unmöglich wäre, die erforderliche Menge kalten Wassers mitzuführen, und überdieß eine möglichst compendiöse Maschine hier besonders wichtig ist. Eben so muß man sich oft aus Mangel an Wasser mit Hochdruckmaschinen ohne Condensator behelfen, obschon man in diesem Falle Vorrichtungen treffen kann, um das erwärmte Wasser abkühlen zu laſſen, ſo daß daſſelbe Waſſer ſtets wieder von neuem dienen kann. (S. 282.)

Es giebt indeſſen Fälle, wo es überhaupt vortheilhafter ſeyn mag, keine Condenſation zu veranſtalten. Die Umſtände, unter denen dieß rathſam ſeyn kann, dürften namentlich folgende ſeyn:

1) wenn mit ſehr hohem Dampfe gearbeitet wird. Je ſtärker der Dampf iſt, deſto mehr entweicht nämlich faſt unvermeidlich durch den Kolben. Bei einem Condenſator iſt dieſer Verluſt doppelt ſchädlich, indem auch der entweichende Dampf condenſirt werden muß. Nur deßwegen muß alſo weit mehr Waſſer geſchöpft und eine weit größere Luftpumpe angewendet werden. Es iſt mithin wohl möglich, daß die Vortheile, die aus der Verdichtung erwachſen könnten, durch den dadurch erforderlichen Kraftaufwand aufgewogen würden;

2) kann dieß Statt finden, wenn etwa das kalte Waſſer aus ſehr großer Tiefe heraufgepumpt werden muß;

3) wenn man kein bedeutendes Quantum Waſſer zur Condenſirung anwenden kann. Geſetzt nämlich, man hätte nur über ein 8faches Quantum von $12^{\flat}$ zu verfügen, ſo bliebe nach obiger Formel die Temperatur des Waſſers noch der Condenſion

$$= \frac{650 + 12 \times 8}{8 + 1} = \frac{746}{9} = 83^0$$

und bei dieſer die Tenſion des nicht condenſirten Dampfes nach $15\frac{1}{4}''$, alſo über $\frac{1}{2}$ Atm.;

4) aber und hauptſächlich können Maſchinen ohne Condenſion vortheilhafter ſeyn, wenn der entweichende Dampf dennoch benutzt werden kann, namentlich alſo, wenn man ihn zur Heizung verwendet. Dieſer Dampf wird nämlich eben ſo viel Wärme abgeben, als wenn er

absichtlich zu diesem Behuf erzeugt worden wäre, und in solchem Falle kostet demnach die Dampfkraft beinahe gar nichts.

IV.
Von der Umwandlung der ursprünglichen Bewegung in eine kreisförmige.

Die ursprüngliche Bewegung, welche der Dampf bei allen Kolbenmaschinen hervorbringt, ist eine geradlinigte hin- und hergehende Bewegung des Stempels und der Kolbenstange, welche unmittelbar nur sehr selten, und fast nur zur Bewegung von Pumpen angewendet werden kann. Gewöhnlich muß dieselbe in eine kreisförmige und fortwährende Bewegung umgewandelt werden. Dadurch erst wurde die Dampfmaschine zu den unzähligen Zwecken brauchbar, zu welchen sie jetzt mit so großem Vortheile angewendet wird.

Diese Umwandlung macht die Maschine zusammengesetzter und mithin kostspieliger, und verursacht überdieß eine merkliche Veränderung des Nutzeffekts. Bei den rotirenden Maschinen, in welchen der Dampf direkt eine kreisförmige Bewegung hervorbringt, fallen zwar diese Nachtheile weg; wegen der großen Schwierigkeit ihrer Construktion, und wegen anderer Nachtheile, welche sie darbieten, haben dieselben indessen noch wenig Anwendung gefunden.

Watt war der Erste, der diese Umwandlung zu bewirken versuchte. Er bediente sich bei seinen ersten Maschinen zweier Stirnräder, deren Achse durch eine Stange mit einander verbunden waren, und wovon das eine um das andre herumlief. *) Bald fand man aber die Anwendung einer Kurbel weit einfacher und vortheilhafter, obschon dieses Mittel eine starke Verminderung des Nutzeffekts verursacht.

Rücksichtlich der Art, wie diese Kurbel mit der Kolbenstange in Verbindung gebracht wird, kann man zweierlei Kolbenmaschinen unterscheiden:

1) solche, bei welchen die Kolbenstange unmittelbar auf die Kurbel wirkt. Dazu gehören z. B. die Maschinen von Maudslay, die mit horizontalem Cylinder von Taylor und Martineau, die von Manby mit oszillirendem Cylinder u. s. w. von denen später die Rede seyn wird, und

2) solche, bei welchen die Kurbel nicht unmittelbar mit der Kolbenstange in Verbindung steht.

Die Kolbenstange ist nämlich an dem einen Ende eines großen Wagebaumes oder Balanciers angehängt, und an dem andern Ende dieses doppelten und meistens gleicharmigen Hebels ist eine Treibstange (bièle) angebracht, die eine Kurbel und mittelst derselben den Wellbaum in Bewegung setzt.

Da nun der Kolben bei allen Pumpen nothwendigerweise eine auf die Basis des Stiefels senkrechte und mit seiner Axe stets parallele Bewegung haben muß, die Kurbel hingegen beständig diese Bewegung in eine kreisförmige zu verwandeln sucht, so müssen bei allen Kolbenmaschinen Vorrichtungen vorhanden seyn, vermittelst welcher der Kolben eine so viel als möglich senkrechte Bewegung beibehalten kann.

Ferner muß, da der Winkel, den die Kurbel mit der Treibstange bildet, sich in jedem Augenblicke verändert, die

---

*) Diese Vorrichtung ist unter dem Namen Sun and planet wheel, franz. mouche, bekannt. S. Borgnis pl. 8 und 17.

continuirliche Bewegung der Kurbel und des Wellbaumes regulirt werden, und dazu dienen meistens große Schwungräder.

Wir reden also:
1) von den Mitteln, die senkrechte Bewegung des Kolbens zu erhalten;
2) vom Balancier;
3) von der Kurbel und der Treibstange;
4) vom Schwungrad.

———

1.

Von den Mitteln, die senkrechte Bewegung des Kolbens zu erhalten.

Diese Mittel sind ziemlich zahlreich, und die vortheilhaftesten derselben sind wohl die, welche die genaueste senkrechte Bewegung des Kolbens mit der geringsten Zersetzung von Kraft bewirken können und zugleich die einfachste Construktion besitzen.

Wir werden zuerst die vielfachen Vorrichtungen beschreiben, welche schon angewandt worden sind, um auf möglichst einfachem Wege diesen Zweck zu erreichen, und um namentlich den schweren Balancier entbehrlich zu machen, der vielen Raum einnimmt, und sogar in einigen Fällen gar nicht anwendbar ist. *)

———

*) Schon bei Maschinen von 30 Pferden wiegt der Balancier oft 60 und mehr Zentner. Bei der neuen colossalen Maschine zu Redruth in Cornwallis soll er sogar an 25 Tonnen oder 500 engl. Zentner wägen. Die Zapfen derselben haben eine Last von 200 Tonnen zu tragen. Der aus

Das einfachste Mittel besteht wohl darin, daß man die Kolbenstange direkt an die Kurbel, und an das untere Ende derselben den Kolben vermittelst eines Gelenkes befestigt. (S. Fig. 154.)

Die Kolbenstange hat in diesem Falle nicht nöthig, sich in senkrechter Richtung zu bewegen, sondern wird vielmehr die verschiedenen Stellungen einnehmen, welche ihr die Kurbel vorschreibt. Diese Vorrichtung ist indessen nur dann möglich, wenn der Cylinder, in dem sich der Kolben bewegt, oben offen ist, wie dieß bei einfach wirkenden Dampf- und Pumpcylindern der Fall ist. Bei doppeltwirkenden Dampfmaschinen und Pumpen müssen hingegen die Cylinder hermetisch geschlossen seyn, und die Kolbenstange durch eine Stopfbüchse hindurch gehen.

Bei der (oszillirenden) Maschine von Manby ist es ebenfalls nicht nöthig, der Kolbenstange eine senkrechte Bewegung zu geben, da der ganze Dampfcylinder sich um eine Achse herumbewegt, welche entweder in der Mitte seiner Länge oder an seinem untern Ende angebracht ist, und der darin befindliche Kolben daher, obschon er stets eine mit der Achse des Dampfcylinders parallele Bewegung hat, doch die verschiedenen Stellungen der Kolbenstange ungehindert annehmen kann.

Die Kraft, welche der Dampfcylinder absorbirt, um seine Schwingungen zu verrichten, ist indessen ungefähr eben so groß als diejenige, welche ein Balancier erheischt, und überdieß ist die Wirkung der Maschine viel ungleichförmiger, da die Schwingungsbogen des Cylinders wegen seiner kleinern

---

einem Stücke gegossene Dampfcylinder, ohne Kessel und Boden, soll über 12 Tonnen wägen.

Länge viel größer seyn müssen, als diejenigen eines Balanciers.

Bei den Maschinen von Taylor und von Maudslay ist die Kolbenstange selbst mit der Kurbel vermittelst einer Treibstange verbunden (S. Fig. 161). Eine Friktionsrolle, die an dem obern Ende der Kolbenstange angebracht ist, und sich in einem Rahmen hin und her bewegen kann, verhindert diese von ihrer mit der Achse des Dampfcylinders parallelen Bewegung abzuweichen.

Fig. 170 u. 171 stellen noch eine andere Vorrichtung dar, um die Vertikalität der Kolbenstange a beizubehalten.

A ist ein inwendig gezahnter Ring, in welchen ein Stirnrad eingreift, dessen Radius genau halb so groß ist, als der des Ringes. An der Achse dieses Stirnrades sind zwei Kurbeln b und c angebracht, welche beide so lang sind als der Radius derselben, und wovon die eine c die Bewegung der Kolbenstange, in eine kreisförmige umgewandelt, dem Stirnrade, und die andre b die Bewegung des letztern dem Wellbaume mittheilt, welcher sich im Centrum des Ringes A befindet. Bei der untersten und obersten Stellung des Stirnrades wird das obere Ende der Kolbenstange in o und in p seyn. Es läßt sich nun mit Leichtigkeit geometrisch beweisen, daß, welche Stellung das Stirnrad auch haben mag, der Bogen on immer dem Bogen mn gleich seyn wird, und daß sich mithin der Punkt m immer in der senkrechten Linie op befinden wird. *)

―――

*) Durch diesen Mechanismus wird die senkrechte Bewegung der Kolbenstange äußerst genau beibehalten. Ferner glauben wir, daß diese Vorrichtung eine sehr unbedeutende Zersetzung der Kraft darbietet, und das wohl nur in dem obersten und untersten Punkte der Hubslänge, und daß daher der

Bei einfachwirkenden Maschinen und namentlich bei den atmosphärischen Maschinen, wo der Dampf nur das Hinuntergehen des Balanciers bewirkt, das Hinaufgehen desselben hingegen vermittelst eines großen Gegengewichtes Statt hat, kann mit Vortheil eine einfache Kette angewendet werden, welche sich über ein Kreisbogenstück am Ende des Balanciers aufwindet (S. Fig. 159).

Bei doppeltwirkenden Maschinen sind hingegen zwei Ketten dazu erforderlich (S. Fig. 160). Die eine ist an dem Bogen bei a und an der Kolbenstange bei c, die andre ist hingegen an dem Bogen bei b und an der Stange bei d befestigt. Geht der Kolben abwärts, so zieht die Kette ac den Balancier hinunter, geht derselbe aufwärts, so zieht die Kette bd diesen hinauf. Um die Bewegung der Kolbenstange noch sicherer zu machen, läuft dieselbe zwischen dem Leitpfosten ee. Dieses Mittel ist sehr einfach, verursacht aber viele Reibung, daher die folgenden demselben bei weitem vorzuziehen sind.

Der erste Mechanismus ist unter dem Namen Gegenlenker bekannt und Fig. 163 dargestellt.

AC ist der eine Arm des Balanciers und C seine Achse, OB ein zweiter Hebel, der sich um den festen Punkt dreht, und AB eine Querstange, welche A mit B verbindet und an der die Kolbenstange MF befestigt ist.

Construktion desselben (S. Fig. 163).

Es sey die Länge AC des Balanciers und die Hubslänge des Kolbens gegeben.

Umstand, daß derselbe bis dahin nur bei kleinen Maschinen mit einigem Vortheile angewendet werden konnte, nur der mangelhaften Construktion zugeschrieben werden mag.

Man nehme den Punkt A, welcher auf der durch den Punkt C gezogenen Horizontallinie liegt, als das Mittel des Schwingungsbogens an, beschreibe aus dem Punkte C mit dem Radius AC einen Bogen, so wird derselbe die verschiedenen Stellungen des Punktes A angeben. Man nehme ferner AA' = AA'' so groß, daß die gebildete Chorlde A'A'' gleich der gegebenen Hubslänge sey. Verbindet man nun die Punkte A' und A'' mit C, so wird A'C die oberste und A''C die unterste Stellung des Balanciers bezeichnen.

Um die Abweichungen der Querstange von der senkrechten Linie, in welcher sich die Kolbenstange bewegen soll, so klein als möglich zu machen, nehme man die Linie TT', welche durch die Mitte von Ab geht, als letztere an. Indem man nun aus den Punkten A, A', A'' eine beliebige Größe AM = A'M' = A'M'' aufträgt, so daß die Punkte M, M', M'' in die senkrechte Linie zu liegen kommen, und an derselben die Kolbenstange befestigt, so wird letztere, wenn auch der Balancier die Zwischenstellungen einnimmt, doch nur sehr unmerkliche Abweichungen von der senkrechten Linie machen.

Es muß indessen noch ein Zaum vorhanden seyn, welcher den Punkt M verhindert, von der senkrechten abzuweichen. Um diesen damit zu verbinden und die Länge derselben zu finden, verlängere man die Linien AM, A'M', A''M'' um eine gleiche, jedoch beliebige Größe, und man erhält alsdann die Punkte B, B', B''. Der Mittelpunkt O des Kreises, welcher durch diese Punkte geht, wird der Umdrehungspunkt des Zaumes und OB die Länge desselben seyn.

Je größer nun MB im Verhältnisse zu AM ist, desto näher wird der Umdrehungspunkt O der senkrechten Linie zu liegen kommen. Wird Mv = AM genommen, so wird die Länge des Zaumes OB der Länge des Balanciers AB gleich werden.

Verlängert man endlich AM nach der andern Seite hin (S. Fig. 164), so daß die Kolbenstange an dem Ende der Querstange MB, und der Balancier in der Mitte derselben angehängt wird, so wird der Umdrehungspunkt O auf der andern Seite der senkrechten Linie sich befinden müssen, welches in dem Falle, wo Raum erspart werden muß, ziemlich vortheilhaft seyn kann.

In jedem Falle werden die mittlern Stellungen des Balanciers und des Zaumes immer parallel zu einander seyn.

In Fig. 162 ist der Balancier durch eine Triebstange ersetzt, welche an dem Punkte M der Querstange AB eingelenkt ist, und daher anstatt des Balanciers AC bloß eine Stange angebracht, welche sich ebenfalls um den Punkt C herumbewegt.

Der zweite Mechanismus ist das noch allgemeiner eingeführte Watt'sche Parallelogramm (S. Fig. 155—158), welches auf folgende Art eingerichtet ist.

An dem Ende und gegen die Mitte des Balanciers a'C, welcher sich um den Punkt C herumbewegt, sind zwei Stäbe a'd' und b'c' von gleicher Länge eingegliedert und die Endpunkte d' und c' derselben mit einer Stange d'c' = a'b' verbunden, so daß a'b'c'd' in jeder Lage des Balanciers ein Parallelogramm bildet. Der Punkt d' soll sich hier in der senkrechten Linie d'd'' hin- und herbewegen, und dieß wird durch den Zaum Oc', der sich um O herumdrehen kann und bei c' mit c'b' um eine gemeinschaftliche Achse läuft, erreicht. Um den Drehungspunkt O zu finden, zeichne man die Lage des Paralellogrammes in seiner höchsten, mittlern und tiefsten Stellung, indem man den Punkt d' jedesmal in die Vertikallinie d'd'' legt. Man erhält alsdann die drei Punkte c, c' und c'', durch welche man einen Kreis zieht. Der Radius desselben wird die erforderliche Länge seyn.

Es ist zu bemerken, daß die Verlängerung der Linie dc in ihrer mittlern Stellung immer den Umdrehungspunkt O des Zaumes enthält und Oc' daher immer horizontal seyn wird, wenn der Balancier a'C horizontal liegt, und derselbe außerdem gleiche Schwingungswinkel $\alpha\alpha$ über und unter der Horizontallinie macht. Auch hier wird ferner der Drehungspunkt O desto entfernter von der Vertikallinie liegen, je kleiner a'b' im Verhältniß zur Länge a'C des Balanciers ist.

Macht man $a'b' = \frac{1}{2} a'C$, so wird der Punkt O in die Vertikallinie fallen (S. Fig. 156), und macht man $a'b'$ noch größer als $\frac{1}{2} a'C$, so wird derselbe auf der andern Seite der Vertikallinie nämlich gegen C hin liegen.

Ferner wird, wenn man aus dem Punkte d' des Parallelogramms nach dem Punkte C hin eine Linie zieht, ein jeder Punkt dieser Linie sich in einer senkrechten Linie hin- und herbewegen, jedoch werden seine Abweichungen von derselben desto größer seyn, je näher er dem Punkte C ist.

Der Punkt d' wird daher immer die geringsten Abweichungen erleiden und allen andern Punkten vorgezogen. Indessen wendet man noch sehr häufig den Punkt C' an, in welchem die Linie $d'C$ mit der Linie $b'c'$ zusammentrifft, da man mit großer Leichtigkeit an demselben eine Stange zur Bewegung des Kolbens der Luftpumpe anbringen kann, wie aus Fig. 157 zu ersehen ist. (Fig. 165 zeigt die Seitenansicht dieses Parallelogramms.)

Ferner wird hauptsächlich bei Woolf'schen Maschinen, welche mit zwei Dampfcylindern versehen sind, noch ein dazwischenliegender Punkt v Fig. 155 mit einer Kolbenstange versehen, und derselbe durch die Stäbe vr und vs oder auf andre Weise mit dem Balancier in Verbindung gebracht. *)

Fig. 158 zeigt die Art, wie das Parallelogramm anzubringen ist, wo der Balancier unterhalb des Dampfcylinders steht, wie dieß besonders bei den Dampfschiffmaschinen Statt hat. Um den Umdrehungspunkt O des Zaumes an dem Dampfcylinder selbst befestigen zu können, hat man das Ende des Zaumes etwas unterhalb des Punktes c eingegliedert.

---

*) Folgende Tafel aus Rees Encyclopädie zeigt verschiedene Anordnungen und Verhältnisse von Parallelogrammen, welche

Es ist endlich noch eine Vorrichtung zu beschreiben, welche von einem Amerikaner erfunden, und von O. Evans eingeführt worden ist (S. Fig. 166).

Es seyen C d, C d′ u. C d″, die höchste, mittlere und unterste Lage eines Balanciers, dessen Achse in C ist, und in dem Punkte d die Kolbenstange angebracht, welche sich in senkrechter Richtung stets hin- und herbewegen soll. Damit der Punkt d aber in diesen doch immer in der Vertikalinie bleibe und in d′ und d″ komme, wenn der Balancier die Stellungen C d′ und C d″ einnimmt, so muß irgend ein Punkt m des Balanciers alsdann im Dampfpunkt m′ und m″ fallen, so daß m′d′ = m″d″ = m d ist. Um dies zu bewirken, hat man nur nöthig, diesen Punkt mit einem Zaum O m zu verbinden, welcher sich um das Centrum eines Kreises herumbewegt, welcher durch die drei Punkte m, m′, m″ gezogen werden

---

von den besten Dampfmaschinen in und um London genommen sind (in Zollen ausgedrückt):

Kolbenhub.	Länge			
	des Balanciers a′C	von a′b′	von a′d′	des Zaumes O c′
96	147	69	42	78
72	120	50	28	96
72	110	55	31½	55
48	90	41	20	60
48	84	58	19	60
48	84	36	20	54
48	72	41	28	25
45½	76	40	28	36
36	60	37	12	15⅔
24	37	16	9	26
23	36	16	12	26

kann. Fällt aber der Punkt m in m′, wenn der Balancier die horizontale Stellung einnimmt, so muß, da die Portion C m des Balanciers nicht verkürzt werden kann, sich die Achse desselben ein wenig verschieben können. Dies geschieht, indem man den Zapfen in einem Rahmen laufen läßt oder das Ende desselben mit einer Kurbel verbindet, welcher sich um den Punkt z herumdreht. Je mehr sich der Punkt m des Zaumes dem Punkte C nähert, desto mehr nähert sich auch demselben der Umdrehungspunkt O des Zaumes.

Diese Vorrichtung ist äußerst einfach, kann jedoch nur bei kleinern Maschinen angewendet werden, bei welchen das Gewicht des Balanciers noch nicht beträchtlich ist.

Die Abweichung der Kolbenstange von der Vertikallinie welche bei allen diesen Mechanismen unvermeidlich ist, ist aus Fig. 155 ersichtlich und hat keinen Nachtheil, da dieselbe fast gänzlich durch die Biegsamkeit der Kolbenstange aufgehoben wird.

2.
Von dem Balancier.

Der Balancier pflanzt die ganze Kraft, die er erhält, nur dann ungeschwächt auf die Triebstange fort, wenn er sich in horizontaler Stellung befindet. Er absorbirt hingegen desto mehr Kraft, je mehr er sich den äußersten Stellungen nähert; so daß das Maximum von Kraft in a (S. Fig. 155) durch a C, das Minimum hingegen in den Punkten a′ und a″ durch e C oder durch den Cosinus des Winkels α ausgedrückt werden kann.

In Bezug auf die Kraft, welche es braucht, um den Balancier in Bewegung zu setzen, die Reibung seiner Zapfen nicht eingerechnet, bemerken wir Folgendes:

1) Die Kräfte sind proportionel zu dem Gewichte des Balanciers und zu den Quadraten seiner Geschwindigkeiten. *)

2) Die Kräfte sind bei gleicher Anzahl von Schwingungen proportional zu der Länge des Balanciers, und bei gleichen Kräften verhalten sich die Anzahlen von Schwingungen, welche der Balancier in einer gewissen Zeit verrichtet, umgekehrt, wie die Wurzeln aus seinen Längen.

Es lassen sich nämlich die Schwingungen eines Balanciers mit denjenigen eines Pendels vergleichen. Man hat daher, wenn n' und n, die Anzahlen von Schwingungen pr. Min., l und l' die Längen des Balanciers bedeuten:

$$n : n' = \sqrt{\frac{l'}{f'}} : \sqrt{\frac{l}{f}}$$

oder $n^2 : n'^2 = \frac{l'}{f'} : \frac{l}{f}$

Sind nun die Kräfte gleich oder ist $f = f'$ so wird:

$$n : n' = \sqrt{l'} : \sqrt{l}.$$

Setzt man hingegen $n = n'$ so erhält man:

$$\frac{l'}{f'} = \frac{l}{f} \text{ oder } f : f' = l : l'.$$

---

*) Ist nämlich P das Gewicht eines Balanciers, P' dasjenige eines andern Balanciers von gleicher Länge, v und v' ihre Geschwindigkeiten und fh, $f'h$ die Kräfte, welche es braucht, um dieselben zu bewegen, so ist bei gleichen Schwingungsbogen:

$fh : f'h = Pv^2 : P'v'^2.$

folglich $f : f' = Pv^2 : P'v'^2.$

Ist $P = P'$ so ist $f : f' = v^2 : v'^2.$

Um daher einen doppelt so schweren Balancier mit der nämlichen Geschwindigkeit zu bewegen, braucht es auch eine doppelt so große Kraft, um hingegen einen und denselben Balancier mit einer doppelt so großen Geschwindigkeit zu bewegen, braucht es eine vierfache Kraft.

Gewöhnlich gibt man dem ganzen Balancier eine Länge, welche 3 bis 4mal so groß ist, als diejenige des Kolbenhubes, so daß der ganze Schwingungsbogen über und unter der Horizontallinie einem Winkel von 28 — 36° entspricht.

Die vortheilhafteste Form, welche man dem Balancier, wenn er in allen Punkten eine gleiche Dicke haben soll, wie dieß meistens der Fall ist, geben kann, ist die einer Parabel. (S. Fig. 157.)

Da nämlich die Bewegung seines Umdrehungspunktes C sehr klein ist im Verhältnisse zu derjenigen des Punktes a, an dem die Kolbenstange befestigt wird, so kann man den Balancier mit einer Stange (S. Fig. 173) vergleichen, welche bei dem Punkte C eingemauert ist, und dessen Ende ein Gewicht P trägt, welches der Kraft gleich ist, mit der die Kolbenstange den Balancier hinauf und hinunterbewegt. Dieses Gewicht übt auf den Punkt C einen Druck, aus den $= Pl$ gesetzt werden kann und der das Maximum ist, denn wie sich der Punkt C dem Gewichte nähert, desto kleiner wird l und mithin auch das Produkt Pl. Da nun der Widerstand in jedem Punkte dem Drucke gleich seyn muß, welchen das Gewicht auf denselben ausübt, so müssen sich die Widerstände in den verschiedenen Punkten der Stange, wie die Entfernungen derselben von dem Aufhängungspunkte des Gewichtes verhalten. Da nun aber die Widerstände proportional zu den Quadraten der Sektionsbreiten sind, so müssen es auch die Entfernungen seyn, welche Eigenschaft gerade die Form einer Parabel besitzt. Ist z. B. der Balancier in C 4″ breit, so muß derselbe in d nur 2″ breit seyn, wenn nämlich $dP = \frac{1}{4} l$ ist. Würde hingegen die Breite desselben in allen Punkten gleich seyn, so müßte seine Dicke die Form eines gleichschenkligen Dreiecks haben.

Die Construktion der Parabel, welche die Theorie angibt, und welche in dem Aufsuchen der mittlern Proportionalgröße zwischen dem Parameter und den verschiedenen Abszissen besteht, ist zu weitläufig, als daß sie mit Vortheil in der Praktik angewendet werde. Folgendes Verfahren hingegen, durch welches man eine Curve erhält, welche nicht viel von der Parabel abweicht kann mit Leichtigkeit zur Verzeichnung derselben gebraucht werden.

Man theile die Länge des Balanciers (S. Fig. 167), welche man um etwas vermehrt, da die Kolbenstange durchaus nicht an dem äußersten Punkte desselben aufgehängt werden kann, in eine beliebige Anzahl gleicher Theile, theile die ganze Breite m n, welche man dem Balancier in der Mitte C seiner Länge zu geben hat in eine doppelte Anzahl gleicher Theile, und ziehe aus diesen Theilungspunkten Parallellinien mit der Achse des Balanciers. Zieht man nun ferner aus dem Punkte n Linien nach den erhaltenen Theilungspunkten auf der Achse a C, so werden sich dieselben mit den gezogenen Parallellinien in den Punkten d d' d'' zusammentreffen, welche der Curve des Balanciers angehören. Zieht man aus diesen Punkten Linien, welche senkrecht auf die Achse a C sind, so erhält man auch die andere Hälfte der Curve.

3.

Von der Kurbel (manivelle).

Beschreibt der obere Punkt A (S. Fig. 168) einer Treibstange AB vermöge irgend einer Kraft einen Weg = AC, so wird die Kurbel, welche an dem untern Ende derselben befestigt ist, gezwungen von B bis E sich in einem Kreise um das Centrum O des Wellbaumes herum zu bewegen, so daß die senkrechte Entfernung dieser beiden Punkte oder Of = AC ist. Damit also die Kurbel einen ganzen Umgang um seine Achse beschreiben und eine fortwährende cirkuläre Bewegung erhalten kann, muß dieselbe nothwendigerweise die halbe Länge des Laufes der Triebstange haben, und sie wird in diesem Falle bei jedem Hin- und Hergange der letztern einen Umgang vollbringen.

Die Verbindung der Kurbel mit der Triebstange kann ferner als ein Winkelhebel betrachtet werden, dessen Winkel fortwährend sich verändert. Die Kraft, welche auf die Triebstange wirkt, wird daher je nach den verschiedenen Stellungen der Kurbel mehr oder minder zersetzt, so daß auch eine konstante Kraft immer einen sehr veränderlichen Effekt hervorbringt. In den Punkten m und n ist z. B. der Effekt am größten, weil alsdann die Triebstange ganz senkrecht auf die Kurbel wirkt. Er wird hingegen immer kleiner, bis zuletzt in den Punkten a und y, wo die Triebstange ganz parallel auf die Kurbel wirkt, und mithin die ganze Kraft durch die Steifheit der Kurbel absorbirt wird, der Winkel = o ist.

Diese Verschiedenheiten in der Größe des Nutzeffektes sind ferner um so größer, je kleiner die Länge der Triebstange im Verhältnisse zu derjenigen der Kurbel ist. Ist erstere hingegen 5—6mal so lang als die Kurbel, so sind dieselben ziemlich klein, und ebenso ist nun auch die Portion des angewandten Efferts, welche die Kurbel wieder fortpflanzen kann, am größten. Eine noch größere Länge der Triebstange würde eine beträchtliche Dicke und mithin ein großes Gewicht derselben erfordern, welches eine ziemliche Verminderung des Nutzeffekts veranlassen würde.

Theilt man die Länge des Kolbenhubes in 10 Theile, so verändert sich der Winkel und die auf die Kurbel wirkende Kraft ungefähr wie folgt:

Beim Anfange des Laufs ist der Winkel = $180°$ u. die Kraft = 0,00

$1/10$	—	—	141	—	0,62
$2/10$	—	—	123	—	0,85
$3/10$	—	—	111	—	0,594
$4/10$	—	—	$97\frac{1}{2}$	—	0,986
$5/10$	—	—	$85\frac{1}{2}$	—	1,00
$6/10$	—	—	75	—	0,956
$7/10$	—	—	$62\frac{1}{2}$	—	0,88
$8/10$	—	—	49	—	0,746
$9/10$	—	—	34	—	0,546
Am Ende des Laufs	—	0	—	0,00

Theilt man die Summe dieser Kräfte durch die Anzahl der angenommenen Positionen oder durch 11, so erhält man den Quotienten 0,6507, welches die mittlere Kraft der Kurbel anzeigt (diejenige der Triebstange als Einheit angenommen).

Was die Construktion der Kurbel und ihrer Triebstange anbetrifft, so werden meistens beide aus Gußeisen gemacht, und dieselben, um ihnen mehr Stärke und Festigkeit zu geben, mit Rippen versehen. Die Zapfen laufen in bronzenen Lagern, welche mit doppelten Keilen in die Triebstange befestigt sind.

4.

Von dem Schwungrade.

Unter einem Schwungrade (volant, fly-wheel) versteht man eine schwere sich um eine Achse drehende Masse, welche, wenn sie einmal in Bewegung gesetzt wird, zufolge des Beharrungsvermögens diese Bewegung mit einer gleichförmigen Geschwindigkeit fortzusetzen sucht. Wirkt daher eine Kraft auf das Schwungrad, welche in jedem Augenblick sich verändert, so wird dieselbe von letzterm so viel als möglich modifizirt werden; d. h. es wird im Falle, wo die Kraft zu groß wird, den Ueberschuß derselben absorbiren, um ihn dann wieder abgeben zu können, wenn die Kraft zu gering wird. Das Schwungrad erzeugt daher durchaus keine Kraft, sondern vertheilt nur die Kraft, welche ihm in bald größerm, bald kleinerm Maaße zufließt, für jeden Augenblick gleichförmig. Vielmehr wird noch Kraft erfordert, um dasselbe in Bewegung zu setzen, und um die Reibung der Zapfen seiner Achse und den Widerstand der Luft, welche es zu verdrängen hat, zu überwinden.

Auch bei den Dampfmaschinen wird das Schwungrad bloß gebraucht, um die Ungleichförmigkeit der Bewegung, welche sowohl der intermittirenden Wirkung des Dampfes als auch der unregelmäßigen Fortpflanzung der Kraft durch die Kurbel zuzuschreiben ist, zu reguliren und gleichförmig der Achse, an welcher es sich befindet, mitzutheilen.

Ueber das Schwungrad sind noch zu wenig Erfahrungen gemacht worden, als daß man genau angeben könnte, auf welche Weise man die Dimensionen und hauptsächlich das erforderliche Gewicht desselben berechnen könnte.

Wir führen daher nur folgende Regel ein, welche Murray und Wood, zwei der ausgezeichnetsten Männer Englands angeben, um zu jeder Maschine die erforderliche Schwere des Schwungrades zu finden:

Man multiplizire nämlich die Zahl der Pferde durch 2000, und dividire das Produkt durch das Quadrat der Umfangsgeschwindigkeit in Fußen pr. Sekunde, so wird der Quotient das schickliche Gewicht in Centnern (zu 100 ℔) angeben, oder:

$$P = \frac{2000 \cdot N}{V^2}$$

Da nun die Umfangsgeschwindigkeit des Schwungrades pr. Sekunde $= \frac{2 P R n}{60} = \frac{P R n}{30}$ ist, wo R der Radius desselben in Fußen und n die Anzahl von Umgängen, welche es in 1 Min. macht, bedeuten, so erhält man

$$P = \frac{2000 \cdot N \cdot (30)^2}{P^2 R^2 n^2}$$

$$= \frac{1763000 \, N}{R^2 n^2}$$

Hat z. B. eine Maschine eine Kraft von 20 Pferden, (N), hat das Schwungrad einen Radius (R) von 9′ und macht es pr. Minute 22 Umgänge, so ist:

$$P = \frac{1763000 \cdot 20}{9^2 \, 22^2} = 90 \text{ Centn.}$$

Dieses Gewicht P kann indessen nach Belieben etwas verkleinert oder vergrößert werden. Je größer dasselbe ist, desto größer ist die Wirkung des Schwungrades und desto gleichförmiger wird auch die Bewegung. Anderseits werden aber auch durch eine Vergrößerung seines Gewichtes die Kosten desselben, so wie auch die Reibung der Zapfen seiner Achse in ihren Lagern merklich vermehrt, so daß es doch vortheilhaft ist in gewissen Grenzen zu verbleiben und den Werth, welchen man auf obige Weise erhält, nicht ausser Acht zu lassen.

Man sieht aus der angegebenen Regel, daß je größer die Anzahl von Umgängen ist, welche das Schwungrad macht, desto kleiner das Gewicht desselben seyn muß. Es wird daher das Schwungrad bald an die Achse der Kurbel selbst gesetzt, bald damit seine Geschwindigkeit vergrößert werde, an eine zweite Achse, der man die Bewegung der Kurbelachse vermittelst zweier ineinandergreifender Räder mittheilt. Da nun die Geschwindigkeit des Schwungrades ganz von dem Verhältnisse, welches zwischen diesen beiden Rädern Statt hat, abhängt, so hat man in letzterm Falle noch den Vortheil, daß, wenn man sieht, daß ein gewisses Schwungrad nicht das erforderliche Moment besitzt, um den Effekt der Maschine gehörig zu reguliren, man nicht dasselbe durch ein größeres und schwereres zu ersetzen braucht, sondern nur an die Achse desselben ein anderes Rad zu setzen hat, das in einem größeren Verhältnisse zu seinem Getriebe steht. Jedoch ist es rathsam, dem Schwungrade keine größere Geschwindigkeit als die von 80 Umgängen pr. Minute zu geben, um nicht fürchten zu müssen, daß die Centrifugalkraft, welche mit dem Quadrate der Geschwindigkeit wächst, den Widerstand übertrifft, welchen ihr die Construktion desselben entgegenbieten kann. Ferner darf das Schwungrad, damit es seine Wirkung leicht ausführen kann, nicht zu sehr von dem Motor entfernt werden.

Aus obiger Regel folgt ferner, daß das erforderliche Gewicht des Schwungrades im umgekehrten Verhältnisse zu dem Quadrate seines Halbmessers steht. Man sucht daher immer seinen Durchmesser so groß als möglich zu machen, und den größten Theil seines Gewichtes an seinen äußersten Umfang zu bringen, während man dem Kerne und seinen

Armen nur die Stärke gibt, welche dieselben nöthig haben, um der schädlichen Wirkung der Centrifugalkraft gehörigen Widerstand leisten zu können.

Gewöhnlich wird der Radius des Schwungrades 4—5 mal größer als die Länge der Kurbel gemacht. Ist daher der Kolbenhub 5′, so ist der Kurbelarm 2½′ lang und der Diameter des Schwungrades beträgt 20—25′.

Wegen des beträchtlichen Gewichtes, welches das Schwungrad gewöhnlich hat, wird es selten blos aus einem einzigen Stücke gegossen. Meistens bestehen die Arme und der Kern desselben aus einem Stücke, und die Segmente, aus welchen der Kranz besteht, werden an die Arme angeschraubt oder eingekeilt. In Fig. 172 bestehen sogar die Arme mit dem Kerne nicht mehr aus einem einzigen Stücke, sondern werden an denselben angeschraubt, so daß das ganze Schwungrad aus 11 Stücken zusammengesetzt ist, nämlich aus 5 Kranzsegmenten, 5 Armen und dem Kerne. Die Arme werden gewöhnlich elliptisch oder wenigstens so geformt, daß sie mit einer etwas scharfen Kante die Luft durchschneiden.

Fünfter Abschnitt.

Von der Nutzkraft oder dem Nutzeffekte der Dampfmaschinen.

Unter dem Nutzeffekte oder der mechanischen Wirksamkeit einer Dampfmaschine verstehen wir, was sie als mechanische oder industrielle Kraft zu leisten vermag; was durch sie verrichtet oder bewirkt werden kann; die nutzbare oder disponible Kraft also, die der Wellbaum oder die Zugstange wirklich besitzt. Es ist einleuchtend, daß diese Kraft bedeutend geringer seyn wird, als die, welche der Dampf unmittelbar auf den Kolben ausübt, denn ein beträchtlicher Theil muß schon durch die verschiedenen Organe der Maschine selbst absorbirt werden. Diesen nutzbaren Effekt aber meinen wir, wenn wir nach der Kraft einer Maschine fragen; jene reine, übrigbleibende Kraft, die eine weitere Verwendung gestattet, will der Käufer kennen und abgeschätzt haben. So verstehen wir unter der Kraft eines Zugthiers nicht die Summe aller seiner Muskelkräfte, nicht auch die, die es zur Bewegung des eigenen Körpers gebraucht. Auch hier fragen wir übrigens nicht nur nach der absoluten Nutzkraft einer Maschine, sondern noch nach ihrer relativen und namentlich derjenigen, die z. B. mit einem gegebenen Quantum Holz oder Steinkohle erhalten wird.

Wir reden demnach:

1) von der Krafteinheit, nach der die Nutzkraft der Dampfmaschinen abgeschätzt wird;
2) von den Mitteln, sie direkt zu messen;
3) Von den Ursachen, welche die Nutzkraft vermindern;
4) von den Versuchen, den Nutzeffekt zu berechnen;
5) von der relativen Nutzkraft bei gegebenem Aufwand an Brennmaterial;
6) von den ökonomischen Vorzügen verschiedener Systeme von Dampfmaschinen.

I.
Von der Krafteinheit oder dem Maſsstabe zur Abschätzung des Nutzeffects.

Diese Abschätzung kann auf eine doppelte Weise geschehen, entweder nämlich, indem man die Kraft einer Maschine mit einer andern bekannten Kraft, wie die eines Pferdes z. B. vergleicht, oder indem man sie nach gewissen Leistungen bemißt, z. B. nach der Menge Getreide die eine Maschine in einer Stunde mahlen kann, oder der Menge Wasser, die sie in einer Minute auf eine gewisse Höhe zu heben vermag.

Da viele Dampfmaschinen, zumal seitdem sie zu industriellen Zwecken brauchbar wurden, Pferdedienste ersetzen mußten, so wurde es sehr bald gebräuchlich, ihre Leistungen nach Pferdekräften (horse powers) zu schätzen. Eine Maschine, die so viel leistete, als 10 oder 20 Pferde, hieß eine 10- oder 20pferdige, oder eine zehner oder zwanziger Maschine.

So allgemein üblich indeſſen auch jetzt noch dieſe Art der Abſchätzung iſt, ſo hat dieſer Maßſtab doch offenbar etwas ſehr Unbeſtimmtes.

Für's Erſte nämlich kann ein lebendes Pferd nur eine gewiſſe Anzahl Stunden des Tags arbeiten, und zwar mehr oder weniger, je nachdem es mehr oder weniger angeſtrengt iſt; die Dampfmaſchine kann hingegen fortdauernd und mit voller Kraft wirken. Nimmt man alſo auch an, ein Pferd könne im Mittel 8 Stunden des Tags bei gehöriger Anſtrengung arbeiten, und nennt man eine 10pferdige Maſchine eine ſolche, die ſo viel Kraft hat, als 10 zugleich ziehende Pferde, ſo wird doch ihre Leiſtung ungleich größer ſeyn, wenn die Maſchine weit länger in Thätigkeit iſt. Arbeitet ſie 16 Stunden des Tags, ſo wird ſie die Arbeit von 20, und arbeitet ſie ununterbrochen, ſo wird ſie die von 30 Pferden verrichten.

Für's Zweite aber iſt die Kraft eines jeden Pferdes ſo wenig als die eines jeden Mannes, durchaus nicht gleich groß. Selbſt im Mittel kann dieſe Kraft in einem Land weit größer ſeyn als in einem andern. Kommt man alſo auch dahin überein, eine 10pferdige Maſchine eine ſolche zu nennen, die ſo viel Kraft hat als 10 zugleich ziehende Pferde, und könnte man auch, was ſelten nur thunlich iſt, durch Verſuche mit wirklichen Pferden, dieſe Kraft abſchätzen, ſo bliebe dieſe immer noch etwas unbeſtimmt, indem ſtärkere oder ſchwächere Pferde zu jener Evaluation angewendet werden können.

Für's Dritte iſt die Leiſtung deſſelben Pferdes, je nach der Art wie es benützt wird (beim Zuge z. B. auch, je nachdem es geſchwinder oder langſamer ziehen muß), gar ſehr verſchieden.

Soll der Ausdruck Pferdekraft alſo eine beſtimmte Größe bezeichnen, ſo iſt immer noch nöthig, daß man ſich über die Leiſtungen verſtändigt, die man durch dieſe Kraft verrichtet wiſſen will; geschieht aber dieß, so ist es offenbar eben so gleichgültig, daß diese Krafteinheit wirklich mit der mittlern Kraft der Pferde übereinkomme, als daß das eingeführte Fußmaß der wahren mittlern Länge des Menschenfußes entspreche. Und da in diesem Falle der Ausdruck Pferdekraft eine ideele Größe wird, so wäre es ohne Zweifel schicklicher, jenen Ausdruck aufzugeben, und überhaupt eine gewisse Leistung als Maßstab oder als Krafteinheit zur Bemessung des Nutzeffektes einzuführen.

Es ist zwar nicht zu verkennen, daß auch eine Verständigung über eine gewisse industrielle Leistung als Kraftmaß viele Schwierigkeiten haben mag. Nähme man als solche z. B. die erforderliche Kraft an, um 1000 Baumwollen-Spindeln (mit allen Präparationsmaschinen) zu treiben, oder um in 1 Stunde 1 Zentner Getreide zu mahlen, oder in 1 Stunde 20 ☐′ Dielen zu sägen u. dergl., so würde nicht nur diese Kraft nicht dieselbe seyn, sondern nach mancherlei Umständen auch bei derselben Leistung gar sehr verschieden. Je nach der Feinheit des Garns, der Stärke der Zwirnung, der Beschaffenheit der Maschinen u. s. w. wird z. B. die gleiche Kraft bald mehr bald weniger Spindeln in Bewegung setzen können *).

---

*) Das Produkt an Mehl, das eine Pferdekraft per Stunde liefert, wird ziemlich abweichend angegeben. Nach Egen vermahlt 1 Pf. Kraft in den Rheinländischen Mühlen $1/2$ Scheffel Waizen, $4/5$ Sch. Roggen zu Brodmehl und $1 1/5$ Sch. Gerste zu Schrot. Die nach englischer Art erbaute Dampfmühle in Magdeburg 0,69 Sch. Waizen zu Mehl, die englischen Dampfmühlen überhaupt nach Farey 0,61 Sch. Die besten englischen Getreidemühlen nach Fenwik (zu grobem Mehl?) 1,3 Sch. und eben so viel nach Coulomb die Windmühlen bei Lille.

Die Dampfmühlen, die von Maudsley in London konstruirt werden, haben eine Maschine von 16 Pferdekraft,

Es gibt indessen eine Leistung, die in hohem Grade geeignet ist, die Kraft zu bemessen, durch die sie hervorgebracht wird; es ist diese, die Hebung eines Gewichts auf eine bestimmte Höhe in einer gegebenen Zeit. Vermag eine Kraft 1000 Pfund in 1 Min. 40′ hoch zu heben, so ist sie sicherlich 10mal größer, als eine andere, die in derselben Zeit nur 100 Pf. 40′ hoch heben kann.

Wirklich haben denn auch in neuerer Zeit viele Mechaniker angefangen, die Kraft großer Maschinen nach einem solchen Maßstabe zu bezeichnen, und namentlich wird in Frankreich die Kraft, welche 1000 Kil. in 1 Min. 1 Met. hoch heben kann, unter dem Namen eines Dynams als Krafteinheit angenommen. Eine Maschine also, die per Minute 1000 Kil. (oder 1000 Liter) Wasser 30 M. hoch höbe, hätte die Kraft von 30 Dynamen *).

---

4 Mahlgänge, und Steine von 4 Diam., die 115—20 Umgänge per Min. machen, und mahlen in 1 Stunde per Gang 250 Pf. Auf 1 Pf. also kommen 0,75 Scheffel (von 84 Pf.) S. Gerstners Mechanik, Th. 2. 1832. S. 364.

Da diese Angaben wahrscheinlich auf gleich genauen Beobachtungen beruhen, so muß die Verschiedenheit hauptsächlich wohl daher rühren, daß je nach der Construction und Größe des Mahlwerks bald mehr bald weniger Kraft verloren geht, und daß überdieß bald feineres bald gröberes Mehl producirt wurde.

*) Düpin nennt Dynam die Kraft, die in 24 Stunden 1000 Kub. Met. Wasser 1 Min. hoch heben kann, was 649 Kil. 1 M. hoch in 1 Min. gleich kommt.

Andere nehmen eine Krafteinheit ohne Rücksicht auf die Zeit. So nennt Clement Dynamie und Coriolis Dynamod die Kraft um 1000 Kil. 1 Met. hoch zu heben; Andere nennen (für kleine Kräfte) Kilogrammeter oder Metroliter die Kraft für 1 Kil. 1 M. hoch. Ol. Evans

Eben so kann dieser Maßstab am besten dienen, um genauer zu bestimmen, welches die Kraft eines Pferdes oder eines Menschen ist, oder was jeder Mechaniker unter der Kraft eines Pferdes verstanden wissen will.

Wie abweichend das Moment oder der Effekt einer reellen Pferdekraft von den ausgezeichnetsten Mechanikern bestimmt worden ist, erhellt aus folgenden Angaben:

Watt und Boulton fanden, daß ein ordentliches Pferd 180' in 1 Sek. 3' hoch heben kann, und setzten daher die Pferdekraft auf 33000 engl. Pf. 1' hoch gehoben *)

$$180 \times 60 \times 3 = 32400.$$

Nach ihnen ist diese Kraft also = 27600 fr.' 1 fr.' hoch.

oder = 4500 Kil. 1 Met. in 1 Min.

oder =   75 Kil. 1 Met. in 1 Sek.

Ol. Evans nimmt das gleiche Moment an. Nach ihm hebt ein Mensch 30 Pf. in 1 Sek. 3⅔' hoch, so daß seine Kraft = 6600' in 1 Min. 1' hoch ist, und die des Pferdes setzt er auf das 5fache.

Prony, Navier u. A. setzen die Kraft auf 80 Kil. 1 M. hoch in 1 Sek., was 34800' engl. gleich kommt.

Desaguliers rechnet nur 27500'; Gregory 23100, und Smeaton nur 22916' (engl.) oder 53 Kil. 1 M. hoch.

v. Baader findet die Kraft eines Mannes = 50 Pf. 1' hoch in 1 Sek. und die eines Pferdes 14 mal größer oder = 43200 Pf. in 1 Minute, und Schulze letztere sogar = 63000 Pf. (!)

---

nennt Euboch als Einheit die Kraft, die 1 Kub.' Wasser (62½ Pfund), 1' hoch (engl.) hebt. 1 Euboch = 0,00865 Dynamien.

*) Watt fand, daß ein Pferd, das 2⅛ Meilen in 1 Stunde macht (zu 5280') ein Gewicht von 150 Pf., das an einem über eine Rolle laufenden Seile hängt, hebt.

Dan. Bernoulli (Prix de l'Acad. T. 8) schätzt die tägliche Arbeit eines Mannes auf 1¼ Mill. Pf. 1′ hoch, oder zu ca. 62 Pf. 1′ hoch in 1 Sek. *).

Je abweichender diese Angaben sind, desto nothwendiger ist es, wenn die Kraft einer Maschine in Pferdekräften bestimmt wird, zugleich festzusetzen, welche Leistung unter einer Pferdekraft verstanden seyn soll. Nur dann mag es ziemlich gleichgültig seyn, daß man sich ferner dieses einmal eingeführten Maßstabes bediene. Unterläßt man hingegen diese Bestimmung, so bleibt die Kraft sehr unsicher, und manche Maschine wird dann oft lange nicht leisten, was man sich davon versprach.

Ohne Zweifel ist die von Watt und Boulton angenommene Größe bei weitem die gebräuchlichste. In diesem Werke ist daher unter Pferdekraft immer diese verstanden.

Die Pferdekraft setzen wir nämlich = 32 — 33000′ 1′ hoch (engl.) oder 4500 Kil. 1 Met. hoch per Min.

---

*) Die Ausmittlung der Kraft, die einem lebenden Geschöpfe zukommt, ist übrigens schon darum schwierig, weil sie gar sehr von der Geschwindigkeit abhängt, die seiner Natur nach die angemessenste ist. Theoretisch kann dieselbe Kraft 100 Pf. mit einer Geschwindigkeit von 10′, und 1000 Pf. mit einer von 1′ per Sekunde betragen. Bei lebenden Wesen aber ist die Geschwindigkeit durchaus nicht gleichgültig. Ein Pferd, das bei einem Gange von 3′ per Sek. 180 Pf. heben kann, wird bei einer Geschwindigkeit von 6′ lange nicht 90 Pf. heben können, und eben so bei nur 1′ lange nicht 540 Pf. Will man daher das größtmögliche mechanische Moment eines Pferdes oder eines Menschen bestimmen, so muß zuerst ausgemittelt werden, bei welcher Geschwindigkeit seine Leistung die größte ist.

II.
Ueber unmittelbare Abmessung des Nutzeffekts.

Da die Größe einer Kraft am zuverlässigsten durch das Gewicht ausgedrückt wird, das sie in gleicher Zeit gleich hoch zu heben vermag, so wäre das natürlichste Mittel, die nutzbare Kraft einer Maschine zu finden, das, daß man an Pumpen von einer bestimmten Einrichtung Wasser ziehen ließe. Eine Maschine, die in derselben Zeit 3mal mehr Wasser hoch höbe, hätte sicherlich eine 3mal größere Wirkung. Es liegt indessen am Tage, daß mit den wenigsten Maschinen eine solche Probe füglich vorgenommen werden kann, und es bleibt daher um so mehr eine Vorrichtung wünschenswerth, wodurch man die Kraft einer jeden Maschine direkt zu bemessen im Stande wäre.

Einen solchen Kraftmesser hat vor etwa 10 Jahren Prony angegeben *).

Diese Vorrichtung, die Prony einen mechanischen Zaum (frein) nennt, besteht in folgendem:

Soll die Kraft eines in der Richtung des Pfeils sich drehenden Wellbaumes a gemessen werden, so befestige man an denselben zwei ihn umfassende und wie Zapfenlager ausgehöhlte Backen b und c vermittelst zweier Walzen und Schrauben d und f. Diese beiden Stücke des sogenannten Zaums sind im Gleichgewichte, d. h. ihr Schwerpunkt fällt in den Mittelpunkt des Wellbaums. Der obere Backen b

---

*) S. polyt. Journal B. 8, und Annales de Chimie v. 1822.

ist aber verlängert, und die Stange g wird am Ende mit einem Gewichte n beschwert. Durch die Schrauben d und f, oder auch nur mit Hülfe einer derselben, kann der Zaum beliebig genähert und an die Welle angedrückt werden. Ist der Zaum zu wenig angedrückt, so dreht sich die Welle ohne die Stange g zu bewegen. Drückt man ihn aber durch Anziehen der Schraube stärker an, so wird sie endlich die Welle g und h mit sich herumzuführen streben. Dieß geschieht jedoch nur, wenn das Gewicht zu klein ist. Man kann daher durch Abändern des Gewichts, und allmähliges Anziehen der Schraube dahin kommen, daß die Welle, indem sie sich dreht, den Balken g genau in horizontaler Lage erhält; und geschieht dieß, so ist nicht zu zweifeln, daß die Reibung, welche der Wellbaum erleidet und zu überwinden hat, der Last gleich ist, welche das Gewicht h ausübt; und diese wird gefunden, wenn man das Gewicht mit dem Wege, den es, wenn es wirklich umgetrieben würde, machen müßte, multiplizirt.

Gesetzt also n wäre = 100 Pf., die Entfernung vom Centrum der Welle 7′; und die Welle machte in 1 Min. 20 Umgänge, so wäre der Widerstand = $7 \times 6{,}28 \times 100 \times 20$ = 87720 Pf. 1′ hoch. Denn da die Welle das Gewicht nicht sinken läßt, und auch nicht herumführen kann, das Gewicht aber in jedem Augenblicke senkrecht steigen müßte, so muß Last und Kraft sich gleich seyn, und diese ein Gewicht von 100 Pf. in 1 Min. hindern, 20mal einen Weg von $7 \times 6{,}28$, zu machen.

Rechnen wir eine Kraft, die 33000 Pf. 1′ hoch in 1 Min. hebt, für die eines Pferdes, so wäre die der obigen Welle = $\frac{87720}{33000}$ oder die von ca. 2⅗ Pferden.

So wohl ausgesonnen jedoch diese Vorrichtung ist, und auf so richtigen Principien sie beruht, so ist die Anwendung derselben immerhin mit bedeutenden Schwierigkeiten verbunden.

Eine erste besteht darin, daß wenige Wellbäume so rund abgedreht sind, daß sich ein solcher Zaum anlegen läßt, und zudem müßte für jede Welle, deren Dicke verschieden ist, der Zaum abgeändert werden. Diesem Uebelstand ist jedoch dadurch abzuhelfen, daß man an die Welle ein eigenes Friktionsrad befestigt, dessen Umfang mit hervorstehenden Rändern versehen ist, um das Abgleiten der Backen zu verhindern. Dasselbe Rad läßt sich leicht an Wellen von sehr ungleicher Dicke anbringen, und man gewinnt überdieß den Vortheil, daß, weil der Umfang viel größer ist, die Reibung auf jeden einzelnen Punkt minder stark ist.

Ein zweiter nachtheiliger Umstand geht indessen immer noch daraus hervor, daß der Apparat sich schnell und stark erhitzt; und die Backen, wenn sie mit Messing auch umlegt sind, und beständig geschmiert werden, sich bald abnützen.

Drittens und vornämlich aber ist es ausserordentlich schwer Gewicht und Schrauben so zu reguliren, daß der Wagebalken genau die horizontale Lage beibehält, und oft beinahe unmöglich, da die Kraft selbst beständig sich etwas ändert.

Viertens ist das Gewicht des Wagebaums, dessen Schwerpunkt auszumitteln ist, noch in Rechnung zu bringen.

Fünftens endlich lassen die bisherigen Versuche mit diesem Instrument gewöhnlich eine zu große Kraft finden. *)

So manche Unvollkommenheit nun aber dieser Kraftmesser noch haben mag, so scheint doch das Princip, das ihm zum Grunde liegt, ganz vorzüglich zu einem solchen Instrumente brauchbar; und bedenkt man, wie hochwichtig ein

---

*) S. auch Bulletin de Mulhausen. T. 2. p. 40.

solches wäre, nicht allein um die Kraft irgend eines Wellbaums überhaupt zu bemessen, sondern auch um die theilweise Kraft, die irgend eine Vorrichtung absorbirt abzuschätzen, oder um die zu= oder abnehmende Kraft bei mancherlei Versuchen auszumitteln, so muß man gar sehr wünschen, daß der Pronysche Apparat so viel möglich vervollkommt werde.

Beachtungswerth sind einige Vorschläge von Dr. Alban; nur möchten sie die Vorrichtung bedeutend kompliziren. Er glaubt der ausnehmend schwierigen Regulirung des Zaums dadurch begegnen zu können, daß er 1) statt des Gewichtes einen Dynamometer (nach Regnier) am Ende des Wagebalkens anbringt; und 2) daß er das Anziehen der Schraube durch ein konisches Pendel bewirken läßt, so daß die Geschwindigkeit in einem Normalzustande erhalten wird. *)

Andere haben gesucht dieses Prinzip auch zur Bemessung schwächerer Kräfte anzuwenden. **)

III.
Von den Ursachen, welche den Nutzeffekt vermindern.

Wir haben oben (S. 94) gesehen, wie die absolute Kraft oder der reine dynamische Effekt des Dampfes gefunden wird.

Wir haben gesehen, daß diese Kraft von 1 Pf. Dampf von 100°, wenn er sich nicht expandirt = 52616 Pf. 1′ hoch (engl.) zu setzen ist; oder die von 1 Kil. Dampf = 17569 Kil. 1 M. hoch.

---

*) S. polyt. Journ. Bd. 30. S. 321.
**) S. Bénoits Seilkraftmesser im polyt. Journ. Bd. 30. S. 246.

Da Dampf von $1\frac{1}{4}$ Atm. auf $1\,\square''$ einen Druck von $\frac{5}{4} \times 14\frac{3}{10} = 18\frac{2}{5}$ Pf. ausübt, und auf 1 Kreiszoll einen Druck von 14,43 Pf., so erleidet ein Kolben von 30" Durchmesser einen Druck von $30 \times 30 \times 14,43 = 12987$ Pf. und macht derselbe in 1 Min. 18 Doppelhübe von 5', so wäre der reine dynamische Effekt $= 180 \times 12987 = 2{,}337660$ Pf. 1' hoch oder von 70 Pferdekraft zu 33000 Pf.

Diese Berechnung gibt nun allerdings schon für den dynamischen Effekt ein etwas zu großes Resultat; denn

1) nimmt die Kolbenstange einigen Raum ein; hat sie einen Durchmesser von 3", so ist die Kolbenfläche auf die der Dampf wirkt, um 9 Kreiszoll vermindert, und statt 900 können (beim Heruntergehen) nur 891 in Rechnung kommen, und

2) wird der Dampf auch bei Nichterpansionsmaschinen etwas vor der Vollendung eines jeden Hubes abgesperrt. Geschieht dieß bei $\frac{9}{10}$ des Laufs, so müssen statt 180 nur 162 in Rechnung kommen.

Der dynamische Effekt mag daher nur etwa 62 Pferdekräfte betragen. Offenbar rührt diese Reduktion aber keineswegs von einem Verluste her, sondern daher, daß in der That weniger Dampf verbraucht wird, als die Berechnung aus dem vollen Inhalt des Cylinders finden läßt.

Nur zu viele Umstände sind indessen vorhanden, welche überdieß noch jenen *reinen* dynamischen Effekt vermindern, so daß eine ungleich geringere disponible oder nutzbare Kraft übrig bleibt. Die Ursachen dieser Verminderung sind namentlich folgende:

1) **Der Gegendruck auf die Rückseite des Kolbens.**

Bei Maschinen ohne Condensator beträgt dieser soviel als der Druck einer Atmosphäre, oder 11,55 Pf. pr. Kreiszoll.

Bei Maschinen mit einem Condensator hängt er von der mehr oder weniger vollkommenen Condensation ab. Würde der Dampf auf 40—42° verdichtet, so kann der Gegendruck zu wenigstens $\frac{1}{10}$ einer Atm. oder zu 1,16 Pf. pr. Kreiszoll gerechnet werden. Bei Maschinen mit niedriger Pression wird der Effekt also durch diese Ursache allein leicht um $\frac{1}{12}$ vermindert. (S. 77.)

Drückt der Dampf in einer Hochdruckmaschine ohne Condensator mit 60 Pf., so ist der Gegendruck = $11\frac{1}{2}$ Pf. und der relative Druck nur $48\frac{1}{2}$ Pf. und drückt der Dampf in einer niedrigpressenden mit $14\frac{1}{2}$ Pf. während der Gegendruck im Condensator = $1\frac{1}{2}$ Pf. ist, so beträgt der relative Druck nur 13 Pf.

2) Die Reibung des Kolbens.

Das Gewicht des Kolbens und der Kolbenstange kommt wenig oder gar nicht in Anschlag, weil es den Niedergang eben so befördert, als es das Aufsteigen erschwert; desto mehr aber die Reibung. Damit nämlich der Kolben dampfdicht anschließe, muß er gegen die Wände des Cylinders wenigstens so viel Druck ausüben, als der Dampf relativen Druck hat. Hat derselbe also einen Umfang von 90″ und eine Höhe von 3″, so beträgt die Fläche doch 270 □″ und bei einem Dampfdruck von 18 Pf. pr. □″ der Kolbendruck (an die Wände) also an 4860 Pf.

Die Reibung oder der Widerstand, den der Kolben, wenn er verschoben wird, leistet, beträgt nun freilich kaum $\frac{1}{6}$ des Drucks bei Hanfliederungen und kaum $\frac{1}{8}$ oder $\frac{1}{10}$ bei guten Metallliederungen, immerhin sieht man, daß die Bewegung desselben eine sehr beträchtliche Kraft absorbiren muß, und zwar eine um so größere, je stärkerer Dampf angewendet wird.

Ebenso ist klar, daß diese Kraft verhältnißmäßig um so größer ist, je kleiner der Diameter des Cylinders ist; da der Umfang wie der Durchmesser zunimmt, der Dampfdruck aber wie das Quadrat des leztern. Man sieht ferner, daß bei Expansionsmaschinen dieses Hinderniß verhältnißmäßig nachtheiliger wirkt, da der Kolben, obgleich der Dampfdruck schwächer wird, doch fortdauernd gleich stark gegen die Wandungen drückt.

Dazu kommt endlich noch die Reibung der Kolbenstange in der Stopfbüchse.

Es dürfte schwer seyn, mit einiger Zuverlässigkeit die Kraft zu berechnen, die durch diese doppelte Reibung absorbirt wird; bei den meisten Maschinen mag die Verminderung des Effekts, die dadurch verursacht wird, leicht zu $1/10$ des Ganzen anzuschlagen seyn.

3) **Der Dampfverlust durch den Kolben und die Steuerung.**

So dicht auch die Lieberung ist, so ist nie zu vermeiden, daß nicht etwas Dampf zwischen dem Kolben und dem Cylinder (sowie durch die Stopfbüchse) entweiche, und ebenso ist bei keiner Art von Steuerung zu verhindern, daß nicht einiger Dampf geradezu in den Condensator gebracht wird, ohne in den Cylinder zu gelangen, der also für den Effekt verloren ist.

Auch diesen Verlust schlagen Manche (jedoch wie uns dünkt zu hoch) zu etwa $1/10$ des absoluten Effekts an. Jedenfalls läßt sich derselbe schwerlich berechnen, da er je nach der Beschaffenheit der Maschine gar sehr verschieden seyn muß. So viel ist klar, daß er bei Hochdruckmaschinen in der Regel beträchtlich größer seyn wird, als bei andern; und daß Woolfsche Expansionsmaschinen auch darum einigen Vortheil haben mögen, daß hier der entweichende stärkste Dampf, ehe er sich dilatirt, nicht verloren geht.

4) Die Bewegung des Dampfes.

Damit der Dampf in den Cylinder mit einer gewissen Geschwindigkeit einströme, und zwar mit derjenigen wenigstens, mit der der Kolben selbst sich bewegt, ist ein gewisser Druck erforderlich, der einzig auf diese Forttreibung des Dampfes verwendet wird, und also für den übrigen Effekt der Maschine verloren ist. Und dieser Druck muß um so stärker seyn, je enger die Dampfröhre ist, weil der Dampf sich um desto schneller dann bewegen muß. Eben so wird ein um so größerer erfordert, je mehrere Verengerungen oder Biegungen der Dampf passiren muß. Aus gleichem Grunde endlich wird einige Kraft absorbirt, um den Dampf aus dem Cylinder wieder auszutreiben.

Tredgold berechnet, wofern der Querschnitt des Dampfrohrs etwa $1/25$ des Cylinders ist, allen Kraftaufwand, den die Ein= und Ausführung des Dampfes erfordert auf $1/72$ der Totalkraft oder 0,014.

5) Die Abkühlung des Dampfes.

Nicht durch den Kessel und das Dampfrohr nur wird dem schon erzeugten Dampfe wieder etwas Wärme entzogen, sondern auch dem bereits in den Cylinder eingeführten, insofern dieser von aussen mit der Luft in Berührung steht. Berechnen wir also die absolute Kraft des Dampfes nach der Temperatur, die der Kesseldampf besitzt, so muß der reelle Effekt desselben etwas vermindert werden, wenn er im Cylinder einige Erkältungen erleidet.

Steht der Cylinder in einem Dampfgehäuse oder Mantel, so fällt diese Reduktion weg, wenn gleich nicht, wie wir früher bemerkt (S. 105) der Verlust selbst. Er kommt dann nur auf Rechnung der Dampfproduktion. Hingegen ist derselbe großentheils zu verhindern, wenn der Cylinder mit einer warmhaltenden Bedeckung umgeben wird (S. 255). In diesem Fall dürfte wirklich die Verminderung des Effekts wegen der Abkühlung des Cylinders ziemlich unbedeutend seyn.

6) **Die Bewegung der Steuerung.**

Beim Drehen von Hähnen oder beim Verrücken der Schieber ist eine nicht unbeträchtliche Reibung zu überwinden, und beim Oeffnen von Ventilen der Dampfdruck. Auch diese Bewegungen absorbiren also mehr oder weniger Kraft.

7) **Die Bewegung der Hülfspumpen.**

Alle Maschinen bedürfen einer Speisepumpe, alle Condensionsmaschinen aber überdieß einer Luft- und Injektions- oder Kaltwasserpumpe.

Die Kraft, welche die erste dieser Pumpen erheischt, ist, wie leicht zu erachten, ziemlich unbedeutend, selbst wenn das Speisewasser durch einen starken Druck injizirt werden muß. Desto beträchtlicher ist hingegen diejenige, welche die Bewegung der beiden andern erfordert, und wichtig daher, daß beide keine größeren Dimensionen haben, als zum Dienste der Maschine nöthig ist. Gewöhnlich giebt man der Luftpumpe einen Inhalt $= \frac{1}{8}$ von dem des Cylinders, und auf 1 Pf. Dampf, der kondensirt werden soll, müssen in der Regel 20 bis 30 Pf. kaltes Wasser geliefert werden. Die Kraft, die hiezu nöthig ist, hängt jedoch vornehmlich von der Tiefe ab, aus der das Wasser herbeigeschafft werden muß.

Tredgold berechnet die Kraft, welche die Luftpumpe bei einer sehr großen doppeltwirkenden Maschine erheischt, auf $\frac{1}{20}$ und bei einer ähnlichen einfach wirkenden auf $\frac{1}{10}$ der absoluten *).

---

*) Traité S. 297.

8) **Die Fortpflanzung der Bewegung.**

Soll eine Maschine Wasser pumpen, so muß sie in der Regel blos einen Wellbaum in Bewegung setzen, allein schon das Hin- und Herziehen dieses schweren Hebels erfordert eine gewisse Kraft. Eben so wird die Bewegung des Parallelogramms, an welchem die Kolbenstange eingelenkt ist (und die also meist etwas schief wirkt), etwas Kraft absorbiren. Noch bedeutender wird dieser Aufwand aber, wenn die hin- und hergehende Bewegung jener Stange in eine rotirende verwandelt werden muß, es sey nun, daß dieß durch eine mit einer Kurbel verbundene Treibstange bewirkt wird, oder aber, indem die Kolbenstange direkt durch Gelenkstangen und Leiträder auf eine Kurbel agirt. Bei allen Maschinen mit rotirender Bewegung nimmt endlich auch das Schwungrad einige Kraft weg.

IV.

Von einigen Methoden, den Nutzeffekt zu berechnen.

Aus dem Vorigen ergiebt sich wohl, daß es beinahe unmöglich heißen darf, den Nutzeffekt aus diesen verschiedenen Elementen, welche die absolute oder höchste Wirkung des Dampfs vermindern, mit einiger Zuverlässigkeit berechnen zu wollen. Soll die Kraft einer Maschine aus der Größe des Cylinders, der Anzahl und Höhe der Kolbenhübe, und der Stärke des Dampfdrucks gefunden werden, so bleibt beinahe nichts übrig, als daß man den effektiven Druck, der der Erfahrung nach der Dampf in ähnlichen Maschinen nach

Ueberwindung aller Hindernisse noch ausübt, der Berechnung zum Grunde legt.

Gesetzt also, die Erfahrung lehrte, daß der nutzbare Effekt bei einer doppeltwirkenden Watt'schen Maschine, wenn der reine Dampfdruck 16 Pf. beträgt, auf 9 Pf. pr. ◻" sich reduzirt, so würde die Kraft einer Maschine, deren Kolben 340 ◻" Fläche hat und pr. Min. einen Weg von 180' macht, seyn
$$= 9 \times 340 \times 180 = 550800 \text{ oder} = 16\tfrac{2}{3} \text{ Pferdekr.}$$

Tredgold versuchte indessen eine Berechnung des Nutzeffekts, indem er den Kraftaufwand für jene einzelnen Funktionen oder zur Ueberwindung der verschiedenen Hindernisse abzuschätzen unternimmt, und obschon uns dieselbe keineswegs befriedigend dünkt, indem seine Angaben zum Theil auf hypothetischen Elementen beruhen, und überdieß manche Umstände gar nicht berücksichtigt scheinen, so glauben wir doch das Wesentlichste hier anführen zu sollen.

Bei einer atmosph. Maschine mit Einspritzung schätzt er den Gegendruck (da der Dampf an 70° heiß bleibt) auf 0,33

Den Verlust für die Kolbenreibung auf . 0,05

Allen übrigen Verlust (nur) auf . . . 0,10

Den ganzen also auf . 0,48

Beträgt der Luftdruck auf den Kolben mithin 11,5 Pf. pr. Kreiszoll, so bleibt als wirksamer Druck (oder Nutzeffekt) nur 11,5 × 0,52 oder 6 Pf. übrig, und hat ein Cylinder also 30" Diam. oder 900 Kr." und machte er 18 Hübe von 5' pr. Min., so wäre die Kraft = 900 × 6 × 90 = 486000 oder die von 14 Pferden.

Bei einer atmosph. Maschine mit einem Condensator ist die Verdichtung vollkommener, hingegen kommt der Aufwand für die Luftpumpen und der Verlust durch die Erkältung des Cylinders besonders in Anschlag.

Tredgold rechnet:

für den Gegendruck (bei 50° Wärme)	0,134
Verlust durch Erkältung (!)	0,067
Kolbenreibung	0,050
die Luftpumpe	0,100
die übrigen Reibungen ꝛc.	0,107
Im Ganzen	0,458

Der Nutzeffekt bliebe also 0,542 des Luftdrucks oder = 6,23 Pf. pr. Kreiszoll.

Obige Maschine hätte in diesem Falle eine Kraft = 504630 oder die von 15¼ Pferden.

Bei Berechnung einer Hochdruckmaschine ohne Expansion und Condensator nimmt Tredgold an:

für Kolbenreibung und Dampfverlust (!)	0,200
die Steuerung und andere Reibungen	0,062
Abkühlung im Cylinder und Dampfrohr	0,016
Bewegung des Dampfs in und aus dem Cyl.	0,014
Wegen der etwas zu frühen Absperrung endlich	0,100
Im Ganzen	0,392

Oder 0,4, so daß nur 0,6 oder ⅗ als effektiver Druck übrig bleibt, von dem Tredgold nun erst noch den Gegendruck der Luft abzieht. Richtiger scheint es, den Gegendruck gleich Anfangs abzuziehen, und also zu rechnen:

Gesetzt, der Kessel enthalte 6fachen Dampf, so erfährt der Kolben nur einen relativen Druck von 5fachem, und da dessen Nutzeffekt auf ⅗ vermindert ist, so ist der effektive pr. Kreiszoll nur = 3 × 11,5 oder 34,5 Pf., und hat der Cylinder 12″ Diam. und macht der Kolben 160′ pr. Min., so wäre die Kraft
= 144 × 34½ × 160 = 794880 oder die von 24 Pferden.

Wie früher bemerkt worden, veranlaßt indessen die Absperrung keinen wirklichen Verlust, da während der Absperrung, so kurz sie ist, kein Dampf konsumirt wird. Es muß aus derselben vielmehr einiger Gewinn an Kraft hervorgehen. Es scheint daher noch angemessener bei der Berechnung des Dampfverbrauchs sowohl als des Nußeffekts nur $9/10$ des Laufs in Anschlag zu bringen, und die Einbuße an Kraft auf 0,3 zu reduziren.

Der effektive Druck in obigem Beispiel betrüge demnach pr. Kreiszoll $0{,}7 \times 5 \times 11{,}5$ Pf. oder $40^{1}/_{4}$ Pf., und die Kraft $= 144 \times 40^{1}/_{4} \times 144 = 834624$ oder die von $25^{1}/_{4}$ Pferden.

Ferner aber ist nicht zu übersehen, daß die Reduktion der Kraft um $1/5$ für Kolbenreibung und Dampfentweichung je nach der Stärke des Dampfes beträchtlich zu modifiziren ist (S. 520).

Geben wir noch eine Beispielsrechnung.

Die Expansivkraft des Kesseldampfs sey $= 2{,}5$ Kil. und der Luftdruck $= 0{,}8$ Kil. pr. Kreiscentim.

Der Diameter des Kolbens $= 28$ CM. und die Fläche 784 Kr.CM. Der K. mache 33 Doppelhübe von 0,76 M. pr. Min. oder einen Weg von 50 Met. — so ist die nutzbare Kraft pr. KreisCM.

nach Tredgold $= (0{,}6 \times 2{,}5) - 0{,}8 = 0{,}7$ Kil. und nach obiger Rechnungsart $= (2{,}5 - 0{,}8) \times 0{,}6 = 1{,}02$ Kil. und der Nußeffekt also

nach T. $= 0{,}7 \times 784 \times 50 = 27440$
nach uns $= 1{,}02 \times 784 \times 50 = 59984.$

Den Nußeffekt bei einseitig wirkenden Watt'schen Maschinen berechnet Tredgold auf $3/5$ des absoluten. Er setzt nämlich:

den Verlust durch die Luftpumpe auf . . 0,1
den für die Kolbenreibung, Erkältung ꝛc. auf 0,1
den (?) wegen der Absperrung auf . . . 0,1
und den für die übrigen Bewegungen auf 0,1

und außerdem ist noch der Gegendruck des verdichteten Dampfes erst abzurechnen.

Beträgt der Dampf also im Kessel 12,2 Pf. pr. Kreiszoll und der Gegendruck (bei 50° T.) 1,2 Pf., so ist der nutzbare
$$= (12,2 - 1,2) \times 0,6 = 6,6 \text{ Pf.}$$
und hat der Kolben eine Fläche von 400 Kr." und macht er pr. Min. einen Weg von 200' — so ist die Kraft (da die Maschine nur einfach wirkend ist)
$$= 400 \times 100 \times 6,6 = 264000, \text{ oder die von 8 Pferden.}$$

Bei doppeltwirkenden (Watt'schen) Maschinen setzt Tregold

den Verlust durch die Luftpumpe auf . 0,050
den für Kolbenreibung ꝛc. auf 0,155
den für die übrige Reibung ꝛc. auf . 0,063
und den wegen der Absperrung auf . 0,100

Im Ganzen 0,368

Der effektive Druck wäre also = 0,632 des absoluten, nach Abzug des Gegendrucks.

Die Kraft einer doppeltwirkenden Maschine von den vorstehenden Verhältnissen wäre mithin (bei doppeltem Dampfkonsum) $11 \times 0,632$ oder
$$= 400 \times 200 \times 6,952 = 556160 \text{ oder die von 17 Pferden.}$$

Die Leistung einer doppeltwirkenden Maschine mit niedrigem Druck findet sich demnach durch die Formel:

$$k = \frac{7 d^2 l}{33000}$$

Wo d den Diameter in Zollen, l den Weg des Kolbens in Fußen pr. Min. anzeigt.

Watt nahm statt $7 d^2 l$ nur $5\frac{1}{2} d^2 l$ an.

Bei der Berechnung der Expansionsmaschinen ohne Condensator geht Tredgold von der Frage aus, wie weit wohl die Expansion zulässig sey. Es ist nämlich klar, daß der Dampf sich nur so lange expandiren darf, als er noch 1) die Hindernisse der Maschine und 2) den Gegendruck der Luft zu überwinden vermag. Da Tredgold nun die Abnahme durch jene Hindernisse zu 0,4 d anschlägt (wenn d den Druck des Kesseldampfs bezeichnet), so findet er, daß bei solchen Maschinen die Expandirung in sehr engen Grenzen nur thunlich ist. Am Ende der Expansion muß der Dampf nämlich immer noch eine Kraft $= 0,4 d + a$ (wenn a den Druck der Atmosph. bedeutet) haben.

Bei 5fachem Dampf (wo $d = 5$) müßte der expandirte Dampf noch $2 + 1$ oder 3 Atm. Druck haben, und die Absperrung also bei $\frac{3}{5}$ der Hubs Statt finden. Bei 10fachem Dampf wäre noch eine Kraft $= 4 + 1$ oder 5 Atm. nöthig, und die Absperrung müßte bei der Hälfte des Hubs eintreten.

Dieses Ergebniß scheint indessen mit der Erfahrung nicht überein zu stimmen. Bei den Evans'schen Maschinen, wo keine namhafte Condension statt hat, wird in der Regel Dampf von 10 Atm. angewendet, und dieser auf das 4= oder 5fache expandirt.

Es wurde oben bemerkt, daß der Nutzeffekt gewöhnlich aus dem rein dynamischen berechnet wird, indem man der Erfahrung nach eine Reduktion desselben überhaupt vornimmt.

Wie auf diese Weise die Kraft einer Expansionsmaschine sich berechnen lasse, mag aus folgendem Beispiele ersichtlich seyn.

Es sey der Diam. des Kolbens = 0,4 Met. und seine Fläche also = 0,7854 × 0,4² = 0,12566 ☐M. — Der Dampf habe die Kraft von 5 Atm. Ein Hub betrage 1,2 M. und der Dampf werde bei ¼ des Hubs oder bei 0,3 M. abgesperrt. Bei jedem Hub wird also 0,12566 × 0,3 = 0,0377 Kub. M. Dampf verbraucht, und bei 25 Doppelhüben in 1 Min. 50 × 0,0377 = 1,885 Kub. M.

Da nun nach S. 111 der dyn. Effekt von 1 Kub. Met. einfachem Dampf bei 4facher Expandirung auf 24650 K. erhöht wird, so muß derselbe für obiges Quantum Dampf von 5 Atm. seyn:

$$= 5 \times 24650 \times 1{,}885 = 232326.$$

Reduzirt man diesen theoretischen Effekt auf $^4/_{10}$, so erhalten wir als Nutzeffekt 92030 K. (1000 M. hoch) und $\frac{92930}{4300}$ oder 20½ Pferdekräfte.

Wendet man denselben Dampf ohne Expansion in einem Cylinder von 4mal kleinerem Durchschnitte an, so wäre der Dampfkonsum derselbe. Die Wirkung von 1,885 K. M. Dampf wäre = 5 × 10330 × 1,885 = 97360 und, dieser auf 0,6 reduzirt, der Nutzeffekt = 56416 oder ca. 13 Pferdekr.

Approximative Berechnung einer Woolf'schen Maschine mit 2 Cylindern.

Nennen wir den Dampfdruck auf den kleinen Kolben d, und den auf den großen D (nach Abzug des Gegendrucks), h die Höhe des kleinen, und H die des großen Cylinders, und n die Anzahl Hübe in 1 Minute, so ist der dynam. Effekt beider Kolben

$$= dhn + DHn.$$

Es sey nun h = 3¼′ und H = 4½′ und n = 34 (17 Doppelhübe in 1 Min.)

Der größere Kolben habe eine Fläche von 520 $\square''$ und der kleinere von 104 $\square''$.

Der frische Dampf habe eine Pression von 3⅔ Atm. oder 55 Pf. pr. $\square''$; er werde bei der Mitte des Laufs abgesperrt, und der Gegendruck auf den größern Kolben sey = 2 Pf. pr. $\square''$, so ist der absolute Druck auf den kleinen Kolben oder d′ am Anfange des Laufs = 104 × 55 = 5720 Pf.

und am Ende „ „ = 104 × $\frac{55}{2}$ = 2860 Pf.

im Mittel also wenigstens 4290 Pf. (d′).

Eben so ist der absolute Druck auf den großen K. oder D im Anfange des Laufs 320 × $\frac{55}{2}$ = 8800 Pf.

u. am Ende „ „ 320 × 6½ = 2080 Pf.

und im Mittel also = 5440 Pf. (D′).

Der Dampf dehnt sich nämlich allmählig im Verhältniß von 104 × 5¼ : 520 × 4½ aus, so daß er zuletzt 4¼ mal schwächer ist.

Eben so ist der Gegendruck auf den kleinen Kolben Anfangs = $\frac{55}{2}$ Pf. pr. $\square''$ und am Ende nur 6½ Pf., im Mittel also (approximativ) 17 Pf.

und in Summa = 104 × 17 = 1768 Pf.

und d = 4290 — 1768 = 2522 Pf.

Der Gegendruck auf den großen Kolben aber ist fortwährend = 320 × 2 Pf. = 640 Pf.

und D = 5440 — 640 = 4800 Pf.

Es ist mithin

d h n = 2522 × 3¼ × 34 = 278681 Pf.

u. D H n = 4800 × 4½ × 34 = 734400 Pf.

Also der dynamische Totaleffekt = 1,013081 Pf. 1′ hoch.

Und wird der Nuheffekt zur Hälfte angenommen, so finden wir für obige Maschine eine Kraft von 506540 Pf. 1' hoch pr. Min. oder von 15⅓ Pferden.

Wäre nur der kleinere Cylinder vorhanden, und erführe dieser einen Gegendruck von 2 Pf. pr. □″ — so wäre

$$\text{der absolute Druck} = \tfrac{7}{8} \times 5720 = 5008 \text{ Pf.}$$
$$\text{der Gegendruck} = 2 \times 104 = \underline{208 \text{ Pf.}}$$
$$\text{und der relative also} = 4800 \text{ Pf.}$$

Der dynam. Effekt mithin $4800 \times 3\tfrac{1}{4} \times 34 = 530400$, und der Nuheffekt zu $\tfrac{2}{3}$ gerechnet $= 353600$, oder der von $10\tfrac{2}{3}$ Pferden.

Nach Prony arbeitet die Woolf'sche (Edward'sche) Maschine, zu Gros Caillou, mit Dampf von 3,7 Atm.

Der große Kolben hat 2487 □ C.M. Fl.
und der kleine „ „ 748 „ „

Der Hub des großen beträgt 1,52 Met. und
der des kleinen „ 1,12 „

In 1 Min. thun sie 32 Hübe.

Der Druck im Condensator beträgt noch $\tfrac{1}{10}$ Atm. (0,104 K.)

Der mittlere Druck ist also

für den kleinen Kolben $\tfrac{3}{4} \times 748 \times 3,7 \times 1,04 = 2159$ K.
u. für den großen „ $\tfrac{11}{36} \times 3,7 \times 2487 \times 1,04 = 2922$ K.

Der Druck des Dampfs hat nämlich Anfangs die Hälfte, und am Ende des Laufs $\tfrac{1}{9}$ der ursprünglichen Stärke, und

$$\frac{\tfrac{1}{2} + \tfrac{1}{9}}{2} = \tfrac{11}{36}.$$

Auch der Gegendruck auf den kleinen Kolben ist demnach
$\tfrac{11}{36} \times 748 \times 3,7 \times 1,04 = 879$ K.

Der auf den großen aber $2487 \times 0,104 = 250$.

Wir erhalten also:

$$d = 2159 - 879 = 1280 \text{ Kil. und}$$
$$D = 2922 - 250 = 2672. \text{ „}$$

u. dhn = 1280 × 32 × 1,12 = 45875
u. DHn = 2672 × 32 × 1,52 = 129966
der totale dynam. Effekt also = 175841
und der Nutzeffekt (jenen auf die Hälfte reduzirt)
= 87920 Kil. 1 M. hoch oder 19½ Pferdekr.

Im Mittel von mehreren Versuchen zeigte sich der wirklich erhaltene Effekt um etwa $1/11$ geringer *).

V.
Von dem Nutzeffekte im Verhältniss zum Kohlenverbrauch.

Wo Wasserfälle zu Gebote stehen, werden Dampfmaschinen selten aus ökonomischen Gründen vorgezogen werden; allein lebende Pferde werden in der Regel nur in so fern durch solche Maschinen mit Vortheil zu ersetzen seyn, als diese weit weniger Holz oder Kohlen als jene Futter verzehren.

Allerdings leistet eine 10pferdige Maschine, die des Tags wenigstens 16 Stunden arbeitet, so viel als 20 lebende Pferde, allein auch eine solche Anzahl Pferde würde selten so viel kosten, als die Anschaffung und Aufrichtung einer gleich viel leistenden Maschine **).

---

*) Vergl. Prony in den Annal. des Mines T. XII.
**) In der Kockerill'schen Fabrik bei Lüttich kostete (vor 12 J.)
eine Maschine von 4 Pferdekr. — 14000 fr. Fr.

		8	—	20000	—
		16	—	32500	—
		20	—	40000	—
		50	—	50000	—

Eben so ist die Besorgung der letztern meist eben so kostspielig. Gewöhnlich bedarf sie einen eigenen Heizer und Maschinisten, und überdieß ein beträchtliches Quantum Fett, Werg u. dgl.

Eine gut gearbeitete Maschine dauert zwar ungleich länger; jede macht aber bisweilen Reparaturen und öftere Erneuerungen der Kessel nöthig. Was an Gebäulichkeiten erspart wird, kann ebenfalls wenig in Anschlag kommen.

Wo also die sonstigen Umstände auch lebende Pferde anzuwenden gestatteten (was freilich sehr oft nicht thunlich ist), so kann der Gebrauch einer Dampfmaschine fast einzig nur dadurch eine Oekonomie gewähren, daß sie weniger Kohlen oder Heizstoff verbraucht, als die Pferde Futter verzehren würden. Es müssen mithin vornehmlich die gegenseitigen Leistungen mit den Unterhaltskosten verglichen werden, und jede Maschine wird in der Regel um so vortheilhafter seyn, je mehr sie mit dem gleichen Quantum Kohle erzeugt.

Vermag ein Pferd (S. 312) pr. Min. 33000 Pf. 1′ hoch zu heben, so ist die tägliche Leistung eines solchen in 8 Stunden, oder das Tagwerk eines Pferdes = 480 × 33000 oder in runder Zahl = 16 Mill. Pf. zusetzen. Werden Pferde zum Treiben von Wasserpumpen gebraucht, so wird der reelle Effekt zwar allerdings kleiner seyn; er wird aber immerhin zu wenigstens 12 Mill. Pf. anzunehmen seyn.

Zu Boston kosteten Wattsche Maschinen (mit Kesseln 2c.)
von 2 Pferdekr. — 4300 fr. Fr.
— 4 — 8750 —
— 8 — 13000 —
— 12 — 16000 —
— 20 — 22500 —
— 50 — 50000 —

Es wurde in der Einleitung (S. 12) bemerkt, daß bei den ersten Saveryschen Maschinen die Dampfkraft, die durch ein Bushel Steinkohle (84 Pf. oder ⅗ Ztr. zu 112 Pf.) nur 2 Mill. Pf. 1′ hoch heben konnte, und auch die neuesten Verbesserungen dieser Maschine durch Pontifex*) erhöhten den Effekt nur auf 6 Mill.

Es ergiebt sich daraus, daß diese nur da ökonomisch vortheilhaft seyn können, wo die tägliche Nahrung eines Pferdes weniger als 6 Bushel Stk. kostet.

Die ersten Newkommenschen Maschinen leisteten mit 1 B. Kohle einen Effekt von etwa 7, und die Wattschen von etwa 20 Mill. Pfund, und in neuerer Zeit ist diese Leistung noch sehr bedeutend erhöht worden. Neuere Versuche zeigten, daß manche Maschinen 50, 60 und mehr Mill. Pf. Wasser mit 1 Bushel Kohle 1′ hoch zu heben vermochten, und daß mithin, da hie und da 1 Bushel Kohle kaum 15 — 20 Kr. kostet, mit dieser geringen Ausgabe die Leistung von 4 oder 5 Pferden erhältlich ist.

Die meisten und wichtigsten Erfahrungen sind an den vielen und mitunter sehr großen Dampfmaschinen gemacht worden, die in den Bergwerken von Cornwallis zum Herausfördern der Grubenwasser in Thätigkeit sind. Da diese Maschinen Wasser heben und großentheils anhaltend arbeiten, so sind sie zu solchen Proben vorzüglich geeignet. Sie sind zu dem Ende mit Hubzählern versehen, zu denen Zeiger nur der Controleur den Schlüssel hat. Man kann daher mit ziemlicher Zuverlässigkeit die in einer gegebenen Zeit vollzogenen Hübe wissen. Die dadurch gehobene Wassermenge wird aus der Kapazität der Pumpe dann berechnet.

---

*) S. Annal. des Mines T. 5. p. 383. Pontifex nahm sein Patent 1819.

Wir entheben aus den verschiedenen darüber bekannt gewordenen Berichten nur folgende Angaben.

Vor 1811 zeigten viele dieser Maschinen einen auffallend geringen Effekt.

8 Maschinen hoben im August dieses Jahrs mit 23661 Bushel K. nur 372890 Mill. Pf. Wasser (1' hoch gerechnet), oder mit 1 Bushel nur $15^3/_4$ Mill. und früher nur 13 Mill.

Im Dez. 1812 stieg der Effekt auf $18^2/_5$ Mill.
— 1813 — — $20^1/_5$ „
— 1814 — — $19^3/_5$ „

Im Jahr 1828 wiesen 24 Maschinen einen mittlern Effekt von 24 Mill. Pf. nach.

Ungleich bedeutender war der Effekt von 2 großen Woolfschen Maschinen, doch sehr ungleich.

Im März 1816 hob die eine 48 die andere 50 Mill. Pf.
und im Mai „ — — 49 — — 57 —
im April 1818 aber — $26^1/_2$ — — $32^1/_2$ —
und im Juni „ — — $30^1/_2$ — — $34^1/_2$ —

Im Jahr 1826 wurde ein Bericht über die Leistungen der meisten Cornwallischen Wasserhebungsmaschinen (die von 59 Masch.) entworfen [*]).

10 derselben haben einen Cylinder von 90" Durchmesser, 22 andere von 60 — 70".

Es ergab sich daher ungleicher Effekt.

Bei der größten Maschine varirte derselbe zwischen 30 und 43 Mill. Pf., bei der kleinsten zwischen 18 und 25 Mill. für 1 Bushel Kohle.

Von den beiden von Cap. Groose verbesserten Maschinen hob 1827 die eine 45 — 55 Mill. Pf. und die andere 60 — 62 Mill. [**])

---

[*]) S. Karstens Archiv Bd. 18. S. 115.
[**]) S. polyt. Journ. Bd. 26. S. 458.

Noch erstaunenswürdiger sind aber die Leistungen, die kürzlich (1831) Henwood bei einigen (wahrscheinlich Wattschen) Maschinen fand *).

Die eine (von 80″ Diam.) zeigte einen Effekt von 86½ Mill. Pfund, und die beiden andern einen Effekt von 74 Mill. **)

Die Vermehrung des ökonomischen Effekts ist offenbar einer dreifachen Ursache zuzuschreiben:

---

*) S. polyt. Journ. Bd. 45. S. 332.

**) Der Präs. Gilbert legte neulich der Londoner Gesellschaft folgende Resultate vor:

Die Newkommenschen Maschinen in Cornwallis gaben 1778 einen Nutzeffekt von 27 Dyn. per Kil. Steink. (27000 K. 1 M. hoch gehoben.)

17 Wattsche im Jahr 1795 den von 71 Dyn.

1798 war der Effekt nur = 65½ Dyn. wegen Vernachlässigung wahrscheinlich.

1830 stieg derselbe bei manchen auf 150—200 und bei einigen sogar auf 274 Dyn.

Da 1 Bushel = 58¼ Kil., 1 Kil. = 2,2 Pf. und 1 Met. = 3,5′, so sind 76 Dyn. für 1 Kil. so viel als 22 Mill. Pf. für 1 Bushel — und 274 Dyn. also = 80 Mill. Pf. pr. Bushel 1′ hoch. S. Bull. d'Enc. I. 1830. S. 256.

In den Steinkohlengruben um Valenciennes sind (1830) 29 Schächte zur Förderung der Kohlen und 9 für Wasser. Letztere werden durch 9 Dampfmaschinen (5 Wattsche von 70 Pferdekraft und 4 Newkommensche von 50 Pferdekr.) von 550 Pfkr. betrieben. Sie heben pr. Stunde 120000 Kil. Wasser aus einer Tiefe von 250 M., also 3 Mill. Kil. 1 Met. hoch. Eine Pferdekraft zu 4500 Kil. gerechnet, wäre dieß der Effekt von 685 Pf. — In den 27 Kohlenschächten arbeiten 12 Maschinen von Perier und 15 von Edwards (nach Woolf), und heben täglich 50000 Hektolit. Kohle aus einer Tiefe von ca. 200 Met. Ihre Gesammtkraft wird zu 224 Pf. angegeben.

1) Der Verbesserung der Oefen und Keſſel, ſo daß mit dem gleichen Quantum Kohle mehr Dampf erzeugt wird.

2) Der Einführung vortheilhafterer Syſteme, den Dampf zu benutzen, und namentlich der Anwendung hochdruckender Dämpfe, die man ſich expandiren läßt, ſo daß man von dem gleichen Quantum Dampf einen größern dynamiſchen Effekt erlangt.

3) Die Vervollkommnung der ganzen Maſchine, ſo daß der dynamiſche Effekt durch Reibungen und Hülfsorgane weniger geſchmälert wird.

Ferner hängt dieſer Effekt namentlich noch ab:

1) Von der Größe der Maſchine. Große Maſchinen von ganz gleicher Conſtruktion geben in der Regel (wie auch aus folgender Tabelle zu erſehen iſt) einen verhältnißmäßig viel größern Effekt als kleinere. Dieſer Effekt vermindert ſich bei ganz kleinen Dimenſionen dergeſtalt, daß bis jetzt die Anwendung einer Maſchine von 1 Pferdekr. z. B. ſehr oft wohl bequemer, ſelten aber ökonomiſch vortheilhafter als die eines lebenden Pferdes iſt.

2) Von der Stärke des Dampfes. Jede Maſchine iſt wohl auf Dampf von einer beſtimmten Stärke berechnet; ſehr oft wird aber, je nachdem man mehr oder weniger Kraft bedarf, mit ſtärkerem oder ſchwächerem Dampf gearbeitet, und die Sicherheitsklappe mehr oder weniger belaſtet. Beides ſchadet aber dem ökonomiſchen Effekt. Läßt man z. B. eine niedrig preſſende Maſchine mit zweifachem Dampfe arbeiten, ſo wird die Kraft derſelben bedeutend erhöht, allein es iſt nicht ohne einen großen Mehraufwand von Kohle möglich, und der ökonomiſche Effekt von 1 Buſhel K. iſt alſo merklich vermindert.

3) Von dem Gange der Maſchine; denn offenbar iſt jede Unterbrechung deſſelben faſt unvermeidlich mit einem

Verluste an Dampf und Brennstoff verbunden. Jede Maschine wird also bei stetiger Arbeit den größten Effekt geben.

4) Und vornehmlich hängt endlich die ökonomische Wirkung noch von der mehr oder minder sorgfältigen und geschickten Behandlung der Maschine ab; denn die oft so sehr ungleiche Leistung, welche die nämliche Maschine in verschiedenen Monaten ergab, kann wohl großentheils nur dieser Ursache zugeschrieben werden.

―――

Rechnet man 33000 Pf. pr. Min. für 1 Pferdekraft, so ist diese pr. Stunde $= 60 \times 33000$ oder ca. 2 Mill. Pf. Und nennen wir n die Zahl der Pferdekräfte einer Maschine, und k den Kohlenverbrauch in Pfunden pr. Stunde, so ist der Effekt von 1 Pf. K. pr. Stunde $= \dfrac{n \times 2 \text{ Mill.}}{k}$

Verbraucht z. B. eine 10pf. Maschine pr. Stunde 80 Pf. Kohle, so ist jener Effekt $= \dfrac{20000000}{80} = 250000$
und der von 1 Bush. $= 84 \times 250000 = 21$ Mill. Pf.

Wie gering der Effekt mancher Maschinen ist, mag aus einigen Beispielen erhellen.

Nach Versuchen, die mit einer ältern und neuern Maschine zu Gros Caillou bei Paris angestellt wurden, braucht jene 0,883 Kil. und diese 0,719 K. Kohle, um 1 Kubikmeter Wasser 35 Met. hoch zu heben, oder jene 1,95 und diese 1,58 engl. Pf. um 2205 Pf. 115′ hoch zu heben.
1 Pf. K. hatte also einen Effekt $= 130000$ Pf. bei der ältern
oder 1 Bushel $= 10\frac{9}{10}$ Mill. Pf.
und 1 Pf. K. bei der neuern einen Effekt $= 160000$ Pf.
oder 1 Bushel $= 13\frac{4}{9}$ Mill. Pf.

In den Gruben von Anzin sind 5 Woolffsche Maschinen und 2 alte von Perier (nach Watts System). Jene sollen stündlich pr. Pferdekraft 3,4 Kil. (7½ Pf.) und diese 10,6 (23 Pf.) Steinkohle verbrauchen.

Der Effekt ist demnach
für die 1ste pr. Stunde von 1 Pf. = $\frac{2000000}{7½}$ oder 266666 Pf.

oder für 1 Bushel = 22⅘ Mill. Pf.

für die 2te von 1 Pf. = 89000 und für 1 Bushel = 8½ Mill.

Die große Maschine zu Chaillot soll nur 5 und die von Litry kaum 2 Mill. Pf. mit 1 Bushel heben!

Der (einseitig wirkenden) Maschine von Tarnowitz in Schlesien wird hingegen ein Effekt von 15 Mill. Pf. zugeschrieben *).

Nach dem Tarif der Woolfschen Maschine, die Edwards in Paris lieferte, sollte eine 20pferdige Maschine nur 93, und eine 50pferdige nur 176 engl. Pfund Stk. pr. Stunde consumiren. Er versprach also einen Effekt von $\frac{50 \times 2 \text{ Mill.}}{176}$ oder 570000 Pf. für 1 Pf.

oder von 48 Mill. Pf. für 1 Bushel Stk.

Wir theilen nun schließlich noch eine comparative Tafel mit, die nach Beobachtungen an Wattschen Maschinen entworfen ist **). Die große Menge von Maschinen, die nach derselben Bauart ausgeführt worden sind, geben ihr einen besondern Werth.

Diese Tafel gilt von doppeltwirkenden Maschinen mit niedrigem Druck, bei denen das Sicherheitsventil

---

*) Es versteht sich übrigens von selbst, daß bei allen diesen Vergleichungen auf die Qualität der Steinkohle Rücksicht zu nehmen ist.

**) S. Prechtl's Jahrb. des polyt. Instit. Bd. I.

mit 4 Pf. belastet ist, und der Dampfdruck etwa 16 — 17 Pf. beträgt.

Sie enthält in engl. Maaßen 1) den Flächeninhalt des Kolbens; 2) die Geschwindigkeit desselben in 1 Min.; 3) den effektiven oder nutzbaren Druck in Pf. pr. $\square''$ (der wie man sieht, bei großen Maschinen etwas zunimmt, doch überhaupt wenig über die Hälfte des absoluten oder dynamischen von 16½ Pf. beträgt); 4) den Kohlenbedarf pr. Stunde, woraus sich leicht der Effekt von 1 Pf. oder 1 Bushel Kohle berechnen läßt. Der mechanische Effekt findet sich natürlich, wenn man die Pferdekräfte mit 33000 multiplizirt.

Tafel über doppeltwirkende Maschinen nach Watt und Boulton.

Pferde-kräfte.	Kolbenfläche in $\square''$	Weg des Kolbens in 1 Min.	Effektiver Druck auf 1 $\square''$	Kohlen-bedarf in 1 Stunde.
1	28	167	7	20
2	54	168	7,2	31
4	106	170	7,3	55
6	152	185	7,0	73
8	199	190	7,9	84
10	245	192	7	100
12	288	192	7,1	117
14	332	196	7,1	126
16	373	198	7,1	140
18	412	198	7,2	153
20	452	200	7,3	166
22	493	200	7,35	176
24	532	200	7,4	187
26	569	200	7,5	197
28	605	200	7,6	207
30	645	204	7,6	216
32	682	204	7,59	227
34	721	204	7,49	238
36	756	204	7,7	249
38	794	208	7,6	258
40	832	208	7,6	268
42	869	208	7,66	279

Pferde-kräfte.	Kolbenfläche in $\square''$	Weg des Kolbens in 1 Min.	Effektiver Druck auf 1 $\square''$	Kohlen-bedarf in 1 Stunde.
44	906	208	7,7	286
46	943	208	7,7	294
48	979	210	7,7	302
50	1020	210	7,7	310
52	1055	210	7,65	317
54	1091	210	7,77	329
56	1156	210	7,79	336
58	1172	210	7,79	348
60	1206	210	7,8	354
62	1246	210	7,8	366
64	1280	210	7,85	378
66	1320	210	7,9	582
68	1360	210	7,9	394
70	1386	208	8,0	406
72	1433	208	8,0	410
74	1472	208	8,0	422
76	1505	208	8,0	433
78	1544	208	8,0	437
80	1590	208	8,0	448
85	1474	204	8,2	476
90	1773	204	8,2	504
95	1862	204	8,2	522
100	1963	204	8,2	555
105	2043	198	8,2	577
110	2145	198	8,5	605
115	2242	198	8,5	632
120	2340	198	8,5	660
126	2463	198	8,5	693
132	2552	198	8,5	726
136	2642	197	8,6	748
140	2734	197	8,6	770
145	2827	196	8,6	797
156	2922	196	8,6	830
156	3019	196	8,7	858
161	3117	195	8,7	885
166	3217	195	8,7	913
172	3318	194	8,8	946
189	3632	192	8,9	1039
200	3848	191	8,9	1100

VI.

Ob Hochdruckmaschinen vortheilhafter als andere sind?

Die ersten Hochdruckmaschinen wurden im Anfange dieses Jahrhunderts in England durch Trevithik und Vivian, und in Amerika (schon früher) durch Ol. Evans konstruirt *), und seitdem haben viele der ausgezeichnetsten Mechaniker, vornehmlich durch Anwendung eines mehrfachen Dampfes, den ökonomischen Effekt dieser Maschine und ihre Brauchbarkeit zu erhöhen gesucht. Nichts destoweniger scheint man bis auf den heutigen Tag noch sehr häufig zu bezweifeln, daß Maschinen mit hoher Pression entschiedene und überwiegende Vortheile gewähren, und obschon man einräumt, daß dieselben in einzelnen Fällen wohl (wie zu Dampffuhrwerken) unentbehrlich sind, so scheint doch die Ansicht ziemlich vorherrschend, daß Alles erwogen, gute Wattsche Maschinen von niedriger Pression in der Regel den Vorzug verdienen. Einiges zur Erörterung dieser interessanten Frage mag daher hier an seiner Stelle seyn **).

1) Daß die Anwendung eines vielfachen Dampfes an sich wenig Gewinn bringen könne, ist wohl nach allen frühern Erläuterungen so viel als erwiesen.

---

*) Fulton soll 1799 bei Calla in Paris eine Maschine, die mit Dampf von 50 Atm. arbeite, bestellt haben.
**) Zu den ersten Verehrern der Hochdruckmaschinen in Deutschland gehörte v. Reichenbach, und zu den namhaftesten Gegnern v. Baader. Eine ausführliche Vertheidigung derselben von Dr. Alban findet sich im polyt. Journ. Bd. 28. S. 81 — 116.

Allerdings hat 1 Pf. 5facher Dampf z. B. etwas mehr Kraft als 1 Pf. einfacher, obschon er sehr wahrscheinlich nicht mehr Wärme zu seiner Erzeugung bedarf, und jener Dampf erfordert (wenn er sich nicht expandiren soll) überdieß einen weit kleinern Cylinder. Allein diese Vortheile werden dadurch sicherlich aufgewogen, daß a) bei der Erzeugung eines starken (und also heißen) Dampfes mehr Wärme verloren geht; b) daß ein stärkerer Dampf eine viel dichtere Liederung erfordert, und also mehr Widerstand erzeugt, und c) daß dennoch mehr Dampf entweicht.

2) Ebenso ist sehr zu bezweifeln, daß eine eigenthümliche Art der Dampfproduktion die Anwendung von Hochdruckdampf vortheilhafter machen könne. Allerdings sind gewisse Röhrenapparate hauptsächlich zur Erzeugung von Hochdruckdampf geeignet, und manche wohl ausschließlich; allein es wurde gezeigt, daß der Vortheil aller Röhrenkessel keineswegs in einer Ersparniß an Brennstoff bestehen kann. In der Regel ist vielmehr bei großen Kesseln eine vollständige Benutzung der Wärme eher möglich.

Einen wesentlichen Nutzen scheint die Anwendung eines Gebläses zu versprechen, wo solches nicht viel Kraft absorbirt (S. 144), indem der Rauch dann lange nicht so heiß wie sonst zu entweichen braucht, und überdieß die hohen und theuern Schornsteine wegfallen. Allein dieser Vortheil wäre bei allen Dampfkesseln erhältlich, und jedenfalls müßte die Luft aus Oefen, die starken Dampf produziren, heißer als aus andern entweichen, weil bei jenen auch der Kessel eine höhere Temperatur hat. — Wirkt endlich 1 Pf. Hochdruckdampf (bei konstantem Drucke) beträchtlich mehr als 1 Pf. schwachdruckender, so kann blos am Dampfraum erspart werden. Die Feuerfläche muß jenen zu produziren gleich groß seyn.

3) **Röhrenkessel** haben ferner nicht in jeder Beziehung Vortheil von großen Kesseln. Sie empfehlen sich vorzüglich dadurch, daß sie weniger Raum einnehmen, etwas weniger kosten, ungleich weniger Wasser enthalten, und daher ungleich weniger wiegen, und bei häufigen Unterbrechungen weniger Wärme verlieren lassen, daß endlich das Bersten einer Röhre beinahe gefahrlos heißen kann. Allein mehrere dieser Vorzüge kommen oft wenig in Betracht, und ist das Zerspringen einer Röhre gefahrlos, so sind dagegen Beschädigungen weit häufiger. Ein entschiedener Vorzug großer Kessel, die viel Wasser und Dampf enthalten, besteht aber unstreitig darin, daß die Dampfproduktion und die Kraft des Kesseldampfs viel gleichmäßiger ist. Je kleiner der Wasser- und Dampfvorrath in einem Kessel ist, desto schneller ändert sich nothwendig die Expansivkraft des Dampfes, so wie die Hitze oder der Consum zu- oder abnimmt. Die Regulirung der Kraft erfordert eine beständige Aufmerksamkeit, und nur zu oft wird Dampf durch die Sicherheitsklappe sich verlieren müssen. Bei großen Kesseln verändert sich der Dampfdruck nur sehr langsam (S. 154), eine mechanische Regulirung ist leicht. Solche Kessel (in Verbindung mit Siederöhren) werden daher in vielen Fällen mit Grund immer noch vorgezogen werden (S. 169).

4) Ein bedeutender Vortheil scheint bei Hochdruckmaschinen daraus hervorzugehen, daß der Dampf nicht kondensirt zu werden braucht, und daß daher die Kaltwasserpumpe und die Luftpumpe entbehrlich ist. In der That, fallen diese beiden Apparate weg, so wird nicht nur die Maschine weit einfacher und minder geräumig und kostbar, sondern es wird zugleich die beträchtliche Kraft erspart, welche zur Bewegung dieser Hülfspumpen erfordert wird. Es wird sogar um so zweckmäßiger seyn, auf die Condensirung zu verzichten, da

mehr Dampf in solchen Maschinen durch den Kolben durchdringt, und auch dieser verdichtet werden müßte. So rathsam es indessen seyn mag, Hochdruckdampf nicht zu kondensiren, so bleibt es nach dem Obigen in den meisten Fällen doch zweifelhaft, ob die Anwendung desselben (bei konstanter Pression) der von niedrigem Dampf vorzuziehen sey. Vortheil wird sich höchstens da zeigen, wo die Herbeischaffung des Condensirwassers ungewöhnlich viele Kräfte fordert. Wir haben aber bemerkt (S. 287), daß es möglich ist, in solchen Fällen sogar Rath zu schaffen *).

5) Unläugbar ist hingegen bei allen Maschinen **ohne Condensator** ein anderer Gewinn möglich. Offenbar läßt nämlich der Dampf, nachdem er gedient, eine fernere Utilisirung seiner Wärme zu. Man kann ihn, wie solchen, der eigens zu diesem Zwecke bereitet wird, noch zur Heizung, so wie zum Erwärmen und Abdampfen von Flüssigkeiten u. dgl. benutzen, und geschieht dieß, so ist gewissermaßen die Kraft, die man vorher daraus erhalten, eine gratuite. Leider bieten die Dampfmaschinen in seltenen Fällen nur zu dieser Anwendung Gelegenheit dar, und daher scheint dieser unverkennbare Nutzen bis jetzt weniger als er verdient, beachtet zu seyn.

6) Der bei weitem wichtigste Vorzug, der Hochdruckmaschinen eigen ist, gründet sich indessen auf die Möglichkeit, das **Expansionsprinzip**, wodurch der dynamische Effekt

---

*) Die Condensirung hat übrigens allerdings noch andere Nachtheile. Sie hat nie plötzlich statt, so daß der Dampf anfangs noch einen ziemlichen Gegendruck ausübt. In die Luft kann man ihn schneller entweichen lassen. Dann können eben deßhalb die Kolbenhübe nicht so schnell wechseln. Können aber Hochdruckmaschinen pr. Minute mehr Hübe machen, so bedarf es eines um so kleinern Cylinders.

des Dampfes so sehr gesteigert wird, in ausgedehntem Maße anzuwenden (S. 107). Allerdings erhält man lange nicht den Gewinn, den die reine Theorie erwarten läßt. Bei Anwendung eines starken Dampfes ergibt sich gewöhnlich ein größerer Dampfverlust, und die dichtere Liederung, die ein solcher nöthig macht, verursacht eine stärkere Reibung und mehr Widerstand. Zudem erfordert die Expandirung einen desto größern Cylinder. Immerhin ergibt sich schon jetzt in Folge der Expandirung eine so große Erhöhung des Nutzeffekts, daß dieser Vortheil allein für die Anwendung hochdrückender Dämpfe entscheiden muß. Um so mehr ist übrigens ein immer größerer Effekt von Expansionsmaschinen zu verhoffen, da die Ursachen, die den dynamischen Effekt gegenwärtig noch so sehr vermindern, zum Theil wenigstens sich werden heben lassen, und da es möglich seyn wird, mit der Zeit noch viel dichtern Dampf anzuwenden, und eine viel stärkere Expandirung vorzunehmen. Auch bei allen Expansionsmaschinen ohne Condensator ist endlich eine nochmalige Benutzung der Dampfwärme thunlich.

7) Maschinen mit einem besondern Expansionscylinder (nach Woolfs System) haben eigenthümliche Vor- und Nachtheile.

Bei 2 Cylindern und 2 Kolben ist die Kolbenreibung und die äußere Erkältung nothwendig etwas größer, die Steuerung complizirter und die Maschine überhaupt schwerer und kostbarer. Anderseits aber ist 1) der Dampfdruck gleichförmiger; 2) der Dampfverlust geringer, weil der Dampf, der hauptsächlich zwischen dem kleinen Kolben entweicht, nicht verloren ist, und 3) die Absperrung leichter und sicherer.

Sollte nämlich bei einem einfachen Cylinder eine 8fache Dilatation statt finden, so müßte, wenn der Kolben 60 Hübe in 1 Min. macht, der Dampf nur während $1/8$ Sek. jedesmal einströmen, was kaum mit Genauigkeit zu veranstalten wäre. Wendet man hingegen einen zweiten Cylinder von 8facher Capazität an, so bedarf es gar keiner Absperrung, und die Steurung braucht sich nur jede Sekunde zu verändern. Gibt man dem Expansionscylinder eine 6fache Capazität, so erhält man leicht eine 12fache Expandirung, indem man den Dampf im kleinen Cylinder blos bei der Hälfte des Laufs absperrt.

So augenscheinlich nun aber Hochdruckmaschinen hinsichtlich des ökonomischen Effekts weit vortheilhafter sind, so sind doch unstreitig bei der Wahl einer Maschine noch einige andere Eigenschaften mehr oder weniger zu berücksichtigen. Es kommt namentlich noch in Betracht:

    ob eine solche Maschine an sich wohlfeiler oder theurer als eine andere von gleicher Kraft ist?

    ob sie dauerhafter ist oder nicht?

    ob sie leichter in Unordnung kommt, oder minder regelmäßig arbeitet?

    ob die Besorgung nicht mühsamer, und die Instandhaltung nicht kostspieliger ist?

    endlich und besonders noch, ob sie nicht gefährlicher als eine andere ist?

Unverkennbar ist die öffentliche Meinung besonders in diesen Beziehungen noch gegen den Gebrauch von Hochdruckmaschinen eingenommen; wir glauben jedoch, es beruhe auch diese Abneigung großentheils auf Vorurtheilen.

Daß solche Maschinen, zumal wenn sie ohne Condensator arbeiten, beträchtlich **wohlfeiler** als andere von gleicher Stärke seyn müssen, leuchtet von selbst ein. Mehrere Apparate fallen ganz weg, und viele Theile, selbst Schwungrad und Wagebaum, können viel leichter seyn. Und wenn die Construktion dieser Maschinen weit einfacher als die von

Maschinen mit niedriger Pression ist, so ist mit Recht vorauszusetzen, daß solche auch weniger in Unordnung gerathen müssen. Sieht man also, daß dermalen die Preise dieser Maschinen noch wenig von jenen der Watt'schen differiren, und lehrt die Erfahrung sogar, daß letztere in der Regel viel seltener in Unordnung kommen, und weniger Reparaturen erfordern, so darf dieß wohl einzig dem Umstande zugeschrieben werden, daß bis jetzt noch wenige oder keine große Fabriken Hochdruckmaschinen nach einem bestimmten Systeme anhaltend und in möglichster Vollkommenheit konstruiren. So beachtungswerth daher immer die eben gerügten Nachtheile heißen dürfen, so sind sie doch blos zufällige, die in dem Maße verschwinden werden, als der Gebrauch dieser Maschinen allgemeiner werden wird. Und eben so wenig ist einzusehen, daß niedrigpressende dauerhafter seyn sollten, wenn auf hochdruckende gleiche Sorgfalt verwendet wird.

Weniger dürften hingegen in andern Beziehungen Hochdruckmaschinen niedrigdruckenden völlig gleich zu stellen seyn. Allerdings kann dem Kessel im Grund jede beliebige Stärke gegeben werden, und ein Kessel, der mit 10fachem Dampf arbeiten soll, wenn er auf Dampf von 50 Atmosph. berechnet und geprüft ist, eben so sicher heißen, als ein Kessel für niedrigen Druck, der auf einen 6= oder 8fachen erprobt ist. Eben so gibt es so manche Sicherheitsmittel, daß jede Gefahr einer Explosion beinahe ganz entfernt werden kann. Ueberdieß endlich kann durch Anwendung von Röhrenkesseln dieselbe noch vollkommener beseitigt werden.

Wenn sich indessen nicht verkennen läßt, daß die Erzielung eines gleichmäßig druckenden Dampfes in Röhrenapparaten schwierig ist, daß die Produktion eines hochdruckenden Dampfes mehr Aufmerksamkeit erfordert, und daß bei Kesseln mit niedriger Pression weit einfachere Sicherheitsmittel anwendbar sind, so ist wohl kaum in Abrede zu stellen, daß in dieser Beziehung Maschinen mit niedrigem Druck einigen Vorzug behaupten.

Ein namhafter Vortheil der Hochdruckmaschinen besteht übrigens darin, daß man leicht die Kraft nach Bedarf bedeutend erhöhen und vermindern kann, indem man entweder mit viel stärkerem oder schwächerem Dampf arbeitet, oder denselben mehr oder weniger früh absperrt.

Unsere Ansicht geht also dahin, daß die Mechaniker ihre Aufmerksamkeit vorzüglich auf die **Vervollkommnung der Hochdruckmaschinen** zu richten haben, indem eine allgemeinere Brauchbarkeit der Dampfmaschinen hauptsächlich durch Benutzung des Hochdruckdampfs möglich ist, da dieser die Expandirung gestattet, und eine weit einfachere Construktion zuläßt; daß aber dermals noch sehr oft niedrigpressende Maschinen den Vorzug verdienen, und daß diese überhaupt wohl nie ganz verdrängt werden mögen.

Sechster Abschnitt.

Von einigen besondern Arten von Dampfmaschinen.

1.

Von den rotativen Maschinen.

Die allermeisten Dampfmaschinen müssen eine kreisförmige oder rotirende Bewegung hervorbringen, und da die ursprüngliche Bewegung bei allen Cylindermaschinen eine hin- und hergehende ist, so muß dieselbe erst in eine rotirende umgewandelt werden. So vollkommen nun dieß durch verschiedene mechanische Vorrichtungen zu bewerkstelligen ist, so ergibt sich daraus doch immer nicht nur eine größere Complikation und eine größere Schwere der Maschine, sondern zugleich ein mehr oder minder bedeutender Verlust an Kraft. Das Hin- und Herziehen eines schweren Balanciers und das Umtreiben einer Kurbel erfordert an sich schon eine gewisse Kraft. Das Trägheitsmoment dieser Organe muß überwunden werden; sie kommen bei jedem Auf- und Niedergange des Kolbens augenblicklich in Ruhe, und müssen dann eine Bewegung in entgegengesetzter Richtung wieder erhalten. Ein Schwungrad endlich erleichtert wohl diese Umwandlung der Bewegung, kann selbst aber bekanntlich keine Kraft ertheilen oder erstatten, sondern verbraucht selbst noch welche. So unermeßlich daher auch die Vortheile waren, die aus der möglichen Umwandlung der Kolbenbewegung in eine radförmige hervorgingen, so mußte doch bald der Wunsch rege werden, eine rotirende Bewegung unmittelbar durch den Dampf zu erhalten.

Schon Watt dachte auf Mittel, eine solche direkte Rotation zu Wege zu bringen, und seitdem sind in England allein an 40 Patente für Vorrichtungen zu diesem Endzweck oder für rotative Maschinen ertheilt worden. Bis auf den heutigen Tag scheint jedoch noch keine derselben vollkommen gelungen zu seyn. Alle bisherigen scheinen an der Schwierigkeit, solche Maschinen ohne übermäßige Vermehrung der Reibung dampfdicht genug darzustellen, gescheitert zu seyn.

Da wir indessen keineswegs mit Tredgold dafür halten, daß Maschinen mit unmittelbarer Rotation an sich keinen Vortheil bringen können, oder daß die Lösung dieser Aufgabe in's Reich der Unmöglichkeiten gehöre, so glauben wir Einiges wenigstens von den bisherigen Versuchen, rotative Maschinen oder Dampfräder herzustellen, mittheilen zu sollen.

Fast allen bisher angegebenen rotativen Maschinen liegt die Idee zum Grund, den Dampf auf einen in einer ringförmigen Höhlung dicht anliegenden Kolben oder Flügel wirken zu lassen, der an einem beweglichen Radkranze fest sitzt. In der That, gesetzt aa (Fig. 104 Taf. 7) wäre eine solche Höhlung, und b ein an dem Kranze d befestigter Flügel, und der Dampf strömte durch c in jene Höhlung, so würde b weichen und d sich umdrehen, wofern nämlich zu gleicher Zeit auf der Rückseite von b ein geringer Druck statt fände. Offenbar kann dieß aber nicht blos dadurch bewerkstelligt werden, daß etwa ein zweiter Flügel f noch angebracht und dem Dampf ein Ausweg durch e in einen Condensator verschafft würde; denn der Dampf wirkte auf beide Flügel, und zwar in entgegengesetzter Richtung, und d bliebe also unverrückt. Zur Lösung der Aufgabe gehören daher noch andere Vorrichtungen.

Auf eine sehr einfache Weise glaubte Watt (in seinem Patent von 1782) eine direkte Rotation bewirken zu können. a (Fig. 105) ist der innere mobile Cylinder, und b der äußere unbewegliche. c der ringförmige durch Seitenwände dampfdicht geschlossene Zwischenraum. An b sitzt der ringsum gelenkte Flügel d. e ist eine federnde eben so dicht anschließende Klappe. Durch f wird der Dampf eingeführt, und durch g geht er in den Condensator. Haben d und e die in der Figur gezeichnete Stellung, so drückt der Dampf auf den Flügel d, und dieser weicht in der Richtung des Pfeils, da der Dampf zugleich e dicht andrückt. So wird er weichen bis er e berührt; dann aber wird er diese Klappe in die Vertiefung h zurücklegen, und augenblicklich also kein Zufluß, sondern blos Abfluß des Dampfes statt finden. Allein auch dieß wird möglich seyn, wenn an der Welle a ein Schwungrad ist. Der Ausführung dieser Idee dürfte also hauptsächlich im Wege liegen, daß schwerlich das Wiederheben der Schlußklappe e ohne einen sehr bedeutenden Dampfverlust zu bewerkstelligen ist.

Etwas später nahm Cooke (1787) auf folgende Einrichtung ein Patent:

Das mobile Rad a (Fig. 107) hat 8 Flügel, die sich in Vertiefungen einlegen können, und bewegt sich in einer halbringförmigen Höhlung b; durch c tritt der Dampf in dieselbe, durch d in den Condensator. Es ist leicht zu sehen, wie der Dampf hier wirken soll. Kommt der Flügel f in die Nähe von A, so wird er bereits durch sein eigenes Gewicht fallen, und bei A vollends in die Vertiefung zurückgelegt, und eben so wird g, wenn er B passirt hat, sich selbst öffnen. So wird also der Dampf fortdauernd auf die eine Seite eines oder mehrerer Flügel wirken, während auf der Rückseite ein geringerer Druck statt hat. Ohne Zweifel ist aber bei dieser Einrichtung die Reibung so groß und das Spiel der Klappen so wenig genau, daß sich auch davon wenig Brauchbarkeit erwarten ließ.

Von den mancherlei Vorrichtungen, auf die sich Wilcox (1805) patentiren ließ, deuten wir hier nur eine an: Die innere Trommel a (Fig. 106) hat nur einen Flügel b. Durch 2 Hähne wird aber abwechselnd der Dampf, nachdem er eine halbe Umdrehung bewirkt, in den Condensator geführt. Stehn die Hähne wie in der Figur, so strömt der Dampf bei n ein und bei o aus, und der Flügel bewegt sich in der Richtung des Pfeils. Nachher nehmen die Hähne die umgekehrte Stellung an, und der Dampf strömt bei q ein und bei p aus. i sind harte Metallstücke, damit die Hähne dichter schließen.

In der Maschine von de Combio (polyt. Journ. 28. S. 334) spielt ein Barton'scher Stempel in einem kreisrunden Dampfring.

Eine abweichende, aber nicht wenig sinnreiche Einrichtung erläutert Fig. 110 *).

Das Rad a hat 6 mobile Flügel oder Stempel b, welche durch Spiralfedern c aus den Schiebladen, in die sie dampfdicht passen, herausgepreßt werden. Ueber dem Rade steht ein vierseitiger oben gebogener Kanal d. Durch p strömt Dampf ein, und q führt nach dem Condensator. Es ist leicht zu erkennen, wie die Maschine in Gang kommen soll. Dreht sich das Rad in der Richtung des Pfeils, so kommt jeder

---

*) S. polyt. Journ. Bd. 21. S. 487.

Flügel abwechselnd unter die vorspringende schiefe Fläche f, und wird dadurch zurückgedrängt. Im Kanal d treibt ihn die Feder wieder hervor, und so wirkt nun gegen denselben auf einer Seite der Dampf, während auf der andern eine Verdünnung statt hat.

Andere haben eine ähnliche Verschiebung der Dampfflügel durch Exzentrika zu bewirken gesucht. Einige brachten, in der Hoffnung die Reibung zu vermindern, die Flügel an dem äußern Rade an, und dieses bewegte sich dann. Man glaubte auch wohl an Kraft zu gewinnen, indem man die Kraft in größerer Entfernung vom Umdrehungspunkte wirken ließ, ohne zu bedenken, daß dann auch in demselben Verhältniß mehr Dampf erforderlich ist *). Es kann indessen um so weniger von den vielen Vorschlägen zu rotativen Dampfmaschinen hier die Rede seyn, da die meisten nur durch ziemlich complicirte Figuren zu erläutern wären. Wir fügen also blos noch Einiges über die von Stiles in Amerika eine Zeit lang mit Erfolg angewandte Radmaschine bei **).

---

*) Von einer ähnlichen Ansicht ging Tredgold bei seinen Berechnungen aus, und kommt eben daher zu dem nach unserm Dafürhalten ganz unrichtigen Resultate, daß nothwendig an Kraft verloren werde, wenn man den Dampf auf einen im Kreise umlaufenden Kolben einwirken läßt. (S. Traité p. 272.)

**) Verschiedene rotative Maschinen sind zwar ausgeführt und angewendet worden; sie ergaben aber in der Regel viel zu wenig Nutzeffekt. So hat die angeblich 30pferdige Maschine von Pecqueur auf einem Pariser Dampfschiffe kaum die volle Kraft einer 20pferdigen. Diese Maschine ist im Bull. de la Soc. d'Encour. von 1828 beschrieben.

Rotative Maschine von Stiles.

Von allen bis dahin versuchten rotativen Maschinen scheint die von Stiles in Baltimore angegebene die meiste Brauchbarkeit gezeigt zu haben *). Als Marestier 1819 in den Vereinigten Staaten war, hörte er, daß mehrere dieser Maschinen mit Erfolg arbeiteten, und daß ein Dampfschiff (la Surprise) mit Hülfe einer solchen alle anderen in Baltimore an Geschwindigkeit übertroffen habe. Dieses Schiff von 28 Met. lang und 5 Met. breit, konsumirt in 16 Stunden 22 Stères Holz, und legt in dieser Zeit 120 Seemeilen zurück. Die Kraft der Maschine wurde zu 60 Pf. angeschlagen, und die Schaufelräder mit 12 Schaufeln hatten 4,9 Met. Durchmesser und 1,8 Met. Breite, machten gewöhnlich 18 Umgänge pr. Min. und saßen an der Welle der Maschine.

Leider war die Maschine, als Marestier sie sah, gerade in der Ausbesserung begriffen, und nach derselben waren ihre Leistungen nicht befriedigend; indessen gibt er von eben dieser Maschine eine nähere Beschreibung **).

Wir entheben daraus Folgendes (Fig. 108 u. 109):

Diese Maschine besteht aus zwei in einander steckenden niedrigen Cylindern oder Trommeln A und B. Der innere

---

*) Diese Maschine weicht beinahe gar nicht von derjenigen ab, auf welche W. Chapmann 1810 ein Patent nahm. Letztere war indessen sehr bald wieder aufgegeben worden, da sie nicht dampfdicht konstruirt werden konnte. Siehe Golloway S. 151. Auch die spätern von Poole, Wright u. A. (polyt. Journ. Bd. 22. S. 193) kommen im Wesentlichen mit dieser Einrichtung überein. Die von Foremann unterscheidet sich beinahe nur dadurch, daß die Flügel, so wie die Sektion des Dampfkanals, trapezoidalisch ist.

**) S. Marestier Mém. sur les bateaux à vapeur. 4. 1824. S. 109 fg.

hat 1½ Met. im Durchmesser, und 0,48 Breite, und steht von dem äußern um 0,15 Met. ab. Der Zwischenraum C bildet daher einen rektangulären Ring, und dieser ist der Dampfkanal. Es versteht sich, daß alle Wände völlig dampfdicht schließen müssen. Die äußere Trommel steht fest, die innere hingegen ist um die Welle D beweglich. Die Bewegung erfolgt, indem der Dampf durch E in den Ring einströmt, auf einen an B befestigten und den Kanal dicht verschließenden Flügel a (von Kupfer) stößt, der die Funktion eines Kolbens thut, und nachher durch die Röhre F entweicht.

Damit der Dampf diesen Effekt hervorbringen kann, muß der Flügel a nur von einer Seite den Druck desselben erleiden; auf der Rückseite muß er zu gleicher Zeit aufgehoben oder stark vermindert seyn. Zu dem Ende sind zwei Flügel a vorhanden, die sich abwechselnd erheben und niederlegen; und zwischen den Röhren E und F ist ein massiver, durch Liederung ringsum dicht anschließender Stöpsel G angebracht, der die Höhlung an dieser Stelle vollkommen ausfüllt.

Jeder Flügel ist mit einem Charnier an die innere Trommel befestigt, und mit einer in eine Art Stopfbüchse eingelassenen Schnauze b versehen, mittelst welcher, wenn sie an einen Vorsprung c stößt, der Flügel gehoben wird. Eben so wird jeder Flügel, wenn er sich dem Stöpsel G nähert, durch einen Vorsprung d niedergedrückt, und in eine Vertiefung e dergestalt eingelegt, daß er mit der Trommel eine völlig ebene Fläche bildet, und auf diese Weise leicht unter dem Stöpsel durchpassiren kann. Da jeder Flügel sich hebt, kurz nachdem er bei der Dampfrohröffnung E vorbeigekommen ist, so ist klar, daß in jedem Augenblick der Dampf auf die eine Seite eines Flügels wirken wird, während auf der andern der Druck vermindert ist; denn stets wird, da der Stöpsel die Höhlung zwischen beiden Röhren schließt, auf der Seite von E frischer Dampf, und auf der von F entspannter wirken. Stehn die Flügel wie in der Figur, so findet sich starker Dampf zwischen E und a' und schwacher zwischen F und a'; daher wird denn auch der Flügel a gehoben werden können, da beide Seiten den gleichen Druck erleiden. Und eben so wird er sich leicht bei d niederlegen lassen, weil er auch hier keinen ungleichen Druck erfährt. Natürlich ist ferner die Einrichtung so, daß jeder Flügel bereits gehoben ist, wenn der andere die Ausflußröhre F erreicht.

Auch diese Maschine kann, wie leicht zu ersehen, mit mehr oder minder starkem Dampf, mit oder ohne Condensator, so wie mit oder ohne Expansion arbeiten. In der vorliegenden wurde Dampf von 4,— 5 Atm. angewandt, und ohne nahmhafte Expansion, und eine Art Condensator, der wenigstens einen Theil des Dampfes condensirt, und aus dem die Kessel mit siedendem Wasser gespeist wurden. Eine Maschine von 60 Pferdekraft mit eisernen Kesseln soll nur 66000 Fr. und eine von 30 Pf. nur 44000 Ffr. kosten.

Von den Versuchen, eine direkte rotirende Bewegung vermittelst der Reaktion des in die Luft ausströmenden Dampfes zu bewirken, reden wir hier nicht, weil von selbst einleuchtet, daß sich auf diesem Wege kein praktisches Resultat erhalten läßt (S. 23). Wir bemerken blos, daß vor 50 Jahren Kempelen eine Dampfmaschine nach diesem Prinzip herstellen zu können glaubte, und daß neuerlich noch ein Engländer Peal diese Idee wieder in Anwendung zu bringen suchte *).

――――――

*) S. polyt. Journ. Bd. 15. S. 1.

2.

Dampfmaschinen mit horizontal liegenden Cylindern.

Maschinen mit horizontal sich bewegenden Kolbenstangen würden unter manchen Umständen mehrere Vortheile vor den gewöhnlichen mit senkrecht stehenden Cylindern haben.

Die Aufstellung ist einfacher, und es bedarf dazu keines hohen Cylinders.

Die Bewegung der Kolbenstange kann leicht (und ohne Wagebalken) auf ein Pumpwerk übertragen werden, und zwar in ziemlich großer Entfernung.

Es kann ferner, wo die Anschaffung oder der Transport eines einzigen großen Cylinders Schwierigkeiten hat, eine sehr kräftige Maschine dennoch durch Verbindung mehrerer neben einander liegenden kleineren Cylinder hergestellt werden.

Was die Anwendung horizontaler Maschinen vornehmlich hinderte, war die Schwierigkeit, ein ungleiches Abschleifen des Cylinders zu verhüten, das bald den Kolben undicht machen muß. Es ist nämlich klar, daß der Kolben in dieser Stellung weit mehr auf die untere als auf die obere Wand des Cylinders drückt, und daß jene daher schneller abgerieben wird.

Taylor und Martineau, die 1825 mehrere Dampfmaschinen für die merikanischen Bergwerke Real del Monte zu konstruiren hatten, und möglichst leicht aufzustellende und zu transportirende Maschinen im Auge haben mußten, scheinen ihre Aufgabe mit glücklichem Erfolg durch folgende Einrichtung gelöst zu haben.

Die Maschine besteht aus mehreren horizontal und völlig parallel neben einander liegenden Cylindern A (Fig. 184). Jeder Cylinder ist 10' lang und 18" weit, besteht aber, wie die Figur zeigt, aus 2 Stücken, so daß diese leicht auch über gebirgige Wege zu transportiren sind. In jedem Cylinder ist ein Kolben a, dessen Stange b aber durch 2 Stopfbüchsen c an jedem Endstücke des Cylinders durchgeht. Auf diese Weise wird der Kolben dergestalt getragen, daß sein Gewicht kaum einen Druck auf den Cylinder ausüben kann. Die Liederung ist eine metallene. (Wie geschmiert wird, ist nicht angegeben.) Auf jeder Seite sind die Enden der Kolbenstange mit einem Querstücke bei d verbunden, und dieses mit Laufrollen e, die zwischen die Stangen f gehen, so daß die Bewegung der Stangen b völlig wagerecht bleiben muß. Durch den Balken g wird die Bewegung zu jeder Seite einer Pumpe mitgetheilt.

Die Steuerung geschieht vermittelst des auf jenen Querstücken d ruhenden Galgens h, wodurch das Gestänge i und dadurch die Kolben k verschoben werden. Durch m kommt der Dampf in die Dampfkammer, und durch n strömt er aus.

Die Figur zeigt, daß auch hier der Dampf (der von 3 bis 4 Atm. Kraft seyn mag) abgesperrt werden kann, damit er durch Expansion wirksamer ist. Auf der Seite B hat Absperrung statt, während der Dampf bei C aus dem Cylinder entweicht. Wir bemerken nur noch, daß die Steuerung in Einer Dampfbüchse zugleich für alle Cylinder wirkt, indem die Dampfmündungen durch eine Röhre verbunden sind.

Eine andere Maschine mit horizontalem Cylinder, welche Taylor und Martineau zuerst in einer Gasfabrik in Paris angewendet haben, um das Leuchtgas in portative Gefäße zusammenzudrücken, wird gegenwärtig in vielen Fabriken von Paris und von Frankreich angetroffen und hauptsächlich von dem Mechaniker Calla (gewöhnlich mit hoher Pression und ohne Condensator) konstruirt.

Dieselbe ist in Fig. 183 abgebildet und gleicht der vorhin beschriebenen. Es ist aber hier nur ein einziger

Dampfcylinder A und ein einziger Steuerungscylinder B vorhanden, welcher letztere eine wenigstens eben so große Länge hat als erstere, und unter diesem befindlich ist.

Ferner wird die Hin= und Herbewegung des Dampfkolbens, wie bei den meisten Maschinen, vermittelst einer Kurbel D und einer Triebstange C in die zu dem gewöhnlichen Gebrauche erforderliche Circularbewegung verwandelt und durch das an der Hauptachse befindliche Schwungrad S gehörig regulirt.

Damit der Dampfkolben eine stets horizontale Bewegung erhalte, trägt die Achse a, welche das Ende der Kolbenstange mit der Triebstange verbindet, zwei Rollen, welche in zwei zu beiden Seiten des Dampfcylinders befindlichen und auf dem Hauptgestelle M der Maschine befestigten Rahmen hin= und herlaufen; zur größern Befestigung derselben dient die Stange x, welche beide Rahmen an ihrem obern Ende verbindet.

Der Dampf tritt durch das Dampfrohr d in die Mitte des Steuerungscylinders ein und trifft zuerst noch eine Admissionsklappe bei m, welche durch den, vermittelst der Rollen s in Bewegung gesetzten Regulator R je nach dem Dampfbedarfe hin= und herbewegt wird.

ZZ sind die Röhren, durch welche der Dampf in die freie Luft ausgetrieben wird.

Die Stange l, welche die Distribution des Dampfes verrichtet, und sich in dem Supporte f hin= und herbewegt, erhält ihre Bewegung dadurch, daß sie in ihrer Mitte verzahnt ist, und in ein Rad r eingreift, welches vermittelst des Hebels k mit dem Erzentrikum E in Verbindung steht und sich daher um seine Achse herum hin und her bewegt.

Um die Maschine in Bewegung zu setzen, hängt man zuerst das Erzentrikum aus dem Hebel k, und verrichtet die

Steuerung vermittelst des letztern von Hand und zwar so lange, bis der Dampfcylinder gänzlich von Luft befreit und mit Dampf gefüllt ist. Man setzt alsdann das Erzentrikum wieder in Verbindung mit dem Hebel k und hilft dem Schwungrade ein wenig von Hand nach, bis endlich die Maschine sich von selbst und ohne Unterbrechung bewegen kann.

Befindet sich alsdann der Kolben in der, in der Figur angezeigten Lage, so geht der Dampf aus d durch die Oeffnung t' in den Dampfcylinder, treibt in demselben den Kolben von rechts nach links, und der jenseits vorhandene Dampf entweicht durch die Oeffnung t in das Ausflußrohr z.

Diese Bewegung des Dampfkolbens bringt alsdann auch eine kleine Bewegung der Steuerungsstange hervor, und dadurch werden die beiden daran befindlichen Kolbenventile von der rechten Seite der Oeffnung t, t' auf die linke Seite gestellt, so daß alsdann eine Communikation zwischen dem Dampfrohr d und der Oeffnung t und zwischen dem Ausflußrohr z' und der Oeffnung t' statt hat, wodurch der Dampfkolben in Stand gesetzt wird, seinen Rückweg zu beginnen.

3.

Albans Dampfmaschine mit sehr hohem Druck.

So wie J. Perkins, hat namentlich auch Hr. Dr. Alban von Rostock sich bemüht, eine Dampfmaschine mit sehr hohem Druck, d. h. für Dampf von 40 oder mehr Atmosphären, darzustellen. Die Maschine, die derselbe nach vielfachen Versuchen zu diesem Ende vorschlägt, hat er ausführlich im 32sten Bande des polyt. Journals (S. 1 u. 86) beschrieben.

Bis jetzt hat zwar die Erfahrung über die Brauchbarkeit dieser Maschine noch nicht entschieden, allein sie bietet so manche sinnreiche und glücklich ausgedachte Eigenheiten dar, daß sie in hohem Grade, und viel mehr als der Alban'sche Dampfentwickler, die Aufmerksamkeit der Maschinenbauer zu verdienen scheint. Wir müssen uns beschränken, nur das Wesentlichste ihrer Einrichtung hier anzugeben.

Diese Maschine besteht aus 2 horizontal liegenden Cylindern oder Stiefeln a und b (Fig. 178 u. 179), die aus Eisen wie Kanonen voll und dicht gegossen, und nachher gebohrt werden. Ihre Axen liegen sehr genau in Einer Linie. Für eine 10pferdige Maschine mag der innere Durchmesser etwa 3″ betragen. In diesem Stiefel bewegt sich ein solider Stempel (plunger) c, der die Cylinder nicht völlig berührt und daher an denselben keine Reibung erzeugt. Die Dichtung wird durch eine an jedem Ende angebrachte Stopfbüchse d bewirkt. Die Entfernung der Cylinder und die Länge des Stempels ist so berechnet, daß das eine Ende desselben den Boden des Cylinders erreicht, wenn das andere Ende sich der entgegengesetzten Stopfbüchse annähert.

Am Boden jeden Stiefels befinden sich 2 enge Röhren, deren eine mit dem Dampfrohre e und deren andere mit dem Ausführungsrohr f in Verbindung steht. Konische Ventile schließen und öffnen jene Röhren.

Wird der Dampf in den Stiefel a eingelassen, so geht der Stempel rückwärts in b, wo der vorige Dampf ausströmet, und umgekehrt. Der einströmende wird bei ⅓ des Laufs abgesperrt. Das Erhaustionsventil bleibt also 3 mal länger offen. So geht der Stempel beständig hin und her. In einer 10pferdigen Maschine kann er sich in 1 Min. 50 — 60 mal hin und her schieben. Die Dampfventile bleiben also nur ⅙ Sek. offen, und ⅚ zu — die Ausflußventile aber ½ Sek. offen und eben so lange zu.

Die Verwandlung dieser hin- und hergehenden Bewegung in eine rotirende geschieht ganz einfach dadurch, daß ein in der Mitte des Stempels angebrachtes Querstück g auf jeder Seite eine Leitstange h und durch diese eine Kurbel i in Bewegung setzt. An der Welle dieser Kurbel befindet sich 1) das Schwungrad x; 2) eine Scheibe zur Bewegung des Regulators k; 3) ein Erzentrikum zum Treiben der Wasserpumpe l; und 4) ein Winkelrad, das die Steuerung in Gang bringt.

Zur Liederung in der Stopfbüchse ist Hanf genommen, der, so wie der Stempel, vermittelst der Fettbüchsen m stets eingefettet wird. Außerdem umfaßt aber den Stempel in der Stopfbüchse ein messingener mit Rinnen versehener Ring, wodurch das in einer Erweiterung des Dampfrohrs n sich sammelnde Wasser in Berührung mit dem Stempel kommen, und dessen Dampfdichtigkeit vermehren soll.

Die Steuerung geschieht durch 4 Scheiben o, wovon 2 mit schmalen, 2 mit breiten Vorsprüngen (Nasen) (Fig. A) versehen sind. Diese wirken auf den Hebel p, und bringen dadurch die Oeffnung der Ventile zu Wege. Eine Feder q, die den Hebel, außer seinem Gewicht, wieder herabzieht, bewirkt möglich schnelle und vollkommene Schließung.

Fig. 180 zeigt die in den Fortsätzen A befindlichen Dampfkanäle. a ist der Durchschnitt des Dampfstiefels, e die Mündung des Dampfrohrs, f die weitere des Ausflußrohrs, u das Dampfventil und r das Ausflußventil, s die Stopfbüchsen, durch welche die Ventilstangen gehen. In beiden Kanälen wird sich bis zu jenen Mündungen durch Condension des Dampfes Wasser ansammeln, das noch zur Dichtmachung der Stopfbüchsen beitragen kann.

Nach Alban hat eine Maschine, deren Stiefel 3″ Diam. haben, und die in 1 Min. 60 Doppelstöße von 18″ macht, bei Anwendung von 45fachem Dampf, die Kraft von wenigstens 10 Pferden. Denn solcher Dampf hat pr. ☐" einen Druck von 650 Pf., und wenn er bei $1/3$ Füllung abgesperrt wird, im Mittel einen Druck von 430 Pf. Der Druck auf einen Stempel von 3" mit 7 ☐" Fläche ist also = 3010 Pf. und das Kraftmoment in 1 Min. = $2 \times 60 \times 1\frac{1}{2}$' 3010 = 541800 Pf. (1 Fuß hoch gehoben). Rechnet man nach Watt 33000 Pf. für 1 Pferdekraft, so finden wir 16, und wenn auch $1/3$ für Hindernißlaß abgerechnet wird, stets 10 oder 11 Pferdekräfte.

Diese Maschine konsumirt nun in 1 Min. $\frac{120 \times 7 \times 18}{3}$ Kubikzoll oder ca. 3 Kub.' Dampf von 45 Atm., und rechnet man auch $3\frac{1}{2}$ Kub.', so kommen diese nur ca. 160 Kub.' einfachem Dampf gleich. Eine Watt'sche Maschine von 10 Pferdek. verbraucht aber pr. Min. an 400 Kub.' Dampf.

Ohne Zweifel kann längere Erfahrung nur beweisen, ob und in wie weit ein solcher Gewinn bei dieser Verwendung eines sehr starken Dampfes wirklich statt findet, so wie, ob solcher Dampf mit Ersparung an Heizstoff und genügender Sicherheit sich erzeugen lasse.

Vortheil mag auch hier das benützte Expansionsprincip bringen, obschon es ein Uebelstand ist, daß der Dampf bei 15facher Dichtigkeit schon entweichen muß, indem eine noch schnellere Absperrung kaum denkbar ist.

Ferner mag die Reibung des Stempels in beiden Stopfbüchsen vielleicht etwas geringer seyn, als die des ungleich größern Kolbens und der Kolbenstange bei einer gleich starken Watt'schen Maschine. Es ist jedoch wohl zu beachten, daß der Druck der Liederung, wenn sie gegen so starken Dampf dicht genug seyn soll, weit größer als bei andern Maschinen seyn muß, und daß an sich Dampfliederung eine stärkere Friktion hervorbringt.

Ob die angegebene Liederung (nebst der Ringvorrichtung) hinreichende Dichtung bewirke, muß die Erfahrung zeigen. Ein Uebelstand scheint, wenn gleich die Stiefel selbst nicht leiden, der ungleiche Druck des schweren Stempels auf die Stopfbüchse bei seiner horizontalen Lage. Ein namhafter Vortheil ergibt sich hingegen daraus, daß, was zumal bei Hochdruckmaschinen ohne Condensator so schwer hält, die Entweichung von Dampf sogleich wahrzunehmen ist, und daß die Liederung leicht und ohne Verschwendung mit Fett versehen, und eben so leicht wieder hergestellt werden kann.

Ferner erleidet der Stempel bei dieser Construktion zwar keinen direkten atmosphärischen Gegendruck; letzterer dürfte aber dennoch ziemlich groß seyn, da der Stiefel, so wie der Stempel zurückzugehen anfängt, mit 15fachem Dampf erfüllt ist.

Unverkennbar ist hingegen, daß obige Maschine in ihrer Construktion sehr einfach ist; daß verschiedene sonst wesentliche Theile (mehrere Pumpen, der schwere Balancier, das Parallelogramm u. a.) wegfallen, und daß andere bei hinlänglicher Stärke weit geringere Dimensionen haben können; daß eine solche Maschine mithin weniger Raum einnimmt, weit leichter und transportabler und minder kostspielig ist, und daß sie endlich eben deßhalb weniger Kraft durch Nebenlasten und Friktion verlieren muß.

Alban gibt für stärkere Maschinen folgende Größen an:

Pferdekraft.	Diam. des Stempels.	Länge des Laufs.	Stöße in Min.
10 Pf.	3″	19⅕″	54
20 ″	4″	24″	45
30 ″	4⅘″	29″	38
40 ″	5⅖″	30″	36

u. s. w.

4.

Ueber Maschinen mit überhitztem Dampfe.

Jedem Dichtigkeitsgrade des Dampfes kommt eine bestimmte Temperatur zu. Die letztere kann nicht vermindert werden, ohne daß der Dampf dünner wird; denn sowie dem Dampfe Wärme entzogen wird, schlagen sich Wassertheile nieder. Es kann keine Uebersättigung mit Wasser statt haben. (S. 59).

Wohl kann hingegen bereits gebildetem Dampfe eine höhere Temperatur gegeben werden, ohne daß seine Dichtigkeit zunimmt, wenn er während der Erhitzung gehindert ist, noch mehr Wassertheile aufzulösen. Solcher Dampf heißt überhitzter.

So wird der Dampf überhitzt, wenn er durch Dampfröhren geleitet wird, die einer größern Hitze ausgesetzt sind; oder wenn der Wasserstand im Kessel so tief ist, daß ein ziemlicher Theil der Feuerfläche mit dem Dampf in Berührung steht. In beiden Fällen nimmt er eine höhere Temperatur an, weil, obgleich noch in einiger Berührung mit Wasser, er sich jedoch lange nicht damit sättigen kann.

Noch vollkommener ergibt sich aber eine Ueberhitzung, wenn abgesperrter Dampf erhitzt wird. Die Erwärmung hat dann auf den Dampf dieselbe Wirkung, die sie auf Luft ausübt. Der Dampf wird durch die hinzukommende Hitze entweder ausgedehnt und also dünner, oder wie in einem eingeschlossenen Raume seine Spannkraft vermehrt. Gilt, wie bis dahin die Erfahrungen annehmen lassen, für den Dampf das gleiche Gesetz, das für die Ausdehnung aller Luftarten aufgestellt ist, so beträgt die Ausdehnung für $1°$ C $3/8\%$ oder $0{,}00375$.

Wird ein (trocknes) Gefäß mit Dampf von 100° gefüllt, und dieser darin auf 200° erhitzt, so dehnt sich der Dampf um 120⅜ oder 45% aus.

Die Kraft eines gegebenen Quantums Dampf wird also durch Ueberhitzung desselben vermehrt; indem es entweder die Wirkung eines größeren Quantums, oder die eines dichtern oder stärkern Dampfes ausübt.

Aus mehreren Gründen scheint indessen dieses Prinzip der Ueberhitzung nicht wohl zur Erreichung eines gewissen Nutzeffektes anwendbar.

1) Ist nämlich dieser Gewinn an Kraft immerhin nur durch einen neuen Aufwand an Heizstoff möglich, und sehr zweifelhaft ob durch diese Verwendung desselben weit mehr gewonnen wird, als durch gleiche Verwendung zu Erzeugung von mehr Dampf.

2) Erfordert die Ueberhitzung einen eigenen Apparat; hiemit mehr Raum, und eine complizirtere Maschine — abgesehen von manchen Unbequemlichkeiten, die mit der Heizung dieses neuen Dampfbehälters verbunden seyn mögen.

3) Nimmt die Schwierigkeit, die Behälter, vorzüglich aber die Kolben und Ventile ganz dampfdicht zu machen, mit der größeren Hitze des Dampfes ausnehmend zu. Dieser dünne Dampf bringt leicht durch die engsten Fugen, und die starke Erhitzung veranlaßt solche nur zuleicht. Die gewöhnlichen Liederungen werden durch solchen Dampf schnell ausgetrocknet und unbrauchbar; auch metallische leiden durch die Hitze, und alle Schmieren werden bald damit verzehrt. Auch bei'm Hochdruckdampf ist die größere Wärme desselben in dieser Beziehung ein nachtheiliger Umstand; die Ueberhitzung erzeugt denselben Nachtheil in noch größerem Maaße, ohne bedeutende Erhöhung des Dampfdrucks. Es ist daher begreiflich, daß die bisherigen Versuche gewöhnlich nicht nur keine

Vermehrung, sondern eine Verminderung des Effekts ergeben, wenn der Dampf in dem Dampfrohr auf's Neue erhitzt wurde, indem der Kolben weit mehr Dampf durchließ. *)

Neulich hat der Engländer D. Haycraft eine große Verbesserung der Dampfmaschine durch Anwendung des Ueberhitzungsprinzips zu erreichen geglaubt. **) Nach seiner Meinung stand bisher dieser Anwendung nur die Schwierigkeit im Wege, den Dampfkolben für überhitzte Dämpfe dicht genug zu machen. Gesetzt indessen, der von ihm zu diesem Ende erfundene Stempel (S. 245) verhindern vollkommen die Dampfentweichung, so beruht doch ohne Zweifel der günstige Erfolg, den seine Probemaschine gehabt haben soll, auf Täuschung, sowie seine Versuche, nach denen der Dampf bei einer Ueberhitzung um $100°$ F ($55\frac{1}{2}°$ C) sich auf das 10fache ausdehnen und hiemit einen zehnfachen Druck ausüben soll!

Eben so wenig Vortheil verspricht Neville's Apparat. Auch er glaubte gewöhnlichen Dampf in Hochdruckdampf zu verwandeln, indem er ihn durch eine im Feuerheerde liegende

---

*) Es erklärt sich auch daraus vielleicht, daß, wie man schon beobachtete, einer Explosion sogar eine Abnahme des Effekts vorangehen kann. Hat dieselbe nämlich in Folge einer starken Verminderung des Kesselwassers statt, so vermindert sich nicht nur die Verdampfungsfläche, sondern es ergibt sich sogleich eine bedeutende Ueberhitzung des Dampfes. Dringt dieser nun weit mehr durch den Kolben, so muß auch deßhalb der Effekt sinken, bevor der Augenblick eintritt, wo das Wasser durch den glühenden Kesselrand zersetzt wird; und die Explosion ist um so unvermeidlicher wenn etwa der Heizer das Feuer verstärkt, um der Maschine mehr Kraft zu geben.

**) S. Repertory of Patent-Inventions, Jul. 1831, polyt. Journ. B. 41. S. 231 fg.

Röhre streichen ließ. *) Außer dem oben angegebenen Nach=
theil hat diese Vorrichtung noch den, daß sehr leicht Wass[er]
in jene glühende Röhre gelangen, und so eine Explosion ver[=]
anlaßen kann.

5.
Brunels Gasmaschine.

Zu den bemerkenswerthen Bemühungen in einer, son[st]
nach den Prinzipien der Dampfmaschine konstruirten, Maschin[e]
statt des Wasserdampfes eine andere elastische Flüssigkeit an[=]
zuwenden, gehört die von Brunel. Obschon die von ihm
angegebene Maschine, da das Kolbenspiel durch wechsels[=]
weise Dilatation und Contraktion von kohlensaurem Gas
bewirkt wird, gar keine Dampfmaschine ist, und obschon sie sich
bis jetzt nicht als wirklich brauchbar gezeigt hat, so verdient
sie als nahe Verwandtin derselben doch ihrer sinnreichen Ein=
richtung wegen hier eine kurze Erwähnung. **)

Der englische Chemiker Faraday hatte 1822 die merk=
würdige Entdeckung gemacht, daß kohlensaure Luft, (sowie
mehrere andere Gasarten) sich in der Kälte und bei starkem
Drucke in eine liquide Flüssigkeit kondensiren laßen; daß sie
bei etwas höherer Temperatur ihre Gasform annehmen, und
daß dieses Gas durch mäßige Erwärmung eine sehr starke
Spannung erlange. Brunel glaubte diese Eigenschaft auf
folgende Weise zur Erzeugung einer mechanischen Kraft an=
wenden zu können. ***)

Sein Apparat (Fig. 181) besteht aus 5 starken metal=
lenen Cylindern a, b, c, d, e, die, wie die Figur zeigt, mit

---

*) S. Polyt. Journal. Bd. 28. S. 250. m. Abb.
**) S. Bull. de la Soc. d'Encour. 1826.
***) Brunel's Patent ist von 1825. Er war damals bereits mit dem Tunnel beschäftigt.

einander verbunden sind. In dem mittlern Cylinder c befindet sich ein Kolben f, dessen Stange durch eine Stopfbüchse g geht. In jedem der Cylinder b und d ist ein Schwimmer h. Der ganze Raum des Cylinders d, die Röhren i und k, und die Cylinder b und d bis zu den Scheiben h, sind mit Oel gefüllt. Es ist demnach klar, daß, wofern der Kolben f dicht anschließt, dieser steigen muß, wenn h in b herabgedrückt wird, und daß er umgekehrt sinken muß, wenn h in d abwärts getrieben wird.

Diese abwechselnde Bewegung der Scheiben h wird auf folgende Weise veranstaltet.

In einem besonderen Apparate wird flüssige Kohlensäure bereitet, und diese mittelst einer Druckpumpe (bei einem Druck v. 30 Atm.) in die Cylinder a und e gebracht, so daß sie wenigstens bis zur Hälfte damit gefüllt sind.*) Sind sie also mit diesem Fluidum versehen, so kann jener Apparat entfernt werden, denn die Maschine soll dadurch in Bewegung kommen, daß das nämliche Fluidum in a und e wechselsweise durch Erwärmung und Erkältung expandirt und kondensirt wird.

Zu diesem Ende gehen (Fig. 182) durch die festen Endstücke beider Cylinder mehrere dünne Röhren m (in der Figur ist nur eine gezeichnet), und abwechselnd läßt man durch dieselben siedendes oder kaltes Wasser laufen. **) Wird auf diese Weise a erwärmt und e zugleich erkältet, so soll das in

---

*) Die Röhre o, die mit dem Hahn n verschlossen werden kann, dient zum Füllen des Cylinders, so wie nachher zum Durchgang des Gases.

**) Das heiße Wasser fließt durch p, das kalte durch q in den Behälter r, in den die Röhren m mündig; und durch die Röhren s und t wieder aus, je nachdem die Hähne u gedreht werden.

a sich entwindende Gas eine Expansivkraft von 90 Atm. erlangen, während in b der Gegendruck sich auf 30 Atm. vermindert. Sind also die Verbindungshähne n offen, so drückt das Gas mit 60 Atm. Kraft auf den Schwimmer, und das Oel in b und der Kolben f wird steigen, und das Umgekehrte geschieht, wenn darauf e erwärmt wird. Einmal geladen, mag die Maschine auf unbestimmbare Zeit im Gange bleiben, und wie bei andern selbst das regelmäßige Oeffnen und Schließen des Kalt= und Heißwasserhahns bewirken. Damit die Cylinder a und e weniger Wärme absorbiren, sind sie innen mit Mahagoniholz bekleidet.

So sinnreich nun auch diese neue Krafterzeugungsmaschine ausgedacht ist, so scheint sie bis jetzt doch noch nie mit Erfolg ausgeführt worden zu seyn, und in der That dürfen gegen die vermeinten Vortheile dieses Prinzips manche Zweifel erhoben werden. Denn:

1) ist die Bereitung der flüssigen Kohlensäure sehr kostspielig. Um 1 C' zu erhalten, müssen an 470 C'. kohlensaures Gas bereitet, und dieses, was sehr viel Kraft erfordert, allmählig komprimirt werden. Und so geschickt auch aller Gasverlust in obiger Vorrichtung verhindert ist, so ist derselbe bei einer so starken Spannung des warmwerdenden Gases doch nicht ganz zu verhüten. Die Wirksamkeit wird daher allmählig abnehmen, und die Maschine von Zeit zu Zeit wieder geladen werden müssen;

2) angenommen auch, bei einer Erwärmung um 40 oder 50° erhalte man Gas von 45 — 60 Atm. Druck, so ist dazu immer ein sehr bedeutendes Quantum Wärme erforderlich; denn obgleich die Wärmecapazität des Gases 4mal kleiner als die des Dampfes ist, so wiegt hingegen 1 Cub'. dieses Gases bei solcher Verdichtung wohl 200mal mehr als gewöhnlicher Dampf; und soll

also 1 C'. Fluidum zu 10 C'. Gas sich dilatiren, so bedarf es wenigstens 50mal mehr Wärme, als um eben soviel Dampf um 40 oder 50° zu erwärmen. Es darf also zweifelhaft seyn, ob die Produktion von gleichviel Dampfkraft viel mehr Brennstoff erforderte;

3) mag es nicht nur schwer seyn, so viel Wärme einem kleinen Gefäße schnell genug zuzuführen, sondern dabei viele verloren gehen;

4) muß, wenn Obiges richtig ist, die schnelle Wiedererkältung eben so schwierig seyn;

5) muß der Nutzeffekt um ein Bedeutendes vermindert seyn, weil auch das erkältete Gas noch einen sehr starken Druck ausübt, und dieser allmählig nur abnimmt;

6) muß eine solche Maschine endlich kaum zu reguliren seyn, da ein geringer Temperaturunterschied schon sehr die Kraft des Gases verändert; und zufällige Erwärmungen können sie gefährlich machen.

6.
Browns Gasmaschine.

Beinahe noch mehr Aufsehen als Brunels Maschine machte die sogen. Gasvacuum oder Gaskraftmaschine (gaz power engine), worauf Brown 1824 ein Patent nahm. Schon Papin wollte durch Verbrennung von Schießpulver in einem Cylinder eine Art Vacuum erzeugen, und Mehrere haben in neuerer Zeit durch ein ähnliches Prinzip den Dampf zu ersetzen gesucht. Keinem schien dieß aber in dem Grade gelungen zu seyn, wie dem Engländer Brown. Oeffentlichen Berichten nach brachte er nicht nur mehrere Maschinen zu Stande, die regelmäßig funktionirten, sondern sie erwiesen sich sogar brauchbar zum Treiben von Schiffen und Wagen.

Browns Maschine beruhte wesentlich auf folgendem Prinzip: Es sollte abwechselnd in 2 Cylinder ein Gemenge von atmosphärischer Luft und Wasserstoffgas gebracht, dieses verbrannt, und durch diese Combustion eine Art Vacuum bewirkt werden, so daß die äußere Luft nun den Kolben abwärts bewegte. *) Diese Maschine ist demnach eine Art atmosphärischer, in der nicht durch Verdichtung von Dampf, sondern durch die Verbrennung eines Luftgemenges die Verdünnung zu Stande kommt. Da die Einrichtung ziemlich complizirt und die Maschine in vielen Schriften abgebildet ist**), so glauben wir hier keine nähere Beschreibung davon geben zu dürfen ***).

Obschon diese Maschine, so viel man sich Anfangs davon versprach, doch bald in gänzliche Vergessenheit gekommen ist, so gab doch Brown selbst das Prinzip nicht auf, und kürzlich wurde auf's Neue versichert, daß mehrere seiner vervollkommneten Maschinen ausgezeichnete Vortheile gewähren. †) Diese neuern Maschinen scheinen ausschließlich geeignet, Wasser zu heben; sie sollen aber ein so bedeutendes Quantum heben, daß dieses zum Umtreiben eines Wasserrades dienen kann. Eine derselben soll z. B. in jeder Minute 4 Hübe thun, und jedesmal an 1000 Gall. Wasser 12 — 16' hoch heben. Die Maschine verzehre zwar viel Gas, dieses koste aber soviel als nichts, da die erzeugten Kokes mehr Werth

---

*) Wie auf diese Weise eine Art Vacuum entstehen könne, ist immerhin nicht begreiflich; denn auch bei vollständiger Verbrennung bleibt das Stickgas ($^3/_4$) übrig.

**) Das erste Patent ist enthalten im Polyt. J. Bd. 15. S. 124.

***) Ueber eine von Hazord in N. Amer. angegebene Explosionsmaschine s. Polyt. J. Bd. 24. S. 477, und von Cecil. ibid. Bd. 9. S. 134.

†) S. Polyt. J. Bd. 47. Heft 5. u. Bd. 46. S. 371.

ben, als die Steinkohlen, die zur Bereitung des Gases angewendet werden. Die Erfahrung wird lehren in wie weit sich diese Vortheile bestätigen.

———

Viele andere abweichende Construktionen von Dampfmaschinen übergehen wir hier, theils, weil ihre Brauchbarkeit sehr zweifelhaft ist, theils weil sie ohne Zeichnungen nicht verständlich wären, und wir die Zahl der Kupfertafeln nicht zu sehr vermehren dürfen.

Zu den bemerkenswerthesten gehören die Maschinen mit **oszillirendem Dampfcylinder**, so daß die Kolbenstange unmittelbar mit einer Kurbel verbunden werden und diese umtreiben kann. Besonders wurden mehrere solcher Maschinen nach der Construktion des Hrn. Cavé in Paris gerühmt. *) Der Dampfcylinder dreht sich um 2 in seiner Mitte befindliche Zapfen, und die Kolbenstange, obschon stets in der Axenlinie des Cylinders sich bewegend, folgt mit diesem stets den verschiedenen Richtungen der Kurbel. Durch den einen der beiden Zapfen dringt die Dampfröhre ein, und vertheilt durch 2 Röhren den Dampf bald über, bald unter den Kolben, und durch den andern wird eben so der Dampf in den Condensator ausgeführt. — Ferner erwähnen wir noch der Maschine von Brunel mit 2 schief gegeneinanderstehenden Cylindern, die auf mehreren Dampfschiffen gebraucht wird.

———

*) S. Polyt. J. Bd. 29. S. 12. Auch auf einigen Dampfschiffen sind dergleichen Cylinder angewendet worden. So noch neuerlich von Busk Keene und C. S. Polyt. J. Bd. 45. S. 225.

7.
Von den Hochdruckmaschinen des Ol. Evans.

Oliver Evans, der berühmte Verbesserer der Mahlmühlen, war auch der Erste, der Dampfmaschinen, die mit 10 und mehrfachem Dampfdruck arbeiten, konstruirte. Mehrere amerikanische Dampfschiffe sind mit Evans'schen Maschinen versehen; und so stellt auch Fig. 185 die Verbindung einer solchen Maschine mit den Schaufelrädern eines Dampfschiffes dar.

AA ist der Dampfkessel; a das Sicherheitsventil, das gewöhnlich mit 150 Pfd. pr. $\square''$ belastet und also auf einen Mehrdruck von 10 Atm. berechnet ist. Durch die Röhre b gelangt der Dampf in den Cylinder B. c ist die Kolbenstange, die den Balancier C in Bewegung setzt. Dieser Balancier schwingt, nicht wie gewöhnlich, um seinen Mittelpunkt, sondern ruht mit dem einen Ende auf der um d beweglichen Stange e. Zugleich ist aber der Gegenlenker f an C und D befestigt, und zwar so, daß hi = gi = ik.

Durch diese Disposition wird einerseits (wie durch das Watt'sche Parallelogramm S. 296), die Vertikalität der Kolbenstange erhalten, andrerseits etwas weniger als durch einen um sein Centrum schwingenden Wagebaum an Kraft verloren.

Am andern Ende des Balanciers ist die Treibstange l befestigt, die mittelst der Kurbel m das Ruderrad E umtreibt. Dieses Rad trägt 12 Schaufeln F.

Vermittelst der Räder n, o, p und der Winkelräder q wird eine Drehscheibe umgetrieben, welche die Distribution des Dampfes bewirkt (S. 261), und zwar das Einströmen desselben bei $1/4$ des Laufs schon abgesperrt. Es wird hiemit die Expansion des Dampfs benutzt, und der austretende Dampf hat, da die Expansion ihn erkältet, höchstens noch einen Druck von 2 Atm.

Aus doppeltem Grunde ist daher aber die Kraft, welche die Radwelle umtreibt, sehr ungleich. Vorerst nämlich, weil nur eine Kurbel vorhanden ist, und dann, weil der Dampf während eines jeden Hubs immer schwächer wird. Ein Schwungrad zur Ausgleichung dieser Unregelmäßigkeiten wird also sehr nöthig. Seine Stelle vertreten hier indessen die Ruderräder selbst, indem ihr Kranz mit Eisen belegt ist.

Durch die beiden Winkelräder r, s wird man in den Stand gesetzt, das Ruderrad vor- oder rückwärts gehen zu machen, oder dasselbe stille zu stellen. Das Erstere geschieht je nachdem man r oder s in q eingreifen läßt, das Letztere indem man beide zugleich eingreifen läßt. Vermittelst des Hebels t, auf dem die Spindel beider Räder ruht, wird diese Veränderung leicht bewirkt.

Durch u tritt der Dampf wieder aus dem Cylinder. Er gelangt zuerst in den Behälter G, worin er eine Art Condensation leidet. In diesen Behälter wird nämlich beständig durch die Pumpe o kaltes Wasser gepumpt, das durch w aus dem Flusse eingezogen wird. Eine zweite Pumpe x speist mit dem in G erwärmten Wasser den Kessel, wenn der Hahn y offen ist, oder treibt, wenn y zu und z offen ist, das überflüssige Wasser wieder heraus. Durch die Röhre H endlich wird die Luft und der nicht kondensirte Dampf aus G entfernt. Beide Pumpen werden vermittelst des Gestänges I in Bewegung gesetzt.

Siebenter Abschnitt.

Von den Dampffuhrwerken.

Es kann nicht befremden, daß man vor langem schon (ein Dr. Robinson schon 1759) die Hoffnung äußerte, es möchte die Dampfmaschine auch zur Bewegung von Räderfuhrwerken brauchbar seyn, und als Watt vollends diese Maschine so sehr vervollkommnet und zur Hervorbringung rotirender Bewegungen so geschickt gemacht hatte, konnte die Möglichkeit jener Anwendung kaum mehr bezweifelt werden*). Wirklich ließ Watt in sein Patent von 1784 u. a. auch die Anwendung einer portativen Maschine zu Fuhrwerken aufnehmen. Es scheint indessen nicht, daß Watt selbst sich je mit der Ausführung dieser Idee ernstlich beschäftigt habe, und überhaupt scheinen in England vor Anfang dieses Jahrhunderts wenig Schritte zur Erfindung von Dampfwagen gemacht worden zu seyn.

Eifriger verfolgte diese Idee Ol. Evans in Nord-Amerika. Dieser genialische Mann, ohne die neuern Verbesserungen der Engländer zu kennen, hatte auf einem eigenen Wege, durch furchtlose Anwendung eines ungleich komprimirtern

---

*) In einer alten Zeitung fand man neulich, daß ein gewisser Moore in Leeds 1769 ein Dampffuhrwerk hervorgebracht haben wollte. (?)

Dampfes, die Kraft der Dampfmaschine zu erhöhen gewußt, und sie gerade dadurch zur Anwendung für Fuhrwerke am brauchbarsten gemacht. Auch ist kaum zu zweifeln, daß ihm bei nur einiger Unterstützung die Ausführung gelungen wäre. Evans wurde aber fortwährend als ein Schwindler verkannt, und auch durch ihn kam daher kein wirklicher Dampfwagen zu Stande, obschon er sich schon 1786 auf diese Erfindung patentiren ließ, und bereits behauptet hatte, daß sein Wagen auch an Geschwindigkeit alle bisherigen Fuhrwerke übertreffen würde *).

Die Ersten, denen es gelang, mit Hülfe einer lokomotiven Dampfmaschine Wagen zu ziehen, waren die Engländer **Trevithik** und **Vivian**.

Nachdem sie, wohl erkennend, daß vor Allem das bisherige Gewicht der Maschinen vermindert werden müsse, 1802 solche erfunden, die mit hochdruckendem Dampfe und ohne Condensirung arbeiten, und deren Kessel überdieß eine inwendige Feuerung hatte, brachten sie 1804 einen **wahren Dampfwagen** zu Stande, der auf einer Eisenbahn und auf angehängten Wagen eine Last von 10 Tonnen mit einer Geschwindigkeit von 4 engl. Meilen pr. Stunde fortzuziehen vermochte. Die Versuche wurden auf der Bahn zu Merthyr Tydvil in Südwallis angestellt.

Es ist uns nicht bekannt, welche Mängel dieser erste Dampfwagen hatte; es scheint jedoch, daß derselbe nicht wirklich in Gebrauch kam, und daß die damit gemachten Versuche sogar das Vorurtheil erzeugten, die Reibung der Räder auf einer glatten Bahn sey nicht groß genug, um ein bloßes

---

*) Ein sogenannter Dampfwagen, mit dem man in dem 1780ger Jahre in Paris Versuche anstellte, und der noch im Conservatoire zu sehen ist, zeigte sich als durchaus unbrauchbar.

Rutschen auf derselben Stelle zu verhindern. Man glaubte daher, daß der Radkranz nothwendig Hervorragungen haben, oder daß man die Fortbewegung durch andere Hülfsmittel unterstützen müsse.

Von dieser Ansicht ausgehend, errichtete Blenkinsop 1811 auf einem Kohlenwerke unweit Leeds eine Eisenbahn, neben deren einem Schienengeleis eine gezähnte Stange fortlief. Der Dampfwagen, der auf derselben eine Reihe von Kohlenwagen fortziehen sollte, ruhte wie diese auf der ordentlichen Eisenbahn; er hatte aber überdieß ein großes Zahnrad, das in jene gezähnte Bahn eingriff, und dieses Rad wurde durch die Dampfmaschine umgetrieben.

Die Maschine hatte 2 in den Kessel eingesenkte vertikale Cylinder; jede Kolbenstange setzte vermittelst einer Verbindungsstange und einer Kurbel ein Getriebe in Bewegung, und dieses griff in ein gezähntes Rad, das an der Are jenes starken Zahnrades saß. Dieser Dampfwagen vermochte (abwärts) etwa 60 Tonnen auf 20 — 25 angehängten Wagen mit einer Geschwindigkeit von $2\frac{1}{2}$ — 3 M. pr. Stunde zu ziehen, und war mithin der erste, der als brauchbar beibehalten wurde.

Andere suchten hingegen einen Wagen dadurch, und zwar auf gewöhnlichen Straßen, in Gang zu setzen, daß sie durch die Dampfmaschine ein oder mehrere Paar Schiebefüße sich wechselsweise heben und gegen den Boden andrücken ließen. Nach diesem Prinzip konstruirte Brunton (1813), und später noch (1824) Gordon einen Dampfwagen; doch weder der eine noch der andere mit Erfolg.

Allmählig kam man indessen auf das erste Princip wieder zurück, indem man sich überzeugte, daß die Besorgniß wegen des Rutschens wenig Grund habe.

1812 ließen sich E. und W. Chapmann auf einen Wagen mit 8 Rädern patentiren, die alle durch Getriebe in Bewegung gesetzt wurden, und ebenso glaubte noch (1814 u. 15) G. Stephenson, der verschiedene Dampfwagen auf dem Kohlenwerke Killingworth versuchte, alle 4 Räder mit den Kolbenstangen in Verbindung bringen zu müssen, um eine hinreichend große Reibung der Räder zu erhalten.

Von dieser Zeit an wurde fast jedes Jahr ein Patent auf eine neue Art von Dampfwagen ertheilt.

1819 versuchte Murdoch in Soho comprimirte Luft zu diesem Zwecke anzuwenden, und noch 1828 und 1829 nahmen auf ähnliche Maschinen Wright und Maw Patente. Sie blieben aber eben so erfolglos, als die 1825 versuchten Wagen mit Browns Gasvacuum-Maschine.

1820 trat Bellington zu Dublin mit einem Dampfwagen auf. 1821 Griffith und Bramah. 1824 James, Burstall und Hill. 1825 Gurney und Seaward. 1826 Murray. 1828 Anderson.

Die Wagen von Griffith, James zu Birmingham, und Burstall und Hill zu Leith waren für gewöhnliche Straßen bestimmt.

1825 kam auf der Eisenbahn von Stokton nach Darlington eine ordentliche Dampfkutsche für Reisende zu Stande.

Einen neuen Impuls erhielt aber das Dampffuhrwesen 1829 durch die Herstellung einer großen Eisenbahn von Liverpool nach Manchester, die von Dampfwagen befahren werden sollte. Schon 1822 kam diese Unternehmung zur Sprache; 1826 wurde sie begonnen, und Anfangs 1829 war sie schon so weit vorgerückt, daß die Unternehmer zu Probefahrten einladen konnten. Die ersten dieser Wettfahrten wurden im Oktober 1829 angestellt, und schon diese übertrafen in manchen Stücken alle Erwartung. Von den drei

Wagen, die bei diesem ersten Concurse auftraten, dem Novelty von Braithwaite und Ericson, dem Sanspareil von Hackworth, und dem Rocket von Stephenson, erhielt der Letztere den ausgesetzten Preis von 500 Pf. St. Bald erschienen aber noch Mehrere, und man sah in Kurzem, daß ein Dampfwagen nicht nur blos das 3fache, sondern leicht das 10= und 15fache seines eigenen Gewichts ziehen, und daß er bei minderer Last wenigstens, nicht nur 8 oder 10, sondern 20 und mehr Meilen pr. Stunde zurücklegen kann, und daß mithin die Bahn nicht nur, wie man geglaubt, zum Transport von Waaren blos, sondern auch zur schnellen Förderung von Reisenden vortheilhaft seyn würde *).

Diese Eisenbahn von Liverpool bis Manchester ist eine doppelte. Die Geleise bestehen aus stabeisernen Schienen, die 2" breit und 1" dick sind, 4⅔' von einander abstehen, und theils auf steinernen, theils auf hölzernen Blöcken ruhen.

Der Weg oder Damm, der diese Bahn trägt, gehört aber selbst zu den erstaunenswürdigsten Construktionen. Damit derselbe in seiner ganzen Länge so viel möglich horizontal wurde, mußten Schwierigkeiten, die unüberwindlich schienen, besiegt werden.

Der Anfang der Bahn in Liverpol liegt bereits in einem künstlichen etwa 20' tiefen Aushau, und führt sogleich durch einen an 6700' langen mit Gas beleuchteten unterirdischen Gang oder Tunnel. Später (bei Olivemount) geht sie durch einen über 1½ Meilen langen und oft bis 60' tief eingehauenen Felsendurchbruch. Unweit Manchester endlich zieht sie sich mehrere Meilen lang über einen bodenlosen Moorgrund (Chat Moss.) Auf der ganzen Länge sind 63

---

*) 1 engl. M. = 5280' engl. = 1609 Meter. 3 engl. M. also nahe an 5 Kilometer, oder 2,6 engl. M. = 4 Kilom. = 1 Poststunde. 4⅗ engl. M. = 1 geogr. M.

Brücken, wovon eine (über den Sankeykanal) 9 an 50′ weite Bogen hat, und an 70′ hoch ist.

Bis auf eine etwa 1½ Meile langen Strecke, bei Rain=Hill, wo er 1′ auf 96 ansteigt, liegt der Weg fast durchaus horizontal.

Die Kosten überstiegen allerdings um ein Bedeutendes den Voranschlag, und das verwendete Capital betrug zuletzt (1832) eine volle Million Pf. St. Nichts destoweniger stieg in Kurzem der Werth der Aktien auf das Doppelte, indem der Ertrag noch weit mehr alle Berechnung übertraf, und bereits eine Dividende von 8 — 10 % abwarf. Die Bahn wurde im Sept. 1830 eröffnet.

Im 1. Sem. 1831 wurden über 45000 Tonnen Güter und 189000 Passagiere transportirt.

Im 2. Sem. 1831 an 72000 Tonnen Güter und 256000 Passagiere.

Im 3. Sem. 1832 über 100000 Tonnen und 174000 Passagiere (eine Verminderung, die zum Theil von der damals herrschenden Cholera herrührte).

Mit diesen Dampfwagen reisten also täglich 1000 — 1200 Personen, während früher die 24 Eilwägen ihrer kaum 400 enthielten. Die Zahl der Reisenden nahm zu, weil man bequemer und viel schneller und wohlfeiler reiste. Der Waarentransport hatte größtentheils auf Kosten der Kanäle statt, deren Aktien daher um 25 % fielen, die jedoch für einen Gütertransport, wo es wenig auf Beschleunigung ankommt, stets thätig bleiben werden.

Das Ergebniß dieser ersten großen Dampffahrbahn war mithin entscheidend, und es darf nicht wundern, daß man bereits im Begriff ist, noch eine Menge ähnlicher Bahnen zwischen andern Städten anzulegen. So soll Manchester mit Birmingham, dieses mit London, London mit Brighton u. s. w. verbunden werden. Bereits ist auch die Manchesterbahn durch 2 oder 3 kleine Eisenbahnen mit benachbarten Städten verbunden worden.

Freilich wird man selten auf einen so lebhaften Verkehr rechnen können, so sehr derselbe durch diese Vervollkommnung selbst erhöht werden mag. Es ist aber nicht zu verkennen, daß neue Bahnen mit ungleich geringern Unkosten auszuführen seyn werden. Nicht nur waren bei jener ungewöhnliche Schwierigkeiten zu überwinden, sondern eine Menge Erfahrungen mußten erst theuer erkauft werden. Dazu kommt, daß manche kostspielige Einrichtungen bei andern Bahnen wegfallen mögen. Jene Compagnie erbaute z. B. viele große Waarenhäuser, und ließ die Reisenden auf ihre Kosten in Omnibus bis zur Abfahrtsstelle herbeiholen u. dgl. Hauptsächlich aber werden die Transportkosten selbst noch um vieles sich vermindern, wenn die Maschinen vollkommener und dauerhafter werden, und die Behandlung leichter und bekannter seyn wird.

Nicht minder eifrig bemühte man sich jedoch in den letzten Jahren auch Dampfwagen zur Befahrung der gewöhnlichen Straßen herzustellen, und auch dieses geschah mit nicht geringem Erfolg. Gurney machte eine Menge Probefahrten in der Nähe von London, und reiste 1829 sogar in einem solchen Wagen von da nach Bath und wieder zurück. 1831 bestand zwischen Gloucester und dem berühmten Badorte Cheltenham eine ordentliche Dampfkutsche während 4 Monate, die täglich eine Menge Reisender ohne alle Unfälle schneller und um den halben Preis, den andere Wagen forderten, hin und her führte. Bald darauf kam, weil die Gegner dieses neuen Fuhrwesens unmäßige Zölle auszuwirken gewußt, diese Angelegenheit vor das Parlament, und die zur Prüfung derselben niedergesetzte Commission erstattete nach den gründlichsten Nachforschungen, einen durchaus vortheilhaften Bericht. Seitdem haben noch viele andere Versuche fast zur Evidenz erwiesen, daß für Reisende wenigstens Dampfwagen auch auf Chausseen anwendbar sind. Es entstand daher vielfach die Frage, ob man nicht durch Einführung solcher Dampfkutschen die kostbare Anlegung einer Eisenbahn ersparen könne.

Der günstige Erfolg, den seit 1828 besonders die Versuche mit Dampfwagen auf Eisenbahnen zeigten, veranlaßte ähnliche Unternehmungen in Frankreich und den Vereinigten Staaten.

Noch ehe die Manchesterbahn beendigt war, wurde unweit St. Etienne die Anlegung einer einfachen Bahn von Andrezieur bis Roanne begonnen. Die HH. Henry und Mellet waren mit der Ausführung beauftragt, und die Kosten für diese 68 Kilometer (17 Stunden) lange Bahn auf 10 Mill. fr. Fr. angeschlagen. Sie kam indessen wenig über die Hälfte dieser Summe, und konnte schon im Nov. 1832 eröffnet werden. — Auch diese Bahn scheint erfreuliche Resultate zu versprechen. Obschon hauptsächlich zum Transport von Steinkohlen und Eisen bestimmt, mag sie sehr bald auch für Reisende sehr wichtig seyn. Die Dampfwagen, nach dem System der Liverpooler erbaut, sollen 10 und 12 Stunden Wegs per Stunde zurücklegen. Die ganze Fracht per Tonne oder 20 Zentner ist zu ca. 10 Fr. bestimmt, sie beträgt also vom Zentner per Stunde kaum $4/5$ kr. —

Man rechnet, ohne die Reisenden, auf einen Transport von 120 — 140000 Tonnen jährlich.

Zwei andere Eisenbahnen, die eine von St. Etienne nach Andrezieur, und die andere von dort nach Lyon sind der Vollendung mehr oder weniger nahe, und auch auf letzterer fahren bereits Dampfwagen.

Man glaubt, daß der Kilometer einer Doppelbahn in Frankreich nicht über 125000 Fr. zu stehen komme, und daß unschwer solche Bahnen von Paris nach Dieppe, Straßburg und Lyon sich anlegen ließen. Sind diese aber einst ausgeführt, so wird man füglich in 20 oder 24 Stunden von Paris nach London oder nach Straßburg reisen können *).

In den Vereinigten Staaten, wo man sich seit einigen Jahren mehr noch als in England mit der Anlegung von Eisenwegen beschäftigt**), besteht zwar noch keine eigens für Dampfwagen bestimmte Bahn; verschiedene Versuche mit solchen Wagen wurden aber kürzlich auf der Eisenstraße von Baltimore nach dem Ohio vorgenommen, und auch diese hatten den besten Erfolg.

Nach allen diesen Thatsachen kann dem Unbefangenen die Anwendbarkeit der Dampfwagen, und zwar auf Chausseen sowohl als auf Eisenbahnen, kaum noch zweifelhaft seyn, und betrachtet man, wie schnell der Gebrauch der Dampfschiffe und des Gaslichts sich verbreitet hat, obschon vor 25 Jahren noch beides für unmöglich gehalten wurde, so wird es in hohem

---

*) Ein neuer Plan für eine Dampfwagen-Eisenbahn von Paris nach Rouen (122 Kilometer oder 30 Wegstunden) berechnet die Unkosten auf höchstens 15 Mill. fr. Fr. Güter könnten füglich 10 — 12, und Reisende 25 — 30 Kil. in 1 Stunde machen. Bis jetzt wurden jährlich über 500,000 Tonnen (zu Land und zu Wasser) von einer dieser Städte zur andern transportirt, und die Fracht kostet per Tonne zu Wasser 12 — 15 Fr., auf Güterwagen 30 — 35 Fr., auf schnellen Wagen 60 — 100 Fr. Würden also 500000 Tonnen auf der Eisenbahn transportirt, und die Tonne 20 Fr. zahlen, so wäre der rohe Ertrag 6 Mill. Fr.

**) In Newyork kommt seit einiger Zeit ein eigenes Railroad journal heraus. In Süd-Karolina ist gegenwärtig ein Eisenweg in Construktion, der 150 M. lang wird.

Grade wahrscheinlich, daß in 20 oder 30 Jahren schon ähnliche Fuhrwerke in den meisten Ländern Europas vorhanden seyn werden.

A.
Von der Befahrung eiserner Bahnen mit Dampfwagen.

1.
Erfordernisse einer lokomotiven Dampfmaschine oder eines Dampfwagens.

Dampfmaschinen können auf eine zweifache Weise angewendet werden, um Fuhrwerke fortzuschaffen. Man kann sich entweder a) einer feststehenden (firen oder stabilen) Maschine bedienen, und diese eine Kette aufrollen lassen, an welche der fortzuziehende Wagen befestigt ist; oder aber b) eine bewegliche oder lokomotive Maschine anwenden, die, auf einem Wagen ruhend, Räder desselben direkt umtreibt, und die also zugleich mit der Last weiter transportirt wird.

Unter einem Dampfwagen (steam carriage) versteht man gewöhnlich nur solche lokomotive oder selbstfahrende Maschinen, und nennt solche, die gleich Pferden die eigentliche Last auf andern angehängten Wagen nach sich ziehen, oft wohl Dampfpferde (steam horses).

Beide Systeme wurden versucht und empfohlen, und als bereits die Eisenbahn von Liverpool begonnen war, waren die Unternehmer noch unschlüssig, ob sie sich firer oder mobiler Maschinen bedienen sollten; jetzt indessen ist es bereits außer

Zweifel, daß in den meisten Fällen lokomotive Maschinen oder Dampfwagen vorzuziehen seyen.

Wendet man **stabile Maschinen** an, so kann allerdings fast jede Art von Dampfmaschinen dienen; es kann nicht schwieriger seyn, Wagen damit an Ketten fortzuschaffen, als Erzkübel aus tiefen Bergschachten heraufzufördern. Eben so bedürfen die Wagen keiner besondern Einrichtung. Es scheint ferner, daß man an Kraft ersparen müsse, weil die schwere Maschine nicht mit zu transportiren ist.

Anderseits ist jedoch dieses System mit sehr wesentlichen Nachtheilen und Unbequemlichkeiten verbunden.

1) Können die Wagen durch stationnaire Maschinen nur bis auf eine gewisse Distanz, und höchstens wohl ½ M. weit gezogen werden; denn in diesem Falle muß die Kette bereits 2600' lang seyn, und also eine beschwerliche Länge erhalten. Soll daher ein Wagen 10 oder 20 M. weit fortgeschafft werden, so sind 20 oder 40 Dampfmaschinen nöthig, die eben so viele einzelne Stationen bilden. Der Transport wird aber nicht nur durch die Anschaffung und Besorgung so vieler Maschinen kostbar, sondern weil sie auch alle beinahe beständig in Bereitschaft seyn müssen, wenn die Fortschaffung ohne großen Aufenthalt Statt haben soll.

2) Ist auf diese Weise schwerlich eine große Beschleunigung möglich, denn abgesehen, daß ein sehr schnelles Aufwickeln einer langen Kette schwierig seyn muß, ist eine Unterbrechung bei jeder Station unvermeidlich.

3) Ist die Wahrscheinlichkeit eines Unfalls bei diesem Systeme ungleich größer, als bei dem Gebrauch einer einzigen, mit dem Wagen unmittelbar verbundenen mobilen Maschine. Denn abgerechnet, daß unter 30 oder 40 Maschinen sehr leicht eine oder die andere in Unordnung gerathen mag, ist nur zu sehr zu befürchten, daß fast auf jeder Fahrt irgend

eines der unzähligen Glieder dieser viele Stunden langen Kette reiße.

Lokomotive Maschinen oder eigentliche **Dampfwagen** haben offenbar diese Nachtheile nicht; um einen sehr langen Weg zurückzulegen, wird man nur eine Maschine und nur sehr wenige Menschen brauchen, und diese wird ungleich weniger Kohlen verzehren. Eine sehr lange Fahrt wird ununterbrochen vor sich gehen, die Geschwindigkeit endlich wird beinahe nach Gutdünken gesteigert werden können. Klar ist aber, daß diese Vortheile nur unter gewissen Bedingungen zu erreichen sind, und daß nicht blos der Wagen eine eigenthümliche Construktion, sondern auch die Dampfmaschine zu diesem Behuf eine besondere Beschaffenheit haben muß.

Da nämlich die Maschine selbst mit transportirt wird, so ist es nöthig, daß sie möglichst wenig Gewicht habe. Je leichter sie bei gleicher Kraft ist, eine desto größere Last wird sie außer der eigenen fortschaffen können.

Da dieselbe Last ferner bei der geringsten Steigung oder Neigung der Straße eine bedeutend größere oder kleinere Zugkraft erfordert, so muß sich ferner der Effekt der Maschine nach Bedarf erhöhen und vermindern lassen.

Da ferner eine solche Dampfmaschine den Gütern und Menschen, die sie transportirt, mehr oder weniger nahe steht, so ist doppelt wichtig, daß sie völlig gefahrlos und ihnen auf keine Weise lästig sey.

Wagen und Maschine müssen sich endlich mit großer Leichtigkeit und Sicherheit regieren lassen, und überdieß den Erschütterungen hinlänglich widerstehen.

Es liegt am Tage, daß eine vollkommene Lösung dieser Aufgabe mit außerordentlichen Schwierigkeiten verbunden seyn muß, und nur das Werk vielfacher Erfahrungen und Verbesserungen seyn kann. Es kann daher nicht wundern, daß alle bis jetzt konstruirte Dampfwagen noch vieles zu wünschen übrig lassen. Unverkennbar ist es jedoch gelungen, zum Theil wenigstens und in ziemlich hohem Grade schon jene Erfordernisse zu erfüllen.

Das Gewicht der Dampfmaschine wurde schon um vieles durch Einführung des Hochdruckprincips und durch Abschaffung des Condensators verringert, noch sehr bedeutend aber in den letzten Jahren durch die Erfindung von allerlei Röhrenkesseln, die bei ungleich weniger Volum und Wassergehalt doch eine sehr große Feuerfläche darbieten.

Durch dieselbe Construktion ward ferner möglich, die Produktion des Dampfes sehr schnell etwas zu verstärken oder zu vermindern. Außerdem aber wurde der Maschinist in den Stand gesetzt, jeden Augenblick sogar die Kraft des Kolbens zu verändern, indem man in der Regel bei halb offener (Admissions-)Klappe arbeitet, so daß fast immer der Kesseldampf eine übermäßige Spannung hat, und jede Drehung der Klappe sofort mehr oder weniger Dampf in den Cylinder strömen läßt, während die Sicherheitsventile doch jede übermäßige Anhäufung hindern.

Da fahrende Maschinen nur niedrige Schornsteine gestatten, so hat man den nöthigen Zug einerseits dadurch befördert, daß man den abziehenden Dampf in den Rauchfang leitet, anderseits denselben durch Blase- oder Erhaustionsmaschinen erregt (S. 145). Den Rauch beseitigt man großentheils, indem man mit Kokes feuert.

Die Lenkung der Wagen kann auf Eisenbahnen wenig Schwierigkeit haben, und eben so ist auf solchen wenig von Erschütterung zu befürchten. Die Maschine leidet aber um so weniger dadurch, da sie auf starken Federn ruht *). Mit

---

*) Die Bewegung soll beim schnellsten Fahren so sanft seyn, daß man nicht nur lesen, sondern sogar schreiben kann.

Leichtigkeit kann ferner jeder Wagen, und im schnellsten Laufe sogar, angehalten werden, da der Dampfzufluß sich nicht nur augenblicklich abschließen, sondern überdieß umkehren läßt, so daß die Bewegung des Wagens in eine rückgängige verwandelt wird.

Ohne alle Gefahr ist endlich ein Dampffuhrwerk freilich nicht, völlig gefahrlos aber wohl als solches, denn bei der dermaligen Construktion der Kessel ist eine Explosion so viel als unmöglich. Der Dampfwagen ist nicht gefährlicher als jeder andere, der gleich schnell fährt. An jedem können sich Unfälle ereignen, wenn etwas bricht. Der Dampfwagen hat aber zum Voraus, daß keine Pferde scheu werden *).

2.

Nähere Beschaffenheit der Eisenbahn-Dampfwagen.

Bei jedem Dampfwagen kommen 4 Haupttheile in Betracht: der Kessel oder Dampferzeuger, die Dampfcylinder,

---

*) Auf der Bahn von Stokton nach Darlington, der ersten, auf der Dampfkutschen fuhren, sollen seit 1825 an 50 Personen das Leben eingebüßt haben; es wird aber nicht bemerkt, auf welche Weise, und dann waren die dortigen Kessel keine Röhrenkessel. Auf der Bahn von Manchester fuhren in 2 Jahren über 800,000 Menschen, ohne daß, so viel bekannt, einer außer Huskisson verunglückte, und dieser hatte es seiner Unvorsichtigkeit zuzuschreiben. Im Nov. 1832 warf zweimal der ganze Train von Reisewagen um, und fast unbegreiflicher Weise, ohne daß jemand dabei umkam. Beidemal geschah es des Nachts bei übermäßig schnellem Fahren, und weil etwas brach. Röhren springen wohl öfters, doch immer ohne die mindeste Explosion zu veranlassen.

die Fahrräder nebst dem sie umtreibenden Mechanismus, und die Munitionsbehälter.

Bei den meisten Wagen befindet sich indessen der Kohlen- und Wasservorrath nicht auf dem Maschinen- oder Zugwagen selbst, sondern auf einem angehängten Beiwagen (tender) Fig. 80.

Man wendet insgemein Kessel mit inwendiger Feuerung an, schon weil ein eigentlicher Ofen nicht zulässig ist. Früher hatten sie mehr oder weniger die, von Trevithik angegebene Construktion (Fig. 46). Später versuchte man mancherlei Röhrenkessel (S. 171).

Von den 3 Wagen, die zuerst die Manchesterbahn befuhren, hatte der Novelty von Broithwaite und Ericsson den S. 142 beschriebenen und Fig. 88 abgebildeten Kessel, und der Luftzug wurde durch ein Gebläse bewirkt. Dennoch enthielt der Wagen selbst in einem untern Kessel noch den Kolben- und Wasservorrath.

Der Kessel des 2ten (des Sans pareil von Hackworth) hatte eine einfache einmal gebogene innere Feuerröhre und einen schmalen innern Feuerrost (Fig. 46).

Der Kessel des 3ten Wagens, des Rocket von Stephenson, enthielt (wie der Fig. 79 gezeichnete) an 25 etwa 3″ weite kupferne Röhren, durch welche das Feuer von dem Heerde nach dem am entgegengesetzten Ende stehenden Rauchfange zog. Die Feuerkammer selbst war durch doppelte Wände gebildet, deren Zwischenraum, da er durch Röhren mit dem Kessel kommunizirte, mit Wasser gefüllt war.

Diese Einrichtung, die von Booth angegeben war, wurde seitdem bei fast allen dortigen Kesseln angenommen, und die Zahl der Röhren wohl bis auf 100, ja bei einigen auf 150 vermehrt. Die Röhren sind kaum 1½″ weit, der Kessel selbst ist nur 6 — 7′ lang.

Diese Construktion beschleunigt unstrettig die Dampfproduktion. Der Wasserraum ist sehr vermindert, die Feuerfläche sehr vergrößert, die Hitze wird schnell entzogen, und auch ziemlich dünne Röhren sind stark genug. Je enger aber die Röhren sind, desto mehr wird der Zug erschwert, und je größer ihre Zahl ist, desto schwächer wird der Boden, indem sie gelöthet sind, und desto eher mag die eine oder andere leck werden, zumal Kupfer und Eisen sich ungleich ausdehnen. Auch leiden sie durch glühende Kohlentheile, die hinein getrieben werden.

Man behauptet zwar, daß solche Röhren an 1000 Fahrten (von 30 M.) aushalten mögen, gewiß ist aber, daß häufig einzelne unbrauchbar werden. Eben so wird der Rost bald zerstört.

Der französische Kessel von Seguin (Fig. 79) wurde diesem nachgebildet, doch zweckmäßig, wie es scheint, verändert, indem das Feuer zuerst unter dem Kessel durchzieht, und dann erst durch die Röhren; ferner, indem der Zug durch Blasemaschinen belebt wird.

Der Rauchfang ist bei allen Dampfwagen sehr niedrig, was schon die Tunnels nothwendig machen. Der Zug wird befördert, indem man den verbrauchten Dampf hinein leitet. Als Feuermaterial dienen fast immer Kokes oder destillirte Steinkohlen. Häufig wendet man die der Gasfabriken an. Der Bushel (36⅓ Liter) wiegt 30 — 36 Pfund.

Die Dampfwagen haben gewöhnlich nicht einen, sondern zwei Werkcylinder, und diese theils eine senkrechte, theils eine schiefe oder horizontale Stellung. Horizontale Cylinder sind besonders bequem, wenn zunächst die Are der Räder umgetrieben werden soll; diese Lage aber weniger schädlich, weil der Kolbenschub nicht lang ist.

Gewöhnlich beträgt dieser nämlich nur 14—15″.

Ein kurzer Schub ist nöthig, weil in der Regel zu jedem Umgang der Räder 1 Hin= und Herschub des Kolbens erfordert wird. Soll nun ein Rad von 15′ Umfang (fast 5′ Diam.) 20 M. per Stunde zurücklegen können, oder in 1 Minute 1760′, so muß es in der Min. 117 mal umgehen, und der Kolben also eben so viele Hin= und Hergänge machen. Wäre mithin der Cylinder nicht sehr kurz, so müßte der Kolben eine zu große Geschwindigkeit erlangen.

Der Parallelismus der Kolbenstange wird meist durch einen Rahmen (wie in Fig. 161) gesichert.

Von der Kolbenstange wird die Bewegung durch eine zweite Treibstange entweder dem Rade selbst, oder der Axe desselben mitgetheilt. Im ersten Falle ist die Treibstange an einer starken Speiche des Rades befestigt. Im zweiten an einer kurbelartigen Verkröpfung der Axe. Es versteht sich, daß die Kurbel gerade halb so lang als der Kolbenschub seyn muß.

Wendet man 2 Cylinder, und mithin 2 Treibstangen an, so ist ein gleichförmigerer Effekt erhältlich. Beide Kolben arbeiten dann so, daß der eine gerade am meisten Kraft auf die Kurbel ausüben kann, wenn die Kurbel des andern auf den todten Punkt gelangt *). Da bei 2 Cylindern aber die äußere Erkältung größer ist, so wird es desto nöthiger, sie dagegen zu schützen.

Bei fast allen neuen Dampfwagen wird blos ein Paar Räder unmittelbar in Bewegung gesetzt, und oft sogar nur Ein Rad, wofern die Reibung dieses einzigen stark genug bleibt, damit das Rad dennoch fortlaufe und nicht blos rutsche.

---

*) Beide Kurbeln bilden dann einen rechten Winkel.

Treibt die Maschine nur Ein Rad, so muß das andere (das sich dann wie die Hinterräder unabhängig um die Axe drehen kann) nicht nothwendig genau gleich viele Umgänge machen, und dieß ist wirklich bei krummlinigten Wegen, oder wenn beide Räder nicht vollkommen gleichen Umfang haben, auch erforderlich.

Ist die Treibstange an dem Rade selbst befestigt, so sitzt dieses, wie bei den gewöhnlichen Rädern, nicht an der Axe fest. Treibt jene Stange hingegen die Axe um, so muß das Fahrrad an dieser festsitzen. Man kann jedoch das Rad auch blos vermittelst eines Armes fest machen, und diese Vorrichtung hat den Vortheil, daß man willkührlich nur eines oder auch beide Räder umtreiben lassen kann. Es ist klar, daß in beiden Fällen die Kraft zwar dieselbe bleibt, denn auch wenn Ein Rad nur befestigt wird, so wirken beide Treibstangen darauf; ein Vortheil besteht aber darin, daß man nach Umständen die Reibung, die das Rutschen hindern muß, vermehren kann. Die Maschine ist übrigens meist so gestellt, daß der größere Theil der Last auf die Fahrräder drückt.

Die Räder sind gewöhnlich von Holz, und nur mit starken eisernen Felgen umgeben. Neulich hat man aber auch gegossene Räder mit hohlen Speichen versucht.

Die Felgen sind entweder flach, wenn die Eisenräder vorspringende Ränder haben, oder mit einem Kranze versehen, wenn letztere flach sind. Die erstern Bahnen heißen tramrails, die letztern edgerails.

Sowohl auf der Manchester= als auf der St. Etienne Bahn sind die Schienen flach, und an den Rädern daher ein vorspringender Rand. Auch sind auf beiden die Schienen von Stabeisen.

Auf den Bahnen von St. Etienne ist jede Schiene etwa 15' lang, und liegt von 5 zu 5' auf einem steinernen Block in einem gußeisernen Träger.

Fig. 186 stellt die Haupttheile des Rockets (von Stephenson) dar.

a ist der Kessel mit den Feuerröhren. b die Feuerkammer. c und d Röhren, wodurch das zwischen den Wandungen dieser Kammer enthaltene Wasser mit dem des Kessels in Verbindung ist. e einer der beiden Dampfcylinder. f die Kolbenstange. g der Leitrahmen. h die Treibstange. i die Röhre, wodurch der verbrauchte Dampf in das Kamin k abzieht.

Fig. 187 zeigt eine spätere Einrichtung.

a ist der Kessel mit 80 oder 100 Rauchröhren. b die Feuerkammer. c die Rauchkammer. Am Boden der letztern liegen die beiden horizontalen Cylinder (mithin stets warm gehalten), und die Kolbenstangen treiben die Are der großen hintern Räder d um. Bei e steht der Maschinist; mittelst der Hebel f und der Stangen g kann er den Dampfzufluß reguliren. h ist das Hauptloch. Bei i wird der Beiwagen angehängt.

Der Wagen von St. Etienne hat 2 senkrechte Cylinder, und jeder setzt zugleich 1 Hinter- und ein Vorderrad in Bewegung. Jeder Kolbenhub soll 2' lang seyn, und jedes Rad nur 12' Umfang haben. Solche Wagen würden demnach, da per Sek. kaum mehr als 1 Doppelhub statt finden kann, kaum 4 Stunden in einer zurücklegen. Auf der Bahn von Andrezieur nach Roanne sollen die Wagen aber gewöhnlich 10—12 Stunden in einer machen; es scheint also, daß man sich dort anderer Wagen bedient.

An Howards Wagen *) geht ebenfalls von den beiden [a]ufrecht im Kessel stehenden Cylindern eine Treibstange nach [d]em Rade. Vermittelst eines Sperr-Rades ist indessen mög[li]ch gemacht, daß die Räder der einen Seite nach Bedarf et[w]as schneller umlaufen können, als die der andern.

3.

Wie die Anwendung von Dampffuhrwerken vortheilhaft seyn kann.

Bei Landstraßen kommen in der Regel nur die Unterhaltungskosten in Betracht, und dazu nur muß der Fahrende einen Beitrag entrichten; bei Canälen und Eisenbahnen hingegen muß noch das Anlagekapital sich verzinsen, und dieses ist immer sehr bedeutend.

Unter den günstigsten Umständen mag die engl. Meile einer einfachen Eisenbahn auf 1400 Pf. St. kommen; häufig aber kostet sie das 4- und 6fache, und die Anlegung eines Kanals ist noch viel kostspieliger.

Der Beitrag des Einzelnen, den diese Vergütung erheischt, wird jedoch um so geringer, je größer die Menge der Güter ist, die jährlich transportirt wird, und so kostbar auch die Anlage ist, so kann doch bei sehr starkem Verkehr die daraus entspringende Vertheurung unbeträchtlich werden. Kostet z. B. eine solche Kunststraße von 20 Meilen auch 150,000 Pf., so wirft ein Weggeld von 1 Sch. per Tonne, wenn jährlich 200,000 Tonnen transportirt werden, doch 10000 Pf., und mithin einen reichlichen Zins ab. Es versteht sich also, daß Kanäle wie Eisenbahnen nur da angelegt werden können, wo

---

*) S. polyt. Journ.

ein besonders thätiger Güterverkehr statt findet; in jedem Falle aber muß offenbar der Transport auf jenen Straßen noch irgend einen andern Vortheil vor gewöhnlichen Straßen gewähren, weil jener immerhin an sich theurer seyn muß.

Bekanntlich ergibt sich nun ein solcher Gewinn, weil die gleiche Last auf Kanälen und Eisenbahnen viel weniger Zugkraft erfordert.

Auf einer guten und ebenen Landstraße beträgt der Widerstand wenigstens $1/24$ oder $1/20$. Ein vierspänniger Frachtwagen 80 Zentner schwer legt höchstens 20 M. des Tags zurück, indem die Pferde während 8—10 Stunden ziehen. Ein starkes Pferd zieht also täglich etwa 20 Zentner 20 M. weit, und auf schlechtern Straßen, auf Kieswegen z. B., ist die Leistung weit geringer.

Auf einer ebenen und gut eingerichteten Eisenbahn beträgt die Reibung kaum $1/200$, ja zuweilen nur $1/300$ der Last; 1 Pf. zieht 10—14mal mehr als auf einer guten Straße; oder 200 und mehr Zentner 20 M. weit.

Auf einem Kanal zieht ein Pferd 6—800 Zentner täglich eben so weit.

Ein Pferd leistet also auf einer Eisenbahn wenigstens 10, und auf einem Kanal wenigstens 30mal so viel als auf einer guten Landstraße, und es ist leicht zu erkennen, wie diese Ersparniß an Pferden (und hiemit an Futter, Führern u. s. w.) gar oft die Vertheurung durch eine kostbare Anlage aufwiegen mag.

Desto auffallender dürfte nun aber seyn, daß nicht überhaupt Kanäle den Vorzug erhalten, da 1 Pf. auf diesen über 700, auf Eisenbahnen nur 200 Zentner ziehen kann. Wie letztere oft vortheilhafter werden können, erhellt aus Folgendem:

Jene Leistung hat nämlich nur statt, wenn das Pferd 2 oder 2¼ M. per Stunde zurücklegt. Gar sehr vermindert sich dieselbe aber, sobald es geschwinder ziehen soll. Denn abgesehen, daß größere Geschwindigkeit mehr Kraft erheischt, und umgekehrt jedes Pferd bei geschwinderem Gange weniger Kraft auf den Zug verwenden kann (da beides auch beim Zuge auf festen Bahnen statt findet), so vermehrt sich noch auf Wasserstraßen auf eine eigene Weise der Widerstand, indem nicht nur bei doppelt schnellem Zuge doppelt so viel Wasser, sondern dieses noch mit doppelt so großer Geschwindigkeit auf die Seite getrieben werden muß.

Theorie und Erfahrung ergeben deßhalb, daß schon bei einer Geschwindigkeit von 3½—4 M. per Stunde 1 Pferd auf einer guten und ebenen Eisenbahn eben so viel zu ziehen vermag, als auf einem Kanal — bei 6 M. Geschwindigkeit aber fast 3mal, und bei 8 M. sogar an 5mal so viel.

So oft daher eine bedeutendere Geschwindigkeit einen besondern Werth hat oder wesentlich ist, mag eine Eisenbahn vortheilhafter seyn. In der That macht ein Kanalschiff selten über 2½ M. per Stunde, und eine Geschwindigkeit von 6 oder 8 Meilen gilt fast für ganz unthunlich — während auf Eisenbahnen, wie auf andern Straßen, die von 10 und 12 M. noch möglich ist.

Ausserdem hat eine Eisenbahn noch andere Vorzüge. Die Herstellung eines einfachen Schienenwegs ist in den meisten Fällen weit wohlfeiler, als die eines Kanals; die Eisenbahn wird höchstens durch tiefen Schnee auf kurze Zeit unbrauchbar, während ein Kanal oft lange im Winter wie im Sommer unfahrbar ist; ein Kanal nimmt mehr Land weg, und stört ungleich mehr alle sonstige Communication; ein Kanal endlich ist viel öfter gar nicht ausführbar.

Immerhin ist, wie eben gezeigt worden, eine Eisenbahn unter der Voraussetzung hauptsächlich vortheilhafter als ein Kanal, daß eine größere Geschwindigkeit verlangt wird. Die folgenden Betrachtungen werden aber zeigen, daß sich gerade in diesem Falle auch die Anwendung der Dampfkraft vor lebenden Pferden je mehr und mehr empfiehlt.

Mit je größerer Geschwindigkeit nämlich eine Last fortgeschafft werden soll, desto mehr Zugkraft wird nicht nur erfordert, sondern desto weniger Kraft kann das Pferd auf den Zug verwenden; denn je schneller es laufen muß, desto mehr Kraft braucht es, um den eigenen Körper zu bewegen, und desto weniger bleibt disponibel. Die Erfahrung zeigt, daß wenn diese disponible Zugkraft eines starken Pferdes bei $2\frac{1}{2}$ M. Geschwindigkeit $= 150$ Pf. ist, sie

bei 5 M. Geschwindigk. pr. Stunde nur 100 Pf. beträgt;
bei 8 — — nur 50 —
bei 10 — — nur 25 —
und bei 12 — — kaum 10 —

Während daher 4 Pferde einen Frachtwagen von 80 Zentner des Tags 20 M. weit ziehen, können eben so viel Pferde, die 10–11 M. pr. Stunde machen müssen, einen Eilwagen mit 16 Personen (oder 20 Zentner) kaum 10 M. weit fortschaffen, indem sie bei solcher Anstrengung höchstens eine Stunde des Tags arbeiten können. Selbst dann leiden offenbar die Pferde so, daß sie nach 2 oder 3 Jahren unbrauchbar werden; und eine noch größere Geschwindigkeit ist geradezu unmöglich. *)

---

*) Man hat freilich Beispiele, daß englische Postpferde mit einer Geschwindigkeit von 13 und 14 M. per Stunde gefahren sind. Doch bei der von 10 M. kann man schon an die Worte der Schrift kaum denken: der Gerechte erbarmt sich seines Viehs!

Der Nutzeffekt des Pferdes nimmt also zusehends und bedeutend ab, je größer die Geschwindigkeit wird.*)

Bei einem Dampfpferde fällt dieser Uebelstand durchaus weg. Es erschöpft sich nicht. Die Kraft, die erforderlich ist, um dieselbe Last 2 oder 3mal schneller fortzuschaffen, ist genau die doppelte oder 3fache, und da sie 2 oder 3mal weniger lang thätig seyn muß, so ist der absolute Aufwand an Kraft ganz derselbe, ob der gleiche Weg in kürzerer oder längerer Zeit zurückgelegt wird. Es kostet mithin gleich viel Dampf, oder gleich viel Kohle, um 20 M. in 1 oder in 4 Stunden zu durchfahren. Und dieß bestätigt auch Rastriks Bericht aus vielen Versuchen auf verschiedenen Eisenbahnen.

Gesezt also auch die Dampfkraft käme bei langsamem Zuge theurer als die von lebenden Pferden, so allgemein diese sonst durch Dampfmaschinen ersezt werden, so müßte doch bei irgend einem höhern Grade von Geschwindigkeit die erstere stets vortheilhafter sich erweisen. Zu dem kommt, daß eine fahrende Dampfmaschine überhaupt einer ungleich größern Geschwindigkeit fähig ist, daß sie fast ohne Unterbrechung arbeiten kann, und daß ihre Leistung in vielen Fällen unmöglich durch wirkliche Pferde geschehen kann.

---

*) Diese Verminderung der disponiblen Kraft, wenn das Pferd schnell laufen muß, hat auf den Gedanken geführt, dasselbe auf den Wagen zu bringen, und an einem Tretrade oder einer Art Göpel wirken zu lassen. Das Pferd würde so mit seiner ganzen Kraft arbeiten, und dem Wagen könnte doch mittelst eines Räderwerks jede beliebige Geschwindigkeit ertheilt werden. Es ist uns unbekannt, ob und mit welchem Erfolg die Idee je ausgeführt worden. Auf einer Eisenbahn möchten auch Wagen auf ähnliche Weise durch Menschen bewegt vielleicht vortheilhaft seyn. S. Polyt. Journ. Bd. 40. Taf. 4.

Zieht 1 Pferd (mit 150 Pf. Kraft) 300 Zentner (15 Tonnen) mit einer Geschwindigkeit von 2½ M. pr. Stunde, so mag unstreitig ein Dampfpferd seine Stelle nicht eben so gut einnehmen. Sollte seine Last aber mit 10 M. Geschwindigkeit fortgeschafft werden, so würden nach Obigem nicht weniger als 24 Pferde nöthig. Ein Dampfwagen von nur 4 Pferdekräften würde hingegen eben so viel leisten, da die größere Geschwindigkeit seine Zugkraft nicht mindert *). Und eine Maschine von 40 Pferdekräften würde demnach 150 Tonnen mit 10 M. und 75 Tonnen mit 20 M. Geschwindigkeit fortziehen!

Da ferner 1 Pferd auf einer Eisenbahn 15¾ Tonnen nur 10 M. weit mit der Geschwindigkeit von 10 M. pr. Stunde in 1 Tage ziehen kann, so leistet hiemit eine solche Maschine in 1 Stunde, von 2 Menschen bedient, das Tagwerk von 40 Pferden (nebst ihren Knechten), und diese kostet, wenn auf 1 Pferdekraft 1 Kub.' Wasser gerechnet wird, und zur Verdampfung desselben 8 Pf. Kohle — nicht mehr als 40 $\times$ 8 oder 320 Pf. Kohle. Man wird leicht finden, daß wenn man sich bei lebenden Pferden auch mit derselben Geschwindigkeit begnügte, so daß ihr Effekt 3 mal größer wäre, die Dampfkraft doch wohl noch weniger kostete.

Dann ist in Anschlag zu bringen, daß ein Dampfwagen, der 5—600 Pf. St. kostet, täglich wenigstens 60 M. zurücklegen kann, und also mehr leistet, als 100 oder 180 Pferde bei viel langsamerem Zuge, die 2—3000 Pf. St. kosten und viele Knechte zur Wartung, und geräumige Stallungen erfordern, und daß, so bedeutend auch die Reparaturen des Wa-

---

*) Eine Kraft, die 150 Pf. 2½ M. weit per Stunde bewegt, oder 220' weit per Min. kommt wirklich mit dem gewöhnlich angenommenen Moment der Pferdekraft überein, denn 150 $\times$ 220 = 33000. (S. 314.)

gens seyn mögen, die Erneuerung des Geschirrs, das Beschlagen von so vielen Pferden gewiß noch höher kommen muß *).

Die folgenden Thatsachen mögen zur Bestätigung der vorstehenden Berechnungen dienen.

Der Victory, eine Maschine, die mit dem Beiwagen 8 Tonnen wiegt, zog auf 20 Wagen 92 Tonnen in 95 Min. von Liverpool nach Manchester, also auf einer nicht ganz ebenen Bahn, und verbrauchte 930 Pf. Kokes. Er machte also an 20 M. pr. Stunde, und verzehrte $1/3$ Pf. Kokes pr. Tonne und pr. Meile **). In der Mitte des Weges wurde frisches Wasser aufgenommen, und bei der Steigung von Rainhill eine zweite Maschine vorgespannt, mit deren Hülfe der $1^{1}/_{2}$ M. lange Rain in 9 Min. erstiegen war. Um 92 Tonnen mit Pferden und langsam zu führen, brauchte man wenigstens 19 Pf. und 2 Tage. Der Dampfwagen leistete dasselbe in $1^{1}/_{2}$ Stunde mit kaum 10 Z. (oder für etwa 15 Schill.) Kokes.

Der Novelty zog 28 T. 8 M. weit mit 84 Pf. Kokes. 1 Tonne kostete also $9/_{25}$ Pf. pr. Meile.

Der Samson, der 10 Tonnen wiegt und 14zöllige Cylinder hat mit 16″ Hub, zog 50 Wagen mit 150 Tonnen (oder in Summa 220 Tonnen) in 160 Min. von Liverpool bis Manchester, und verbrauchte 1762 Pf. Kokes. Er machte

---

*) Versuche lehren, daß ein Postpferd jährlich an 40 Pf. Eisen abnutzt.

**) Dieser Wagen hat Cylinder von 11″ Diam. und 16″ Hub. Die Räder haben $15^{3}/_{4}′$ Umfang. Um $1/3$ M. per Min. zu machen oder 1760′, muß das Rad 112 mal in 1 Min. umgehen, und der Kolben ebensoviel Doppelhübe machen!

also 11—12 M. pr. Stunde, und verzehrte auch nur ⅓ Pf. pr. M. und pr. Tonne (Ladung) *).

Aehnliche Leistungen gehen aus vielen andern Berichten hervor. Der große Eisenwerkbesitzer Crawshay in Südwallis bedient sich zum Verführen der Erze, Kohlen ꝛc. eines kleinen Dampfwagens von Gurney, der nur 1¾ Tonnen wiegt, auf einer 2½ M. langen Eisenbahn (tramroad). Im Laufe von 1831 zog er nicht weniger als 42300 Tonnen und verbrauchte an 300 T. Steinkohle!

Ein Eilwagen von Birmingham bis London (112 M.) braucht wenigstens 50 Pferde; jezt rechnet man sogar nur 8 M. als Tagwerk von 4 Pferden an. An Futter und Wartung kosten diese täglich 6—7 Pf. Stlg. Ein Dampfwagen, der noch schneller führe, konsumirte kaum für 1½ Pf. St. Kohlen. 80 Dampfkutschen, die jeden Tag mit 1300 Personen hin oder her fahren, ersparten also täglich 360 Pf. St. und 4000 Pferde **).

Man glaubte Anfangs, die Wagen würden blos das 3fache des eigenen Gewichts zu ziehen vermögen. Die meisten ziehen aber bei 8 oder 10 M. Geschwindigkeit das 10= und 12fache.

Die gewöhnliche Geschwindigkeit auf der Manchesterbahn beträgt 12 M. per Stunde, häufig fährt man aber mit der von 20 M. Als Huskisson verunglückte, wurde er

---

*) Der Kessel hat 150 Feuerrohre; der Dampf arbeitete mit 50 Pf. Druck. Die Räder haben 14′ Umfang.

**) Man berechnet, daß diese ganze Bahn mit Doppelgeleisen auf 2½ Mill. kommen würde. Sie müßte 10 Tunnels, zusammen 5 M. lang, passiren, hätte dann aber nirgends mehr als 16′ per M. Gefälle. Jezt sollen an 480,000 Reisende jährlich diesen Weg machen.

die übrigen 15 M. mit einer Schnelligkeit von 35 M. per Stunde transportirt. Der Phönix und Arrow zogen öfters 80 Personen mit der Geschwindigkeit von 25 M. Im Nov. 1830 fuhr der Planet in 60 Minuten von Liverpool nach Manchester.

Von der Dauerhaftigkeit gut gebauter Maschinen gibt endlich der Jupiter einen Beweis, welcher Cylinder von 11″ Durchmesser und 16″ Hub hat. In 33 Tagen machte er über 400 Fahrten oder an 3400 M. und zog in Summa 216 Lastwagen und 827 Reisewagen.

Die Transportwagen haben auf der Liverpooler Bahn eine sehr verschiedene Einrichtung; die einen dienen zu allen Arten von Waaren; andere mit Einfassungen zum Transport von allerlei Vieh; einige sind sogar zu dem von gewöhnlichen Kutschen eingerichtet. Auch die Reisewagen sind theils geschlossene und bedeckte Kutschen, theils blos offene Wagen. Gewöhnlich zieht eine Maschine nur 100—150 Reisende, und also weit weniger, als sie ziehen könnte. Bei einem Wettrennen zu Newton (15 M. v. Liverpool) holte indessen einmal eine einzige Maschine 800 Menschen ab, und brachte sie in 1 Stunde nach Liverpool zurück.

———

4.

Von der Befahrung nicht horizontaler Wege.

Aller Transport geschieht am leichtesten auf völlig ebenen oder horizontalen Bahnen. Um Steigungen so viel möglich zu vermeiden, wird ein Weg daher oft auf eine viel größere Linie verlängert, durch beträchtliche Abtragungen oder Auffüllungen geebnet, über kostbare Dämme und Brücken geführt, und zuweilen wohl gar durch unterirdische Gänge oder Tunnels.

Muß der Weg nothwendig auf einen höhern Punkt gelangen, so sucht man die Böschung möglichst gleichförmig zu vertheilen. So erhebt sich nun eine Straße, die, dem Auge kaum merklich, um $1/100$ nur ansteigt, doch bei 2 M. Länge um mehr als 100'. — Jede Kanalstrecke muß hingegen vollkommen horizontal liegen, und soll ein Kanal daher auf ein höheres Niveau gelangen, so ist dieß nur durch Kastenschleußen zu erreichen, und da durch eine Schleuße ein Schiff höchstens um 10' gehoben werden kann, so sind wenigstens 10 Schleußen erforderlich, um auf 100' zu steigen. Diese Schleußen vertheuern und verzögern nicht wenig die Fahrt *).

Auf ansteigenden Straßen hat diese Unterbrechung nicht statt, dagegen verändert sich und schon bei mäßiger Steigung gar sehr die wirksame Last. Auf der ebenen Bahn hat das Pferd blos die Reibung oder den Druck des Rades auf die Bahn zu überwinden; auf einer geneigten kommt, weil der Wagen zugleich allmählig gehoben werden muß, durch die Wirkung der Schwere noch eine neue Last hinzu, die sich zum Gewicht des Wagens (und der Pferde) verhält, wie die Höhe der Steigung zur Länge. D. h. steigt der Weg auf 100' um 1', so muß die Zugkraft um $1/100$ der absoluten Last vermehrt werden.

Beträgt also die Reibung auf einer guten Straße $1/20$, so werden, wenn sie horizontal ist, 20 Zentner eine Zugkraft von 1 Zentner erfordern. Auf einer schiefen Bahn aber wird die Zugkraft bei einer Steigung von $1/100 = 1 + 20/100$ Z. $= 1\tfrac{1}{5}$ Zentner seyn müssen und bei $1/10$ Steigung $= 1 + 20/20$ oder die doppelte.

---

*) So hat der Junctionkanal auf 90 M. Länge 101 Schleußen; der eben so lange Trouckanal 75 Schleußen ꝛc.

Umgekehrt wird bei'm Hinunterfahren bei $\frac{1}{100}$ Fall, die Kraft nur $\frac{4}{5}$; bei $\frac{1}{20}$ Fall $= 0$ seyn, und bei noch stärkerem das Pferd sogar Kraft anwenden müssen, um den freien Fall zu hemmen.

Auf gewöhnlichen Straßen geschieht nun dieß, indem das Pferd bei'm Steigen langsamer geht, so daß es mehr Zugkraft ausüben kann, und überdieß, indem es sich etwas mehr anstrengt. Bei'm Abwärtsfahren aber, indem man die Reibung (durch einen Radschuh ꝛc.) vermehrt. Ebenso kann es, indem es zugleich langsamer geht, seine Kraft nach Bedarf erhöhen, wenn die Reibung an rauhen oder weichen Stellen größer wird.

Eine ungleich größere Veränderung bringt indessen eine geringe Steigung schon auf Eisenbahnen hervor. Ist die Reibung hier $\frac{1}{200}$, so erfordern 200 Zentner nur 1 Zentner Zugkraft; bei einer Steigung von $\frac{1}{100}$ aber schon $1 + \frac{200}{100}$ Zentner oder die 3fache Kraft; und umgekehrt wird hier bei'm Hinabfahren schon 1 Zentner Kraft nöthig, um den Wagen aufzuhalten.

Bei Eisenbahnen sind daher alle nur etwas beträchtliche Böschungen möglichst zu vermeiden, denn bei $\frac{1}{20}$ Steigung z. B. würde obige Last schon die 11fache Kraft erheischen.

Bei Anwendung von Dampfwagen tritt überdieß schon bei den geringsten Steigungen eine eigene Schwierigkeit noch ein, indem der Zug nicht, wie bei Pferden, verhältnißmäßig langsamer geschehen kann. Da nemlich die Geschwindigkeit der Kolbenstange im Dampfcylinder sich wenig abändern läßt, so muß auch das Wagenrad mit wenig veränderter Schnelligkeit umtreiben. Sollte daher ein Eisenbahn-Dampfwagen Steigungen überwinden, wie sie häufig auf gewöhnlichen Straßen vorkommen, so müßte sich seine Kraft wenigstens auf das 10fache über den Normalstand steigern lassen, und dieß dürfte selbst bei späterer Vervollkommnung dieser Maschinen kaum zulässig seyn.

Für Eisenbahnen, und namentlich für solche, die mit Dampfwagen befahren werden, ist also eine möglichst horizontale Lage ein wesentliches Erforderniß, und sehr große Kosten dürfen oft nicht gescheut werden, um diese zu erhalten.

Sind Steigungen aber durchaus unvermeidlich, so muß man eine andere Aushülfe suchen. Es bieten sich zu dem Ende folgende Mittel dar:

1) daß man am Fuß der Steigung einen Theil der Wagen abtrennt, und die ganze Last in 2 oder mehreren Malen durch die Maschine hinaufziehen läßt;
2) daß man am Fuße einer solchen Böschung einen 2ten Dampfwagen in Bereitschaft hält, der einen Theil der Last hinaufziehen hilft;
3) daß man, zumal bei kürzern und steilern Böschungen, auf der Höhe derselben eine fixe Dampfmaschine aufstellt;
4) daß man die Räder verändert, was freilich bis jetzt noch wenig in Ausführung gekommen zu seyn scheint *). Würde man am Fuße einer Steigung den Wagen auf 2mal kleinere Räder setzen, so würde dieselbe Kraft eine doppelte Last bewegen, weil die Räder nur den halben Weg machten **);
5) daß man die Schwerkraft eines gleichzeitig herabfahrenden Wagens benutzt, um einen heraufzuschaffenden zu ziehen.

---

*) Auf einer Reise nach Cheltenham vertauschte einmal Stone, da er eine 5fache Last zu fahren hatte, die 5füßigen Räder mit 3füßigen, um einen Abhang heraufzufahren.

**) Setzte die Maschine die Axe durch ein Räderwerk in Bewegung, so könnte man blos ein Getriebe ändern.

So sehr also auch nothwendige Steigungen des Weges den Transport erschweren, so sieht man doch, daß sie keineswegs den Gebrauch dieser Bahnen hindern, und wirklich wird fast auf allen das eine oder andere der ebengenannten Mittel mit Erfolg angewendet.

Auf der ganzen Manchesterbahn hat eine einzige Strecke (bei Rainhill) eine ziemliche Steigung (von $1/96$). Man passirt sie, wenn der Wagen volle Ladung hat, indem man die Last theilt, oder einen zweiten Wagen vorspannt. Eine noch stärkere schiefe Fläche am Ende der Bahn übersteigt man mit Hülfe einer firen Dampfmaschine.

Auf der 8 M. langen Eisenbahn von Hetton bei Sunderland *) werden jährlich über 5 Mill. Zentner Steinkohlen blos mit Dampfmaschinen transportirt. Der Weg erhebt sich auf 317′ und steigt dann wieder um 522′ herab. Nur der kleinste Theil wird mit freien Wagen befahren. Dann werden 6 Steigungen mit Hülfe von firen Maschinen erstiegen. Darauf folgen 5 Kettenzüge oder Selfacting planco, wo die herabfahrenden Kohlenwagen zugleich die zurückkehrenden leeren Wagen heraufziehen. Eine fire Maschine von 60 Pferdekräften zieht 8 Wagen mit 420 Zentner Kohlen eine Fläche von 2500′ mit 154′ Steigung ($1/16$) hinauf.

---

*) S. Gerstners Mechanik. Taf. 36.

B.
Von der Befahrung gewöhnlicher Strafsen mit Dampfwagen.

1.
Ausführbarkeit von Chaussee-Dampfwagen.

Ist die Anwendung lokomotiver Dampfmaschinen auf Eisenbahnen vortheilhafter als die von Pferden, so läßt sich vermuthen, daß sie auch auf gewöhnlichen Landstraßen einen schnellern und wohlfeilern Transport möglich machen, und da die Errichtung einer Eisenbahn nur unter gewissen Umständen thunlich ist, so würden unstreitig Dampfwagen, die auf jeder Chaussee fahren können, eine noch weit größere Wichtigkeit für den allgemeinen Verkehr haben.

Die Errichtung einer Eisenbahn ist nicht nur stets sehr kostbar, sondern da bedeutende Steigungen so sehr die Fahrt darauf erschweren, oft ganz unausführbar. Eine Eisenbahn setzt nicht nur einen sehr starken Verkehr voraus, sondern daß große Massen von Gütern oder eine Menge von Reisenden auf einmal transportirt werden, und das Letztere zumal muß vielfache Unbequemlichkeiten mit sich bringen. Dampfwagen hingegen, die auf gemeinen Landstraßen fahren könnten, würden alle Bequemlichkeiten der gewöhnlichen Eilwagen oder Postkutschen haben. Sie würden zu jeder Zeit abfahren, überall anhalten und nach Belieben auch auf Seitenstraßen ablenken können.

Wie mit der Herstellung von Dampffuhrwerken für Eisenbahnen, so beschäftigte man sich daher vielfach auch mit der von Dampffuhrwerken für gewöhnliche Chausseen (turnpike-roads) in neuerer Zeit, obschon viele der ausgezeichnetsten Mechaniker bis vor Kurzem die Ausführbarkeit geradezu läugneten. Man glaubte, daß wenn diese Anwendung der Dampfmaschine auch auf glatten Eisenbahnen möglich ist, die Befahrung gewöhnlicher Straßen eine viel zu große Kraft erfordern würde. Man sah die vielen Unebenheiten der meisten Wege als unüberwindliche Schwierigkeiten an. Man zweifelte, daß je solche Wagen sich, wie es auf ordentlichen Straßen nöthig ist, mit Leichtigkeit, und auch bei schnellem Fahren, lenken und regieren lassen würden, und glaubte, daß sie an sich und für andere Fuhrwerke sehr gefährlich seyn und Pferde scheu machen würden. Man behauptete, daß solche Wagen die Landstraßen verderben müßten u. a. m.

Alle diese Besorgnisse hat indessen bereits die Erfahrung größtentheils zerstreut, und es kann um so weniger die Anwendbarkeit von Chaussee-Dampfwagen hinfort bezweifelt werden, da sie nach sorgfältigen Untersuchungen, die im Sommer 1831 eine vom Parlament aufgestellte Commission unternahm, amtlich bezeugt und dargethan wurde.

Vorerst und hauptsächlich wurde eingewendet, daß zur Fortbewegung auf gemeinen Straßen und mit der zu wünschenden Schnelligkeit eine viel zu starke Kraft erfordert würde und daß der Dampfwagen daher zu schwer, und der Aufwand an Brennstoff zu groß seyn müßte. Vor Allem verdient also dieser Einwurf eine Erörterung.

Einigermaßen ist derselbe zwar schon durch die ziemlich große Zahl bereits Statt gehabter Fahrten widerlegt. Hr. Gurney machte, außer vielen andern Fahrten, 1829 die beträchtliche Reise von London nach Bath und wieder zurück. Auf andern Wagen stellten die HH. Hankock, Ogle, Summers u. A. viele Probefahrten an. Hr. Dance richtete sogar 1831 eine regelmäßige Fahrt mit Gurney'schen Dampfwagen zwischen Gloucester und dem Badeort Cheltenham ein, die vier Monate lang täglich und um den halben Preis hin und her fuhren. Diese förderten in dieser Zeit an 3000 Reisende und legten 4000 M. zurück, und hörten nur deßwegen zu fahren auf, weil seine Gegner es dahin brachten, daß der Weg absichtlich fast unfahrbar gemacht und das Chausseegeld übermäßig erhöht wurde *). Nichts desto weniger beharrten indessen viele auf der Ansicht, diese Anwendung der Dampfkraft sey, wenn auch möglich, doch keineswegs vortheilhaft.

Unstreitig bedarf es nun einer ungleich größern Kraft auf Chausseen als auf Eisenbahnen zu fahren, da auf dieser die Reibung 12 oder mehrmal kleiner ist, und könnte daher ein Dampfwagen nur das 12fache seines eigenen Gewichts auf der Eisenbahn ziehen, so wäre er unfähig, auf Chausseen noch eine Last weiter zu fördern. Allein 1) könnte er denn doch eine solche ziehen, wenn dagegen eine mindere Geschwindigkeit gefordert würde, und 2) hat man zu diesen Zwecken das Gewicht kräftiger Dampfmaschinen dergestalt zu verringern vermocht, daß sie eine ungleich größere Last nachzuziehen im Stande sind.

Dann ist wohl zu erwägen, daß jenes Verhältniß nur für völlig horizontale Bahnen gilt, bei jeder Steigung wird der Unterschied um vieles kleiner.

---

*) Die Klagen, die beßhalb an's Parlament gemacht wurden, veranlaßten denn eben die vorhin erwähnte genaue Untersuchung dieses Gegenstandes.

Beträgt z. B. die Zugkraft für 2400 Pf. auf einer guten Chaussee 160 und auf einer ganz ebenen Eisenbahn nur 12 Pfund, so wird sie seyn:

bei $\frac{1}{100}$ Steigung auf jener = 160 + 24 = 184
auf dieser = 12 + 24 = 36
bei $\frac{1}{20}$ Steigung auf jener = 160 + 120 = 280
auf dieser = 12 + 120 = 132

Dieser Umstand macht, wie früher bemerkt worden, die geringsten Böschungen bei Eisenbahnen schon sehr hinderlich, und solche, wie sie häufig bei allen Straßen vorkommen, ohne sonstige Hülfe völlig unübersteiglich.

Kann hingegen die Kraft einer Chausseemaschine willkührlich auch nur auf das Doppelte oder 3fache erhöht werden, so ist sie im Stande, auf guten Straßen wenigstens, wohl jede Steigung zu befahren, da diese selten über 4 oder 5 % betragen, und wird sie im Stande seyn, auch alle unebenen oder rauhen Stellen zu überwinden.

So zweifelhaft es endlich bleiben mag, daß Dampfwagen je mit Frachtwagen zum langsamen Transport concurriren können, so vermindert sich doch dergestalt der Nutzeffekt lebender Pferde, wenn sie schneller laufen sollen, während er bei der Dampfkraft ungeschwächt bleibt, daß letzterer bei einer gewissen Dampfkraft der Vorzug zukommen muß. Der praktische Nutzen dieses Transportmittels ist aber hinlänglich dargethan, so bald es nur entschieden ist, daß es zum schnellen Fahren vortheilhafter ist.

Ueber die Möglichkeit, mit großer Schnelligkeit auf gewöhnlichen Straßen zu fahren, lassen nun die bisherigen Erfahrungen schon keinen Zweifel. Hr. Gurney bezeugt, daß sein Wagen gewöhnlich 12 M. per Stunde, und öfters sogar 20 – 30 M. zurückgelegt. Ogle führt an, daß bei seinen Versuchsfahrten zwischen London und Southampton der

Wagen zuweilen mit einer Geschwindigkeit von 30 — 35 M. per Stunde; und Summers, daß sein Wagen eben so schnell mit 19 Personen gefahren sey. Stone berichtet, sein Dampfwagen habe 36 Personen und überhaupt wohl das 5fache des eigenen Gewichts 5 — 6 M. weit in 1 Stunde gezogen. Ja diese Herren behaupten sogar, Wege, von 1/20 und mehr Steigung, ohne sonstige Hülfe und mit 10 und 15 M. Geschwindigkeit per Stunde hinaufgefahren zu seyn.

Auch die Commission gab daher das Urtheil von sich, daß sich mit Dampfwagen auf gemeinen Chausseen wenigstens so schnell als mit Pferden, und bei der besten Posteinrichtung, reisen lasse, und eine Dampfkutsche füglich eben so viele Personen als gewöhnliche Eilwagen (14 — 18) enthalten könne.

Die bisherigen Versuchswagen hatten fast alle ein sehr bedeutendes Gewicht (3 — 4 Tonnen), der Wagen von Cheltenham jedoch wog kaum 50 Zentner, ein neuerer von Gurney nur 35 Ztr., und Letzterer war im Begriff, eine Maschine zu konstruiren, die nur 5 Ztr. wiegen, und doch eine Postchaise mit 2 Reisenden fortziehen sollte.

Gesetzt indessen, das Gewicht eines Maschinenwagens für eine Eilkutsche mit 16 Passagieren betrage 40 Ztr., so wäre er höchstens so schwer, als die 4 Pferde, die eine ähnliche Kutsche erfordert *).

Nach Gurney verzehrt ein solcher Wagen per Meile ½ Bushel Kokes und 60 — 100 Pf. Wasser, je nachdem der Weg mehr oder weniger gut ist. Auf 1 Station von 7 M. betrüge der mitzunehmende Vorrath höchstens 8 — 10 Ztr., und im Mittel diese Last nur die Hälfte.

---

*) In England rechnet man das mittlere Gewicht eines guten Pferdes auf 10 Ztr. In Deutschland lange nicht so hoch.

Beträgt nun das Tagwerk eines Pferdes an Eilkutschen nur 8 – 10 M., so leisten 4 – 5 Bushel Kokes so viel als 4 Pferde in 1 Tag, und an den meisten Orten muß der Unterhalt von diesen weit mehr als jenes Quantum Kohlen kosten *).

Eine Maschine kostet freilich 4 – 500 Pf., legt sie aber täglich 100 oder 120 M. zurück, so ersetzt sie 50 Pferde. Ueberdieß kommt in Betracht, daß so viele Pferde ungleich mehr Leute zur Besorgung erfordern, und namentlich, daß sie auch dann Futter verzehren, wenn sie nicht gebraucht werden, und dieser Umstand ist um so wichtiger, da der Verkehr in manchen Zeiten weit weniger lebhaft ist als in andern.

Hr. v. Baader, der neulich noch die Anwendbarkeit von Dampfwagen auf Chausseen bestritt **), stützt sich u. a. auf die ganz übermäßige Kraft, die solche erforderten. Er berechnet nämlich die der Hankok'schen Kutsche, die 16 Personen führt, auf 80 Pferdekräfte. Abgesehen aber, daß dieß ziemlich gleichgültig wäre, wenn doch nur 1 B. Kokes per M. consumirt wird, so zeigt eben dieser geringe Consum, daß jene Berechnung irrig ist. Rechnen wir für 1 Pfkr. den Dampf von 60 Pf. Wasser per Stunde, also von 6 Pf. in 6 Min. oder für 1 Meile, so müßten 12 Pf. Kokes 6 × 80 oder 480 Pf. Wasser verdampft haben, was unmöglich ist! Es wird niemand läugnen, daß der Transport von 1000 Tonnen

---

*) Hankoks Kutsche legte mit 16 Passagieren in 40 Min. 7 M. zurück und brauchte 2 Bush. K., also per M. nur 1/3 B. oder 12 Pf. Kokes. Könnte man Steinkohlen anwenden, indem die rauchverzehrenden Öfen vervollkommnet würden, so wäre der Dampf noch wohlfeiler, da 1 Bushel Steink. so viel Dampf gibt, als 2 B. Kokes.

**) S. polyt. Journ. 1. Oct. Heft 1832.

auf einer ebenen Eisenbahn 12 oder 20 mal weniger Brennstoff und Dampfwagen erfordert, als auf einer Chaussee; es fragt sich aber vorerst, ob überall, wo Eisenbahnen nicht angelegt werden können, oder sich nicht verzinsen würden, und wo man sich also der bereits vorhandenen Straßen bedienen muß, Dampfwagen dann nicht, und zum schnellen Transport von Reisenden zumal, Vortheile vor Pferdefuhrwerken gewähren, und dieser Vortheil scheint aus den vorliegenden Erfahrungen schon genügend erwiesen.

Wenden wir nur noch einen Blick auf andere Einwürfe, die gegen die Einführung von Dampfwägen auf gewöhnlichen Straßen gemacht wurden.

Zu den Haupteinwürfen gegen die Anwendung von Dampffuhrwerken gehörte, wie zu erwarten war, die Meinung, daß solche **sehr gefährlich** seyn müssen, theils weil durch die Maschine eine neue Gefahr hinzukömmt, theils weil man die Lenkung dieser Wagen nicht genugsam in seiner Gewalt haben würde.

Die besondere Gefahr jedoch, die aus der Nähe einer Dampfmaschine hervorgehen kann, ist beinahe als null anzusehen bei der hier angewendeten Construktion der Kessel, denn von einer wahren Explosion kann kaum die Rede seyn. Allerdings kommen solche Maschinen in Unordnung, zumal nicht alle Erschütterung zu verhindern ist, und sie oft übermäßig angestrengt werden; häufig bersten Röhren, und öfters schon brach die Kurbel oder Are: allein solche Unfälle hatten selten eine andere Folge, als daß der Wagen stehen blieb.

In anderer Beziehung sind Dampfwagen sogar entschieden minder gefährlich als andere Eilwagen. Freilich verlangen erstere eine beständige Aufmerksamkeit von Seite des Lenkers, und bei langsamem Fahren mag die Intelligenz der Thiere oft diese ersetzen. Sollen Pferde aber 10 oder

11 Meilen pr. Stunde zurücklegen, wie dieß bei den jetzigen Eilwagen geschieht, so müssen sie so angetrieben werden, daß sie fortwährend gewissermaßen durchzugehen drohen; und in diesem Zustand erfordert nicht nur auch ihre Lenkung anhaltende Aufmerksamkeit und Anstrengung, sondern wie fast tägliche Unfälle zeigen, verliert der Lenker nur zu leicht seine Herrschaft. Der Dampfwagen hingegen, wie rasch und kraftvoll sein Lauf ist, zeigt keine Launen; es ist kein Scheuwerden oder Reißen der Zügel zu befürchten; und sind die Organe in gutem Zustande, so gehorcht er augenblicklich der Hand des Führers. *) Die Erfahrung beweist überdieß, daß er leicht und pünktlich zu lenken ist, und fast augenblicklich sogar, und daß er bälder und sicherer noch als Pferde im schnellsten Laufe angehalten werden kann. **)

Eben so stimmen alle Nachrichten überein, daß das Bergabfahren auf geneigten Straßen mit keiner Schwierigkeit und Gefahr verbunden ist. Da man nicht nur dieselben Mittel wie bei andern Wagen hat, die Reibung zu berechnen, und die Wirkung der Dampfkraft auf die Räder zu mäßigen oder zu suspendiren, sondern da man ihr gar leicht eine entgegengesetzte Richtung geben kann.

Am meisten Schwierigkeit scheint das Fahren bei tiefem Schnee zu haben; auf beeisten Wegen ziehen die Wagen

---

*) Man hat schon Beispiele gehabt, daß ein Dampfwagen, den man zu hemmen versäumt, mit der ungeheuern Geschwindigkeit von 50 M. bergab fuhr, ohne Schaden zu nehmen.

**) Von der Leichtigkeit Dampfwagen zu wenden gibt Hr. Crawshay einen Beweis. Er ließ seinen von Gurney erkauften Dampfwagen in einem gepflasterten Hofe von 76' Länge und 48' Breite, mehrmals die Figur einer 8 beschreiben, und der Wagen brauchte nie mehr als $2/3$ jenes Raums.

sehr leicht, und man braucht die Radfelgen nur etwas zu schärfen.

Man hat ferner gemeint, daß Dampffuhrwerke andern Reisenden gefährlich seyn können, daß Pferde, die ihnen begegnen, leicht scheu werden u. dergl. In wie weit diese Besorgniß gegründet ist, geht aus den bisherigen Berichten noch nicht hervor. Das Scheuwerden der Pferde scheint indessen hauptsächlich dann zu befürchten, wenn der Dampf stoßweise in die Luft pfeift; dieß ist aber zu verhindern, wenn man ihn nicht unmittelbar, sondern durch eine Zwischenkammer in das Rauchrohr führt. Der Rauch fällt, wenn man Kokes brennt, fast ganz weg. *)

Auch ohne ein Gebläse oder Ventilatoren anzuwenden, hat man den Zug so zu verstärken gewußt, daß man keine hervorragende Schornsteine nöthig hat. Man läßt nämlich den verbrauchten Dampf am Boden des Rauchfangs und zwar durch eine beengte Oeffnung in diesen einströmen. Es geschieht dieß dann mit einer solchen Geschwindigkeit, daß der Rauch selbst sehr schnell aufsteigt; und je schneller die Maschine arbeitet, desto schneller ist der Zug.

Man hat endlich die Besorgniß geäußert, daß Dampfwagen weit mehr als Pferdewagen die Straßen beschädigen werden; zuversichtlich hat aber vielmehr das Gegentheil Statt. Der eigentliche Dampfwagen wiegt höchstens so viel als die Pferde, die er ersetzt, durch das Auftreten der Pferde aber, die den Boden aufscharren, leidet die Straße gewiß mehr als durch 4 rollende Räder. Dieß geht auch

---

*) Gewöhnlich brennt man Gaskokes. Der Bushel dieser leichten Kokes wiegt etwa 30 Pf. und kostet 2 pence. Der Bushel Schmiedekokes wiegt an 48 Pfd. und kostet 8 — 9 pence.

daraus hervor, daß die Hufeisen eines Gespanns in derselben Zeit 3 — 4mal mehr Eisen durch die Reibung verlieren, als die Radeisen. *) Ueberdieß können die Radfelgen eines Dampfwagens vollkommen eben gemacht werden, während die von gewöhnlichen Wagen ziemlich conver sind, und daher tiefer einschneiden. Beim Bergabfahren endlich kann die Bewegung des Dampfwagens so verzögert werden, daß der Weg weit weniger leidet, als durch gewöhnliche Räder, wenn sie gehemmt werden. Nur das Gleiten oder Rutschen der Räder könnte eben so schädlich seyn; dieses wird aber ohnehin stets sorgfältig verhindert. Die größere Geschwindigkeit hingegen mag dem Weg eher weniger als mehr schaden.

2.

Von einigen der bisher gebauten Chaussee-Dampfwagen.

Für die bewährtesten der bisher angegebenen Dampfwagen mögen noch immer die des Hrn. Goldsworthy Gurney gelten, der seit 10 Jahren sich mit der Herstellung solcher Wagen für gewöhnliche Straßen beschäftigt, und sich um die Einführung derselben hauptsächlich verdient gemacht hat. **)

Zur Erzeugung des Dampfes bedient er sich fortdauernd des S. 174 beschriebenen Röhrenapparats. Er hat ihn nur darin abgeändert, daß der Separator k, Fig. 44,

---

*) Nach Gordon halten die Hufeisen nur etwa 200 M. aus. Die Radreifen hingegen an 5000.

**) Anfangs glaubte auch er, daß Schiebefüße unentbehrlich seyen. 1826 überzeugte er sich aber, daß selbst beim Berganfahren diese Krücken ganz unnöthig sind, und daß fast immer die Reibung eines einzigen Rades sogar hinreicht, alles Rutschen zu verhindern.

jetzt über den Röhren horizontal liegt, daß die untern Röhren mit den obern durch angelöthete senkrechte Röhrenstücke verbunden sind, und daß er in den Vorderstücken c und d jeder Röhre angeschraubte Büchsen angebracht hat, die abgenommen werden können, um die Röhren zu reinigen, da er das Reinigen mittelst einer Säure (S. 196) aufgegeben zu haben scheint. Dieses Reinigen ist übrigens nur selten nöthig, und wird auf diese Weise leicht verrichtet.

Das Prinzip dieses Kessels findet er noch immer vorzüglich. 6 oder 8 Min. nachdem man zu feuern angefangen, ist die Maschine schon im Stande abzufahren. Bei den meisten Oefen ist das schnelle Verbrennen der Roststangen ein großer Uebelstand. Da hier Wasserröhren als Rost dienen, so dauern sie sehr lange. Da ferner alle Röhren geneigt sind, so zieht der entwickelte Dampf sehr leicht nach dem Separator, und da dieser noch zum Theil mit Wasser gefüllt ist, so ergibt sich eine beständige Cirkulation, ohne daß die Röhren je trocken kochen. Im Separator scheidet sich der Dampf sehr gut von dem anhängenden Wasser. Dieser Sammler kann leicht mit Sicherheitsklappen, einem Schwimmer u. s. w. versehen werden. Da diese Röhren gekrümmt sind, so bewirkt ihre Ausdehnung nicht leicht ein Leckwerden. Der verbrauchte Dampf tritt endlich, ehe er entweicht, in eine Kammer, und umgibt und erhitzt hier das in einer Schlangenröhre durch diese Kammer geführte Speisewasser, so daß dieses beinahe siedend heiß wird. Es soll überdieß sogar, vermittelst jener Dampfkammer, nicht nur der Zug befördert, sondern durch Anwendung einer Klappe regulirt werden können.

Die Einrichtung des Dampfwagens selbst ist aus Fig. 188 ersichtlich. Er hat keinen Beiwagen, a ist der Kessel, b der Kohlen- und Wasserkasten. Der Dampf gelangt durch

die Röhre c in die Dampfbüchse d, die eine gewöhnliche Schieb=
ladensteuerung enthält, und von da in zwei horizontale
Dampfcylinder e. *) Wie die Kolbenstangen vermitelst
zweier Kurbeln die Are der hintern Räder umtreibt, zeigt
die Figur. Diese Räder sind nicht an der Are fest, sondern
jedes kann willkührlich durch einen Hälter h, der an einen
Zapfen drückt, befestigt werden. ff sind starke Federn, auf
denen die ganze Maschine ruht. Durch den Griff g regiert
der Führer die Dampfklappe, und da der Dampf in der
Regel im Kessel zurückgehalten wird, so ist es ein Leichtes,
augenblicklich die Kraft auf das Doppelte und Dreifache zu
steigern.

Der Kutscher sitzt neben diesem Griffe. Vermittelst
des Rades i, an dessen Are k ein Trilling in ein inwendig
gezähntes Rad greift, lenkt er mit größter Sicherheit den
Wagen rechts oder links. Mit Hülfe des Hebels l kann er
den Wagen anhalten oder zum Rückwärtsfahren bringen,
indem er dadurch die Bewegung der Kolben umkehrt. Das
Spiel der Kolbenventile wird mittelst erzentrischer Scheiben,
die an der Hinterräderare sitzen, bewirkt. Unter jedem
Dampfcylinder liegt parallel eine Speisepumpe, deren Stem=
pel durch eine Verbindung mit der Dampfkolbenstange in
Thätigkeit kommt. Bei p wird die Reisekutsche angehängt.
Die Fahrräder haben 5′ Durchmesser.

---

*) Ohne Zweifel ist die Disposition dieser Dampfröhre zu
tadeln, da durch die vielen Krümmungen die Kraft des
Dampfes ausnehmend geschwächt werden muß. (S. 522)
Eine durchaus dampfdichte Verbindung des Kessels mit
dem Cylinder bleibt aber auch, da alle Schwankungen
nicht zu verhindern sind, eine der schwierigsten Aufgaben
bei allen lokomotiven Maschinen.

Dampfkutsche des Dr. Church. *)

Die große Dampfkutsche des Dr. W. Church, die von einer Gesellschaft zu regelmäßigen Fahrten von Birmingham nach London bereits adoptirt seyn soll, hat nur 3 Räder und enthält außer der Maschine Platz für 50 Reisende. Die beiden Hinterräder sind 8' hoch und 6" breit. Jedes Rad wird unabhängig vom andern durch eine endlose Kette umgetrieben, die um seine Are und die Kurbelare geht. Church brachte überdieß Dampfgeneratoren von ganz eigenthümlicher Construktion an; sie bestehen nämlich aus vielen konzentrischen Röhren, deren Zwischenräume wechselsweise Wasser oder die Feuerluft durchgehen lassen. Bei dieser Einrichtung soll, was freilich schwer zu glauben ist, 1 □' Kesselfläche wenigstens 6mal mehr Dampf geben, als bisher. Der Zug wird durch Windflügel belebt. (S. 146.)

Gibbs Dampfwagen. **)

Die Reisekutsche wird hier nachgezogen. Jedes Rad derselben sitzt aber an einer besondern Are, und ein eigenthümlicher Hebelapparat dient zum Lenken der Räder. Der Dampfwagen unterscheidet sich hauptsächlich durch eine neue Art von Kessel, indem das Feuer abwärts durch 2 spiralförmig gewundene Rauchröhren zieht. 1 Pfd. Koke verdampft 10 Pfd. Wasser. (S. 169.)

Hancocks Wagen.

Kessel und Maschine sind unmittelbar hinter dem Kutschkasten angebracht, und dieser faßt etwa 16 Personen. Der ganze Wagen ist 16' lang und wiegt etwa 3½ Tonne. Die

---

*) S. Gordon, Taf. 14.
*) S. Gordon, Taf. 15. Gibbs Kessel, Polyt. Journ. Bd. 44, S. 401.

Cylinder haben 9″ Diam. und 12″ Schub. Der Keſſel hat die von Hancock erfundene eigenthümliche Conſtruktion. Der Zug wird durch Windflügel verſtärkt; nach Lardner ſollen dieſe aber im Widerſpruch mit andern Erfahrungen ausnehmend viel Kraft erfordern. *) (S. 145.) Jedes Rad wird durch eine Klaue mit der Kurbelaxe verbunden, und durch Auslöſen des einen bei ſcharfen Biegungen das Wenden erleichtert. Für 8 M. braucht man 7 bis 800 Pfd. Waſſer und (ohne das Anfeuern) 2 Buſch. Kokes **)

Einige Dampfwagen von D. Ogle machten viele Fahrten von Sonthampton nach London. Die Geſchwindigkeit betrug öfters 30—35 M. pr. Stunde. Selbſt ſteile Hügel wurden mit Leichtigkeit überſtiegen, und mit 16 — 20 M. Geſchwindigkeit. Der ganze Wagen wiegt etwa 5 Tonnen, der Keſſel aber nur 8 Ztr. Er ſoll, obſchon nur $3\frac{2}{3}'$ hoch, 3′ lang, und $2\frac{1}{3}'$ breit, doch 250 □′ Heizfläche beſitzen, und während 12 Monaten keine Reinigung nöthig gehabt haben. Mit 10 M. pr. Stunde laſſen ſich leicht 2 Tonnen führen, und 7 M. mit 100 Pfd. Kokes zurücklegen. —

Aehnliches wird von Summers Wagen berichtet. ***) Auch dieſe fuhren oft mit 50 M. Geſchw. — Gewöhnlich arbeitet man mit 200 Pfd. Dampfdruck, und mit einem Gebläſe.

Nachwort.

Wenn einerſeits die Erfindung der Dampfwagen von enthuſiaſtiſchen Lobrednern bereits in den Himmel erhoben

---

*) Die Hancock'ſchen Kammerkeſſel werden namentlich von Faray ſehr gerühmt.
**) S. Polyt. Journ. Bd. 40. S. 521.
***) S. Polyt. Journ. Bd. 42. S. 313.

wird, so findet sie anderseits noch immer entschiedene und fast leidenschaftliche Gegner. Ein solcher bemüht sich z. B. in einem so eben erschienenen Aufsatze aus dem For. Quaterly Rewiew, der von Hrn. v. Baader im 48sten Bande des polyt. Journals übersetzt ist, die Behauptung zu erweisen, daß alle bis dahin konstruirten Dampfwagen durchaus fehlerhaft und unbrauchbar sind. Abgesehen jedoch, daß durch keine Thatsachen diejenigen widerlegt sind, welche zu Gunsten dieser Erfindung nach so vielen glaubwürdigen Berichten angeführt wurden, geht aus der ganzen Abhandlung doch nur hervor, daß der dermalige Zustand des Dampffuhrwesens noch sehr vieles wünschen läßt. Dieses Letztere widerspricht indessen auch unsern Ansichten nicht, und wir glauben nur, daß die Anwendung von Dampfwagen dermalen schon, trotz aller ihrer Unvollkommenheiten, in manchen Fällen entschieden vortheilhaft heißen kann, und daß in Kurzem vielleicht eine sehr allgemeine Einführung dieser neuen Transportmaschine zu erwarten ist, wenn gleich zu jeder Zeit noch manches daran zu wünschen übrig bleiben wird.

Der Verfasser stellt vorerst die Nothwendigkeit auf, daß diese Maschine Kraft und Leichtigkeit verbinde, und es ist klar, daß diese Vereinigung nur bis zu einem gewissen Grade möglich ist. Unverkennbar ist aber gerade in dieser Beziehung schon sehr vieles geleistet worden, und dargethan, daß die Schwere der Maschine kein Hinderniß ist.

Ferner wird verlangt, daß die Dampfkraft vollständig benutzt werde. Allein auch dieß ist bei jeder Dampfmaschine nur zum Theil erreichbar. Bei Hochdruckmaschinen ist zudem die Kraft des entlassenen Dampfes nothwendig verloren. Der namhafteste Fehler der gegenwärtigen Dampfwagen möchte in dieser Beziehung der seyn, daß der Dampf durch zu enge Röhren und zu viele Krümmungen nach dem Dampfcylinder gelangt, und die Beseitigung dieses Uebelstandes erfordert unstreitig alle Aufmerksamkeit *).

Sehr wünschenswerth wäre drittens, daß der Dampf zu jeder Zeit beliebig verstärkt oder geschwächt werden könnte, und auch dieß wird zu jeder Zeit wohl nur innerhalb gewisser Grenzen möglich seyn; denn einerseits verbietet die nöthige Leichtigkeit und Gefahrlosigkeit einen großen Kessel, und anderseits ist ohne einen großen Dampfraum keine bedeutende Ansammlung von vorräthigem Dampf, von Dampfkraft en réserve, denkbar. Wir haben aber gesehen, daß momentan wenigstens eine solche Verstärkung der Kraft gar wohl und ohne Gefahr erhältlich ist, und daß gerade bei Röhrenkesseln die Dampferzeugung sehr schnell vermehrt und vermindert werden kann. Es ist mithin zu glauben, daß bei einiger Vervollkommnung die Dampfkraft leicht in dem Grade regulirt werden könne, wie es die Unregelmäßigkeiten wenig geneigter Eisenbahnen und guter Landstraßen erfordern.

Ein letztes und sehr wesentliches Erforderniß ist endlich unstreitig, daß dieser Maschine die gehörige Dauerhaftigkeit und Sicherung gegen alle Erschütterungen verschafft werden kann. Es wurde bemerkt, daß die ganze Maschine daher auf Federn gelagert wird; doch eben weil diese ausnehmend stark seyn müssen, ist es schwer, ihnen die nöthige Biegsamkeit zu geben, und glaublich also, daß in dieser Beziehung noch vieles zu

---

*) Wie es scheint, haben alle bisherigen Dampfwagen übermäßig starke Maschinen: Maschinen von 10 und 12 Pferdekräfte, um zu leisten, was 4 lebende. Dieß beweist allerdings eine große Unvollkommenheit und die Möglichkeit großer Verbesserungen. Wenn aber 4 Dampfpferde nicht mehr als 1 lebendes kosten, so sind jene doch jetzt schon anwendbar.

wünschen ist. Sollte es wahr seyn, daß die Reparaturen an den Dampfwagen der Manchesterbahn im vorigen Jahre (1832) über 15000 Pf. St. kosteten, also mehr als diese Wagen im Ankauf, so wäre kaum Hoffnung vorhanden, daß lokomotive Dampfmaschinen je die ungleich stärkern Erschütterungen auf gewöhnlichen Straßen aushalten dürften. Jener Thatsache stehen indessen so manche andere entgegen, daß man mit Grund annehmen darf, diese außerordentliche Auslage für Reparaturen sey besondern Umständen zuzuschreiben; daß auf einer gut konstruirten und in gutem Stande befindlichen Eisenbahn beträchtliche Erschütterungen Statt finden sollen, ist unbegreiflich. Besteht die Bahn aus kurzen (5') langen Schienen, so entstehen sehr viele aber kaum sichtbare Fugen; besteht sie aus längern, so sind diese wohl etwas größer, aber ihrer desto weniger. Die Veränderungen durch den Temperaturwechsel können kaum merklich seyn. Es ist also zu glauben, daß besonders die häufige Schadhaftwerdung des Kessels dermalen noch viele Reparaturen veranlaßt.

Achter Abschnitt.
Von der Dampfschifffahrt.

1.
Geschichtliches über die Erfindung und Verbreitung der Dampfschifffahrt.

Kaum ist ein Vierteljahrhundert verflossen, seitdem das erste Dampfschiff gebaut wurde, und zur jetzigen Stunde mögen bereits an 1000 solcher Schiffe in Thätigkeit seyn. Der wundersame Aufschwung, den in so kurzer Zeit die Anwendung der Dampfmaschine auf die Schifffahrt genommen hat, bezeugt schon ihre Wichtigkeit, und es mag daher Einiges über die Geschichte und die raschen Fortschritte dieser merkwürdigen Erfindung hier eine Stelle finden.

Daß dem Amerikaner Robert Fulton die Ehre gebührt, 1807 das erste Dampfschiff zu Stande gebracht zu haben, unterliegt keinem Zweifel. Nicht minder gewiß ist indessen, daß viele vor ihm die Anwendung der Dampfmaschine auf die Schifffahrt und auf demselben Wege versucht haben, und daß mehrere an der vollständigen Lösung der Aufgabe beinahe nur durch zufällige Umstände gescheitert waren.

Die Anwendung von **Ruderrädern** *) war schon längst und selbst von **Savery** vorgeschlagen worden, obgleich derselbe nirgends andeutet, daß solche je vermittelst des Dampfes getrieben werden könnten. Viele Versuche stellte **Duquet** im Hafen von Havre (in den J. 1687 — 93) mit Ruderrädern an, die theils von Menschen, theils von Pferden in Bewegung gesetzt wurden. 1732 legte der Graf von Sachsen der franz. Akademie den Plan eines Bugsirbootes mit Ruderrädern vor, die von 4 Ochsen getrieben werden sollten, und in neuerer Zeit und zwar seit der Erfindung der Dampfschiffe sind wirklich mehrere Schiffe (unter dem Namen bat. zooliques) nach diesem Princip ausgeführt worden, indem man mit Hülfe eines Räderwerks den Ruderrädern die gehörige Geschwindigkeit gibt, und dennoch die Pferde, die auf einem Tretrade oder an einem Göpel arbeiten, mit der ihnen angemessenen Langsamkeit ziehen läßt.

Andere glaubten, ein Forttreiben eines Schiffes dadurch bewirken zu können, daß man am Hintertheil desselben (durch Dampfmaschinen oder irgend eine andere Kraft) ein beständiges Ausströmen von Wasser veranstalte. Schon 1758 machte Dan. Bernoulli in seiner Hydrodynamik auf die Benutzung dieser Reaktion des Wassers aufmerksam, und erhielt den Preis, der 1753 über diesen Gegenstand von der Akademie ausgesetzt worden war **). Dieselbe Idee verfolgten Franklin und später Rumsey in Amerika, und selbst in neuester Zeit hat man eine nützliche Anwendung dieses Princips noch für möglich gehalten ***).

---

*) S. Montgery im Bull. technol. für 1824. S. 255, und polyt. Journ. Bd. 17. S. 231.

**) Mehreres darüber S. in einem Aufsatze von Clapeyron in den Annales des Mines, T. V.

***) Namentlich versuchte dieselbe Tourasse in seinem Aquamoteur.

Mancherlei Ideen, Ruderräder mit Hülfe einer Dampfmaschine umzutreiben, gab 1755 Gautier an (Mém. de la Soc. de Nancy T. 3). Der Erste indessen, der sich mit dieser Aufgabe beschäftigte, scheint ein Engländer Jon. Hulls gewesen zu seyn. Aus einer 1815 aufgefundenen Druckschrift geht nämlich hervor, daß dieser Hulls 1736 der Admiralität vorschlug, Bugsirboote mit Ruderrädern herzustellen, welche mittelst einer atm. Dampfmaschine und eines Krummzapfens umgetrieben werden sollten. Hulls Vorschlag fand aber keinen Beifall, und da die von ihm angegebene Vorrichtung auch sehr unvollkommen war, so kamen seine Bemühungen bald in gänzliche Vergessenheit. Auch scheinen alle, die später Versuche anstellten, nicht die mindeste Kenntniß von Hulls gehabt zu haben (S. 35).

Der Erste (nach Hulls), der ein Ruder-Radschiff durch eine Dampfmaschine in Bewegung zu setzen unternahm, war der Franzose Perier (1773); da er aber eine überaus schwache Maschine (von 1 Pferdekraft) anwandte, und seine Versuche auf einem fließenden Wasser, der Seine, anstellte, so blieben sie ohne Erfolg. Nicht viel günstiger fielen die Versuche des Marquis von Jouffroi (in den 1780er Jahren) auf der Saône bei Lyon aus, und auch die von d'Arnal und de Blanc (1796) führten zu keinem Resultate.

Ein ähnliches Schicksal hatten die Bemühungen mehrerer Engländer. Mit großem Aufwand versuchte in den 1790ger Jahren der Banquier Miller von Dalwington die Herstellung eines Dampfruderschiffs, und nach den Angaben seines Sohns sollte es ihm wirklich gelungen seyn, ein solches Boot

---

S. Essai sur les bateaux à vapeur p. Tourasso et Mellet. Paris 1829. 4.

mit der Geschwindigkeit von 7 Mil. per Stunde fortzutreiben. *) Gewiß ist indessen, daß Miller bald seine Versuche wieder aufgab. Andere Versuche machten Clarke, Buchanan, Dikinson und namentlich Bell und Symington, und die Bemühungen der Letztern scheinen fast nur darum keinen Erfolg gehabt zu haben, weil die Ruderräder zu sehr das Kanalbett beschädigten **).

In den Vereinigten Staaten beschäftigten sich schon vor 1790 Fitsch und Rumsey, und später Fulton und Livingston mit der Anwendung der Dampfkraft auf die Schifffahrt. Livingston ließ sich 1799 bereits ein Patent geben; da derselbe aber innerhalb Jahresfrist kein Schiff zu Stande brachte, und nachher als Gesandter nach Paris gieng, so wurde es wieder aufgehoben. Bald darauf kam auch Fulton nach Paris, in der Hoffnung, dort mehrere Unterstützung zu finden, und machte sogar dem Kaiser Anträge, Dampfschiffe zu bauen. Obschon er indessen nicht glücklicher als seine Vorgänger zu seyn schien, so hatte er doch bald die Ueberzeugung gewonnen, daß das Mißlingen der bisherigen Versuche hauptsächlich der Anwendung einer zu schwachen Maschine zugeschrieben werden müsse, indem man nicht genug beachtete, daß ohne Vergleich mehr Kraft erfordert wird, um ein Schiff durch eine auf demselben wirkende Maschine, als aber vom Ufer her fortzuziehen. Auf Livingstons Rath und mit seiner Unterstützung bestellte er daher eine 20pferdige Maschine von Boulton und Watt, und verfügte sich sofort wieder nach Neuyork um ein für diese Maschine geeignetes

---

*) S. Edimb. Journ. Jul. 1825, und polyt. Journ. Bd. 17, S. 50.

**) Ueber Bells Ansprüche auf die Erfindung der Dampfschifffahrt s. polyt. Journ. Bd. 54.

Ruderschiff zu konstruiren. Mit welchem Erfolg nun seine Bemühungen gekrönt wurden, ist allgemein bekannt. Am 3. Okt. 1807 lief sein **Dampfschiff** (der **Clermont**) vom Stapel; Furcht und Schrecken verbreitete es unter der Menge; denn die glühende Rauchsäule und das Getöse der Ruder und der Maschine gaben dem Fahrzeuge das Ansehen eines Ungeheuers; allein mit größter Leichtigkeit bewegte es sich nicht nur im Busen von Neuyork, sondern vollbrachte ohne irgend einen Unfall die Reise von da nach Albany (150 M.) den Hudson hinauf in 32 Stunden.

Die Kunst der Dampfschifffahrt war hiemit erfunden, und diese Erfindung war für kein Land wichtiger, wie für die Vereinigten Staaten. Nirgends ist eine noch geringe Bevölkerung mit allen Bedürfnissen eines civilisirten Volks auf einer so großen Landesfläche vertheilt. An eine Verbindung aller Gegenden durch gute Landstraßen ist noch lange nicht zu denken. Große Flüsse durchziehen das Land, aber eben so schwierig und kostspielig muß es seyn, sie überall mit Leinpfaden zu versehen. Nirgends können also Dampfschiffe wesentlichere Dienste versprechen, und nirgends zugleich mögen mehrere Umstände die Anwendung derselben mehr erleichtern. Die meisten der nordamerikanischen Flüsse sind breit, tief und ohne bedeutenden Fall, und die Ufer großentheils noch mit ungeheuern Waldungen bekleidet, so daß fast überall wohlfeiler Brennstoff zu erhalten ist. Bald erkannte man auch die ganze Wichtigkeit, welche die Erfindung für jene Staaten haben mußte, und in wenig Jahren vermehrten sich diese neuen Schiffe fast auf's Unglaubliche.

1810 kam das erste Dampfschiff den Ohio hinab nach Neuorleans. 1815 waren ihrer erst 4, und 1822 schon an 70 blos auf dem Missisippi. Ehemals mußten die Ohiolånder alle ihre Bedürfnisse aus dem Often beziehen; ein Schiff von Neuorleans bis an die Ohiokatarakten brauchte 3—4 Monate Zeit. Jezt wird dieser Weg von 1650 M. in 12—14 Tagen zurückgelegt. Die Gesammtzahl der nordamerikanischen Dampfschiffe beträgt gegenwärtig wenigstens 300. Wie die Flüsse, befahren sie alle Küsten und die innern Seen. Gewöhnlich legen diese Schiffe 8—10 M. in 1 Stunde zurück. Oft fahren sie aber noch weit schneller. 1832 machte das Schiff Champlain die Reise von Neuyork nach Albany in 8¼ Stunden! Fast eben so allgemein sind Dampfschiffe auch im brittischen Nordamerika. Sieben Schiffe, wovon einige von 600 Tonnen, gehen fortdauernd zwischen Quebeck und Montreal (180 M.) und manche sind schon bis zum Obersee (2000 M.) gefahren.

Vor 12 Jahren passirte das erste amerikanische Schiff (die Savannah von 350 Tonnen) das atlantische Meer, und fuhr bis Petersburg. Es kam in 20 Tagen von Neuyork nach Liverpool, und seitdem wurde dieser Weg schon in 14 Tagen zurückgelegt.

In England wurden die ersten Dampfboote erst im Jahr 1812 von Bell, Dawson und Thomson gebaut. Das erste ging auf dem Clyde als Wasserdiligence von Glasgow nach Greenok. Im folgenden Jahre sah man das erste auf der Themse.

Bald darauf wurden mehrere und größere Fahrzeuge erbaut, und wie die amerikanischen mit einer ausgesuchten Eleganz und allen Bequemlichkeiten ausgerüstet. Nach öffentlichen Berichten zählte England 1824 160, und 1832 gegen 500 Dampfschiffe. Auf dem Clyde allein waren vor mehreren Jahren schon an 40 Dampfboote im Gang, und die Zahl der Reisenden zwischen Glasgow und Greenok hatte sich dergestalt vermehrt, daß sie täglich auf 2000 stieg, während sie früher wöchentlich nur 500 betrug *).

Allmählig wagten sich auch die europäischen Dampfschiffe auf das Meer. Die erste Reise von Dublin nach London (760 M.) machte Weld, und brauchte dazu 121 Stunden. Das Schiff hatte eine 14pferdige Maschine und 11' hohe Räder von Eisenblech **).

Im März 1816 kam das erste Dampfschiff (die Elisa) nach Frankreich. Am 18. kam es in Havre, am 28. in Paris an. Den 100 Stund langen Wasserweg von Rouen nach Paris legte es in 60 St. zurück, und die Rückreise machte es in 24 St. Wenige Monate darauf kam die Defiance in Rotterdam an. Jetzt hat Rotterdam 25 Dampfschiffe.

Es wäre schwer, die Geschichte der ferneren Ausbreitung der Dampfschifffahrt nur mit einiger Vollständigkeit zu verfolgen. Wir begnügen uns daher, einige wenige Daten hier noch mitzutheilen.

1821 waren 6 Dampfschiffe schon in Bordeaux, und eines wurde nach Martinique gesendet. Ein anderes mit einer 32pferdigen Maschine ging nach dem Senegal, wo jetzt 3 oder 4 große Dampfschiffe vorhanden sind.

1823 bekam Martinique 2 Dampfschiffe.

1823 gieng das erste Dampfschiff (Franz I.) von Wien nach Ofen und wieder zurück.

1822 erhielten der Bodensee und der Genfersee die ersten Dampfschiffe. Seit vielen Jahren befahren Dampfschiffe auch den Comer= und Langensee. Das Dampfschiff auf dem Neuenburgersee gieng hingegen wieder ein.

---

*) Umständlich handelt von diesen Dampfbooten Beuth, in den Verh. der preuß. Gew.=Ver. Sept 1824.
**) Ausführlich ist diese Reise in der Bibl. brit. Bd. 60. p. 66 beschrieben.

1824 kam eine regelmäßige Dampfschifffahrt zwischen Marseille, Neapel und Palermo zu Stande, und in diesem Jahr (1833) wird mit einem Dampfschiff eine Lustfahrt von Livorno nach Griechenland und Konstantinopel angestellt.

Seit 1825 fahren Dampfschiffe von Rotterdam nach Köln, Mannheim und Wörth. 1832 wurde eine Probefahrt bis Basel ausgeführt. Jetzt geht eine ordentliche bis Straßburg.

1829 ließ die holländische Regierung ein Dampfschiff zur Reise nach Batavia bauen, das 250' lang war, und 3 Maschinen, jede von 100 Pfkr. erhielt.

Seit 1830 verkehren Dampfschiffe zwischen Triest und Venedig, zwischen Kronstadt und Petersburg u. s. w., und jetzt gehen regelmäßig Dampfschiffe aus England nach Porto und Lissabon, so wie nach Hamburg und Petersburg.

1825 machte die Entreprise (ein Dampfschiff von 500 T. und 150' lang) die erste Reise von London nach Calcutta. Es hatte 2 Maschinen, jede von 60 Pferdekr. und Segel, von denen es um so öfter Gebrauch machte, da es über Erwartung lange auf der Reise zubrachte. In 24 Stunden brauchte man, bei anhaltender Arbeit der Maschinen, an 200 Zentner Steinkohlen. Am Cap wurden neue Kohlen eingenommen. Die ganze Reise (ein Weg von 11200 M.) dauerte etwas über 100 Tage.

Seit mehreren Jahren befahren nicht nur viele Dampfschiffe die indischen Meere, sondern es werden solche Schiffe nun schon in Indien gebaut. 1830 landete das erste Dampfboot (der Forbes) in China. Zu den wichtigsten und merkwürdigsten Fahrten gehört endlich die, welche gegenwärtig (1833) den Niger hinauf in's Innere von Afrika unternommen wird.

2.
Allgemeine Einrichtung der Dampfschiffe.

Man kann vier Arten von Dampfschiffen unterscheiden:

a) eigentliche Dampfschiffe oder solche, die, wie andere Schiffe, Reisende oder Waaren tragen, jedoch durch eine Dampfmaschine fortgetrieben werden;

b) Bugsirschiffe (remorqueurs), oder solche, die wie jene durch Dampf bewegt werden, allein nicht selbst Waaren führen, sondern dazu dienen, andere Schiffe am Schlepptau fortzuziehen;

c) Dampffähren, oder Dampfboote, die blos zur Ueberfahrt über Flüsse oder Buchten dienen, und

d) Dampfftauer (toneurs) oder Schiffe, die sich fortziehen, indem mit Hilfe einer darauf befindlichen Dampfmaschine ein Seil aufgewunden wird, das irgendwo am Ufer befestigt ist.

Wir betrachten hier zunächst die eigentlichen Dampfschiffe, zu welcher Klasse weit die meisten gehören.

Alle diese Schiffe werden mittelst Ruderrädern fortgetrieben, indem die Dampfmaschine eine Kurbel oder Verkröpfung umtreibt, womit die Radwelle versehen ist *).

Jedes Schiff hat, fast ohne Ausnahme, zwei solche Räder, die in der Regel an derselben Welle zu beiden Seiten des Schiffs festsitzen. Gewöhnlich liegt die Welle zwischen der Mitte und $1/3$ vom Vordertheil des Schiffs, da die schwere Dampfmaschine so viel möglich die Mitte desselben einnimmt **).

---

*) Alle Versuche, die Bewegung durch andere Mechanismen zu erlangen, sind bis dahin ohne Erfolg geblieben.

**) Einigen Schiffen hat man nur 1 Rad, anderen auch wohl 4 Räder gegeben.

Die meisten neuern Schiffe haben aus demselben Grunde wie die Dampfwagen, 2 Maschinen oder 2 Dampfcylinder, und die Welle der Räder hat dann 2 Verkröpfungen, die senkrecht gegeneinander stehen, so daß die eine Treibstange stets die günstigste Lage hat, wenn die andere den todten Punkt erreicht.

Die ältern Schiffe, und die Mehrzahl der amerikanischen, haben indessen nur 1 Maschine. Es ist dann, um die Unregelmäßigkeit der Kraft auszugleichen, ein Schwungrad angebracht, oder ein Rad mit einem eisernen Kranze versehen, so daß es einigermaßen als Schwungrad wirkt *).

Die mehresten Dampfschiffe haben Maschinen von niedriger oder mittlerer Pression, und alle Kessel mit inwendiger Feuerung (S. 167). Wenige arbeiten mit Dampf von 3- oder 4facher Pression, und manche amerikanische nur mit Dampf von 10 Atm. nach Evans System **). Einige neuere Schiffe haben jedoch Röhrenkessel erhalten ***).

Diese Maschinen müssen eine sehr bedeutende Kraft haben, wenn das Schiff auf ruhigem Wasser so schnell, wie ein mit gutem Winde segelndes, fahren soll, oder stromaufwärts, da eine auf dem Schiffe selbst befindliche Kraft meist an 3mal

---

*) Das Schwungrad ist, damit es mit der nöthigen Geschwindigkeit umlaufe, nicht an der Welle des Rades, sondern an einer zweiten Axe befestigt, so daß es etwa 3mal mehr Umgänge macht.

**) In England wurde die Anwendung von Hochdruckmaschinen sogar verboten.

***) So sollen die Kessel von Busk Keene u. Comp. vorzügliche Dienste leisten. Der Kessel besteht aus 3 Reihen Röhren von 2″ Durchmesser, die rostförmig gelegt, unmittelbar dem Feuer ausgesetzt sind, und in einen Separator endigen. Sie enthalten 10mal weniger Wasser als andere Kessel. S. polyt. Journ. Bd. 45. S. 225.

weniger als eine gleiche vom Ufer her ziehende Kraft vermag. Auf 3 bis 5 Tonnen Ladung rechnet man gewöhnlich 1 Pferdekraft, und häufig arbeitet die Maschine mit gesteigerter Kraft, wenn gleich das Schiff lange nicht die volle Ladung hat.

Die ganze Maschinerie ist daher sehr schwer, und beträgt (Maschine, Kessel, Wasser und Räder inbegriffen) meist $1 - 1\frac{1}{4}$ Tonne per Pferdekraft, oder gegen $\frac{1}{3}$ oder $\frac{1}{4}$ der vollen Ladung. Bei wenigen Maschinen (meist hochdrückenden mit kleinen Kesseln) nur ist das Gewicht auf $\frac{3}{4}$-Tonne per Pferdekraft reduzirt *).

Dazu kommt dann noch, zumal bei längern Reisen, der bedeutende Vorrath an Brennstoff.

Die meisten europäischen Schiffe brennen Steinkohlen, die amerikanischen mehrentheils Holz **). Der Verbrauch an Brennstoff ist in der Regel weit größer, als bei gewöhnlichen Dampfmaschinen; man kann meist 12 und oft 15 und mehr Pf. Steinkohle per Stunde und per Pferdekraft rechnen, weil einerseits diese Maschinen oft übermäßig arbeiten müssen, und anderseits Dampfverlust weniger zu hindern ist ***).

Die wenigsten Schiffmaschinen haben einen Regulator, weil Gleichförmigkeit der Kraft hier weniger nöthig ist; desto wichtiger ist hingegen ein Barometer oder Manometer, um

---

*) Bei den meisten Maschinen rechnet man 10—12 Zentner Kesselwasser per Pfkr.

**) Neulich hat man das Theer der Oelgasfabriken als Brennstoff empfohlen, da 12 Pf. so viel Hitze geben sollen, als 100 Pf. Steinkohle.

***) Die Dampfcylinder stehen gewöhnlich vertikal, und die Kolbenstangen wirken theils mittelst eines Balancier, theils mittelst Gelenkstangen auf die Kurbeln. Einige Schiffe haben aber auch horizontale oder schiefliegende Cylinder, und einige neuere auch oszillirende.

zu jeder Zeit die Stärke des Dampfdrucks wahrnehmen zu können. Die Kessel sind von Eisen oder Kupfer. Gußeiserne sind gefährlich. (S. 197.)

Die Ruderräder haben 8 — 12 hölzerne oder blecherne Schaufeln, die ungefähr, wie die der unterschlächtigen Wasserräder, befestigt sind, und ihr Durchmesser beträgt gewöhnlich zwischen 12 und 16'. Sie müssen natürlich so hoch liegen, daß nur die untersten Schaufeln in das Wasser eintauchen. Beim Ein= und Austauchen flachliegender Schaufeln geht stets etwas Kraft verloren, und man hat daher vielfach eine Einrichtung versucht, welche das Wenden der Schaufeln möglich macht; gewöhnlich litt dabei aber die nothwendige Festigkeit. Mehrere Schiffe sind jedoch mit dergleichen Patenträdern versehen.

Sollen die Radschaufeln eine Kraft auf das Wasser äussern, so müssen sie offenbar eine größere Geschwindigkeit haben, als das Schiff, und selbst die des innern Randes der Schaufeln muß noch etwas größer seyn; bei geringerer Geschwindigkeit würde dieser Theil der Schaufel eine rückwirkende Kraft ausüben.

Es ergibt sich daraus, daß die Schaufeln eine bestimmte Umfangsgeschwindigkeit erlangen müssen, und daß sie überdieß nicht zu breit seyn dürfen. Viele sehen die doppelte Geschwindigkeit für die vortheilhafteste an; es läßt sich jedoch darüber nichts festsetzen *).

Bei einem Durchmesser von 14' hat das Rad 44' Umfang; sollte es hiemit, wenn das Schiff 8' per Sel. zurücklegt, 16' durchlaufen, so müßte es per Minute $\frac{16 \times 60}{44}$

---

*) Damit die Schaufeln kein Wasser auf das Verdeck spritzen, sind die Räder gewöhnlich mit einem Gehäuse umgeben.

oder an 22 Umgänge machen, und der Kolben also auch eben so viel Doppelhübe. Wären die Schaufeln 2' breit, so käme dem innern Rande derselben immer noch eine Geschwindigkeit von 12' zu. Sie käme hingegen der des Schiffs gleich, wenn die des äussern Randes nur 8' betrüge.

Da die relative Geschwindigkeit der Schaufeln an keine bestimmte Regel gebunden ist, so kann auch für die Größe der Schaufeln keine allgemeine Vorschrift gelten.

Bei gleich gebauten Schiffen und gleicher Geschwindigkeit richtet sich der Widerstand nach der Größe des größten eintauchenden Querschnitts, und dieser fände sich, wäre er ein Rektangel, wenn man die Breite des Schiffs mit der eintauchenden Tiefe multiplizirte. Einige schreiben für die Schaufelfläche $1/10$ oder $1/12$ jenes Querschnitts vor, und betrüge dieser also z. B. 60 $\square$' so müßte jede Schaufel 5—6 $\square$' groß seyn, oder bei 2' Breite etwa 3' lang. Bei 10 amerikanischen Schiffen aber, deren Dimensionen Marestier gibt, fand er die Schaufeln von $1/8$ bis $1/34$ varirend.

Der Bau der Dampfschiffe hat übrigens wenig Eigenthümliches, auch brauchen sie nicht massiver als Schiffe mit Segeln zu seyn; die der Amerikaner sind in der Regel sogar sehr leicht gebaut. Die meisten, welche das Meer oder Seen befahren sollen, werden aber zugleich mit Masten und Segeln versehen.

Die frühern Dampfschiffe waren insgemein sehr flach gebaut; und auch jezt haben sie meist einen wenig scharfen Kiel, damit sie weniger tief gehen. Die meisten sind 4—5mal länger als breit. Gewöhnlich ruht die Maschine auf dem Boden des Schiffs. Bei Reisebooten ist der vordere und hintere Raum in mehrere Säle abgetheilt, und bei den meisten mit großer Eleganz zur Aufnahme der Reisenden eingerichtet.

Die Geschwindigkeit der Dampfschiffe ist je nach ihrem Bau der verhältnißmäßigen Stärke der Maschinen und der Ladung sehr verschieden. Auf Seeen oder Meeren legen viele 7—9 Meilen per Stunde zurück *). Haben sie Segel, so kann man dadurch auf langen Reisen auf eine Beschleunigung von etwa 1½ M. rechnen **).

Auf Flüssen wird die effektive Geschwindigkeit um die des Flusses beim Abwärtsfahren vermehrt, und beim Aufwärtsfahren vermindert. Ein Schiff mit 8′ Geschwindigkeit in stillem Wasser würde also auf einem Fluß, der 5′ Strömung hat, 3′ per Sek. stromauf und 13′ stromab zurücklegen. Es ist daraus auch klar, daß Flußschiffe nothwendig eine bedeutende Kraft haben müssen; denn vermöchte die Maschine in obigem Falle nur eine Geschwindigkeit von 5 zu erzeugen, so würde das Schiff stromauf gar nicht weiter kommen, und alle Arbeit daher vergeblich seyn. Da anderseits aber, wie wir gleich sehen werden, alle Beschleunigung eine ungleich stärkere Kraft, und also auch einen weit größern Aufwand an Brennstoff erfordert, so ist begreiflich, 1) daß es beim Stromauffahren am vortheilhaftesten ist, wenn die absolute Geschwindigkeit des Schiffes halb so groß als die Strömung ist,

---

*) 1824 ließ die englische Regierung mit 3 Schiffen viele Probefahrten machen. Jedes hatte eine Maschine von 80 Pf. und legte etwa 9 M. per St. zurück; das eine verbrauchte aber 4,65, das andere 6,25 und das dritte 8 Kil. Steink. per Stunde.

**) Die Geschwindigkeit wird oft zu groß angegeben, weil die Distanzen zu groß berechnet sind. Eine engl. M. hat 1610 Met. und 1 Seemeile 1852 Met. Oft rechnet man nach Knoten (der Loglinie) 1 Knoten = 0,5144 Met. oder 1,69′. Beträgt die Geschwindigkeit also 4 Knoten per Sek. oder 6¾′, so legt es in 1 Stunde 24300′ oder etwa 4½ engl. Meilen zurück.

(d. h. daß es per Sekunde 3′ weit fahre, wenn der Fluß 6′ Strömung hat) und 2) daß eine zu große Strömung die Dampfschifffahrt zuletzt unmöglich machen muß.

Die Konstruktion der Bugsirschiffe weicht wesentlich von der der eigentlichen Dampfschiffe nicht ab. Die Anwendung solcher Schiffe ist von mehreren Mechanikern als absolut vortheilhafter empfohlen worden; es ist indessen nicht einzusehen, daß auf diese Weise mit derselben Kraft eine größere Last transportirt werden kann. Sie mögen also nur bei gewissen Lokalverhältnissen vorzuziehen seyn. Vertheilt man nämlich die Ladung auf mehrere besondere Schiffe, so können diese kleiner seyn, nicht so tief tauchen, und daher vortheilhafter konstruirt seyn. Eben so kann man sie laden, während das Bugsirschiff andere Schiffe zieht u. s. w.

Die Dampffähren haben gewöhnlich einen andern Bau. Sie bestehen in der Regel aus 2 aneinander gekuppelten Schiffen, zwischen welchen ein einziges Ruderrad befindlich ist; und die ganze Breite des Verdecks beträgt dann fast die Hälfte der Länge. Da die Fahrt dieser Schiffe meist sehr kurz ist, so müssen Vorrichtungen vorhanden seyn, um leicht und schnell die Bewegung zu hemmen. Fast allgemein geschieht dieß indem man den Rädern eine umgekehrte Bewegung ertheilt.

Dampftauschiffe *) sind bis jetzt nur sehr wenig (einige auf der Rhone) in Anwendung gekommen, und in der That sind solche nur in seltenen Fällen empfehlenswerth. Die Kraft einer Maschine, die ein am Ufer befestigtes Seil aufwindet, hat zwar unstreitig eine weit vortheilhaftere Wirkung, als wenn sie Ruderräder treibt, und ein Schiff würde

---

*) Diese Schiffe sind neulich besonders von Tourasse angepriesen worden. S. Essai sur les bateaux à vapeur par Tourasse et Mollet. Paris 1829. 4.

sich auf diese Weise mit ungleich geringerer Kraft einen Fluß aufwärts ziehen; da das Zugseil aber von Station zu Station voraustransportirt werden muß, so ist dieses Verfahren ungemein lästig und langsam.

Wir schliessen diese Bemerkungen mit einigen Notizen über verschiedene amerikanische, englische und französische Dampfschiffe.

Amerikanische Dampfschiffe.

Der Kanzler Livingston geht in 21 St. von Neuyork nach Albany; macht also 2,9 Met. pr. Sek. Die Räder von 5½ M. Durchmesser, und 8 Schaufeln (1⅗ M. lang und 0,9 M. weit) machten 17 Umg. pr. Min. Das Schiff ist 48 M. lang, 10 M. breit, hat eine Maschine von 60 Pfdkr. Die Capazität ist zu 400 Tonnen, es führt aber nur Reisende, und ist äußerst elegant eingerichtet. Der Dampfcylinder ist 1,016 M. weit, und jeder Schub 1,52 M. lang. Man heizt mit Steinkohlen.

Der Fulton — ebenfalls für Passagiere. 40½ M. lang und 8,8 M. breit; 1,9 M. Tauchung. Der kupferne Dampfkessel allein soll über 6000 Pfd. St. gekostet haben. Der Cylinder 0,914 M. weit und 1,22 M. lang. Die Räder 4,7 M. hoch, mit acht 1,5 M. langen und 0,7 M. breiten Schaufeln; macht gewöhnlich 18 Umgänge pr. Min. und das Schiff 2,8 — 3 M. Weg pr. Sek. Verbraucht 2 — 2½ Steren Fichtenholz pr. Stunde.

Der Aetna hatte eine Evansmaschine, die mit 10fachem Dampf arbeitete. Die Räder von 5,6 M. Durchmesser hatten 12 Schaufeln. Machten sie 20 Umgänge pr. Min. so legte das Schiff 3½ Met. pr. Sek. zurück.

Der Delaware, der von Philadelphia nach Neukastle geht (52 Seemeilen), macht diesen Weg gewöhnlich in 4 St. Diefes Schiff ist 41 M. lang und 6 M. breit, und hat eine Masch. von 44 Pfkr. die 3000 Pfd. St. kostete. Der Cylinder hat 0,81 M. Durchmesser, und der Dampf gewöhnlich einen Druck von 2 Atm.

Der Maryland, ein Schiff von 42 M. Länge, 10 M. breit, und 152 M. Tauchung, hat 12 Schaufeln an jedem Rad. Das Rad hat 6 M. Durchm. und jede Schaufel ist 1,75 M. lang und 0,65 breit. Die Maschine wird zu 60 Pf. geschätzt; der Cylinder ist 1,016 M. weit, und jeder Schub 1,42 lang. Das Schwungrad macht 3mal mehr Umgänge, als die Ruderräder. Der Dampf arbeitet gewöhnlich mit 30 CM. Ueberdruck. Man verbraucht 2 — 2¼ Steren Holz per Stunde. Das Schiff ist mit Kupfer beschlagen und soll 11000 Pfd. St. gekostet haben. Von Baltimore nach Annapolis brauchte es 5 St. und zurück 3½ St. Er machte also 3,6 M. per Sek. Die Räder machten 17 Umgänge per Min.

Englische Dampfschiffe.

Der Waterloo von 210 Ton. mit Masch. von 30 Pf. und Rädern mit sich umlegenden Schaufeln, macht oft die Reise von Dublin nach Liverpool (190 M.) in 15 St.

Der George IV. von 210 T. mit 2 Wattschen M. von 40 Pfk. ist 38 M. lang und 6¼ breit. Verbraucht 7 Ztnr. Stk. per Stunde, und macht die Reise von Howth nach Holyhead in 7 St.

Der James Watt von 450 T. ist 45 M. lang und 7¾ M. breit und geht 1⅓ M. tief. Er hat 2 Masch. von 50 Pf., geht von Leith nach London und macht gewöhnlich 9 M. per Stunde.

Der Soho v. 510 T. ist 50 M. lang und 8¼ breit, mit 2 Wattschen Maschinen von 60 Pf., die aber nach

Bedarf eine Wirkung zusammen von 170 Pf. thun können. Er hat 112 Betten und fährt zwischen London und Edinburg.

Der Harlequin v. 250 Ton. mit 12′ hohen Rädern, 2 Masch. von Maud'sley von 40 Pf., geht als Postschiff von Dublin nach Liverpool und machte 13 Fahrten in 270 St. mit einem Verbrauch von 2100 Ztn. Stk.

Der Unitet Kingdom von 1000 T. 54 M. lang mit 2 Maschinen von 100 Pf., geht als Packetboot (mit 200 Passagieren) zwischen London und Edinburg *).

Französische Dampfschiffe.

Das französische Dampfschiff Le Commerce de Paris hat einen platten Boden und eine Schaale von Eisenblech. Es ist 35½ Met. lang und 5⅔ M. breit, und kann 160 Tonnen tragen, die Dampfmaschine ist eine 30pferdige. Mit 115 Tonnen beladen geht es 1⅖ M. tief. Von Havre bis Rouen braucht es etwa 11, und von H. bis nach Paris 52 Stunden: in 30 St. fährt es zurück.

Der Lyonnois ist 27⅔ M. lang und 5¼ M. breit; und geht leer nur 0,7 M. tief. Es macht mit Reisenden den Weg von Lyon nach Chalons in 15 Stunden und verbraucht per Stunde 105 Kil. Steink. Die Maschine ist eine 18pferdige.

Mehrere (wie der Mercure, der Dauphin u. a.) transportiren Waaren von Lyon bis Chalons. Sie brauchen 24 Stunden hin und 11 zurück, sind 33 M. lang und 7½ M. breit, und gehen leer 0,54 und beladen 0,86 M. tief. Sie haben Hochdruckmaschinen von 30 Pfd. ohne Condensator, arbeiten gewöhnlich mit einem Druck von 5 — 6 Atmosph. und verbrauchen per St. etwa 150 Kil. Stk.

---

*) Eine Abb. s. im polyt. J. Bd. 58.

Der Ingénieur und Télégraphe zu Bordeaux sind Schiffe für Reisende von 70 Tonnen Gehalt, und mit 12pferd. Maschinen. Sie gehen von B. nach Pouillac in 3½ St. und brennen, wie die übrigen dortigen Dampfschiffe Holz.

Der Souffleur (wie der Nageur und Pélican) sind Bugsirschiffe am Senegal; jedes hält 500 Tonnen und hat 2 Masch. von 80 Pf. jede.

3.

Ueber die erforderliche Kraft der Dampfmaschine.

Es dürfte vor jetzt zwar noch durchaus unmöglich seyn, irgend eine genügende Regel zur Berechnung der Dampfkraft nach den gegebenen Dimensionen des Schiffs aufzustellen, damit es eine bestimmte Geschwindigkeit erlange; denn einerseits fehlt es noch zu sehr an hinlänglichen Erfahrungen, um die Elemente der Berechnung nach der Verschiedenheit der Umstände festzusetzen, und anderseits ist man mit der Theorie selbst noch nicht im Reinen. Immerhin mag es nicht uninteressant seyn, das Verfahren kennen zu lernen, nach welchem Fulton die nöthige Dampfkraft auszumitteln versuchte *).

Der Widerstand des Schiffs rührt unstreitig von zwei Umständen her: 1) von dem Widerstande des Wassers, das vom Vordertheil des Schiffs verdrängt werden muß, und 2) von der Reibung des Wassers an der ganzen eintauchenden Fläche des Schiffs.

Der Widerstand des wegzubrängenden Wassers ist je nach der Bauart des Schiffes schon bald größer, bald klei-

---

*) S. Marestier Mém. sur les bateaux à vapeur. Paris 1824. p. 191.

ner; bei gleichartig gebauten Schiffen aber richtet er sich
1) nach der Größe des eintauchenden Querschnittes, denn
je größer diese Fläche ist, desto mehr Wasser muß verdrängt
werden; und 2) nach der Geschwindigkeit des Schiffs, denn
mit derselben Geschwindigkeit muß dann das Wasser weichen.
Dieser Widerstand ist indessen um so schwerer theoretisch zu
bestimmen, da das Wasser, das am Hintertheil des Schiffs
wieder zusammenfließt, zugleich einen bedeutenden Druck auf
dasselbe ausübt, der das Schiff forttreibt.

Nach Versuchen, die in England in den 1790er Jahren
angestellt wurden, ergab sich (in französ. Maaßen) für Schiffe
von zweierlei Bau *) und bei verschiedenen Geschwindigkeiten (von 1 — 6 Seemeilen per Stunde) der Widerstand
per □ Meter in Kil. also:

Seemeilen per St.	Reibung per □ M.	Absoluter Widerstand per □ M.	Relativer Widerstand per □ M.	
			bei 60°	bei 20°
1 M.	0,068 K.	15,86 K.	4,29	2,98
2 ,,	0,230 ,,	63,86 ,,	16,15	11,17
3 ,,	0,543 ,,	143,24 ,,	34,88	24,25
4 ,,	2,058 ,,	253,45 ,,	60,35	42,15
5 ,,	2,572 ,,	394,00 ,,	92,35	64,89
6 ,,	3,086 ,,	564,50 ,,	130,65	92,21

Fulton, von diesen Erfahrungen ausgehend, glaubte nun
folgendermaßen die Kraft berechnen zu können:

Beträgt z. B. die ganze eintauchende Fläche eines Schiffs
282 □M. und der eintauchende Querschnitt desselben 3,6 □M.,
so ist, bei einer Geschwindigkeit von 4 Seemeilen per Stunde
oder 2,06 M. per Sek.;

---

*) D. h. für Schiffe, deren Vorder- und Hintertheil einen
Winkel von 60° oder 20° bildeten.

der Widerstand der Reibung $283 \times 0{,}756$ Kil. $= 213$ Kil.
und der relative Widerstand des Wassers $= 3{,}6 \times 60{,}35$ $\underline{ = 217 \text{ ,,}}$

Der ganze also $= 430$,,

Eine gleiche Kraft muß also auch die Maschine auf die Schaufeln ausüben.

Geſetzt nun, die Schaufeln ſollen ſich mit doppelter Geſchwindigkeit oder mit 4,12 M. per Sek. bewegen, der Kolben der Maſchine aber per Min. nur 15 Doppelhübe von 1,2 M. machen, oder 0,6 M. per Sek., ſo muß der Dampf mit $\frac{4{,}12}{0{,}6}$ oder faſt 7mal größerer Kraft (mit 2953 Kil.) auf den Kolben wirken; und hat der Dampf per Kreiscentim. einen Druck von 0,562 Kil. ſo muß der Kolben eine Fläche von 5255 Kreiscentim. oder einen Durchmeſſer von $\sqrt{5255}$ oder $72\frac{1}{2}$ Centim. haben.

Macht das Ruderrad ſo viel Umgänge, als der Kolben Doppelhübe, ſo muß es in 4 Sek. 1 mal umgehen, und alſo einen Umfang von $4 \times 4{,}12 = 16\frac{1}{2}$ M. und einen Durchmeſſer von $5\frac{1}{4}$ M. haben.

Da endlich bei obiger Geſchwindigkeit der abſolute Widerſtand $= 253{,}45$ per □Met. iſt, ſo glaubte F. daß bei jeder Schaufel (da 2 Räder zugleich arbeiten) eine Fläche von $\frac{1}{2} \times \frac{430}{253}$ oder 0,85 □Meter haben müſſe.

Daß bei obiger Berechnung manche Annahmen ziemlich willkührlich ſind liegt am Tage, und ſchon die gefundene Größe der Schaufeln ($\frac{1}{4}$ des Querſchnitts) ſtimmt wenig mit der Erfahrung überein, da ſie bei den meiſten Schiffen kaum $\frac{1}{12}$ oder $\frac{1}{16}$ deſſelben beträgt. Ebenſo haben die Schaufeln oft lange nicht die doppelte Geſchwindigkeit des

Schiffe. Ferner ist nicht angenommen, daß gleichzeitig 1 Schaufel jedes Rades wirke.

Nach Morstier findet sich die Geschwindigkeit des in Fußen per Sek., wenn man die Pferdekraft p durch Produkt der Breite b mit der Wassertiefe t dividirt, die Kubikwurzel des Quotienten mit 11,5 multiplizirt.

Es sey p = 32, b = 22' u. t = 6'.

so ist $\frac{p}{bt}$ = 0,2424; die Kubikwurzel = 0,62 und die Geschwindigkeit also = 11,5 × 0,62 = 7'.

Und umgekehrt fände sich demnach die Kraft, wenn man Geschwindigkeit durch 11,5 dividirt, und den Kubus Quotienten mit bt multiplizirt.

Es sey v = 8', b = 30' und t = 7'.

so ist $\frac{8}{11,5}$ = 0,71, der Kubus davon = 0,358,

und die Kraft = 0,358 × 210 = 75 Pferdekräfte.

4.

Relative Vortheile der Dampfschifffahrt.

Auf Meeren und Seen werden die Schiffe nur so mit Hülfe von Rudern, sondern gewöhnlich ausschließ durch die Kraft des Windes fortgetrieben. Diese Art fahren, hat den großen Vortheil, daß die bewegende Kraft sich nichts, und die mechanische Vorrichtung, um sie wirk zu machen, oder das Segelwerk, wenig kostet. Sie hat gegen das Nachtheilige, daß sie von dem Winde abhängig und dieser oft und auf lange Zeit gänzlich mangelt, oft schwach oder in ungünstiger Richtung weht, so daß nur ei mehr oder minder kleine Fraktion seiner Kraft utilisirt w den kann, und daß er öfters sogar eine ganz entgegengesetz

Richtung hat, so daß das Schiff mehr zurück als vorwärts geht. Die Dauer einer Seefahrt ist daher sehr ungewiß und ungleich. Die kleinste Ueberfahrt kann oft Tage lang dauern, oder muß oft so lange verschoben werden. Die Frachtkosten werden durch diese Verlängerung oft bedeutend vergrößert, und der Verlust an Zeit ist in vielen Fällen noch ungleich höher zu berechnen. Eine Kraft, wie die einer Dampfmaschine, die das Schiff von der Laune des Windes unabhängig macht, und dennoch denselben, wenn er günstig ist, zu benutzen gestattet, muß also einen großen Nutzen versprechen.

Um jedoch diesen Nutzen richtig zu beurtheilen, müssen wir in Betracht ziehen:

1) daß die Dampfkraft nicht wie der Wind eine gratuite ist, sondern daß sie eine kostbare Maschine und einen großen Aufwand an Brennstoff nöthig macht;
2) daß eine Kraft, die im Schiffe selbst angebracht ist, weit größer seyn muß, als wenn sie von einem festen Punkte oder vom Ufer her wirkte;
3) daß jede Beschleunigung der Bewegung eine ungleich größere Kraft erfordert, und
4) daß aus eben diesem Grunde die vereinigte Wirkung der Dampfkraft und des Windes die Bewegung durchaus nicht im Verhältniß der Summe ihrer Kräfte beschleunigt.

Eine Dampfmaschine auf einem Dampfschiff konsumirt per Pferdekraft in einer Stunde in der Regel an 10 Pf. Kohle. Zwei 20pferdige Maschinen verbrauchen also per Stunde 400 Pf. oder 4 Ztnr., und zwei solcher Maschinen kosten wenigstens 60,000 fr. Fr.

Ein Pferd führt auf einem Kanalschiff etwa 36 Tonnen mit 2½ M. Geschwindigkeit; 1 Pferdekraft auf einem Schiff würde gegen 12 Tonnen mit derselben Geschwindigkeit führen, und eine Maschine von 40 Pf. also für ein Schiff von 480 Tonnen ausreichen.

Soll nun aber die Geschwindigkeit größer seyn, so wird eine ungleich größere Kraft erfordert; denn bliebe der Widerstand derselbe, so würde eine doppelte Geschwindigkeit eine doppelte Kraft erheischen. Der Widerstand wächst aber im quadratischen Verhältnisse der Geschwindigkeit, die Kraft müßte demnach im kubischen zunehmen, oder um das Schiff mit 5 M. Geschwindigkeit zu bewegen, würde 8; um es mit 10 M. Geschwindigkeit zu bewegen, 4^3 oder 64mal mehr Kraft nöthig seyn. Da man jedoch bei 2facher Geschwindigkeit denselben Weg in derselben Zeit zurück legt, so nimmt der Aufwand an Brennstoff nur im quadratischen Verhältnisse zu, oder ist in diesem Falle nur der 4fache.

Vielfache Versuche über das Verhältniß der Zugkraft bei veränderter Geschwindigkeit wären sehr wünschenswerth. Nach den neuesten von Walker nähme sie nicht im kubischen Verhältnisse zu, jedoch in etwas stärkerem als im quadratischen.

Bei doppelter Geschwindigkeit fand er die Zugkraft die 5 — 6fache, und er glaubt, daß 4 Pf. nicht mehr mit 4 M. Geschwindigkeit ziehen, als 1 Pf. mit 2½ M. Geschwindigkeit. — Bei Glasgow gehen jetzt Postschiffe, die von 6 Pf. gezogen, 8 M. per Stunde machen, und 60 — 70 Reisende tragen. Ohne Zweifel führen sie nur diese. Die Last beträgt also etwa 5 Tonnen. 6 Pf. würden mit 2½ M. Geschwindigkeit 216 Tonnen ziehen oder 43mal so viel; da bei 8 M. Geschwindigkeit die nutzbare Zugkraft aber 3½ mal kleiner ist, so ergibt sich für die Geschwindigkeit von 8 M. eine $\frac{43}{3½}$ oder etwa 12mal größere Kraft, als für eine von 2½ M. Durch die Benutzung des Windes, wenn man zugleich Segel aufzieht, kann man ohne Zweifel die Dampfkraft unterstützen. Aus dem

Vorigen erhellt aber schon ohne weitere Berechnung, daß die Geschwindigkeit lange nicht im Verhältniß der hinzukommenden Kraft wächst. Denn gesetzt, beide Kräfte wären gleich stark, so würde die Dampfkraft durch die Mitwirkung des Windes verdoppelt. Eine doppelte Kraft vermehrt aber die Geschwindigkeit kaum um die Hälfte.

Es ist daher begreiflich, daß auf langen Fahrten, wo der Wind sehr abwechselnd wirkt, die Beschleunigung in Folge dieser Mithülfe kaum auf $1/4$ oder $1/5$ gerechnet wird, oder daß ein Dampfschiff, das ohne Gebrauch von Segeln 8 M. per Stunde zurück legte, höchstens 10 machen wird, wenn es zugleich den Wind benutzt.

Ein sehr beachtenswerther Umstand ist ferner das Gewicht der Maschine, der Kessel und der Ruderräder, das von dem Schiff getragen werden muß, und eine Last ist, die bei andern Schiffen wegfällt.

Bei allen Maschinen mit niedriger Pression und großen Kesseln kann man jene Last per Pferdekraft auf wenigstens 25 Ztr. oder $5/4$ Tonnen rechnen, und bei Hochdruckmaschinen wenigstens auf 13 — 15 Ztr.

Hat mithin ein Schiff von 200 Tonnen eine 40pferdige Maschine, so wiegt diese (mit Kessel ꝛc.) 40 — 50 Tonnen, und die Ladung kann also höchstens 150 oder 160 Tonnen betragen. Da nun die Maschine ungleich kräftiger seyn muß, wenn man eine größere Geschwindigkeit erhalten will, so sieht man, daß nicht nur dieser Vortheil sehr kostspielig seyn, sondern daß die Beschleunigung überdieß sehr bald ihre Gränze finden muß.

In der That, würde ein Schiff von 100 Tonnen mit einer Maschine von 40 Pf. 8 M. machen, so müßte, damit es 12 M. machen kann, die Maschine an 90 Pf. stark seyn, und also schon die Hälfte der Ladung ausmachen. Sollte es aber

16 M. in 1 Stunde zurücklegen, so würde eine 5 oder 6mal stärkere Maschine erfordert, und diese allein mithin schon zu schwer seyn.

Manche Dampfschiffe sind allerdings schon mit einer solchen, und vom Wind begünstigt, selbst mit noch größerer Schnelligkeit gefahren. Ein bestimmtes Verhältniß läßt sich auch nicht aufstellen, da vieles noch von dem Bau des Schiffs und der Construktion der Maschine und der Ruderräder abhängt. Zudem gestatten die meisten Dampfmaschinen, daß man ihre Kraft um ¼ oder fast die Hälfte über den Normalzustand erhöhen kann.

Immer zeigt sich wohl, daß wenn der Tonnengehalt das 4- oder 5fache der Maschine in Pferdekraft beträgt, das Schiff (ohne Wind) wenig über 7 oder 8 M. per Stunde zurücklegen kann, und daß, wenn eine viel größere Schnelligkeit erlangt werden soll, die Ladung bedeutend vermindert, oder die Maschine übermäßig angestrengt und das Schiff vom Wind begünstigt werden muß.

Endlich ist klar, daß die Dauer der Fahrt einen wesentlichen Einfluß auf den Nutzeffekt haben muß, da mit derselben das Gewicht des mitzuführenden Brennstoffs zunimmt. Consumirt eine 40pferdige Maschine per St. 4 Ztr. Steink. oder in 5 St. 1 Tonne, so würde man auf einer 20tägigen ununterbrochenen Fahrt 90—100 Tonnen mitführen müssen, und dieses Quantum daher, nebst der Maschine, beinahe die volle Ladung ausmachen.

Aus dem Gesagten geht hervor, daß, so ungemein große Dienste die Dampfkraft der Schifffahrt leisten kann, dieselbe doch gar nicht unbedingt benutzt werden können.

Der Transport von Waaren wird in den meisten Fällen wohl immer auf Dampfschiffen zu kostbar seyn; er wird aber um so eher zulässig seyn, 1) je werthvoller die Waaren und je wichtiger Ersparung an Zeit, und 2) je kürzer die Reise ist oder je öfters frisches Brennmaterial aufgenommen werden kann.

Weit am vortheilhaftesten müssen diese Schiffe zur Fortschaffung von Reisenden seyn, da für diese Abkürzung der Fahrt in der Regel sehr viel Werth hat, und am unbedingtesten nützlich zu nicht sehr weiten Ueberfahrten; denn solche können dann beinahe zu jeder Stunde und innerhalb einer bestimmten Zeitfrist unternommen werden. Auch läßt sich hier die größtmögliche Geschwindigkeit erhalten. Reisende allein machen eine geringe Last aus; die Dampfmaschine kann daher eine sehr große Stärke haben, und die nöthige Menge von Steinkohlen vermehrt nicht zu sehr die Last. In diesem Falle ist es zwar ziemlich gleichgültig, ob das Schiff zugleich Segel habe oder nicht.

Bei großen Reisen ist hingegen die Mitwirkung des Windes sehr wichtig, und am ersprießlichsten wird es wohl seyn, bei günstigem Winde sogar die Dampfmaschine ruhen zu lassen, weil durch einen großen Aufwand an Brennstoff doch nur eine geringe Beschleunigung bewirkt wird. Wo es auf möglichste Oekonomie ankömmt, wird es überhaupt am rathsamsten seyn, das Schiff nur mit einer mäßigen Maschine zu versehen, und auf eine große Geschwindigkeit zu verzichten.

Geben wir zum Schlusse eine Kostenberechnung für ein Dampfschiff, das von Marseille nach Alexandria fahren, und in Corsika, Sicilien und Candia anhalten und neue Kohlen aufnehmen soll. Das Schiff habe einen Gehalt von 500 Tonnen, und eine Maschine von 60 Pfk. Es wird, wenn es auch Segel hat, per Stunde leicht 11 Myriam. oder 7 M. zurücklegen. Der ganze Weg beträgt ca. 2840 Myr., es wird also 11 Tage, oder allen Aufenthalt eingerechnet, 20 bis 22 Tage zu einer Fahrt gebrauchen, und jährlich 16 Fahrten machen können. Per St. konsumirt es etwa 5 Ztr. Stk. oder ¼ Tonne, und in 11 Tagen also etwa 66 Tonnen.

Kostet die ganze Ausrüstung des Schiffes 360000 Fr., und rechnen wir für Interesse, Capitalabnahme, Assekuranz und Reparatur 30%, so beträgt

diese Ausgabe für 1 Jahr . . . . . . 108000 Fr.
Unterhalt und Lohn der Equipage . . . . 42000 „
Steinkohle auf 12 Reisen, die Tonne zu 65 Fr. 50000 „

Summa 200000 Fr.

und jede Reise (wenn jährlich nur 12 Fahrten angenommen werden) kommt daher auf ca. 16700 Fr.

Ladet das Schiff jedesmal ca. 550 Tonnen Waaren, und fordert es 45 Fr. per Tonne, so wird es nur 15750 Fr. einnehmen; ladet es hingegen nur 300 Tonnen, aber zugleich 50 Reisende (zu 260 Fr.), so nimmt es $13500 + 8000 = 21500$ Fr. ein, und es ergibt sich hiemit ein bedeutender Gewinn. Ohne Reisende würde es nur dann bestehen, wenn die Ausgaben viel geringer wären, oder es jährlich mehr Fahrten machen könnte.

— Druck der J. G. Cotta'schen Officin in Stuttgart.

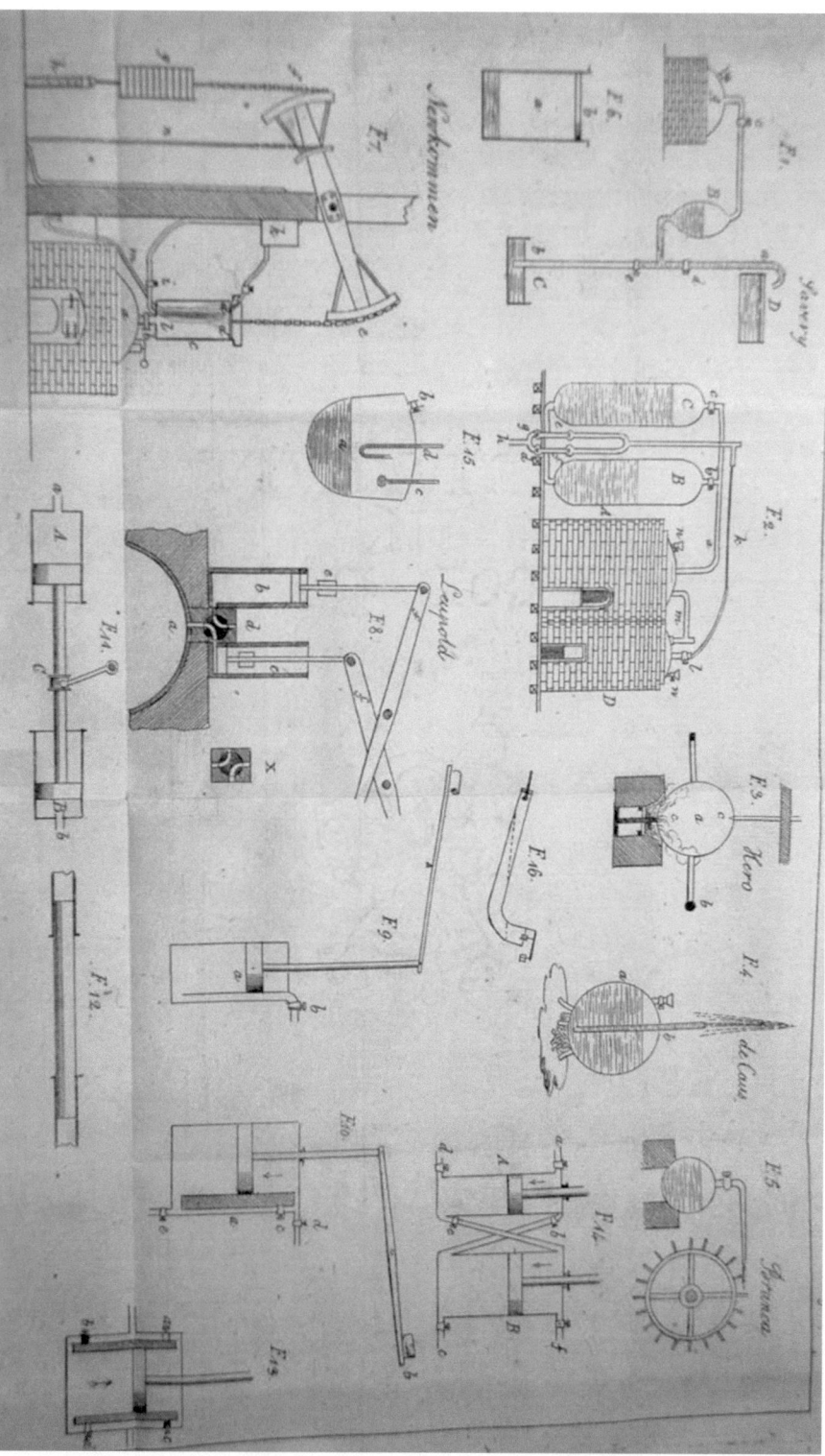

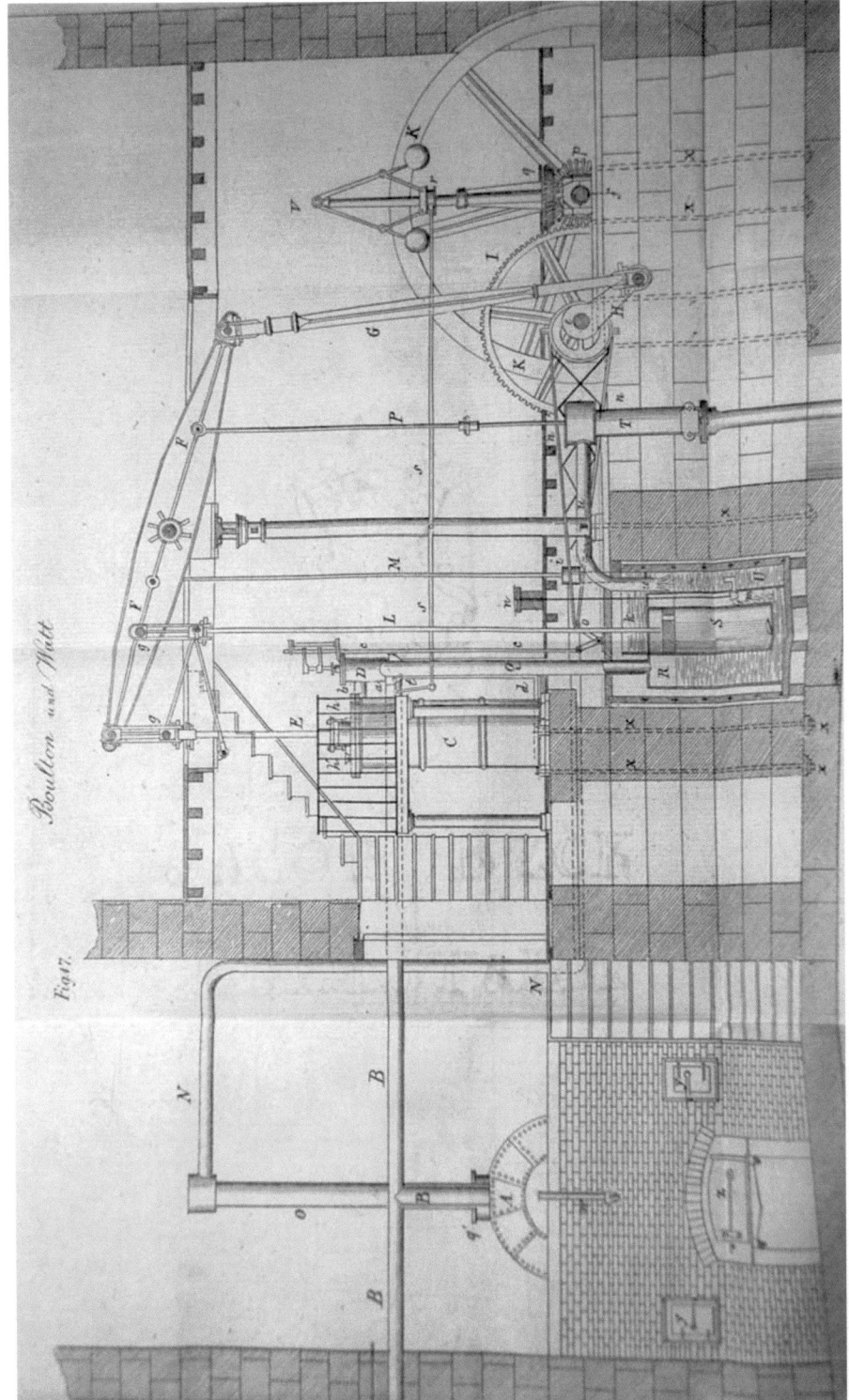

Fig. 17.

Boulton and Watt.

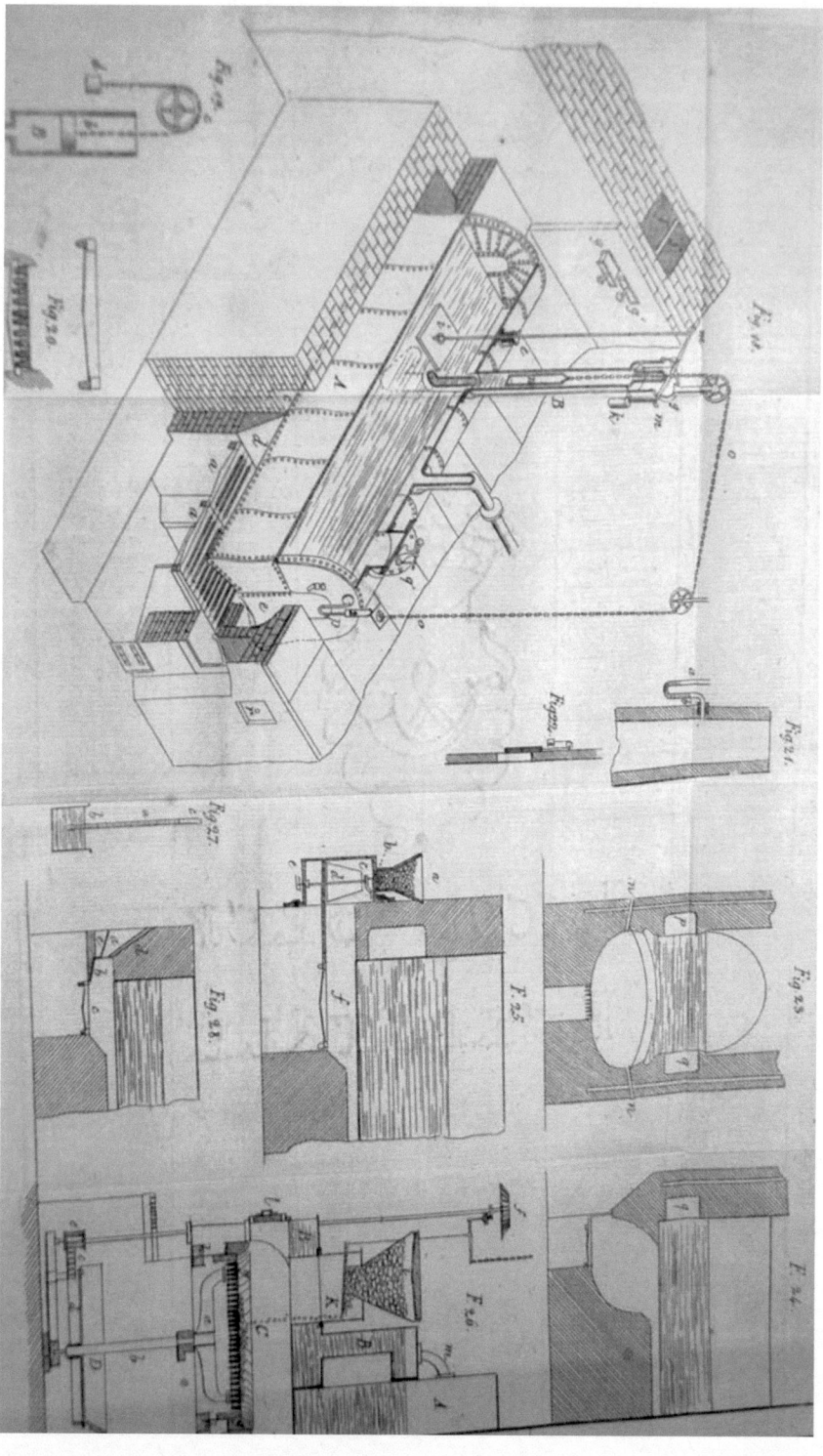

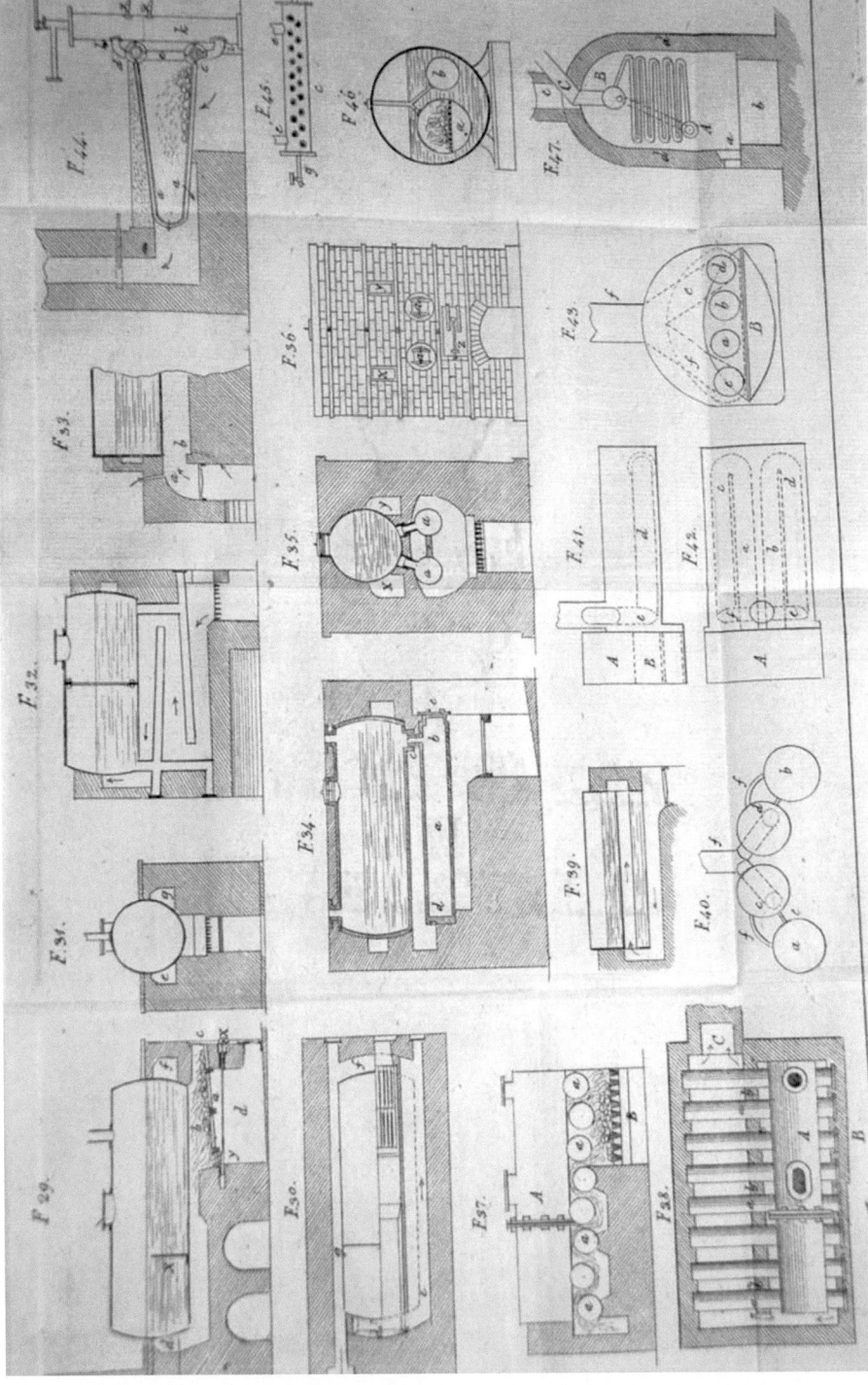

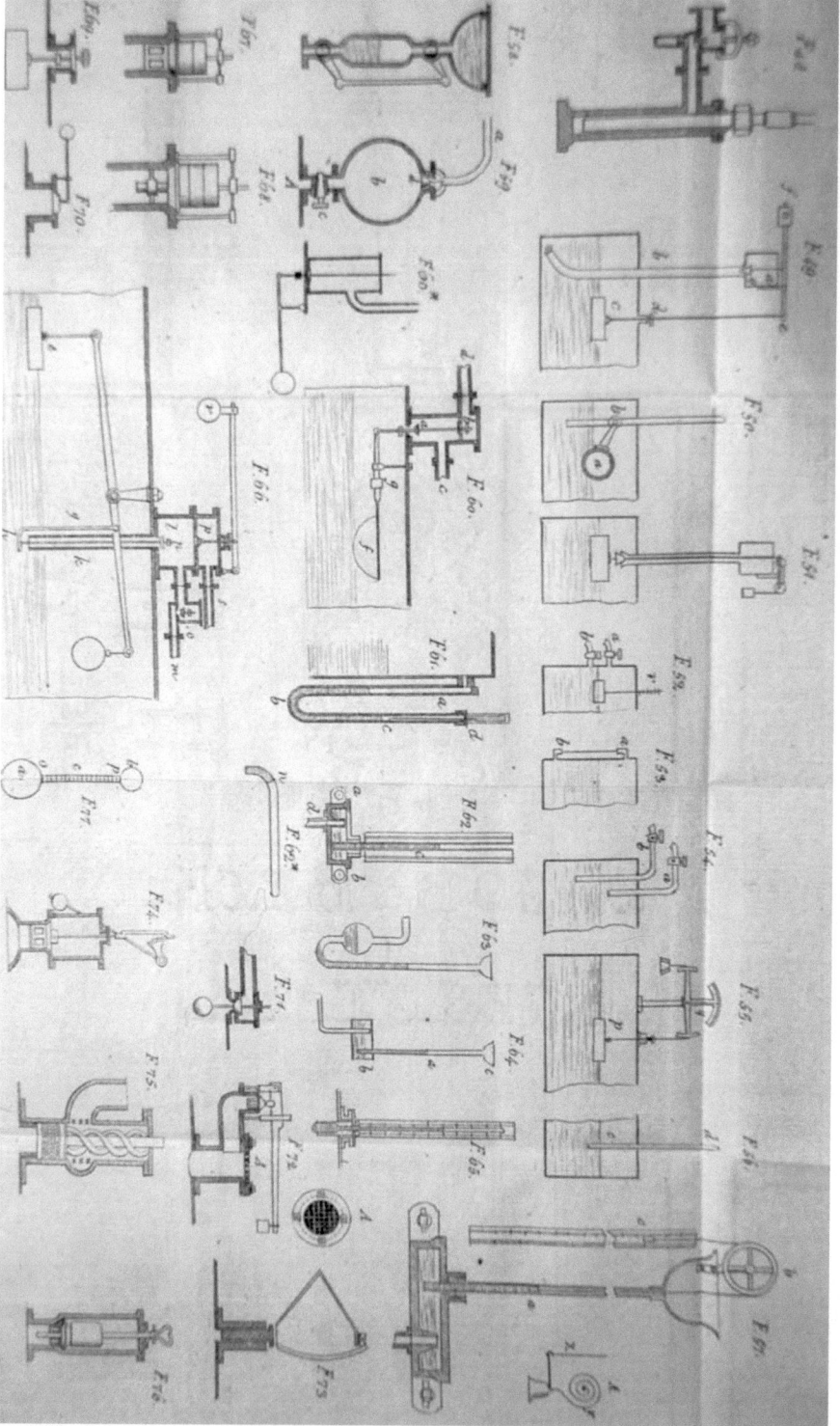

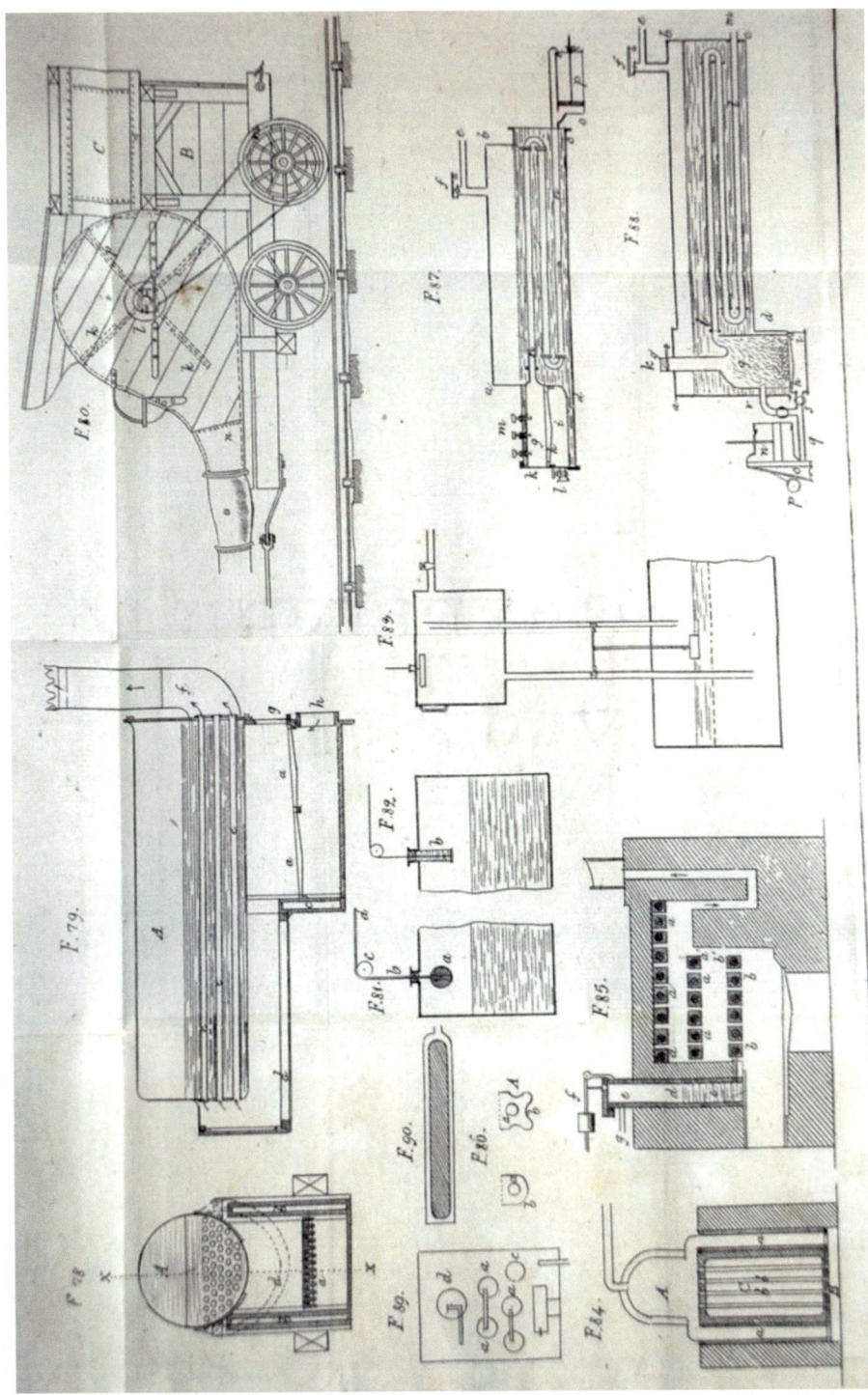

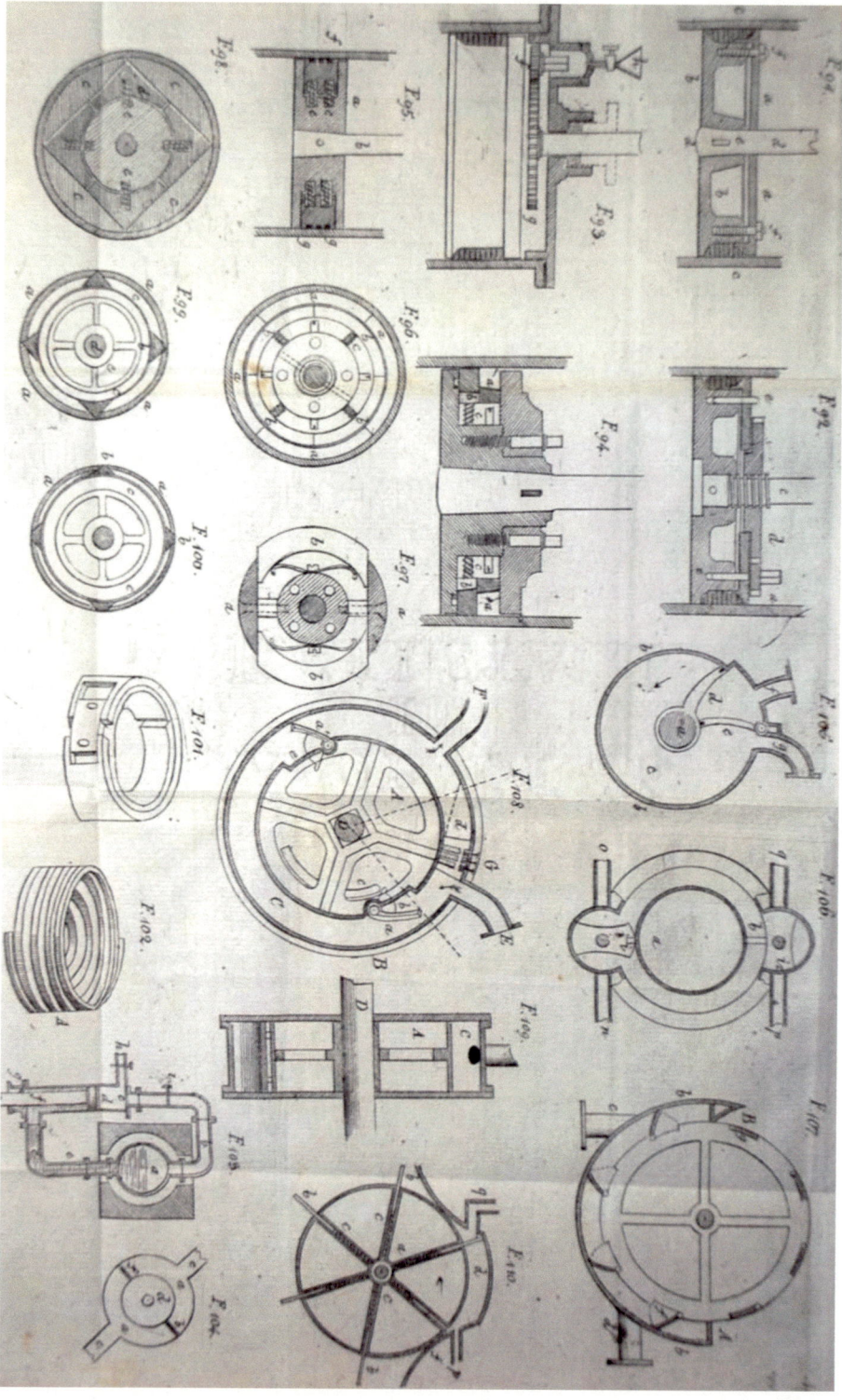

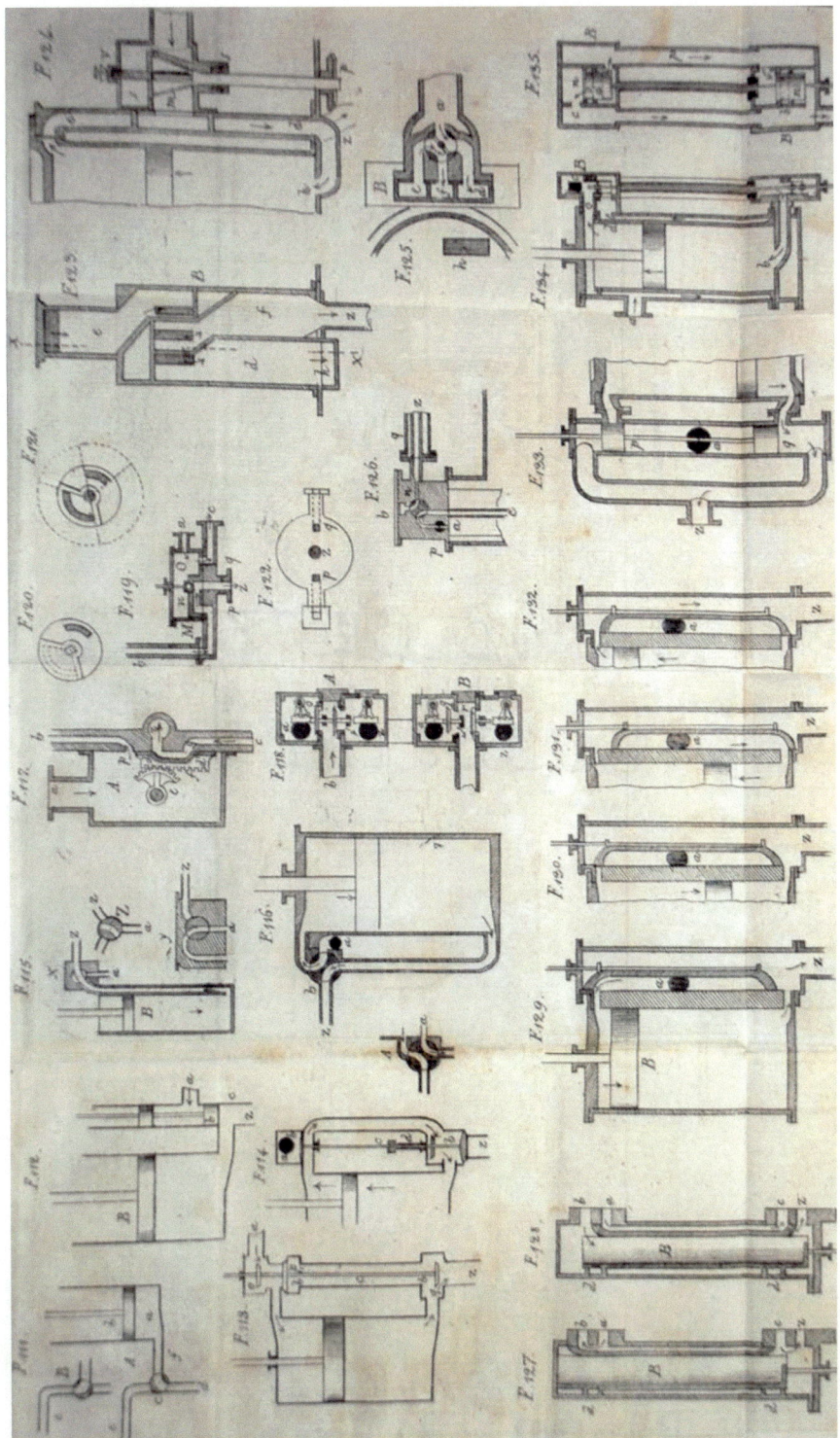

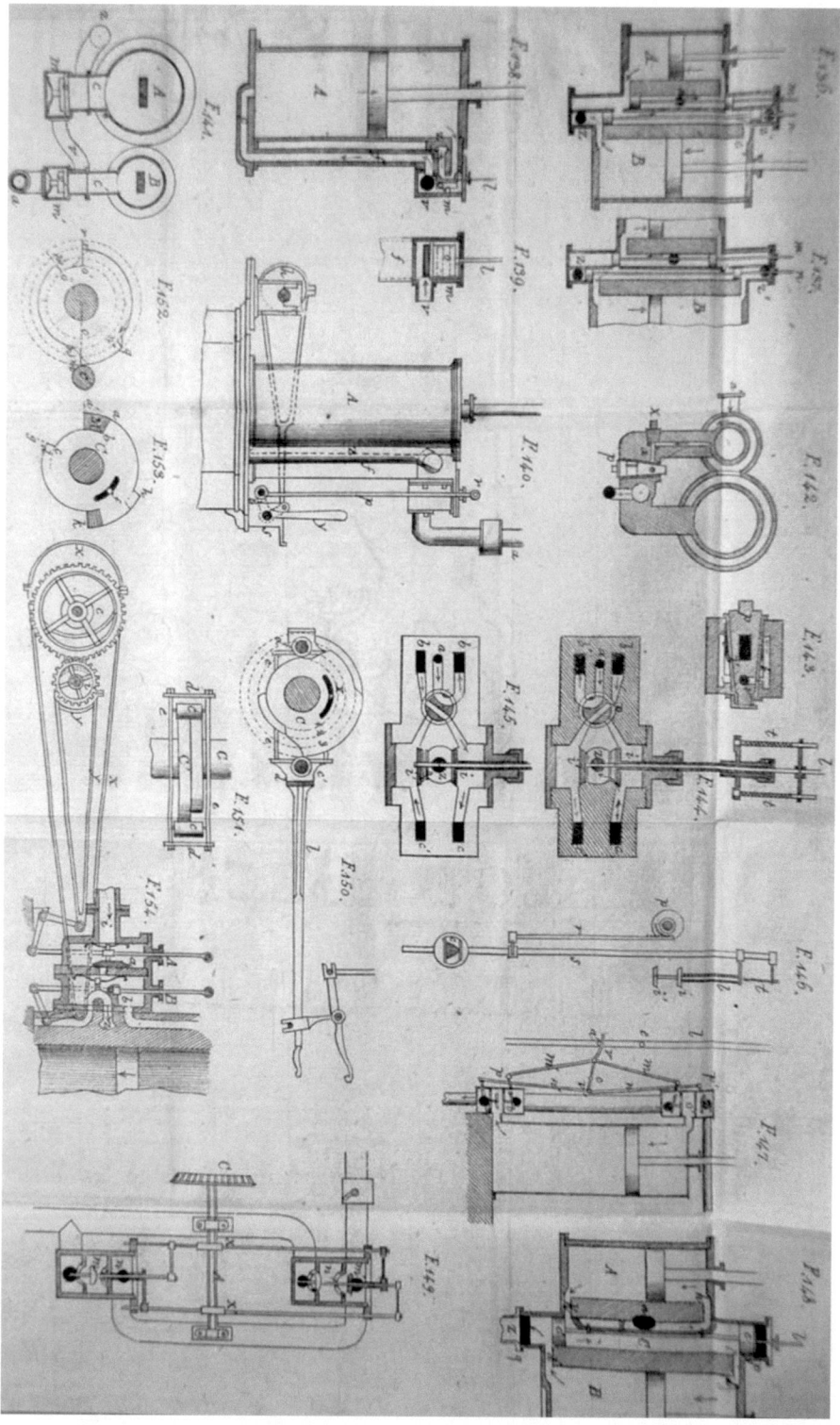

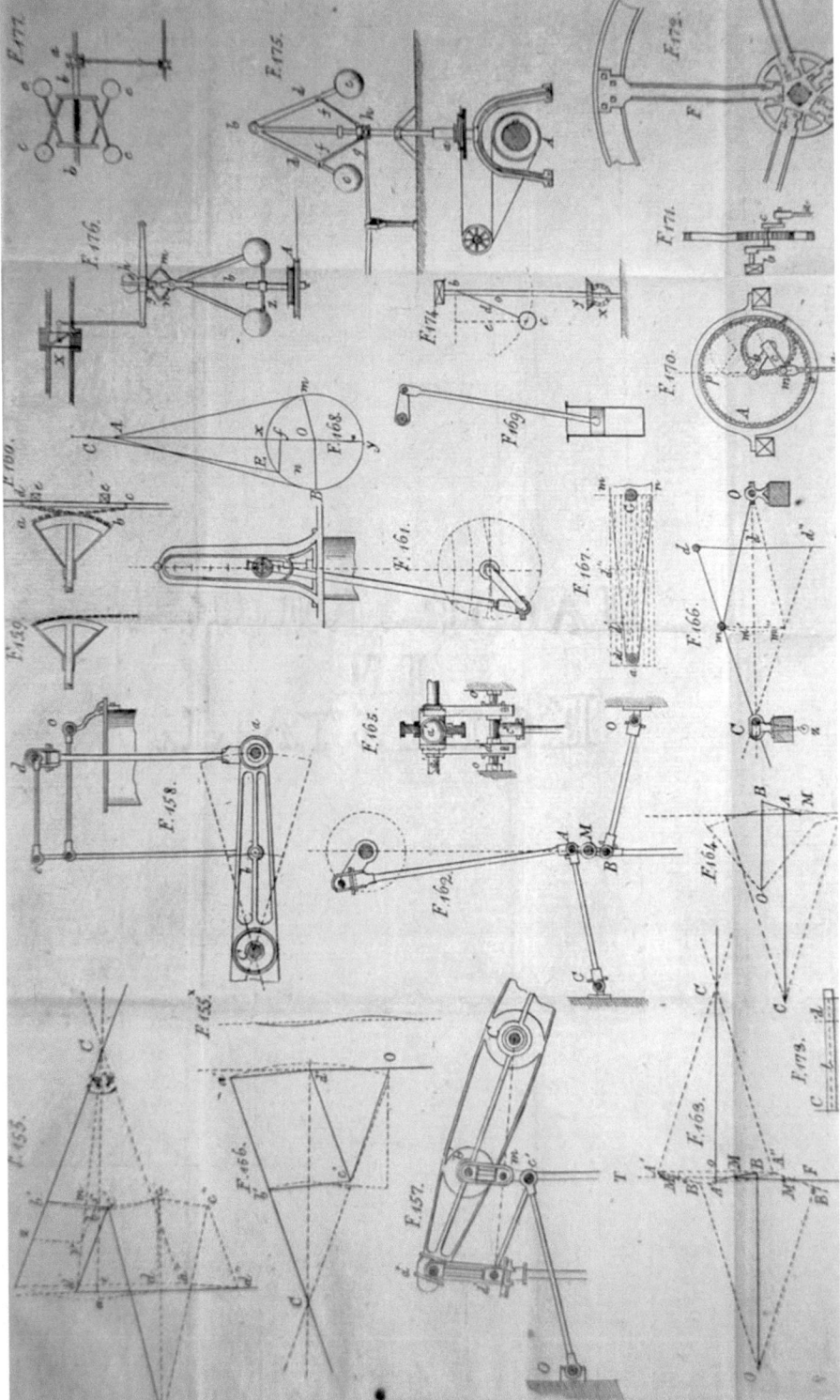

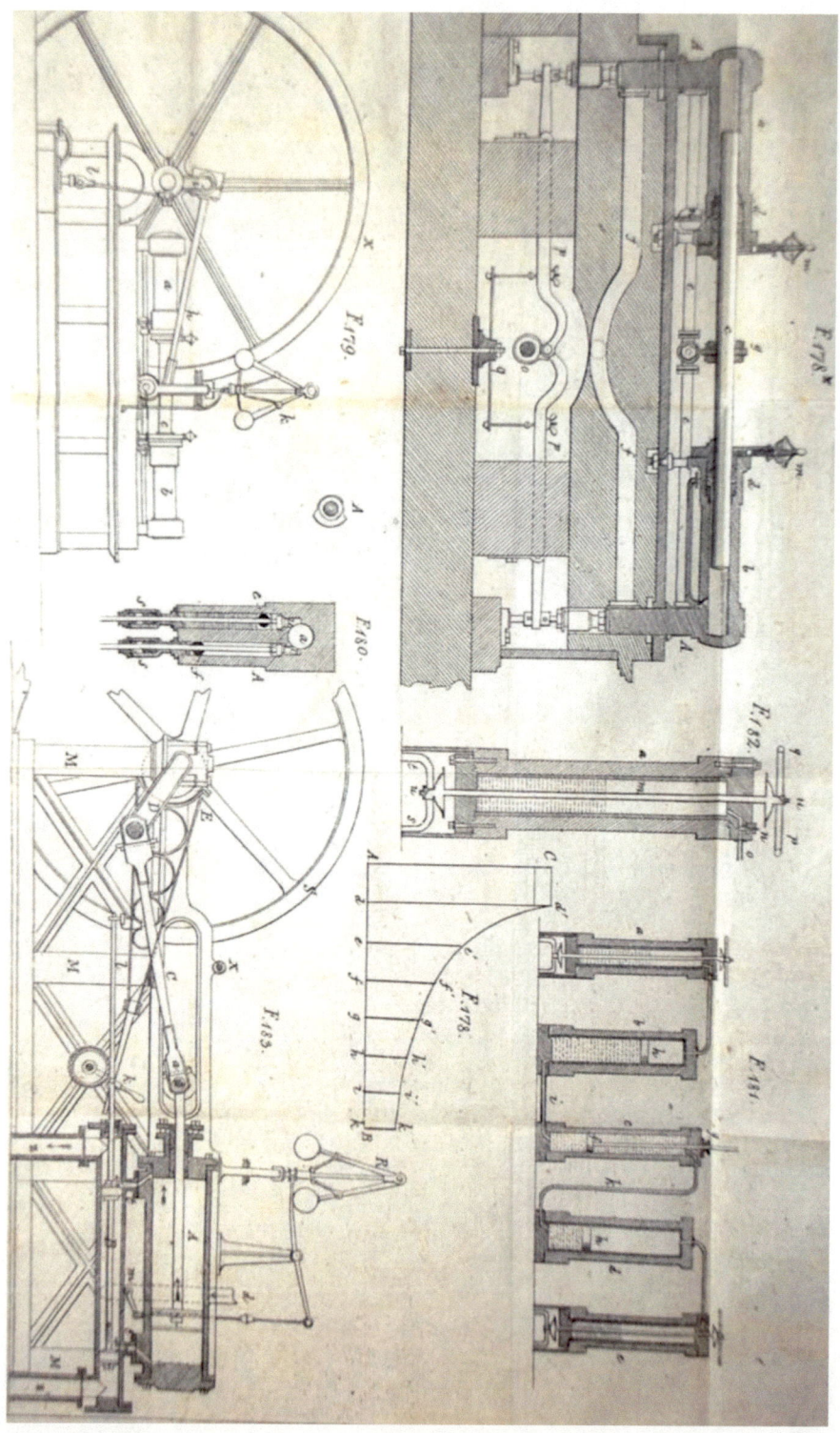

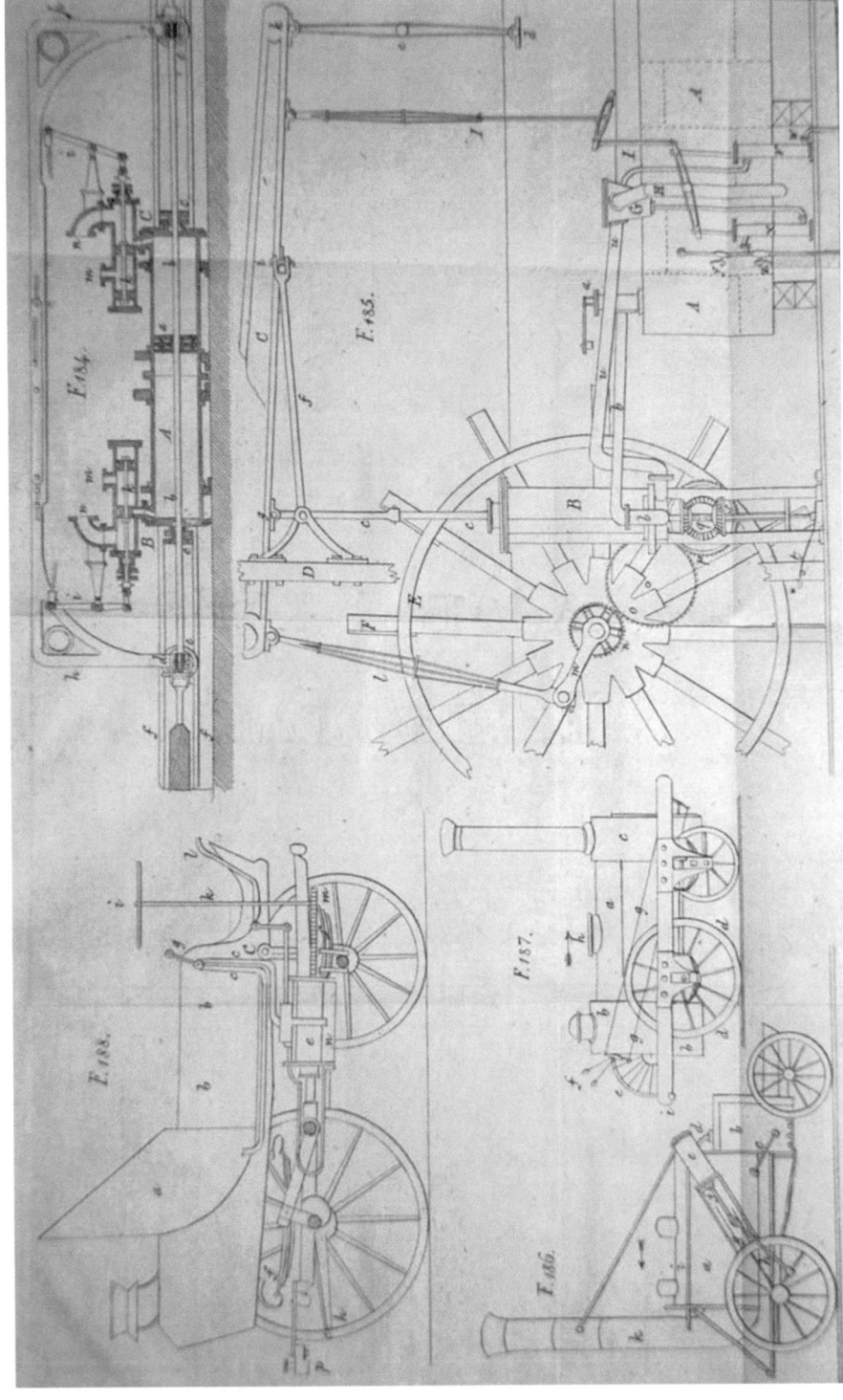